**Studienreihe Biologie Band 1**
Herausgeber Professor Dr. Hans Knodel

Professor Dr. Ulrich Kull
Professor Dr. Hans Knodel

# Genetik und Molekularbiologie

**Mit Humangenetik und Angewandter Genetik**

2. Auflage

J. B. Metzlersche Verlagsbuchhandlung
Stuttgart

CIP-Kurztitelaufnahme der Deutschen Bibliothek

**Kull, Ulrich:**
Genetik und Molekularbiologie : mit Humangenetik u. angewandter Genetik/Ulrich Kull ; Hans Knodel. 2. Aufl. – Stuttgart : Metzler, 1980.
(Studienreihe Biologie ; Bd. 1)
ISBN 3-476-20181-3

NE: Knodel, Hans:

ISBN 3-476-20181-3



Satz: Bauer & Bökeler Filmsatz KG, Denkendorf
Druck: Karl Grammlich, Pliezhausen
Printed in Germany

# Inhaltsverzeichnis

# Vorwort zur neubearbeiteten zweiten Auflage

Die Darstellung ist stets bemüht, kausale Zusammenhänge zwischen den Lebenserscheinungen und ihren chemischen und physikalischen Grundlagen aufzuzeigen und auch die wissenschaftlichen Methoden zu erläutern, mit denen wichtige Ergebnisse gewonnen wurden. Über die Molekularbiologie werden getrennte Teilgebiete der Biologie miteinander verbunden und die Genetik selbst aus dem Stadium der bloßen Beschreibung herausgeführt in das der zunehmend exakter werdenden ursächlichen Erklärung der Erscheinungen. Die Genetik stellt deshalb hohe Anforderungen an das Denk- und Verständnisvermögen. Dies ist der Hauptgrund für die Erweiterung der Verständnishilfen in Form zahlreicher neuer Schemata und Formelbilder sowie merkfähig formulierter Begriffserläuterungen und Kurzzusammenfassungen der Prozesse und Ergebnisse. Zahlreiche Tabellen liefern Arbeitsmaterial für weiterführende Betrachtungen. In die wissenschaftliche Denk- und Arbeitsweise wird eingeführt durch häufige Darstellung der Hypothesenbildung aus gegebenen Fakten mit Angabe der Gültigkeitsgrenzen ihrer Aussagen sowie durch Aufstellung von Alternativen und durch wertenden Vergleich.

Ausführlich eingegangen wird auf die Anwendung genetischer Erkenntnis in der Medizin und zur persönlichen Lebensgestaltung. Hierzu gehört eine wissenschaftlich begründete Schilderung von Art und Auswirkung der das Erbgut gefährdenden Zivilisationseinflüsse ebenso wie die Erläuterung der praktischen Anwendung der Genetik bei der Pflanzen- und Tierzucht. Aus diesem Grunde sind die Kapitel zur Humangenetik sowie zur Pflanzen- und Tierzucht erweitert worden.

Die molekularbiologischen Grundlagen der genetischen Manipulation sind ausführlich dargestellt, damit der Leser sich selbst ein realistisches Bild über ihre Möglichkeiten und Gefahren machen kann. Dies erscheint deshalb besonders wichtig, weil eine »genetische Manipulation« erstmals dazu zwingt, Ergebnisse der Molekularbiologie in ethische Überlegungen einzubeziehen.

Für die aus der Unterrichtspraxis erwachsenen Anregungen der Herren Studiendirektor Dr. D. Bräuninger, Studiendirektor Dr. W. Hofmann, Prof. Dr. W. Schwarzmaier und Oberstudienrat H. Stobinsky sei besonders gedankt. Ferner danken wir Herrn Prof. Dr. K.-W. Mundry für die Überlassung von Vorlesungsunterlagen.

Januar 1980 *Ulrich Kull Hans Knodel*

# 1. Einführung

Jedes Lebewesen entsteht nur aus seinesgleichen. Die Nachkommen zeigen die Merkmale ihrer Eltern. Man bezeichnet diese Eigenschaft als *Vererbung*. Aber hinter dem Begriff verbirgt sich eine Fülle offener Fragen, sobald wir bedenken, daß jeder vielzellige Organismus (also auch der Mensch) aus einer einzigen Zelle hervorgegangen ist. Beim Menschen und den höheren Tieren ist es stets die befruchtete Eizelle (*Zygote*), von der die Entwicklung ihren Anfang nimmt. Aber weder Eizelle noch Spermium zeigen die Merkmale, die wir am erwachsenen Individuum sehen. Die Keimzellen müssen also Informationen enthalten, die bei der Befruchtung zusammentreffen und dann im Verlauf der Entwicklung des Individuums in Form von *Merkmalen* verwirklicht werden. Vererbt werden nicht die fertigen Merkmale, sondern Anlagen (Informationen) für mögliche Stoffwechsel- und Entwicklungsvorgänge, die zu den Merkmalen führen. Diese Anlagen nennen wir Erbanlagen oder Gene. Die Biologie versteht deshalb unter Vererbung die Weitergabe der genetischen Information.

Auf der Wirkung der Gene beruht die Fähigkeit der Organismen zur Selbstreproduktion. Es liegt an den spezifischen Genen der Lebewesen, daß ein Hund nur Hunde zur Welt bringt und daß auf einem Apfelbaum keine Kirsche wächst. In diesem Zusammenhang ist eine weitere Tatsache aufschlußreich: an allen Zweigen des Apfelbaums reift nur eine Apfelsorte, weil bei der Entwicklung des Baums aus der befruchteten Eizelle diese Zelle ihre Garnitur von Erbanlagen unverändert in zahlreichen aufeinanderfolgenden Zellteilungen an alle neugebildeten Tochterzellen weiterzugeben hat. Man kann auch innerhalb eines vielzelligen Organismus von einer »Vererbung« sprechen, wenn man seine Individualentwicklung als die Bildung eines komplexen Zellverbandes aus einer einzigen Zelle betrachtet.

Wenn alle Zellen eines Lebewesens die gleiche Garnitur von Genen besitzen, so erscheint es merkwürdig, daß verschiedene Zellen des Organismus ganz unterschiedliche Leistungen vollbringen, wobei das Auftreten dieser Leistungen räumlich und zeitlich geordnet ist. Eine Zelle des Knochenmarks hat einen anderen Stoffwechsel als eine Zelle der Magenschleimhaut, und es hängt vom Entwicklungsstand ab, ob Drüsenzellen in Funktion treten oder untätig sind. Aufgrund derartiger Befunde ist anzunehmen, daß nicht alle Gene in allen Zellen tätig werden, sondern daß in bestimmten Zellen nur bestimmte Gene zu bestimmten Zeiten ihre Informationen im Zellstoffwechsel verwirklichen. Die übrigen Gene bleiben gewissermaßen »stumm«.

Aus zahlreichen Beobachtungen weiß man, daß gelegentlich bei den Nachkommen eines bestimmten Elternpaares ein Merkmal verändert ist. Die Anlage für diese Abweichung wird ihrerseits wieder vererbt, das heißt: durch die einmalige Veränderung ist ein neues Merkmal entstanden. Eine derartige Veränderung im Erbgefüge bezeichnet man als *Mutation.*

Diese Überlegungen zeigen, welche Schlüsselstellung die Gene bei der Vermehrung und Entwicklung der Organismen einnehmen. Daraus ergibt sich die Frage: Woraus bestehen Gene und wie wirken Sie? Wenn die Gene aus einer bestimmten chemischen Substanz aufgebaut sind, so müssen aufgrund der Erfahrungen folgende Fähigkeiten von ihr erwartet werden:

1. Der Stoff muß in der Lage sein, eine sehr große Menge genetischer Information sicher zu speichern.
2. Der Stoff muß es ermöglichen, daß die genetische Information identisch reproduziert, d.h. unverändert von Zelle zu Zelle weitergegeben werden kann.
3. Der Stoff muß erlauben, daß genetische Information verändert wird, d.h. Mutationen auftreten.
4. Es muß die Möglichkeit bestehen, daß die genetische Information während der Individualentwicklung (Ontogenese) räumlich und zeitlich geordnet realisiert wird, d.h. als Merkmale des Baues und der Organfunktionen der Organismen erscheint. Z.B. muß erst die Raupe, dann die Puppe, dann der Schmetterling entstehen; ein Maiglöckchen darf nicht im Herbst, sondern muß im Spätfrühjahr zur Blüte kommen.

Wenn man die Suche nach der Substanz der Gene beginnt, ist es naheliegend, möglichst einfache, einzellige Lebewesen heranzuziehen. Die nach ihrer Zellorganisation einfachsten Lebewesen sind die *Bakterien.* Daher ist es verständlich, daß die grundlegenden Kenntnisse über das genetische Material und über sein Wirksamwerden großenteils zuerst an Bakterien gewonnen wurden. Man muß dann natürlich prüfen, inwieweit diese Erkenntnisse auch auf die höher organisierten Lebewesen zutreffen.

**Vererbung:** *Weitergabe von genetischer Information an die Nachkommen. Ursache dafür, daß die Nachkommen den Eltern in ihren Merkmalen weitgehend gleichen und die artspezifischen Merkmale in der Generationenfolge erhalten bleiben.*

# 2. Zellstrukturen als Grundlage der Vererbungserscheinungen

## 2.1 Protocyte und Eucyte

Die einfach organisierte Zelle der *Prokaryonten* (Bakterien und Blaualgen) nennt man auch **Protocyte** (Bild 6 u. 7); sie enthält keinen von einer Membran umschlossenen Zellkern. Die durch zahlreiche, gut ausgebildete Zellorganellen gekennzeichnete Zelle der *Eukaryonten* heißt **Eucyte** (Bild 1). In der Tabelle 1 sind die Kennzeichen der beiden grundlegenden Zelltypen zusammengestellt. Die Eukaryontenzelle ist durch zahlreiche Membranen in viele Zellkompartimente aufgeteilt, so daß vielerlei Reaktionen gleichzeitig ablaufen können. Jede **Membran** trennt hierbei die *plasmatische Phase* von der *nichtplasmatischen (intracisternalen) Phase.* Bei Durchquerung einer Membran tritt man deshalb stets von einer Phase in die andere über, und bei Durchquerung von zwei Membranen kommt man wieder in die Ausgangsphase. Bei Vereinigung von Kompartimenten unter Membranauflösung können sich stets nur gleiche Phasen vereinigen. Werden zwei plasmatische Bereiche voneinander getrennt, so ist das nur unter Zwischenschaltung der nichtplasmatischen Phase möglich: es wird eine Hülle (Doppelmembran) ausgebildet. Die beiden grundlegenden Bereiche unterscheiden sich auch durch ihre Stoffwechselreaktionen:

| | Plasmatische Phase | Nichtplasmatische Phase |
|---|---|---|
| Vorkommen und Synthese von DNA und RNA | + | – |
| Virusvermehrung | + | – |
| Vorkommen von Ribosomen, Proteinsynthese | + | – |
| ATP-Bildung | + | – |
| Synthese von Stärke oder Glykogen | + | – |
| Synthese von Zellwandmaterial (bei Pflanzen) | – | + |

**Tabelle 1: Vergleich von Protocyte und Eucyte**

| Protocyte | Eucyte |
|---|---|
| Vorkommen bei allen Prokaryonten (Bakterien und Blaualgen), s. Bild 7 | Vorkommen bei allen Eukaryonten (alle übrigen Organismen), s. Bild 1 |
| Kein Kern, nur Nukleoid (= Kernäquivalent) | Kern mit Kernhülle (Doppelmembran mit Poren) |
| DNA-Doppelstrang frei, nicht dauernd mit Proteinen verknüpft | DNA in Chromosomen eingebaut, diese enthalten Proteine |
| 1 Chromosom (= Kopplungsgruppe) | 2 oder mehr Chromosomen |
| Wenig oder keine Redundanz der DNA | Redundanz der DNA (enthält sich wiederholende Nukleotidsequenzen) |
| DNA-Synthese während der ganzen Lebensdauer der Zelle | DNA-Synthese nur während einer bestimmten Phase des Zellzyklus |
| Kein Nukleolus | Nukleolus im Kern |
| Innenstruktur der Zelle weniger differenziert | Innenstruktur stark differenziert |
| Kein Endoplasmatisches Reticulum, keine Dictyosomen | Endoplasmatisches Reticulum, Dictyosomen |
| 70 S-Ribosomen (s. Abschnitt 4.3.1) | 80 S-Ribosomen im Cytoplasma, 70 S-Ribosomen in Mitochondrien und Chloroplasten |
| Keine Mitochondrien und Chloroplasten | Mit Zellorganellen, die nur durch Teilung entstehen; das sind außer dem Kern die Mitochondrien und Chloroplasten. Beide besitzen eine Hülle, (häufig ringförmige) DNA und 70 S-Ribosomen |

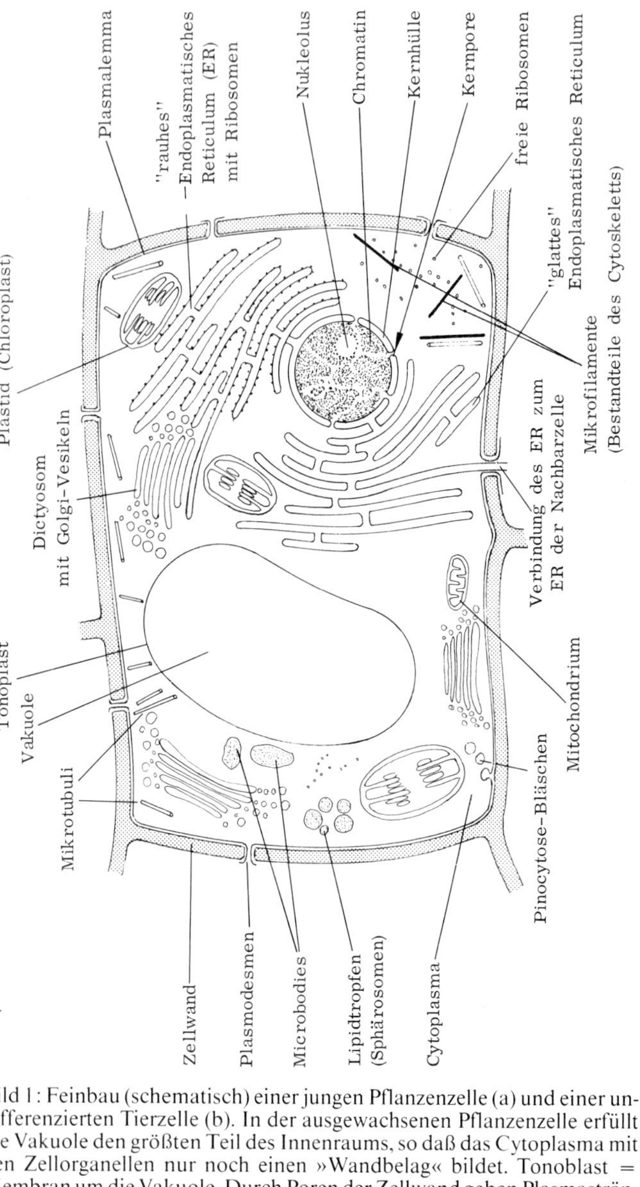


a

Bild 1: Feinbau (schematisch) einer jungen Pflanzenzelle (a) und einer undifferenzierten Tierzelle (b). In der ausgewachsenen Pflanzenzelle erfüllt die Vakuole den größten Teil des Innenraums, so daß das Cytoplasma mit den Zellorganellen nur noch einen »Wandbelag« bildet. Tonoblast = Membran um die Vakuole. Durch Poren der Zellwand gehen Plasmastränge (Plasmodesmen, oft mit ER) von einer Zelle zur benachbarten. Erklä-

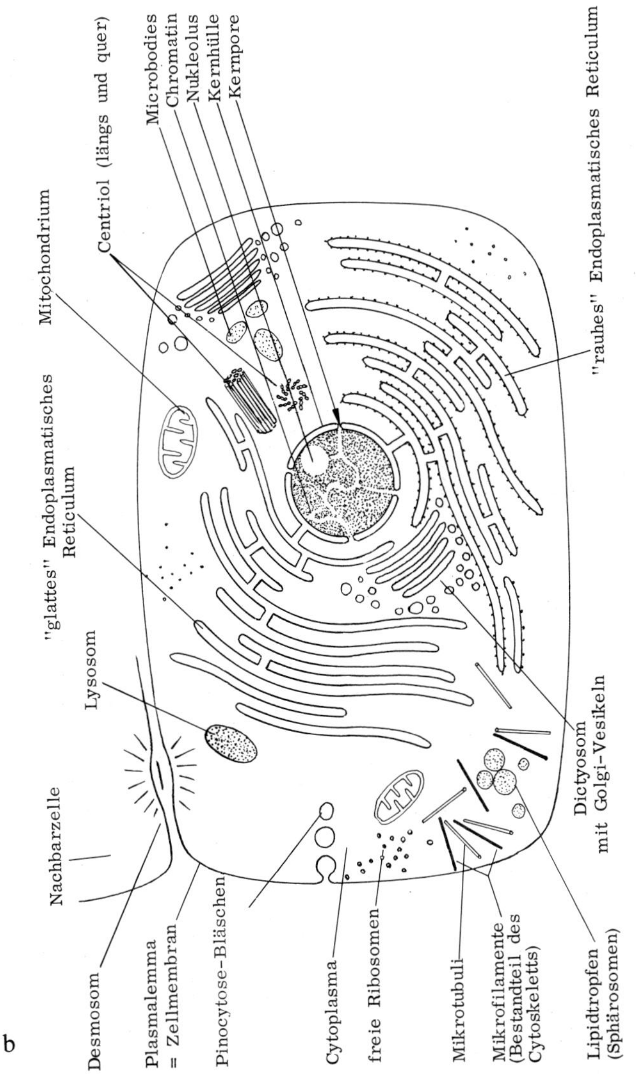


rung im Text. Desmosomen dienen dem Zusammenhalt benachbarter Zellen durch »kittende« Glykoproteine in ihrem Interzellularraum, am Desmosom enden Keratinfilamente (Tonofilamente). Nicht dargestellt sind die Gap-junctions, das sind Orte in der Zellmembran, an denen porentragende Membranproteine den Stoffaustausch erleichtern.

| Protocyte | Eucyte |
|---|---|
| Photosynthetische Pigmente (wo vorhanden) in oft abgeschnürten Einfaltungen der Zellmembran (Thylakoide) | Photosynthetische Pigmente (wo vorhanden) in Chloroplasten. |
| Geißeln (wenn vorhanden) einfach gebaut | Geißeln (wenn vorhanden) gebaut nach Prinzip: 9 periphere Gruppen zu 2 Tubuli + 2 zentrale Tubuli |
| Sexualsystem mit einseitiger Übertragung genetischen Materials vom Donor (Spender) zum Akzeptor (Empfänger) | Sexualsystem mit Kernverschmelzung der Gameten |
| Grundgerüst der Zellwand meist aus Murein (aufgebaut aus Polysaccharidketten und Peptidketten) | Grundgerüst der Zellwand (nur bei Pflanzen) in der Regel aus Cellulose oder bei vielen Pilzen aus Chitin |

## 2.2 Struktur und Funktion der Zellbestandteile von Eukaryontenzellen

1. **Organellen mit Hülle** (Doppelmembran) (»Große« Organellen)
   Inneres der Organellen: plasmatische Phase. Enthalten stets DNA. Bildung neuer Organellen durch Teilung vorhandener.

1.1 **Kern**
*Struktur:* Gestalt und Größe sehr variabel (Durchmesser 3–25 µm), oft kugelig bis ellipsoidisch. Meist in Einzahl in der Zelle. *Funktion:* Träger der Hauptmenge der genetischen Information, daher Steuerungszentrum der Zelle. Im Kern
**Chromatin:** *Struktur:* Vorwiegend DNA, die in regelmäßiger Weise mit Gebilden aus je 8 Histon-Molekülen (**Nukleosomen**) verknüpft ist; außerdem andere Proteine, daneben RNA.
**Nukleolus** (Kernkörperchen): *Struktur:* Vorstufen der r-RNA zusammen mit Proteinen. *Funktion:* Bildung, Umbau und Speicherung von Vorstufen der r-RNA.
**Karyolymphe** (Kernsaft): *Struktur:* Enzymproteine, m-RNA-Vorstufen (= prä-m-RNA) gebunden an Proteine (=

Ribonukleoprotein-Partikel, RNP), andere RNA-Moleküle, Ribo- und Desoxyribonukleotide für die Synthese von RNA und DNA. *Funktion:* Bildung der m-RNA sowie andere Stoffwechselvorgänge im Kern.

1.2 **Mitochondrien**
*Struktur:* Gestalt und Größe variabel, bis 10 µm lang; meist in Vielzahl in der Zelle. Innere Membran mit Einfaltungen in den plasmatischen Raum (= Matrix) der Organellen. *Funktion:* »Kraftwerke« der Zelle: Stoffabbau, biologische Oxidation, ATP-Bildung.
**Mitochondrien-Matrix** *Struktur:* Zahlreiche Enzymproteine, außerdem DNA und Ribosomen. *Funktion:* Tricarbonsäurezyklus, Fettsäureabbau und andere Stoffwechselvorgänge.
Durch die **Mitochondrienhülle** erfolgt Stoffaustausch zwischen Mitochondrien-Innenraum und Cytoplasma. In der inneren Membran Lokalisierung der Endoxidation und der ATP-Bildung.

1.3 **Plastiden** (nur bei Pflanzen)
*Struktur:* Gestalt und Größe variabel, meist in Vielzahl in der Zelle. Innere Membran mit Einfaltungen in den plasmatischen Raum (= Matrix) der Organellen. Bei höheren Pflanzen bilden die Membraneinfaltungen ganze Stapel von Membransäckchen (Thylakoide, die Grana bilden). *Funktion:* Photosynthese und daran anschließende Stoffwechselvorgänge. In Sonderfällen: Farbstoffspeicherung, Stärkespeicherung.
In der **Plastiden-Matrix** befinden sich zahlreiche Enzymproteine, außerdem DNA und Ribosomen. *Funktion:* $CO_2$-Fixierung und -Reduktion, Synthese von Zuckern und Stärke, Synthese von Aminosäuren und von Proteinen. Die **Thylakoidmembran** besteht aus einer hochgeordneten Struktur von Proteinen (70%) und Lipiden (vor allem Glykolipide), Chlorophyll und Carotinoiden. *Funktion:* Primärvorgänge der Photosynthese bis zur Bildung von NADPH und ATP.

2. **Organellen mit einfacher Membran** (»Kleine« Organellen)
Inneres der Organellen: nichtplasmatische Phase. Bildung neuer Organellen durch Differenzierungsvorgänge, ausgehend vom Endoplasmatischen Reticulum.

2.1 **Endoplasmatisches Reticulum, ER**
*Struktur:* Kanalsystem, oft netzförmig, vom Cytoplasma durch eine Membran getrennt. Sind auf der Cytoplasma-Seite

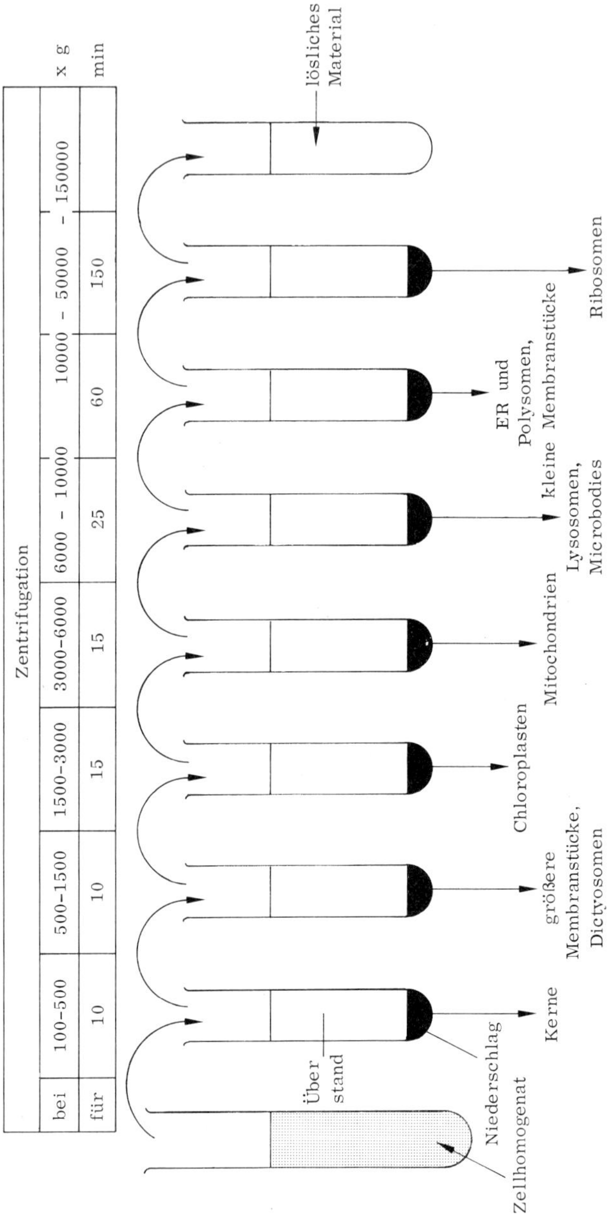
Zentrifugation
bei | 100-500 | 500-1500 | 1500-3000 | 3000-6000 | 6000 - 10000 | 10000 - 50000 - 150000 | x g
für | 10 | 10 | 15 | 15 | 25 | 60 | 150 | min
Über stand
Niederschlag
Zellhomogenat
Kerne
größere Membranstücke, Dictyosomen
Chloroplasten
Mitochondrien
Lysosomen, Microbodies
kleine Membranstücke
ER und Polysomen,
Ribosomen
lösliches Material

Ribosomen angelagert, spricht man von granulärem oder rauhem ER oder Ergastoplasma; am agranulären ER sitzen keine Ribosomen. *Funktion:* Transport von Stoffen.

2.2 **Dictyosomen**
*Struktur:* Stapel flacher Zisternen mit sich abschnürenden Bläschen (Golgi-Vesikel). Die Gesamtheit aller Dictyosomen einer Zelle heißt Golgi-Komplex oder Golgi-Apparat. Die Nachbildung von Zisternen erfolgt aus dem ER. *Funktion:* Synthese und Sekretion von Polysacchariden, Sekretion von Proteinen. Die Membran von Golgi-Vesikeln kann zur Zellmembran werden.

2.3 **Microbodies**
*Struktur:* Membranumgebene Organellen, die bestimmte Enzyme enthalten, darunter stets Katalase. *Funktion:* Räumliche Abtrennung bestimmter Stoffwechselabläufe. Je nach Art der vorwiegend enthaltenen Enzyme unterscheidet man verschiedene Arten von Microbodies.

2.4 **Lysosomen**
*Struktur:* Membranumgebene Organellen variabler Größe, enthalten hydrolytische Enzyme. *Funktion:* Hauptorte der intrazellulären Verdauung (bes. Proteinabbau). Aus Lysosomen entstehen Vakuolen.

2.5 **Vakuolen**
*Struktur:* Bei höheren Pflanzen den größten Teil einer differenzierten Zelle erfüllend, sind bei anderen Organismen kleiner. *Funktion:* Speicherung; Anhäufung von Exkreten, intrazelluläre Verdauung, Osmoregulation (z. B. kontraktile Vakuolen).

**Centriolen**
*Struktur:* Zylinderförmig angeordnete Tubuli. Häufig in Zweizahl. Enthalten wahrscheinlich stets eine geringe Menge DNA. *Funktion:* Bilden die Spindelzentren bei der Kernteilung

Bild 2: Auftrennung eines durch Zerkleinerung und Durchmischung eines Gewebebreis entstandenen Zellhomogenates mittels fraktionierter Zentrifugation. Oben ist angegeben, bei welcher Beschleunigung (Vielfaches der Erdschwerkraft) und wie lange jeweils zentrifugiert wird, um bestimmte Bestandteile der Zelle durch Niederschlag abzutrennen.

3. **Self-assembly-Systeme** (Selbstaufbau-Systeme)
Entstehen durch Aneinanderlagerung der sie aufbauenden Moleküle (self-assembly), die »von selbst« erfolgt.

3.1 **Ribosomen**
*Struktur:* Aufgebaut aus zwei Untereinheiten (Durchmesser 15–25 nm), die aus Ribonukleinsäuren (r-RNA) und Proteinen bestehen. *Funktion:* Proteinsynthese.

3.2 **Cytoskelett** (Zellskelett)
*Struktur:* Mikrotubuli und Mikrofilamente, die aus Proteineinheiten bestehen. Die wichtigsten **Mikrofilamente** sind aus Actin aufgebaut (Durchmesser 4–6 nm); sie durchziehen gerüstartig die ganze Zelle, stehen in Verbindung mit der Zellmembran und mit Mikrotubuli. Weitere Mikrofilamente von 10 nm Durchmesser aus anderen Proteinen sind oft in der Umgebung des Kerns angehäuft. Mikrofilamente aus Myosin können mit Actinfilamenten in Wechselwirkung treten; dadurch kommen Zellbewegung und Plasmaströmung zustande. Die **Mikrotubuli** bestehen aus Tubulin und bilden eine röhrenförmige Struktur aus.
*Funktion:* Erhaltung der Zellform, Ort der Anlagerung von Polysomen, Bildung der Spindel bei der Kernteilung, Mikrotubuli sind auch beim Aufbau von Geißeln und Wimpern (Cilien) beteiligt.

3.3 **Membranen**
*Struktur:* Aufgebaut aus vorwiegend polaren Lipiden (bes. Phospholipiden) und aus Proteinen. Meist 5-10 nm dick.
*Funktion:* Trennung verschiedener Kompartimente (Reaktionsräume der Zelle). Jede Membran trennt plasmatische und nichtplasmatische Phase. Jede Membran ermöglicht Stoffaustausch, Kontrolle von Stoffaufnahme und Stoffabgabe.
**Zellmembran:** Bei Tieren oft mit Mikrovilli und Einfaltungen, äußere Oberfläche mit Glykoproteinen. Bei vielen tierischen Zellen bilden bestimmte Glykoproteine ein Gerüst in der Membran, das mit den Actinfilamenten des Cytoskeletts in Verbindung steht. – Bei Pflanzen wird die Zellmembran auch *Plasmalemma* genannt.

# 3. Die Desoxyribonukleinsäure (DNS oder DNA von desoxyribonucleic acid) als stoffliche Grundlage der genetischen Information

## 3.1 Beweise für die Existenz einer genetischen Substanz. Transformation

Die ersten Untersuchungen über die Chemie der genetischen Substanz wurden an *Pneumokokken* durchgeführt. Diese Bakterien sind die Erreger der Lungenentzündung und bilden normalerweise eine Kapsel um die Zelle (vgl. Bild 3). Es gibt nun einen Stamm von Pneumokokken, der die Fähigkeit zur Kapselbildung infolge einer Mutation verloren hat und auch nicht krankheitserregend ist. Wenn man Mäusen kapselbildende Pneumokokken injiziert, so sterben sie. Tötet man die Pneumokokken vorher ab, werden sie nicht krank. Wenn man lebende kapsellose Pneumokokken (nicht krankheitserregende!) zusammen mit abgetöteten kapselbildenden Pneumokokken injiziert, so sterben die Mäuse, und im Blut lassen sich lebende Kapsel-Formen nachweisen. Die abgetöteten Pneumokokken haben demnach die gefährliche Eigenschaft auf die harmlosen Formen übertragen. Eine solche Übertragung genetischer Eigenschaften bezeichnet man als **Transformation** (lat. *transformare*, umbilden). Dem amerikanischen Forscher AVERY gelang es 1944, nachzuweisen, daß zu dieser Transformation *Desoxyribonukleinsäure* (DNA) erforderlich ist (Bild 3). Überträgt man die DNA aus kapselbildenden, virulenten (lat. *virulentus*, giftig) Stämmen in Kulturen von harmlosen Stämmen,

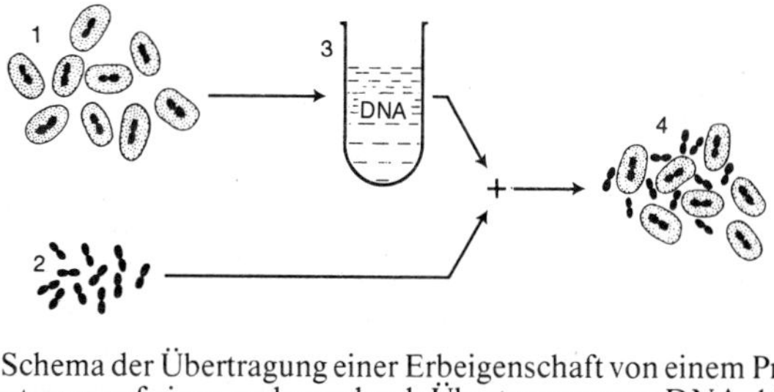


Bild 3: Schema der Übertragung einer Erbeigenschaft von einem Pneumokokkenstamm auf einen anderen durch Übertragung von DNA. 1 kapselbildende, krankheitserregende S-Form (S von smooth = glatt, durch die Kapsel hat die Kolonie eine glatte Oberfläche), 2 kapsellose, harmlose R-Form (R von rough = rauh; da die Kapseln fehlen, hat die Kolonie eine rauhe Oberfläche), 3 DNA-Extrakt vom S-Stamm, 4 Bakterien vom R-Stamm erhalten Eigenschaften vom S-Stamm durch Aufnahme von DNA

so bilden einige von ihnen Kapseln aus: sie wurden zu bekapselten, virulenten Formen transformiert. Die Desoxyribonukleinsäure enthält also die genetische Information für die Kapselbildung und für das Merkmal »krankheitserregend«. Weitere Versuche bestätigen diesen Schluß: Behandelt man die DNA von Spender-Bakterien vor der Übertragung mit dem DNA-spaltenden Enzym Desoxyribonuklease, so wird ihre Fähigkeit zur Transformation zerstört. Benützt man radioaktiv markierte Spender-DNA, so läßt sich nachweisen, daß diese von den Empfänger-Bakterien in ihre eigene DNA eingebaut wird. Vererbung muß also auf stofflichen Vorgängen beruhen. Stoffliche Vorgänge beruhen aber auf Umsetzungen von Molekülen. Man bezeichnet deshalb die sich damit befassende Forschungsrichtung der Genetik als **Molekulargenetik.**

Transformationen hat man auch mit vielen anderen Bakterien durchgeführt. Häufig verwendet man hierzu Mutanten, welche die Fähigkeit zur Synthese eines lebenswichtigen Stoffes (z. B. einer Aminosäure) verloren haben. Diese **Mangel-Mutanten** sind von den ursprünglichen Zellen, dem *»Wildtyp«*, leicht daran zu unterscheiden, daß sie nur dann wachsen, wenn der nicht synthetisierbare Stoff dem Medium zugesetzt wird. Man nennt die Bakterien *auxotroph* in bezug auf den betreffenden Stoff (*auxein*, wachsen; vgl. Bild 5). Mit Wildtyp-DNA können Mangel-Mutanten transformiert werden (Bild 4). Natürlich lassen sich auch andere Merkmale als die Fähigkeit zur Synthese bestimmter Stoffe durch Transformation übertragen, so z. B. die Resistenz gegenüber einem Antibiotikum.

Gibt man bei einem Transformationsversuch einen Stamm, der gegen die Antibiotika Penicillin und Streptomycin resistent ist, zu einem nicht resistenten Stamm, so beobachtet man bei letzterem eine Penicillinresistenz in 3% der Fälle, eine Streptomycinresistenz in 0,7% und beide Resistenz-Merkmale in 0,01% der Fälle. Die einzelnen Merkmale werden also getrennt übertragen; demnach muß die genetische Substanz aus einzelnen funktionellen Einheiten bestehen. Das Erbgut ist teilbar, wie schon MENDEL in seinen Versuchen erkannt hat: es besteht aus einzelnen Genen.

Der Befund, daß DNA die stoffliche Grundlage der Gene ist, stammte zunächst aus Untersuchungen an Bakterien. Transformationen sind mittlerweile auch bei höheren Organismen wahrscheinlich gemacht worden. DNA ist in Organismen mit echtem Zellkern (*Eukaryonten*) stets in den *Chromosomen* zu finden. Schon seit Anfang unseres Jahrhunderts vermutete man, daß die Chromosomen Träger der Gene sind (BOVERI 1903).

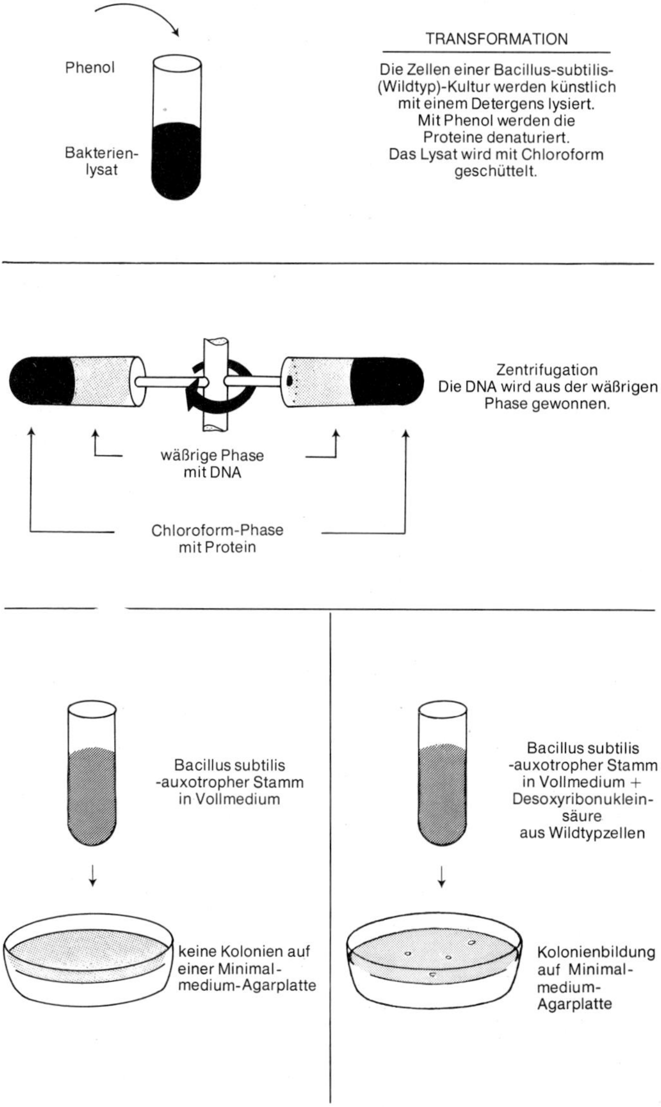


Bild 4: Transformation bei *Bacillus subtilis*

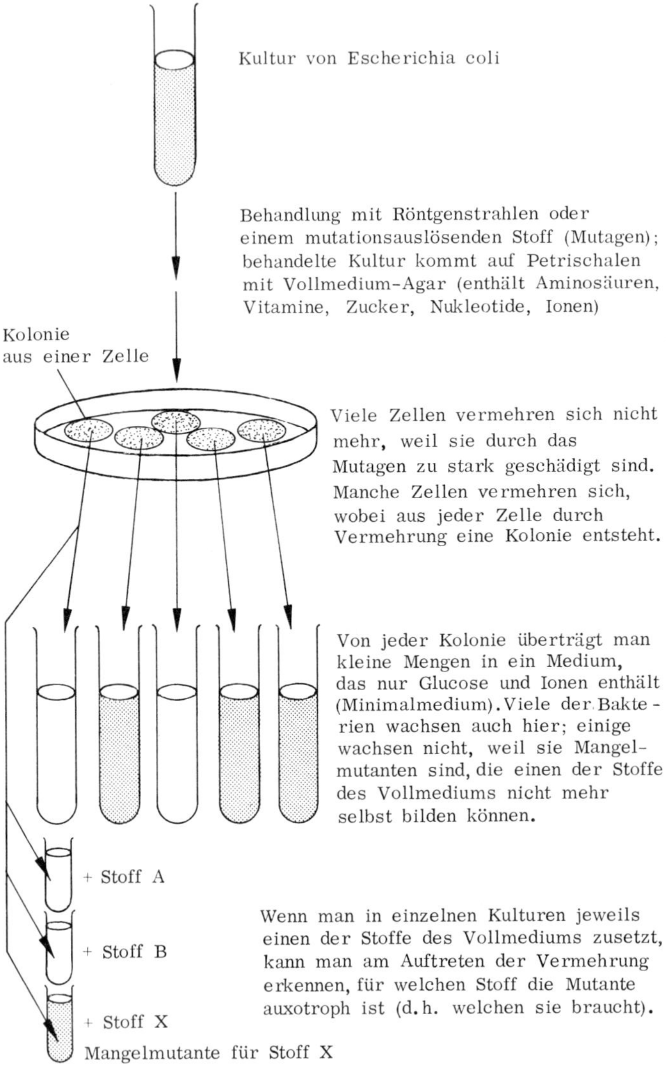


Bild 5: Gewinnung von Mangelmutanten eines Bakteriums

## 3.2 Bakterien und Viren als Untersuchungsobjekte der Molekulargenetik

### Vorteile und Nachteile von Bakterien und Viren für genetische Untersuchungen

*Vorteile:* Kleine Organismen, mit geringem Aufwand kultivierbar, sehr rasch vermehrungsfähig, kurze Generationenfolge, genau bestimmbare Umweltansprüche, einfacher Aufbau, viele Mutanten, statistische Sicherung der Ergebnisse durch hohe Individuenzahl.

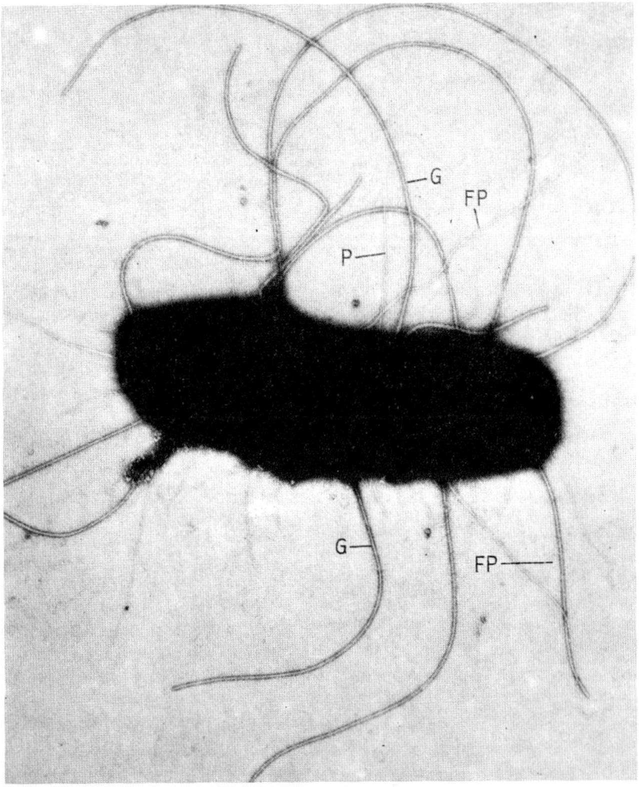


Bild 6: *Escherichia coli.* Von der Bakterienoberfläche gehen Geißeln (G) sowie kürzere und dünnere Pili (P, auch Fimbrien genannt) und Geschlechtspili (FP, Sexpili) aus. Die Pili dienen der Anheftung an Oberflächen, die Geschlechtspili der Anheftung an den Partner bei der Konjugation (vgl. 8.6). Vergr. 25 000 : 1

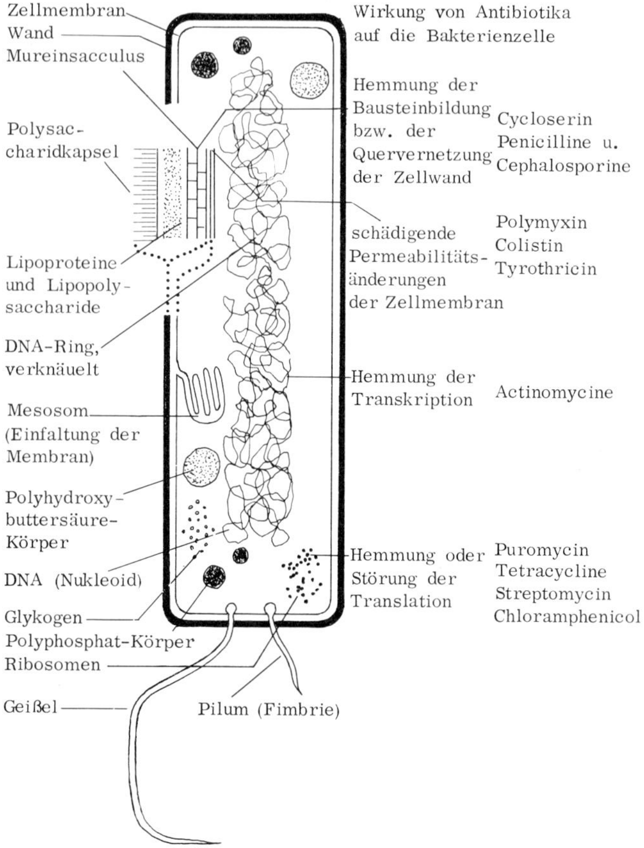


Bild 7: Schema der Bakterienzelle (etwa 35000 fach vergrößert)
Die charakteristische Form erhält die Zelle durch eine Zellwand. Diese besteht aus mehreren Schichten. Das Grundgerüst ist ein geschlossenes sackartiges Netzwerk von Polysaccharid- und Peptidketten, das man als Murein-Sacculus bezeichnet. Auf dieses Grundgerüst nach außen aufgelagert sind komplizierte, hochmolekulare Verbindungen aus Proteinen, fettartigen Stoffen und Polysaccharidketten. Die Zellmembran innerhalb der Wand kontrolliert den Transport von Stoffen nach innen und außen; sie ist als typische Membran aus Lipiden und Proteinen aufgebaut. Im Cytoplasma findet man stets Ribosomen (etwa 20000 je Bakterienzelle), ferner ein ringförmiges Chromosom aus DNA, das ein Knäuel (Nukleoid) bildet, sowie RNA. Letztere tritt in Molekülen unterschiedlicher Größe auf. Die DNA ist in der Regel locker an die Zellmembran gebunden, während die RNA-Moleküle im Cytoplasma frei beweglich sind. Ein Cytoskelett fehlt.

*Nachteile:* Strukturen der Eucyte fehlen, an Bakterien und Viren gewonnene Ergebnisse sind nicht ohne weiteres auf Eukaryonten übertragbar.

### 3.2.1 Bakterien

Das am häufigsten für genetische Untersuchungen herangezogene Bakterium ist *Escherichia coli* (kurz *E.coli*, Bild 6). Wir verdanken den mit diesem Bakterium durchgeführten Experimenten den größten Teil unseres Wissens von den molekularen Grundlagen der Vererbung. *E.coli* lebt im Darm des Menschen und der Säugetiere. Jeder Mensch scheidet täglich über 100 Milliarden Bakterien aus, zu einem erheblichen Teil eben *E.coli*. Dieser Versuchsorganismus läßt sich leicht in Kulturen halten und liefert bei guter Versorgung mit Zucker und Mineralsalzen durch rasche Vermehrung in kurzer Zeit große Substanzmengen. Bei 37° C tritt in diesem Medium etwa alle 50 min eine Zweiteilung auf, unter optimalen Bedingungen mit Fleischextrakt im Medium (*Vollmedium*) sogar alle 20 min. Die rasche Bildung großer Bakterienmengen ist wichtig, wenn eine bestimmte Substanz aus ihnen isoliert werden soll und man dazu mehrere kg Bakterienmasse braucht.

### 3.2.3 Viren und Viroide

Als Ausgangspunkt für die genauere Untersuchung der DNA wählte man aus methodischen Gründen nicht die kompliziert zusammengesetzten Chromosomen aus Zellkernen höherer Organismen, sondern möglichst einfach organisierte Objekte. Diese gestatten es, relativ leicht reine DNA zu gewinnen. Solche Objekte sind die **Bakteriophagen** (kurz *Phagen* genannt), eine besondere Gruppe der *Viren* (lat. *virus*, Gift). Sie befallen als Parasiten bestimmte Bakterien und können sich nur in lebenden Bakterienzellen vermehren. Neben den Phagen haben auch andere Viren große Bedeutung in der Molekulargenetik erlangt. Wir wollen uns daher mit ihrem Aufbau und ihrer Vermehrungsweise etwas genauer beschäftigen.

**Vorkommen und Bedeutung.** Die **Viren** sind häufig Krankheitserreger, die bei ihren Wirtsorganismen (Pflanze, Tier, Mensch) übertragbare Krankheiten hervorrufen. Die meisten Nutzpflanzen können von Pflanzenviren befallen werden. Viruskrankheiten der Haustiere sind Maul- und Klauenseuche, Kuh-

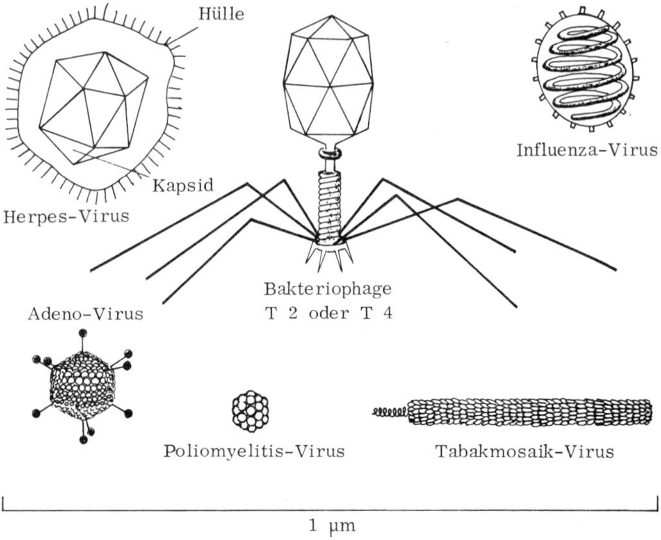


Bild 8: Schematische Darstellung verschiedener Viren. Man beachte den Maßstab. Die Bakteriophagen T2 und T4 haben die gleiche Gestalt. Beim Herpes-Virus und einigen anderen Viren ist das Kapsid von einer zusätzlichen Hülle (Mantel) umschlossen, die aus Material der Wirtszelle besteht

pocken, Tollwut, Schweine- und Hühnerpest. Beim Menschen verursachen sie z. B. Kinderlähmung, Mumps, Masern, Pocken, Grippe und Hirnhautentzündung. Bestimmte Viren sind sehr wahrscheinlich an der Ausbildung einiger Arten von Krebs beteiligt.

**Bau.** Im Elektronenmikroskop sind die Viren als rundliche oder stäbchenförmige Gebilde sichtbar (Bild 8). Sie sind aber so klein, daß sie durch bakteriendichte Filter hindurchgehen. Ihre Größe liegt zwischen derjenigen der größten Proteinmoleküle (20 nm) und der der kleinsten Bakterien (250 nm). Ein vollständiges Virusteilchen (auch *Virion* genannt) besteht aus einer Nukleinsäure, die von einer Proteinhülle umgeben ist. In Viren findet man gewöhnlich nur eine Art von Nukleinsäure, also entweder DNA oder RNA. Man unterscheidet danach zwischen **DNA- und RNA-Viren,** bei letzteren ist RNA die genetische Substanz. Die Proteinhülle wird als *Kapsid* bezeichnet, sie kann eine Röhre ausbilden (z. B. beim Tabakmosaikvirus) oder eine geschlossene Kapsel (z. B. beim Poliovirus oder den T-Phagen). Das Kapsid ist aus morphologischen Einheiten aufgebaut, die bei starker elektronenmikroskopischer Vergrößerung erkannt werden können. Diese *Kapsomeren* können aus einem Protein oder aus mehreren verschiedenen Proteinen bestehen. Die einzelnen Proteinmoleküle sind stets sehr regelmäßig angeordnet, so daß eine Struktur zustande kommt, die einem Kristallgitter ähnelt. Natürlich liegt kein echter Kristall vor, da das ganze Virus eine streng definierte Größe hat, ein Kristall aber ständig weiterwachsen kann.

**Vermehrung.** Viren haben keinen eigenen Stoffwechsel; sie können sich daher nur in lebenden Zellen vermehren, wobei sie deren Stoffwechsel verändern.

**Virus:** *Elektronenmikroskopisch nachweisbare Partikel, bestehend aus DNA oder RNA und einer Proteinhülle. Ohne Stoffwechsel.*

**Tabelle 2: Vergleich von Viren und Zellen**

| | *Virus* | *Zelle* |
|---|---|---|
| Nukleinsäuren | DNA *oder* RNA | DNA *und* RNA |
| Fähigkeit zur Mutation | vorhanden | vorhanden |
| Stoffwechsel | fehlt | vorhanden |
| Vermehrung | nur in Wirtszellen möglich | durch Spaltung, mitotische oder meiotische Teilung |
| Begrenzende Membran | fehlt | vorhanden |

Ein gutbekanntes Pflanzenvirus ist das **Tabakmosaikvirus (TMV).** Seinen Namen hat es erhalten, weil es auf befallenen Tabakblättern eine mosaikartige Verfärbung des Blattgrüns erzeugt. Es ist stabförmig gebaut, etwa 300 nm lang mit einem mittleren Durchmesser von 15nm (Bild 10). Die genauere Untersuchung zeigt, daß 2130 gleiche Proteinmoleküle schraubenförmig angeordnet sind; diese Proteineinheiten sind aus 158 Aminosäuren aufgebaut (Molekülmasse etwa 17500). Die Proteinmoleküle umhüllen eine Ribonukleinsäure-Schraube mit einem Durchmesser von 9 nm. Gelangt das TMV durch Verletzungen in eine Zelle des Tabakblattes, so wird dort die Virus-Nukleinsäure freigesetzt. Sie steuert ihre eigene Vermehrung und die Bildung des TMV-Proteins, wozu der Stoffwechsel der Wirtszelle benutzt wird. Virus-Nukleinsäure und Virus-Protein treten dann zu neuen Virionen zusammen. Die Anordnung zu einer bestimmten Struktur kommt durch zwischenmolekulare Kräfte zustande und geht so vor sich, daß eine möglichst vollständige Absättigung dieser Bindungskräfte erfolgt und das ganze Gebilde dadurch zwangsläufig in den Zustand des geringsten Energieinhalts gelangt. (In der Physik heißt diese Ge-

Bild 9: Tabakmosaikvirus, elektronenmikroskopische Aufnahme. Natürliche Größe 0,3 μm

setzmäßigkeit das Prinzip von *Hamilton.)* Der Zusammenbau von Virus-Protein und Virus-RNA geschieht durch *Aggregation* von selbst (self-assembly, Selbstaufbau). Das TMV ist also ein »self-assembly-System«. Die Virusvermehrung schreitet fort, indem immer neue Zellen befallen werden, wobei sie dann meist zugrunde gehen. Wie man durch Einreiben isolierter Virus-Nukleinsäure in Tabakblätter gezeigt hat, kann die Virus-Nukleinsäure allein in den Wirtszellen die Bildung neuer, vollständiger TM-Viren auslösen. Die genetische Information für die Bildung des vollständigen TMV ist also in dessen RNA enthalten.

Der **Selbstaufbau** (Selfassembly) ist für das TMV-Partikel weitgehend geklärt. Er erfolgt nach Bildung der RNA und der Kapsomer-Proteine in der Wirtszelle (Bild 11). Dabei ist der Anfang des Zusammenbaus der entscheidende Schritt. Zunächst entsteht eine Scheibe aus 2 Lagen von insgesamt 34 Protein-Einheiten. In den zentralen Hohlraum wird dann die RNA mit einer Schleife (loop) eingelagert (a), wobei sich die Proteinscheibe zu einer schraubigen (treppenartigen) Struktur umlagert (b). Dann werden weitere Proteinscheiben (die sich ja ohne RNA bilden) angelagert und umgeordnet (c). Die RNA liegt dabei so, daß sich ein Molekülende im inneren Hohlraum der wachsenden TMV-Partikel befindet und fortlaufend nachgezogen wird, bis die RNA vollständig mit Protein-Kapsomeren bedeckt ist (d zeigt die Anordnung der RNA im wachsenden Partikel).

Das Auftreten von **Bakteriophagen** in einer Bakterienkultur wird mit Hilfe der *Plaque-Technik* nachgewiesen. Bakterien bilden auf einem Agar-Nährboden einen geschlossenen Rasen. Dort wo sich ein Phage vermehrt und dadurch die Auflösung (*Lyse*) vieler Bakterien verursacht, erscheint nach einiger Zeit in dem trüben Bakterienrasen ein Loch (Plaque, Bild 12). Gestalt und Randstruktur des jeweiligen Loches sind für den Phagen spezifisch.

Besonders gut untersucht sind einige der Phagen, die *E.coli* befallen. Sie werden als Coli-Phagen T 1 bis T 7 bezeichnet. Den Aufbau des T 2-Phagen zeigt Bild 14.

Bringt man Phagen mit dem Wirtsbakterium zusammen, so heften sich die Phagen an bestimmte Stellen der Zellwand (*Rezeptoren)* an: *Adsorp-*

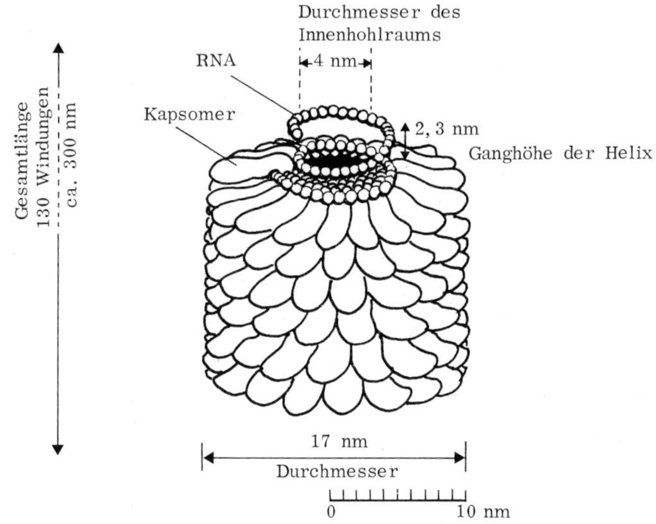


Bild 10: Aufbau des Tabakmosaikvirus. Man erkennt die Proteineinheiten, die die Ribonukleinsäure-Schraube umhüllen

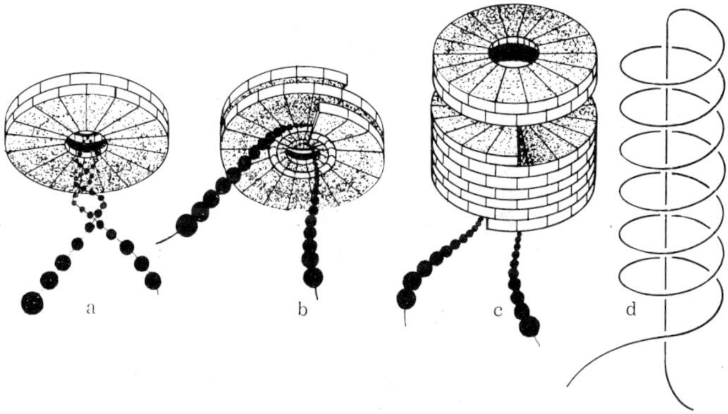


Bild 11: Selbstaufbau des Tabakmosaikvirus. Erläuterung im Text

*tionsvorgang*. Nun wird durch ein Enzym (*Lysozym*) örtlich die Bakterienwand aufgelöst und durch das gebildete Loch die Nukleinsäure in die Bakterienzelle injiziert: *Penetration* (*Injektionsphase*). Die Proteinhülle bleibt auf der Oberfläche des Bakteriums zurück. Dies konnte man durch Infektion von Bakterien mit Phagen beweisen, deren Proteinhülle radioaktiv

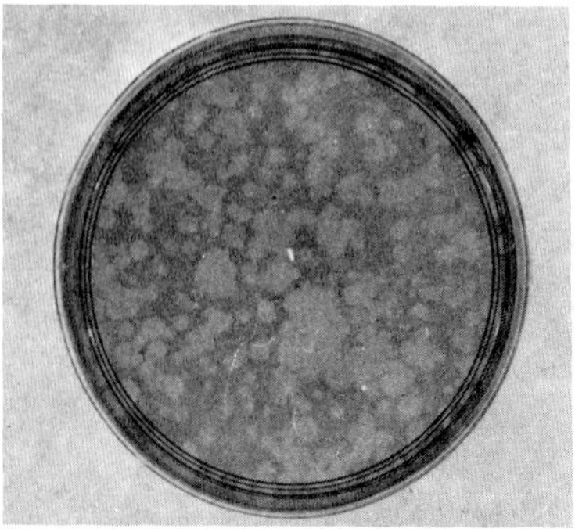

Bild 12: Plaque-Test. Die hellen Stellen auf der Agarplatte sind Löcher im Bakterienrasen, die durch Phagen verursacht sind

markiert war, nicht aber deren DNA. Die Markierung bleibt dann außen an der Bakterienwand haften (Bild 13). Nach der Injektion spielen sich die weiteren Vorgänge im Innern des Bakteriums ab und sind nicht direkt zu beobachten. Man bezeichnet diese Phase als *Eklipse* (Finsternis). Nach etwa 20–30 min platzt die Bakterienzelle auf und entläßt 30–200 neue Phagen (Bild 15). Ähnlich wie hier für Phagen geschildert, verläuft auch die Infektion von Eukaryontenzellen durch andere Viren. Das Eindringen in die Zelle ist hierbei komplizierter; auch sind die Eklipsezeiten für die einzelnen Viren sehr verschieden lang (Poliovirus 3 Std., TMV 20 Std.)

Um festzustellen, was sich während der Eklipse abspielt, hat man die Zellen zu verschiedenen Zeiten nach der Infektion untersucht. Zunächst wird Ribonukleinsäure synthetisiert, dann beginnt die Bildung von spezifischen Phagenproteinen (Latenzphase). Unter diesen Phagenproteinen sind solche, die als Enzyme für die Neubildung von Phagen-DNA erforderlich sind. Etwas später werden die Protein-Bausteine für die Phagenhülle synthetisiert. Nach etwa 10 min sind in der Wirtszelle Phagenköpfe nachzuweisen, der Aufbau des Phagen aus seinen Bausteinen hat also begonnen. Gleichzeitig mit der Bildung der Köpfe werden Schwanzstücke und Schwanzfibern aufgebaut. Anschließend treten diese Teile miteinander in Verbindung; dabei wirken (bei den T-Phagen) noch Hilfsenzyme (»Faktoren«) mit. (Die Bildung eines vollständigen T-Phagen erfolgt also nach demselben Prinzip wie etwa die Montage eines Autos: Fertigstellung von Teilen, dann Zusammenbau zum Ganzen.) Schließlich kommt es durch eine starke Lysozymbildung zur Lyse der Bakterienzelle. Diese Phagenvermehrung zusammen mit dem geschilderten Markierungsversuch (Bild 13) erlaubt den sicheren Schluß, daß die Information für die Neubildung von Phagen aus dem Material der Bakterienzelle ausschließlich von der Phagen-DNA stammt.

An der Phagen-Vermehrung lassen sich drei ganz verschiedene Vorgänge erkennen und untersuchen:

1. Die identische Vermehrung von DNA und die Bildung von Protein unter der Steuerung der DNA. Dies ist das **Grundproblem der Molekulargenetik.**

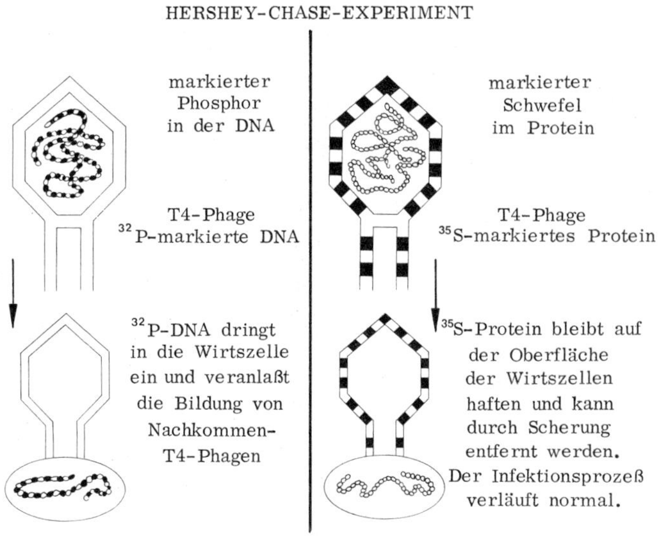


Bild 13: Nachweis, daß nur die DNA des Phagen ins Bakterium eindringt. Links: Versuch mit radioaktiv markierter DNA. Markierung durch $^{32}$P (Phosphor ist ein Element, das in DNA stets, in Proteinen aber nicht enthalten ist). Rechts: Kontrollversuch mit radioaktiv markiertem Protein. Markierung durch $^{35}$S (Schwefel ist in Proteinen stets, in DNA aber nie enthalten)

2. Der Aufbau komplizierter Gebilde (Kopf, Schwanz) aus einzelnen Makromolekülen durch Selbstaufbau. Dies ist ein **Grundproblem der Cytologie;** denn auch elektronenmikroskopisch sichtbare Strukturen der Zelle (z. B. Membranen, Ribosomen) besitzen einen hochgeordneten, komplizierten Aufbau aus einzelnen Molekülen und entstehen durch Selbstaufbau.
3. Die zeitliche Ordnung der einzelnen Vorgänge. Dies ist ein **Grundproblem der Entwicklungsphysiologie.**

**Lysogenie.** Wird eine *E.-coli*-Zelle von T2- oder T4-Phagen befallen, so folgt stets die Lyse. Führt man eine Infektion mit dem Phagen λ (lambda) durch, so überleben etwa 20% der Zellen, enthalten aber stets Virusteilchen, die wieder infektiös werden können. Diese Phagen müssen in den Bakterien in einer inaktiven, maskierten Form enthalten sein. Man spricht dann von *Prophagen*. Sie schaden in dieser Form der Bakterienzelle nicht, können aber unter bestimmten Bedingungen (z. B. durch Temperaturschock) wieder aktiv werden und zur Lyse der Zelle führen. Bakterienzellen, die Prophagen enthalten, heißen *lysogen* (d. h. unter bestimmten Ver-

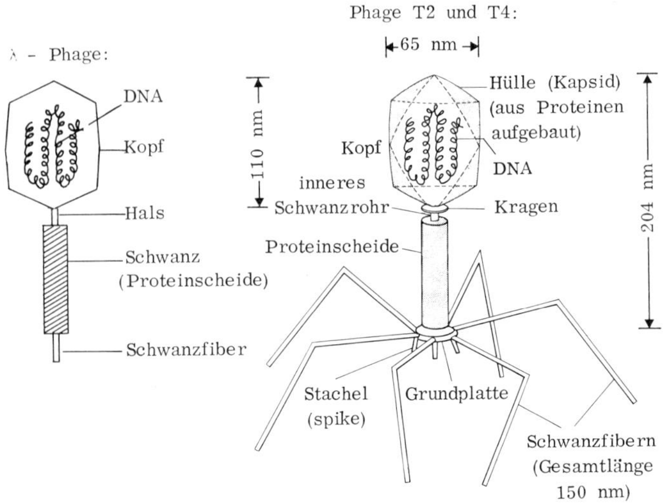


Bild 14: Bau von Bakteriophagen. Der Phage besteht aus einem Kopf (der in einer Proteinhülle die DNA enthält), einem schmalen Kragen und dem Schwanzstück. Die Proteinscheide des Schwanzstücks ist kontraktil. Durch die Kanüle kann die DNA in das Bakterium injiziert werden. Die Grundplatte mit Stacheln und die Schwanzfibern dienen der Befestigung an der Zellwand des Bakteriums

hältnissen wieder lysierbar; Bild 15). Phagen, die in einem bestimmten Prozentsatz der Infektionen ins Prophagen-Stadium übergehen, heißen *temperent* (gemäßigt). Phagen wie T 2 und T 4, die stets zur Lyse führen, sind *virulent* (»giftig«). In jeder Kultur lysogener Bakterien treten immer wieder spontan auch einige virulente Phagen auf.

Das Vorkommen von Prophagen kann von medizinischer Bedeutung sein. So bilden nur solche Diphterie-Bakterien, in deren Genom ein Prophage eingebaut ist, das Diphterie-Toxin. Dieses bringt dann in Zellen des menschlichen Organismus die Protein-Synthese zum Erliegen.

**Viroide:** *Noch einfacher gebaut als Viren sind die Viroide. Sie bestehen nur aus einem einzigen, relativ kleinen, ringförmigen Ribonukleinsäuremolekül (ohne Proteinhülle!), das zu einer Schraube verdrillt ist (Modell: verdrillter Gummiring; vgl. Bild 64). Viroide sind als die kleinsten überhaupt bekannten Krankheitserreger bei Pflanzen (Kartoffel, Gurke, Chrysantheme) nachgewiesen worden. Vermutlich sind Viroide aber auch die Ursache einiger heimtückischer Krankheiten bei Tier und Mensch (z. B. vielleicht Erreger der Multiplen Sklerose; vgl.*

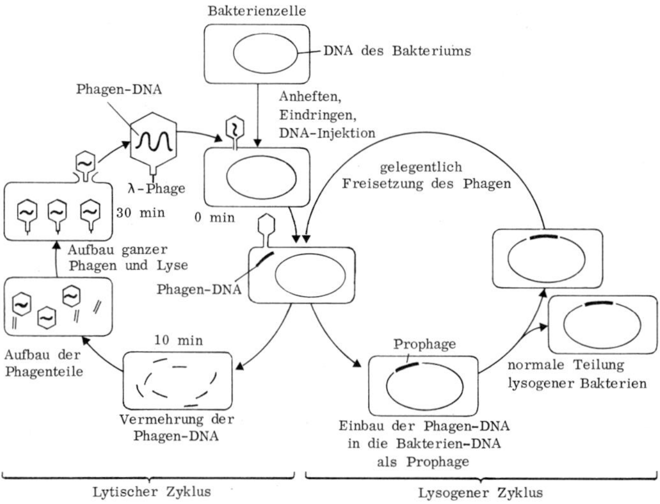


Bild 15: Die Vermehrung des Phagen λ. Nach der Injektion der Phagen-DNA in das Wirtsbakterium setzt entweder die Vermehrung der Phagen-DNA ein (lytischer Zyklus) oder es entsteht (in etwa 20% der Fälle) durch Einbau der Phagen-DNA in die Bakterien-DNA ein lysogenes Bakterium, das sich vermehren kann; so entstehen viele lysogene Bakterien

*14.6). Viroide vermehren sich in den Wirtszellen wie Viren und stören dadurch die Zellfunktionen.*

### 3.2.3 Transduktion und Transfektion

Bei temperenten Phagen kommt es vor, daß sie beim Übergang vom Prophagenstadium in den infektiösen Zustand in die eigene DNA auch DNA-Stücke des Wirtsbakteriums einbauen. Wenn solche Phagen dann einen anderen Bakterienstamm befallen, so bilden sich bei diesem wieder in gewisser Zahl Prophagen aus. Dabei wird ihre DNA einschließlich des DNA-Stücks des ursprünglichen Wirtsbakteriums der genetischen Substanz des neuen Bakteriums hinzugefügt. Die neuen Wirte bilden nun bestimmte Merkmale der alten Wirte aus, nämlich solche, deren Gene mit der Phagen-DNA »eingeschleppt« wurden (vgl. Bild 16). Diese Übertragung genetischer Substanz mit Hilfe temperenter Phagen heißt *Transduktion* (lat. *transducere*, überführen).

Einen weiteren Nachweis dafür, daß das genetische Material

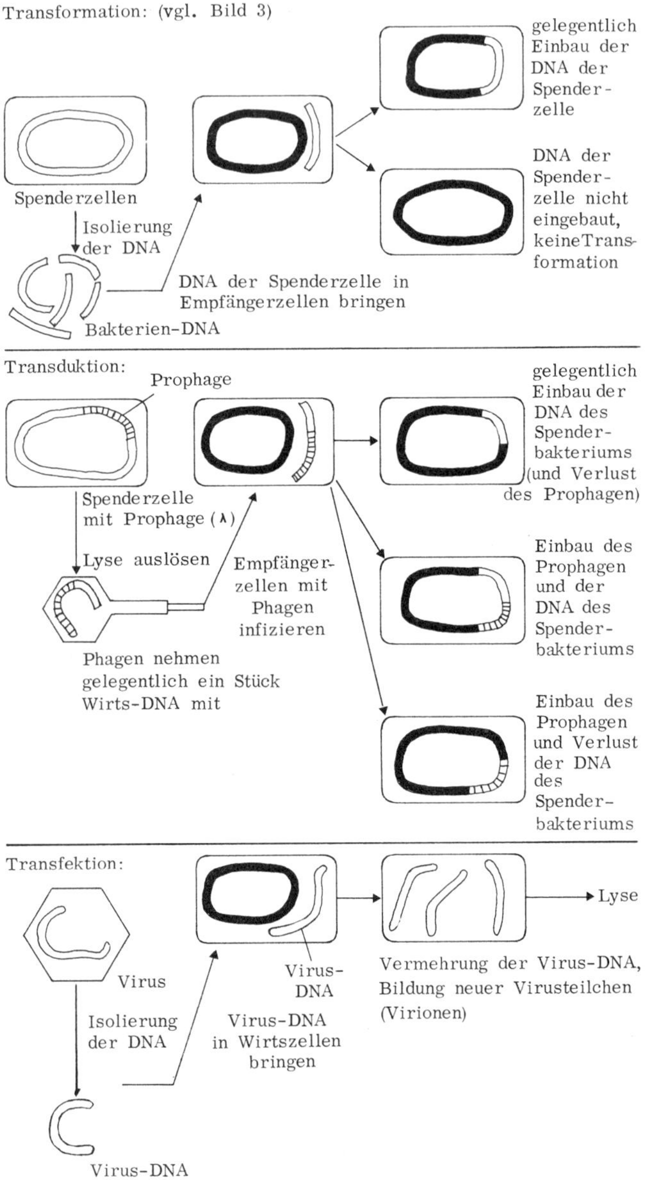


Bild 16: Transformation, Transduktion und Transfektion

aus DNA besteht, liefert die Infektion von Bakterien mit der isolierten Phagen-DNA *(Transfektion,* aus *Trans*formation und Virus-In*fektion).* Der Infektionsverlauf ist dann genau so, als wären die Bakterien von normalen Viren befallen.

Transformation, Ablauf der Phagenvermehrung, Transduktion und Transfektion weisen alle auf die DNA als die genetische Substanz. Wir müssen uns daher der Struktur dieser DNA zuwenden und prüfen, ob sie die Eigenschaften besitzt, die von einem solchen Stoff zu fordern sind.

**Beweise für die DNA als genetische Substanz**

| | |
|---|---|
| **Transformation** | Übertragung von Erbmerkmalen durch DNA bei Bakterien (und Eukaryonten) |
| **Transfektion** | Virus-Infektion von Zellen mit isolierter Virus-DNA |
| **Transduktion** | Übertragung von Erbmerkmalen durch DNA von einem Organismus in die DNA eines andern Organismus mit Viren als DNA-Überträgern |

## 3.3 Struktur und Funktion der DNA als Erbsubstanz

Durch die beschriebenen Experimente ist nachgewiesen, daß DNA die Erbsubstanz ist. Sie muß folgende, für eine genetische Substanz wesentliche Eigenschaften aufweisen:

Fähigkeit zur Speicherung genetischer Information

Fähigkeit zur identischen Reduplikation (= Replikation) der genetischen Information

Fähigkeit zu Veränderungen der genetischen Information (Mutationsfähigkeit = Mutabilität).

In den folgenden Abschnitten wird begründet, daß und wie die Struktur der DNA ihr diese Fähigkeiten verleiht.

### 3.3.1 Struktur der DNA

#### 3.3.1.1 Polynukleotide

Nukleinsäuren sind unverzweigte Kettenmoleküle von großer Länge. Sie besitzen sehr hohe Molekülmassen, sind also *Makromoleküle* wie Proteine, Cellulose und Stärke. Makromoleküle

(Polymere) sind aus Einheiten (Monomeren) aufgebaut, die gleichartig miteinander verknüpft sind. Die Baueinheiten der Nukleinsäuren heißen *Nukleotide*, daher bezeichnet man ihre Polymeren auch als **Polynukleotide.** Die Nukleinsäuren wurden 1868 von MIESCHER entdeckt.

Die Nukleotide bestehen aus je einem Molekül eines Monosaccharids mit 5 Kohlenstoff-Atomen (einer *Pentose)*, einem *Phosphorsäure*rest und einer stickstoffhaltigen organischen Ringverbindung, die man wegen ihrer schwach basischen Reaktion auch kurz als *Base* bezeichnet. Von diesen Basen gibt es in Nukleinsäuren hauptsächlich die folgenden fünf: *Adenin* und *Guanin* mit einem Doppelringsystem (*Purin-Ring)* sowie *Cytosin, Thymin* und *Uracil* mit einem einfachen Ringsystem (*Pyrimidin-Ring)*. Andere Basen treten in sehr geringer Menge, aber in jeder Zelle auf; man bezeichnet sie als »*seltene*« Basen.

Nach dem Zuckerbaustein unterscheidet man zwei Arten von Nukleinsäuren: die **Ribonukleinsäuren** (RNS oder RNA von engl. *r*ibo*n*ucleic *a*cid) mit dem Zucker *Ribose* und die **Desoxyribonukleinsäuren** (DNA) mit dem Zucker *Desoxyribose*. DNA enthält die 4 Basen Adenin, Guanin, Cytosin und Thymin. An Stelle von Cytosin kann gelegentlich (z. B. bei höheren Pflanzen) Methylcytosin treten. Ribonukleinsäuren enthalten statt Thymin fast stets Uracil.

Die Verknüpfung der Bausteine zum Nukleotid geschieht immer nach demselben Prinzip: die Base ist über eines ihrer N-Atome an das erste C-Atom des Zuckers gebunden. Das fünfte C-Atom des Zuckers trägt den Phosphorsäurerest. Die Verbindung von Base und Zucker ohne Phosphatrest wird als *Nukleosid* bezeichnet. Da das vierte C-Atom des Zuckers beim Aufbau der räumlichen Struktur des Zuckerrestes beansprucht ist (Halbace-

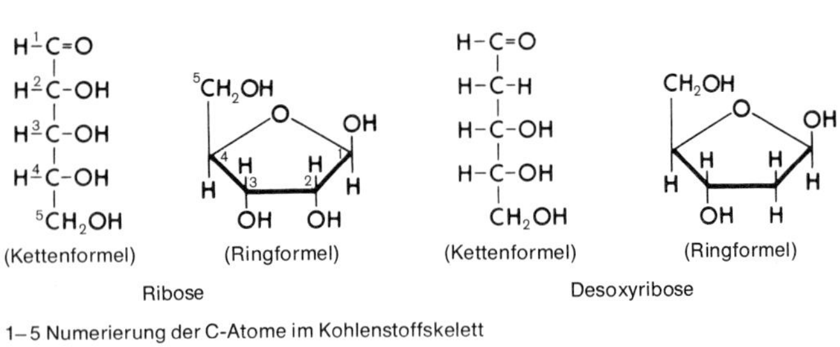


Bild 17: Strukturen von Ribose und Desoxyribose, den Zuckern der Nukleinsäuren

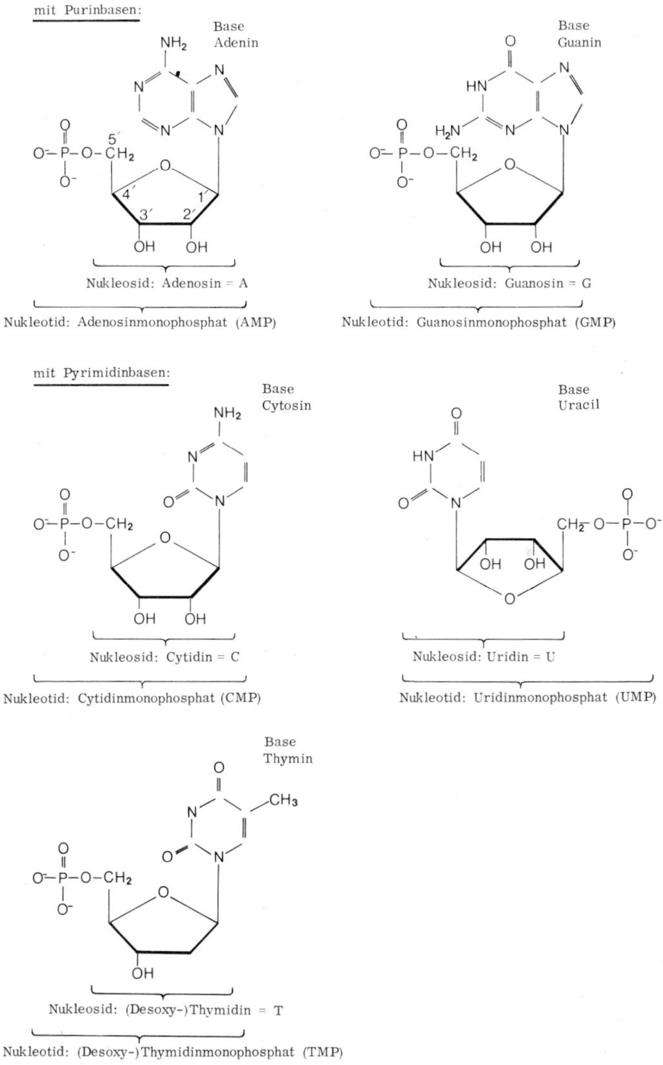


Bild 18: Die wichtigen Nukleotidbausteine der Nukleinsäuren. Außer für Thymidinmonophosphat sind jeweils die Ribonukleotide (mit dem Zucker Ribose) dargestellt. Beim Adenosinmonophosphat ist die Zählung der Kohlenstoffatome des Zuckerrestes eingetragen. Für Cytidinmonophosphat und Uridinmonophosphat wurden zwei verschiedene, aber gleichwertige Schreibweisen gewählt

talring), besteht Reaktionsfähigkeit am Zucker nur noch am zweiten und dritten C-Atom. Bei der Desoxyribose trägt das zweite C-Atom keinen Sauerstoff, daher hat sie ihren Namen. Da die Verknüpfung der Nukleotideinheiten in allen Nukleinsäuren gleichartig über die Zuckerreste und die Phosphorsäure erfolgt, darf man aus dieser Überlegung schließen, daß vermutlich das dritte C-Atom dieser Verknüpfung dient. Dies ist tatsächlich nachgewiesen worden. Bei der Numerierung der C-Atome des Zuckerrestes verwendet man üblicherweise Zahlen mit Strich (also 3', 4', 5'); die Zahlen ohne Strich sind für die Basen vorgesehen.

Die Nukleotide sind in den Nukleinsäuren linear in einer Kette angeordnet und durch Phosphorsäure-Brücken (Phosphodiesterbrücken) vom 5'-C-Atom des einen Zuckerrestes zum 3'-C-Atom des nächstfolgenden Zuckerrestes verknüpft. Für die Nukleoside (und häufig ungenauerweise auch für die Basen allein) verwendet man als Symbole die Anfangsbuchstaben der jeweils beteiligten Basen: A, C, G, T, U.

Infolge des geschilderten Aufbaus einer Polynukleotidkette hat diese stets ein 3'-Hydroxyl-Ende und ein 5'-Phosphat-Ende. Sie ist also in der Richtung festgelegt. Da die Zucker- und Phosphatreste der Nukleotidbausteine der DNA durch die ganze Kette hindurch völlig gleich sind, muß die genetische Information an die Basen gebunden sein. Wir dürfen vermuten, daß die Abfolge der Basen (bzw. der Nukleotide) für die Speicherung der Information von Bedeutung ist.

### 3.3.1.2 Aufklärung der DNA-Struktur

1. *Chemischer Befund:* In der DNA ist die molare Menge an Adenin gleich der molaren Menge an Thymin und die molare Menge an Cytosin gleich der molaren Menge an Guanin. Mit dieser Regel kann man die prozentuale Basenzusammensetzung einer DNA angeben, wenn der Prozentgehalt nur einer Base bekannt ist. Ist z. B. der Prozentsatz an Adenin 17%, dann muß Thymin ebenfalls zu 17% und Cytosin und Guanin zu je 33% vorliegen.
2. *Physikalischer Befund:* Ein Makromolekül besitzt eine bestimmte räumliche Anordnung. Zur Aufklärung der Raumerfüllung eines Moleküls dient die *Röntgenstrukturanalyse.* Die Röntgendiagramme der DNA weisen auf eine Schraubenstruktur des Moleküls hin.

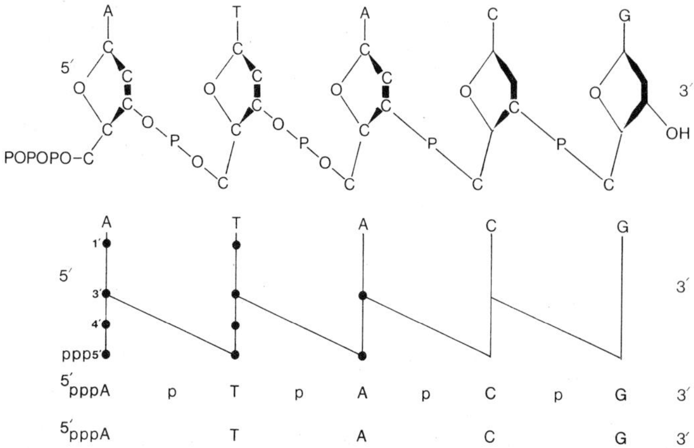


Bild 19: Darstellung eines Abschnitts der DNA, von oben nach unten in fortlaufend vereinfachter Form. Links ist das 5′-, rechts das 3′-Ende des Moleküls. Am 5′-Ende des Moleküls befinden sich (zumeist 3) Phosphatreste

Durch Kombination physikalischer und chemischer Befunde sowie stereochemischer Betrachtungen entwickelten WATSON und CRICK 1953 ein Modell der DNA-Struktur, deren Richtigkeit mittlerweile durch zahlreiche Versuchsergebnisse erwiesen ist. Danach besteht die DNA aus zwei langen Polynukleotidsträngen, die über die Basen der Nukleotide strickleiterartig zu einem *Doppelstrang* verknüpft sind. Das ganze Gebilde ist außerdem schraubig gedreht, wobei 10 Nukleotidpaare auf eine Windung kommen. Man spricht von einer Doppelschrauben- oder **Doppelhelix-Struktur.** Die vier Basen der DNA ordnen sich einander gegenüber immer so an, daß sie räumlich zusammenpassen und zwischen ihnen Wasserstoffbrückenbindungen optimaler Länge und in maximaler Zahl ausgebildet werden. Deshalb steht einer Purin-Base stets eine Pyrimidin-Base gegenüber. *Guanin paart mit Cytosin* unter Ausbildung von 3 Wasserstoffbrücken, *Adenin mit Thymin* unter Bildung von 2 Wasserstoffbrücken (**Gesetz der spezifischen Basenpaarung**; es erklärt die genannte Regel der prozentualen Basenzusammensetzung). Die beiden zusammengehörigen Stränge der Doppelhelix sind daher nicht identisch, sondern komplementär gebaut, so daß durch jede der Basen des einen Stranges die zu ihr gehörende Partnerbase des anderen Stranges festgelegt ist. Der zweite Strang enthält also die gleiche Information wie der erste, nur gewissermaßen als »Negativ«. Die beiden

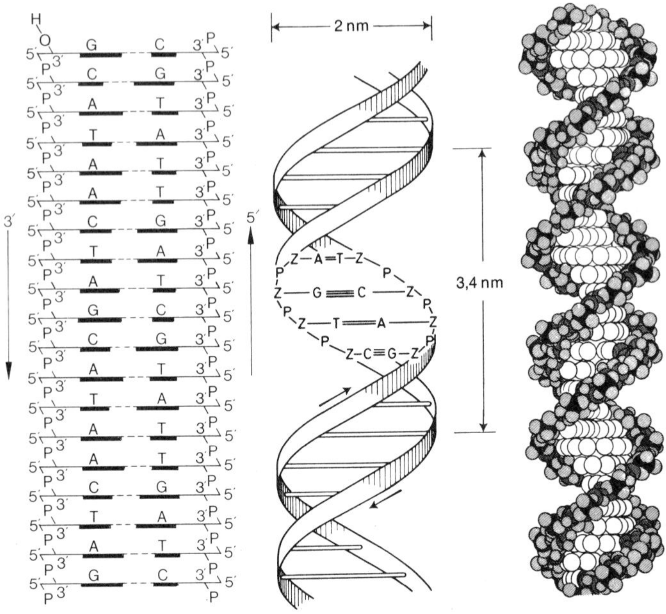


Die beiden Stränge der DNA verlaufen »antiparallel«: ein »freies« nicht mit einem Nachbarnukleotid verknüpftes 5'-Ende befindet sich am linken Strang unten und am rechten Strang oben.

Dimensionen der Doppelhelix: eine vollständige Windung verläuft über 3,4 nm und enthält 10 Basenpaare

Ein raumfüllendes Modell der DNA-Doppelhelix

● H ● O ● C in der Phosphatesterkette ○ C bzw. N in den Basen ● P

Bild 20: Struktur der DNA: die Doppelhelix. Die Ebenen der Purin- und Pyrimidin-Ringe der Basen stehen senkrecht zur Achse der Doppelhelix

Stränge der Doppelhelix haben entgegengesetzte Polarität: in einer festgelegten Richtung wird ein Strang vom 3' zum 5'-Ende, der andere umgekehrt von 5' nach 3' durchlaufen (*antiparallele* Stränge). Die Reihenfolge der Basenpaare im DNA-Molekül ist aperiodisch und die Anzahl der Paare je nach Länge des DNA-Moleküls verschieden. Die beiden Stränge der Doppelhelix werden durch die *Wasserstoffbrücken* und durch zusätzliche Wechselwirkungen zwischen den übereinander »gestapelten« Basen zusammengehalten. Letztere heißen *Stapelkräfte* (stacking forces).

Einen Beweis für das WATSON-CRICK-Modell lieferte die Längenmessung an DNA-Molekülen im Elektronenmikroskop. Die

DNA des Bakteriophagen T 2 weist eine Länge von 60–65 μm auf. Aus der Molekülmasse dieser DNA von $1{,}3 \cdot 10^8$ errechnet man (unter der Annahme einer mittleren Molekülmasse eines Nukleotidpaares um 650), daß sie aus $2 \cdot 10^5$ Nukleotidpaaren aufgebaut ist. Da im WATSON-CRICK-Modell die Basenpaare einen Abstand von 0,34 nm haben, kann man die theoretische Länge der T 2-DNA berechnen: $2 \cdot 10^5 \times 0{,}34 = 68$ μm. Dies stimmt gut mit dem angegebenen Beobachtungswert überein.

Mit der Auffindung der Doppelhelix-Struktur der DNA ist deren räumlicher Bau aber noch nicht vollständig beschrieben.

Die Doppelhelix selbst hat eine bestimmte Anordnung im Raum und kann gebogen sein. Tatsächlich liegt die DNA einer Bakterienzelle in der Regel in Form eines riesigen Ringes vor; mit anderen Worten: Bakterien haben ein einziges *Chromosom* von ringförmiger Gestalt. Bei Eukaryonten ist die DNA-Doppelhelix als Ganzes schraubig um Proteine gewunden (vgl. 5.3).

**Tabelle 3: Dimensionen von DNA-Molekülen**

| DNA | Molekülmasse | Nukleotidpaare | Länge |
|---|---|---|---|
| λ-Phage | $3.10^6$ | $4{,}65.10^4$ | 15 μm (= 0,015 mm) |
| T 2-Phage | $1{,}3.10^8$ | $2.10^5$ | 60 μm |
| E.coli | $2{,}8.10^9$ | $4.10^6$ | 1,36 mm |
| Drosophila, größtes Chromosom | $80.10^9$ | $1{,}2.10^8$ | 4 cm |
| Mensch, gesamte DNA | – | $5{,}5.10^9$ | 2 m |

## 3.3.1.3 Bestimmung der Nukleotidabfolge (Primärstruktur) der DNA

Erst 1976 gelang es, Verfahren zu entwickeln, mit denen die Nukleotidsequenz längerer Stücke der DNA (u. a. von ganzen Genen) bestimmt werden kann. Durch diese Verfahren hat sich innerhalb kurzer Zeit unsere Kenntnis z. B. über den Bau der Gene bei Eukaryonten oder über die Bindung von Proteinen an DNA-Sequenzen (vgl. 11.2.6) außerordentlich erweitert. Auch für erfolgreiche genetische Manipulationen (vgl. 15) ist die Aufklärung der DNA-Sequenz von großer Bedeutung. Die Erfindung dieser Verfahren ist der wichtigste methodische Fortschritt der Molekularbiologie in den letzten Jahren.

Voraussetzung für die Bestimmung der Nukleotidsequenz ist eine Zerlegung des zu untersuchenden DNA-Moleküls in definierte kleinere Stük-

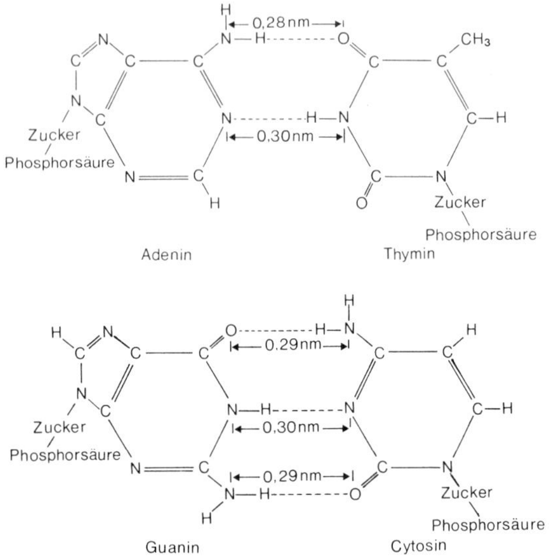


Bild 21: Die Basenpaarungen in der DNA. Die Paarung Guanin-Cytosin ist etwas stabiler (z. B. gegenüber Hitze) als die Paarung Adenin-Thymin; dies ist aufgrund der Wasserstoffbrücken verständlich

| Enzym | Herkunft | Erkennungssequenz u. Spaltungsweise |
|---|---|---|
| Eco RI | Escherichia coli | 5′ G\|A A T T C<br>C T T A A\|G 5′ |
| Hind III | Haemophilus influenzae Typ d | 5′ A\|A G C T T<br>T T C G A\|A 5′ |
| Hpa II | Haemophilus parainfluenzae | 5′ C\|C G G<br>G G C\|C 5′ |
| Bsu I | Bacillus subtilis | 5′ G G\|C C<br>C C\|G G 5′ |

Bild 22: Einige Restriktionsenzyme und ihre Spaltungsweise. Die Restriktionsenzyme erkennen bestimmte Nukleotidabfolgen (= Erkennungssequenzen). Zahlreiche Restriktionsenzyme spalten die DNA nicht gerade, sondern versetzt. Es entstehen einsträngige Molekülenden mit spiegelbildlicher Symmetrie. Ein bestimmtes Restriktionsenzym liefert stets gleiche Einzelstrangenden. Die meisten Erkennungssequenzen zeigen eine interessante Symmetrie: die Nukleotidsequenz des einen Stranges ist identisch mit der des anderen, wenn man jeweils vom 5′-Ende her liest (Palindrom-Struktur)

ke. Dies gelingt mit Hilfe bestimmter DNA-spaltender Enzyme (*Endonukleasen*) aus Bakterien, die ganz bestimmte kurze Nukleotidsequenzen der doppelsträngigen DNA erkennen und diese meist so spalten, daß Einstrang-Enden entstehen (Bild 21). Diese Endonukleasen gehören zur Gruppe der Restriktionsenzyme; ihre Funktion in den Bakterien wird später besprochen (vgl. 6.2). Mit diesen Restriktionsenzymen kann man jedes DNA-Molekül in eine große Anzahl kleiner Bruchstücke (Restriktionsfragmente) zerlegen (z. B. hat die DNA des Phagen λ mit ihren 46500 Nukleotidpaaren 5 Erkennungsstellen für das Enzym Eco R I, 6 für Hind III und über 700 für Hpa II).

Für die Bestimmung der Sequenzen der einzelnen Bruchstücke existieren zwei gleichzeitig entwickelte Verfahren: die enzymatische »Plus-Minus-Technik« (SANGER) und ein chemisches Verfahren (MAXAM u. GILBERT), bestehend im basenspezifischen Abbau der Fragmente mit Hydrazin und Dimethylsulfat. Wir betrachten hier das erste Verfahren (Bild 22). Hierbei wird nicht das Restriktionsfragment selbst sequenziert (d.h. seine Basensequenz bestimmt), sondern das anschließende DNA-Stück, das wieder aufgebaut wird. Man geht aus von den Restriktionsfragmenten und einem Einzelstrang der Ausgangs-DNA, aus der man die Bruchstücke hergestellt hat. Durch Denaturieren und Renaturieren wird der komplementäre Strang des Fragmentes an den langen Einzelstrang gebunden. Dieser kann nun als Matrize dienen, während das Fragment als Startsequenz (primer) wirkt, wenn man jetzt DNA-Polymerase und die 4 erforderlichen Nukleosidtriphosphate (kurz: Nukleotide) zusetzt. Von den 4 Nukleotiden wird eines mit $^{32}P$ markiert. Am 3'-Ende des Restriktionsfragments wird daraufhin entsprechend der Sequenz der Matrize weitergebaut. Da die Synthese nicht überall gleich rasch abläuft, ist die Kettenverlängerung der Fragmente nach einer bestimmten Zeit unterschiedlich lang. Man reinigt nun die Syntheseprodukte von überschüssigen Nukleotiden und setzt dann ein zweites Mal DNA-Polymerase zu, aber nur drei der erforderlichen vier Nukleotide. Deshalb können die Ketten nunmehr nur noch so lange wachsen, bis das fehlende Nukleotid eingebaut werden sollte. Fehlt z. B. T, so endet jede Kette am 3'-Ende mit einem Nukleotid vor einem T. Diese Reaktion führt man in 4 Ansätzen durch, wobei jeweils ein anderes der 4 Nukleotide fehlt. Dann werden die 4 Reaktionsgemische aufgearbeitet, von den synthetisierten Strängen durch Denaturieren die Matrize entfernt und dann die Stränge durch Elektrophorese aufgetrennt. In einem geeigneten Elektrophorese-System ist die Wanderung der verlängerten Fragmente proportional ihrer Größe. Nach der Auftrennung macht man die markierten Produkte durch Autoradiographie (vgl. 3.3.3) sichtbar. Sie zeigt eine Reihe von Banden; jede Bande entspricht einem verlängerten Fragment bestimmter Kettenlänge. Die Banden im T-Mangel-System (-T) sind stets durch Ketten verursacht, die vor einem T enden, solche im -G-System durch Ketten, die vor einem G enden usw. Daher kann man aus der Lage der Banden der vier verschiedenen Minus-Systeme die DNA-Sequenz des an das Restriktionsfragment angebauten Stücks entnehmen. Das Minus-System reicht also im Prinzip zur Sequenzierung aus, wird aber abgesichert durch ein Plus-System, das mit der DNA-Polymerase des Phagen T4 und Überschuß an einem Nukleotid arbeitet (es soll hier nicht dargestellt werden).

Sind die Restriktionsfragmente bzw. ihre Nachbarstücke sequenziert, so muß noch festgestellt werden, wie die einzelnen Stücke in der DNA hintereinander angeordnet sind. Dies ist dadurch möglich, daß man mit mehreren Restriktionsenzymen nebeneinander arbeitet und außerdem Misch-

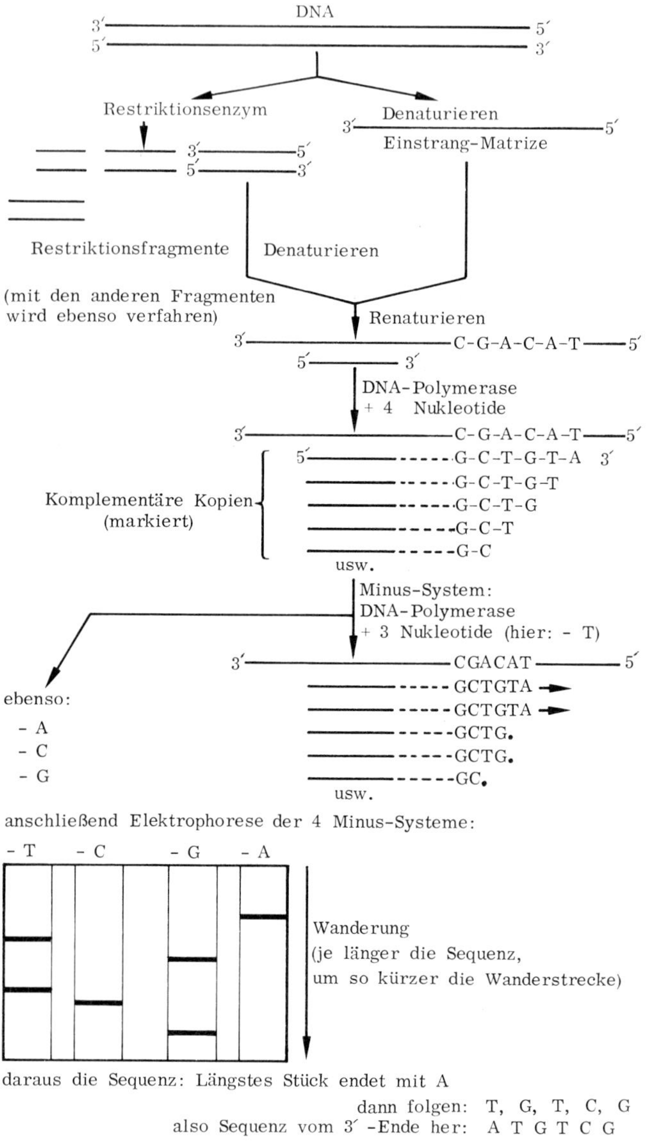


Bild 23: Prinzip der DNA-Sequenzierung nach Sanger u. Coulson (Minus-Technik)

spaltungen mit zwei Restriktionsenzymen gleichzeitig durchführt. Nach der Bestimmung der Molekülgröße der einzelnen, bei den verschiedenen Spaltungen erhaltenen Fragmente kann man dann – ähnlich einem Puzzle – die Zusammengehörigkeit der Fragmente ermitteln.

## Bauprinzipien der DNA

Das DNA-Molekül bildet eine Doppelhelix aus zwei um eine gemeinsame Achse gewundenen Polynukleotidsträngen. Das Rückgrat sind die Zuckerphosphatketten, im Innern der Schraube liegen die Basen. Jedes Nukleotid der Stränge besteht aus einer Pentose, einem Phosphorsäurerest und einer der vier Basen A, T, G oder C.

Die beiden Stränge sind bezüglich ihrer Basenzusammensetzung zueinander komplementär. Es gilt das Gesetz der spezifischen Basenpaarung A–T, G–C.

Die beiden Stränge werden durch Wasserstoffbrücken und Stapelkräfte zusammengehalten.

Die beiden Stränge der Doppelhelix haben entgegengesetzte Polarität (Richtung); sie sind antiparallel.

Man unterscheidet (wie bei anderen Makromolekülen, z.B. RNA, Proteine, Polysaccharide) folgende drei

## Strukturprinzipien der DNA

1. Abfolge der Baueinheiten der Kette = **Primärstruktur**. Bei der DNA ist dies die Reihenfolge der Nukleotide in der Polynukleotidkette, wobei jedes Nukleotid aus Base, Desoxyribose und Phosphorsäure zusammengesetzt ist.
2. Anordnung der Kette zu einer räumlichen Ordnung = **Sekundärstruktur**. Bei der DNA ist dies die Doppelstranghelix, wobei die beiden Stränge vor allem durch Wasserstoffbrückenbindungen zwischen komplementären Basen zusammengehalten werden. Allgemein sind für Sekundärstrukturen von Makromolekülen Wasserstoffbrücken von großer Bedeutung.
3. Räumliche Struktur (Raumerfüllung) des ganzen Moleküls = **Tertiärstruktur**. Bei der DNA von Bakterien ist dies in der Regel ein Ring.

### 3.3.2 Denaturierung und Renaturierung von DNA

Der DNA-Doppelstrang wird nur durch ziemlich schwache Bindungskräfte zusammengehalten. Man kann deshalb durch Temperaturerhöhung eine Auftrennung in Einzelstränge erreichen. Diesen Vorgang bezeichnet man als *Denaturierung*. Sie ist am einfachsten an der Veränderung der Lichtabsorption im UV-Bereich bei 260 nm zu erkennen. Bei dieser Wellenlänge haben die Basen ihr Absorptionsmaximum. Stehen mehrere Basen in Wechselwirkung miteinander, so ist die Absorption verringert (hypochromer Effekt). Durch das Verschwinden der Wechselwirkungen zwischen den komplementären Basen steigt die Absorption bei etwa 80 °C sprunghaft an. Da der Übergang zur denaturierten DNA mit einer Änderung des Ordnungszustandes verbunden ist, spricht man auch von der *»Schmelztemperatur«* der DNA. Die Schmelztemperatur ist von der Salzkonzentration in der Lösung und von der Basenzusammensetzung der DNA abhängig. Da zwischen G und C drei Wasserstoffbrücken ausgebildet werden, zwischen A und T aber nur zwei, haben DNA-Moleküle, die an GC-Paaren reich sind, höhere Schmelzpunkte. Aus der Schmelztemperatur einer DNA bei gegebener Ionenkonzentration lassen sich also Angaben über den GC-Anteil erhalten.

Werden Lösungen von geschmolzener DNA rasch abgekühlt, so bilden sich viele zufällige Wasserstoffbrücken aus; der ungeordnete Knäuel bleibt erhalten. Bei sehr langsamem Abkühlen hingegen bilden sich wieder Doppelhelix-Strukturen aus, wie man aus den Veränderungen der UV-Absorption erkennt (Bild 24). Man spricht von *Renaturierung* der DNA. Dabei treffen allerdings die komplementären DNA-Stränge nie vollständig zusammen, so daß stets Knäuelabschnitte übrigbleiben.

Es ist leicht einzusehen, daß das Ausmaß und die Geschwindigkeit der Renaturierung von der Konzentration der DNA und der Größe der DNA-Moleküle abhängen. Außerdem hängen sie auch von der Nukleotidsequenz ab. Enthält eine DNA sich mehrfach wiederholende gleiche Sequenzstücke, so kann sie rascher renaturieren. Aus Renaturierungsuntersuchungen gewinnt man daher Kenntnis über das Vorliegen sich wiederholender (repetitiver) Nukleotidsequenzen (Bild 25; vgl. auch 3.3.3).

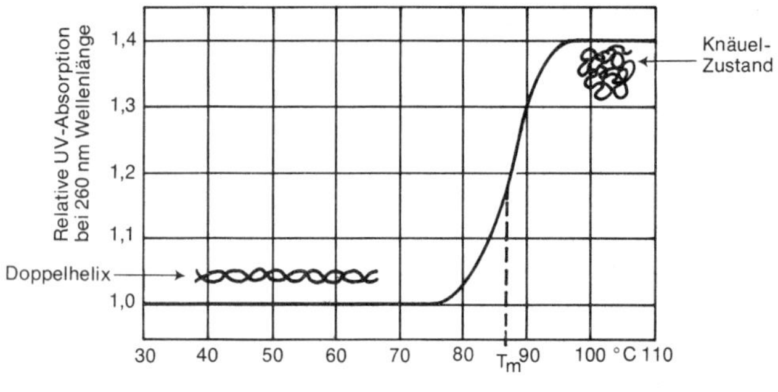


Bild 24: Schmelzkurve von DNA aus Kalbsthymus. $T_m$ Schmelztemperatur

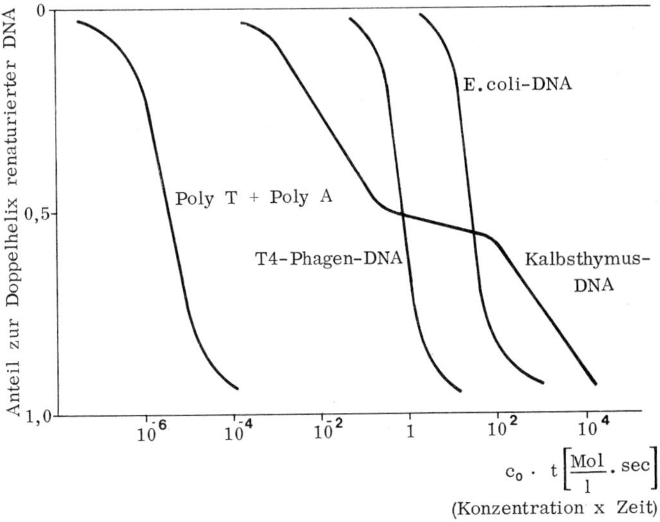


Bild 25: Renaturierungsverlauf von DNA. Am raschesten renaturieren künstliche Polynukleotidsequenzen Poly T + Poly A. Die T4-Phagen-DNA renaturiert rascher als die E.coli-DNA, weil sie kleiner ist. Die Kalbsthymus-DNA zeigt einen unregelmäßigen Renaturierungsverlauf, da sie rasch renaturierende repetitive und langsam renaturierende nicht-repetitive Sequenzen enthält. Die Kurven verlaufen nicht bis zur Abszisse, weil nie eine vollständige Renaturierung erreicht wird. Durch solche Renaturierungskurven erhält man Kenntnisse über die Menge repetitiver DNA-Sequenzen bei höheren Pflanzen, Tieren und Menschen. Man beachte den Abszissen-Maßstab Konzentration × Zeit!

### 3.3.3 Fähigkeit der DNA zur Speicherung und Reproduktion genetischer Information

Von der genetischen Substanz hatten wir die Fähigkeit gefordert, zahlreiche verschiedene Informationen zu speichern. Dazu ist die DNA tatsächlich in der Lage, wobei die **aperiodische Sequenz** der vier Nukleotide in den Polynukleotidsträngen **als Informationsträger** wirksam ist. Ähnlich dem Prinzip des Morseschreibers, der mit drei Zeichen (Punkt, Strich, Pause) auf einem Papierstreifen alle möglichen Nachrichten aufnehmen kann, haben wir bei der DNA ein System, das mit vier Zeichen, den vier Basen, auf einem chemischen Faden, der Polynukleotidkette, genetische Information speichert. Daß sehr viele verschiedene Informationen gespeichert werden können, zeigt eine einfache Überlegung. Bestünde eine Nukleinsäure z. B. aus 300 Nukleotiden, so ließen sich durch Änderung ihrer Reihenfolge $4^{300}$ verschiedene Nukleinsäuren bilden. Da aber die DNA eines Lebewesens aus über 100 000 Nukleotidpaaren besteht, könnte sogar jedes Individuum seine eigene DNA-Zusammensetzung haben.

Bei den Eukaryonten enthält die DNA – wie man aus dem Renaturierungsverlauf entnimmt – sich häufig wiederholende Nukleotidsequenzen *(repetitive DNA)*, bei Prokaryonten kommen solche kaum vor. Bei Säugern macht die repetitive DNA zumeist über 50 % der gesamten DNA der Zelle aus. Sie tritt in einer hochrepetitiven und einer mittelrepetitiven Form auf (Tabelle 4).

**Tabelle 4: DNA der Säuger**

| | einmalige = nicht repetitive | hochrepetitive | mittelrepetitive |
|---|---|---|---|
| Anteil am Genom | ca. 30–40 % | 5–30 % | ca. 30–50 % |
| wie oft vorhanden | 1 mal oder sehr wenige male | $10^5$–> $10^6$ mal | $10^2$–$10^5$ mal |
| Länge der Sequenzen | verschieden | einfache Sequenzen von 2–200 Nukleotiden, oft reich an AT-Paaren | 300–800 Nukleotide |
| Funktion | Gene | sind Strukturelemente (z. B. im Centromerbereich) | Regulation (?), in einigen Fällen auch Strukturgene (z. B. Gene für Histone) |

Neben der Fähigkeit der Informationsspeicherung muß die Erbsubstanz auch die Fähigkeit zur identischen Reproduktion dieser Information haben, damit Vererbung überhaupt möglich ist. Den Vorgang der DNA-Vermehrung bezeichnet man als **Replikation** (oder Reduplikation = Verdoppelung). Man kann sich mehrere Arten einer Replikation vorstellen (Bild 26). Entweder wird nach dem Vorbild des Doppelstranges durch ein Enzym ein weiterer Doppelstrang mit gleicher Basenfolge gebildet (*konservative Replikation*, weil der ursprüngliche Doppelstrang unverändert erhalten bleibt), oder es wird die Doppelhelix aufgetrennt, und jeder der beiden Einzelstränge ergänzt den jeweils komplementären Strang (**semikonservative Replikation**; semikonservativ bedeutet halb erhalten, weil jede neue Doppelhelix aus einem ur-

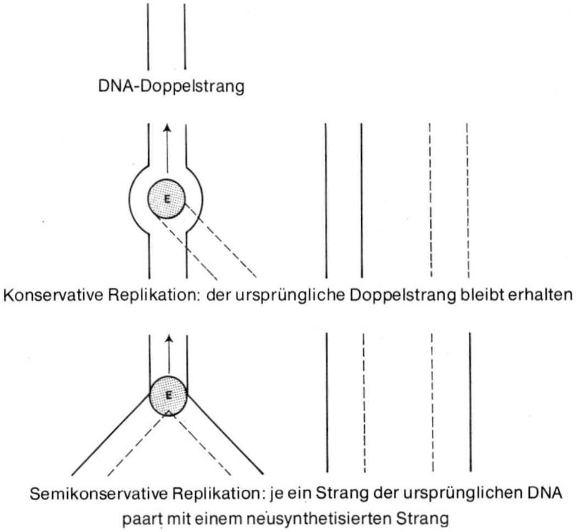


Bild 26: Die Alternative: Konservative oder semikonservative Replikation der DNA

sprünglich vorhandenen und einem neugebildeten Strang besteht). Die zweite Möglichkeit nützt die Komplementarität der beiden Stränge der Doppelhelix, die erste nicht. Die Entscheidung brachte ein grundlegendes Experiment, das 1957 von MESELSON und STAHL zuerst an *E. coli* durchgeführt wurde. Sie züchteten die Bakterien in einem Medium, das Stickstoff nur in Form des schweren Isotops $^{15}N$ (als $^{15}NH_4Cl$) enthielt. (Isotope sind Atome des gleichen Elements, die sich infolge unterschiedlicher Anzahl von Neutronen im Kern in ihrer Masse unterscheiden.) Die Bakterien bauen in ihre Zellbestandteile, also auch in die DNA, den schweren Stickstoff ein. Dann bringt man die Bakterien wieder in normales Medium (mit $^{14}N$). Alle nunmehr neu gebildete DNA kann nur gewöhnlichen Stickstoff enthalten. Nach der ersten Verdopplung der Bakterienpopulation, der eine DNA-Replikation vorausgeht, entnimmt man eine Probe und untersucht die DNA. Dabei findet man »halbschwere« DNA, d.h. die Doppelhelix enthält einen Strang mit $^{15}N$ in den Basen und einen Strang mit $^{14}N$. Eine konservative Replikation ist also auszuschließen. Nach der nächsten Verdopplung der Bakterienzahl findet man halbschwere und normale Doppelstränge im Verhältnis 1:1.

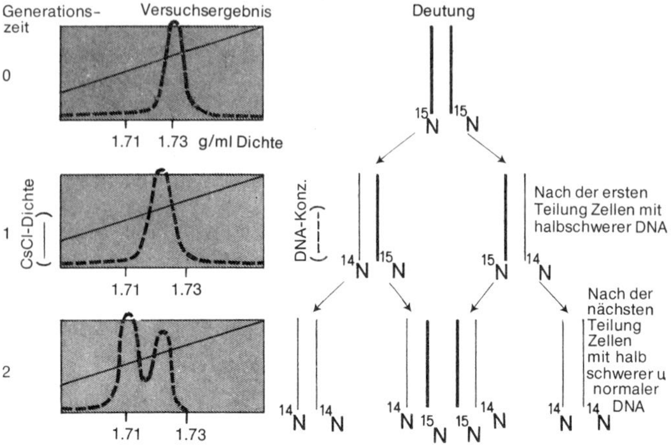


Bild 27: Das MESELSON-STAHL-Experiment. Erklärung im Text

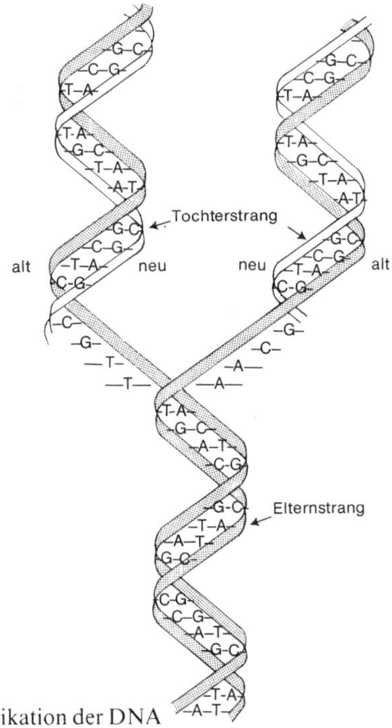


Bild 28: Die Replikation der DNA

Damit ist die semikonservative Replikation der DNA bewiesen (Bild 27 und 28).

**Dichtegradientenzentrifugation:** Das Stickstoffisotop $^{15}N$ ist nicht radioaktiv; wir müssen also erklären, wie man überhaupt nachweisen kann, daß DNA-Stränge unterschiedlicher Isotopenzusammensetzung vorliegen. Dazu dient die heute in der Molekulargenetik sehr wichtige Methode der Dichtegradienten-Zentrifugation. Wenn man eine konzentrierte Salzlösung (zumeist Cäsiumchlorid) bei hoher Umdrehungszahl (35 000 U/min) zentrifugiert, so wandern die Ionen im Schwerefeld in Richtung Boden des Zentrifugenröhrchens. Gleichzeitig diffundiert aber das Salz vom Ort hoher Konzentration in Richtung geringerer Konzentration, also dem Schwerefeld entgegen. Nach 1–2 Tagen Zentrifugation hat sich ein Gleichgewicht zwischen beiden Vorgängen eingestellt; es besteht ein Konzentrationsgefälle (= Dichtegradient) im Röhrchen, wobei die höchste Dichte am Boden des Röhrchens, die geringste an der Oberfläche vorliegt. Gibt man bei diesem Experiment Makromoleküle, z. B. DNA, zusammen mit dem Salz in das Zentrifugenröhrchen, so findet man die DNA nachher in derjenigen Zone schwebend im Dichtegradienten, deren Dichte ihrer eigenen Dichte entspricht. Da DNA mit $^{15}N$ spezifisch etwas schwerer ist als solche mit $^{14}N$, erscheint sie an einer Stelle höherer Dichte; halbschwere DNA sammelt sich in einer Zone dazwischen. Der Nachweis der DNA-Banden ist auf zwei Wegen möglich: entweder man arbeitet in Quarzküvetten und mißt die Absorption der UV-Strahlung (bei 260 nm) an den verschiedenen Stellen dieser Küvetten, oder man sticht nach der Zentrifugation in einem Kunststoffröhrchen den Boden mit einer Nadel an, sammelt die heraustropfende Lösung in verschiedenen *Fraktionen* abnehmender Dichte und überprüft diese einzeln durch verschiedene Methoden (Lichtabsorption, chemischer Nachweis von DNA).

Eine Bestätigung der semikonservativen Replikation der DNA erhält man durch autoradiographische Untersuchungen an *E. coli:* Man führt den Bakterien radioaktiv markierte Nukleotide zu. Diese werden in die DNA eingebaut. Nach einiger Zeit wird die DNA vorsichtig isoliert und mit einer photographischen Schicht in Kontakt gebracht. Wo sich Radioaktivität findet, tritt Schwärzung der Schicht ein (**Autoradiographie**). Mit Hilfe dieses Verfahrens ist es gelungen, die DNA von *E. coli* zu photographieren. Sie liegt, wie schon erwähnt, als großes ringförmiges Molekül vor. Bei DNA-Molekülen, die sich gerade replizieren, weichen die beiden Einzelstränge auseinander, und es wird an jedem ein komplementärer Strang neu gebildet. Zwei Replikationsorte wandern dabei dem Ringmolekül entlang, bis sie an den Ausgangspunkt zurückkehren und damit die Replikation vollendet ist (Bild 30).

Nach Entdeckung der Doppelhelix-Struktur und der semikonservativen Replikation der DNA schien der Replikationsvorgang zunächst ziemlich einfach zu sein (vgl. Bild 28). Die Replikation der DNA erfolgt mit Hilfe von Enzymen, den **DNA-Polymerasen** (Replikasen), die die Nukleotidbausteine unter Ausbildung von

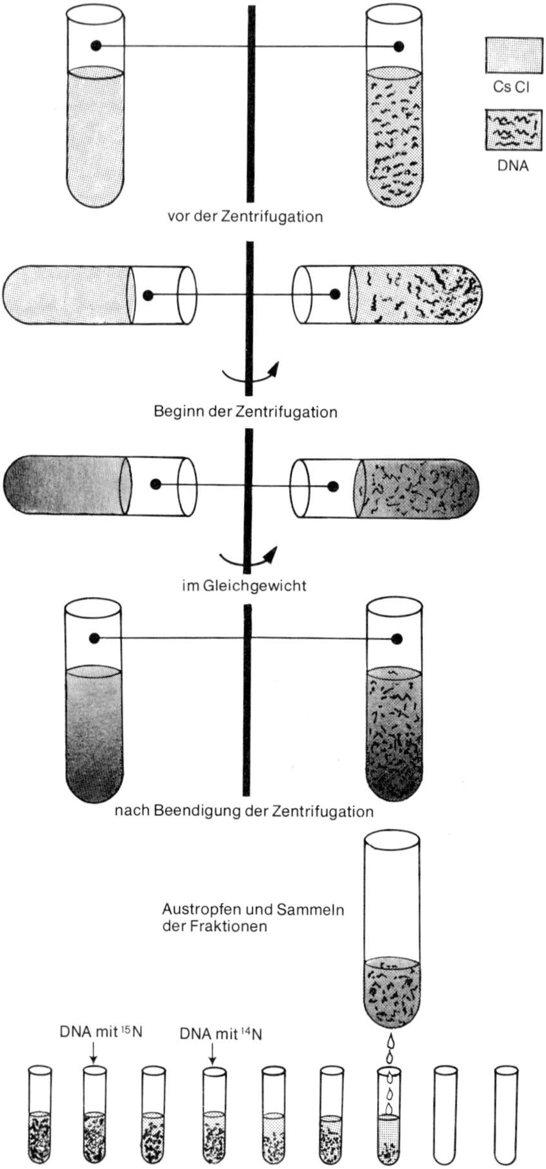


Bild 29: Dichtegradienten-Zentrifugation der DNA und Sammeln der Fraktionen

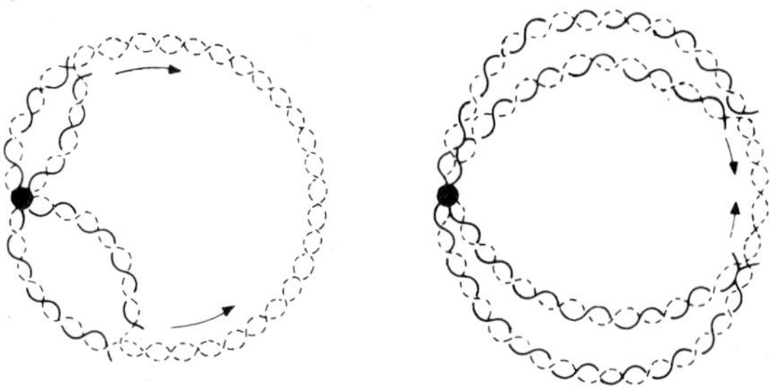

Bild 30: Replikation der ringförmigen DNA von E. coli. Die Verdoppelung erfolgt ausgehend von einem Startpunkt ● gleichzeitig nach zwei Seiten. Dargestellt ist ein frühes und ein spätes Stadium der Replikation; Elternstränge gestrichelt, neugebildete Tochterstränge ausgezogen

Phosphatbrücken verknüpfen. Die Auswahl der zu verknüpfenden Bausteine ist durch die Basensequenz des jeweiligen Einzelstranges gegeben, dem entlang die Neusynthese abläuft. Dieser Einzelstrang, ohne den eine Synthese ausbleibt, heißt *Template* (= Schablone). Hier taucht das erste Problem auf: Alle bekannten DNA-Polymerasen synthetisieren einen neuen Strang nur in Richtung von 5′ nach 3′. Bei der Replikation muß aber einer der Stränge von 3′ nach 5′ wachsen. Da man während der Replikation von DNA zunächst nur kurze Stücke neugebildeter DNA findet, die wenig später in die makromolekularen Stränge eingebaut sind, nimmt man an, daß die Stränge zuerst in Form kleiner Stücke von 5′nach 3′ gebildet werden; die DNA-Synthese erfolgt diskontinuierlich. Die Stücke werden dann durch ein anderes Enzym, die **Ligase**, zum vollständigen Strang verknüpft. Die kleinen DNA-Stücke heißen nach ihrem Entdecker OKAZAKI-Stücke. Sie haben bei *E. coli* eine Länge von 1000–2000 Nukleotiden, bei Eukaryonten sind sie einige hundert Nukleotide lang.

Das zweite grundlegende Problem der Replikation ergibt sich aus der räumlichen Struktur der Doppelhelix. Diese ist so gebaut, daß die beiden Stränge nur unter Drehung voneinander gelöst werden können *(plektonemische Doppelhelix)*. Da bei der Replikation eine Entschraubung erforderlich ist, muß in einem der beiden Stränge ein Bruch eintreten, so daß sich dann dieser Strang relativ zum andern drehen kann. Die entschraubte DNA muß durch Bindung an besondere Proteine stabilisiert werden.

Die weitere Untersuchung ergab, daß sich bei *E. coli* an der Replikation etwa 20 verschiedene Enzymproteine beteiligen, die in einem Komplex vereinigt sind. Die Zusammenfassung im Komplex sichert die Genauigkeit des Replikationsvorgangs, die Fehlerquote ist zumeist geringer als 1 Nukleotid je 1 Million eingebauter Nukleotide.

*Das Beispiel der DNA-Replikation zeigt besonders deutlich, wie zunächst sehr einfach erscheinende molekularbiologische Vorgänge sich bei genauer Untersuchung als außerordentlich kompliziert erweisen.* Die gegenwärtige Kenntnis des Replikationsvorgangs ist in Bild 31 dargestellt.

Replikationsgabel der DNA

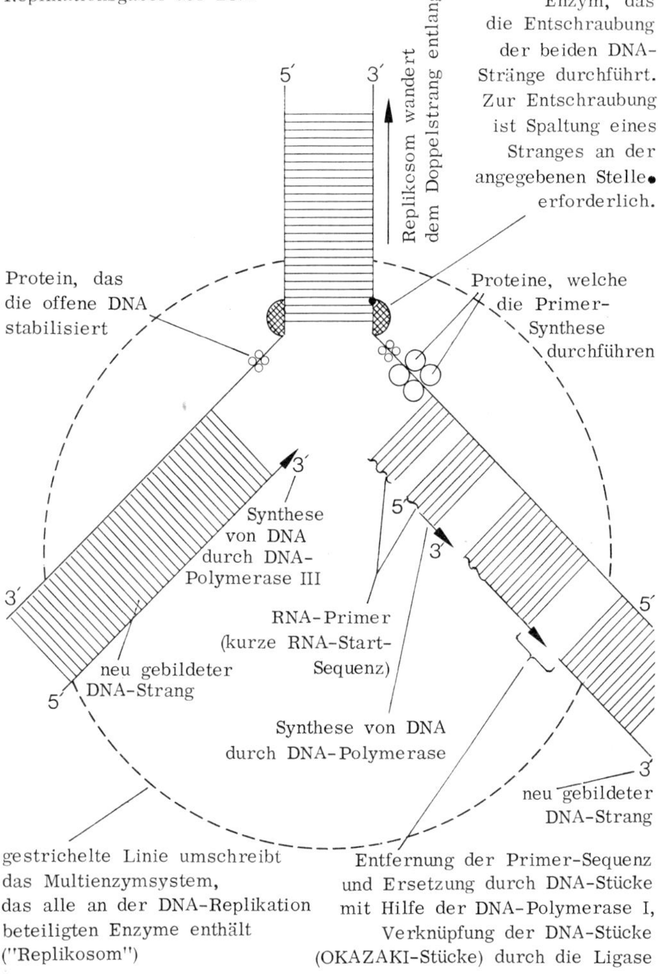

### 3.3.4 Fähigkeit der DNA zur Mutation

Die DNA als genetische Substanz muß auch die Fähigkeit zur **Mutation**, d.h. zur bleibenden Veränderung einer Information, besitzen. Da die Information in der Nukleotidabfolge festgelegt ist, müßte diese verändert werden können. Zur Prüfung dieser Annahme ruft man Mutationen künstlich hervor und stellt fest, ob hierbei Veränderungen an Basen eintreten. Äußere Einflüsse, die Mutationen auslösen, heißen **Mutagene**.

Bei Versuchen mit *Drosophila* wurde schon 1928 gefunden, daß Röntgenstrahlen mutagen wirken. Sie verändern Basen der DNA und verursachen Brüche in den Polynukleotidsträngen. UV-Strahlung ruft ebenfalls Mutationen hervor, dabei liegt das Wirkungsmaximum bei 260 nm. Das ist die Wellenlänge, bei der die Basen ihr Absorptionsmaximum haben. Bei der UV-Einwirkung kommt es vor allem zu Veränderungen an den Pyrimidinbasen (C,

Bild 31: Schema der DNA-Replikation bei E. coli. Die Replikation erfolgt stets von 5' nach 3'. Ein Tochterstrang muß also in Form kurzer Stücke (1000–2000 Nukleotide) gebildet werden. Diese Stücke heißen OKAZAKI-Stücke.

Die Replikation verläuft in 4 Phasen:

1. Vorbereitung: an der Startstelle der DNA-Replikation (Initiationsort) wird die Doppelhelix durch Bindung eines Proteins örtlich entschraubt. Dann bindet sich die Helicase (= rep-Protein = unwindung enzyme) an die DNA und gleichzeitig erfolgt eine Spaltung des einen Stranges, so daß eine Entschraubung auf längere Strecke möglich wird. Dann erfolgt eine Rotationsbewegung. Diese ist erforderlich, da die beiden Stränge der Doppelhelix so verdrillt sind, daß sie nur durch Drehung voneinander gelöst werden können (plektonemische Doppelhelix). Die entschraubte Form wird stabilisiert durch Bindung eines Proteins. Dann bindet ein weiteres Protein unter ATP-Verbrauch. Dadurch wird der Start der eigentlichen Replikation ausgelöst.
2. Start: mit Hilfe eines Proteins werden Ribonukleotide angelagert und durch ein Enzym zu einer kleinmolekularen RNA verknüpft. Diese dient als Primer, an ihr baut nun die DNA-Polymerase III weiter.
3. Verlängerung: durch die DNA-Polymerase III (Molekülmasse 150000; besteht aus 7 Untereinheiten). An dem von der Replikationsgabel nach außen wachsenden Strang bleiben zwischen den so gebildeten OKAZAKI-Stücken oft noch Lücken.
4. Fertigstellung: nun werden unter Mitwirkung von DNA-Polymerase I (= KORNBERG-Enzym) die RNA-Primer herausgespalten und durch DNA-Sequenzen ersetzt und zugleich die Lücke geschlossen. Dann verknüpft die DNA-Ligase die Stücke.

In dem Maße, in dem durch die Helicase der Doppelstrang aufgetrennt wird, wandert die Replikationsgabel weiter. Die Spaltstelle im Elternstrang wird durch die Ligase ebenfalls wieder geschlossen

T). Für die Molekulargenetik von größerer Bedeutung ist die Auslösung von Mutationen durch verschiedene Chemikalien.

Es gibt Stoffe, die den natürlichen Basen sehr ähnlich sind. Wenn man sie ins Medium bringt, werden sie gelegentlich in die DNA eingebaut und können unter bestimmten Bedingungen die genetische Information verändern. So wird *5-Bromuracil* wegen seiner großen Ähnlichkeit zu Thymin statt dieser Base eingebaut; es ist ein **Strukturanalogon** dieser Base. Das 5-Bromuracil paart zunächst normal wie Thymin mit Adenin. Es kann aber durch eine Molekülumlagerung in die Enolform übergehen und paart dann mit Guanin. Wenn also nach Umlagerung in die Enolform eine Replikation der DNA eintritt, wird in dem neugebildeten DNA-Strang statt Adenin ein Guanin eingebaut. Dies bedeutet eine Änderung der genetischen Information, also eine Mutation. Derartige Umlagerungen können als seltene Ereignisse auch bei den natürlichen Basen der DNA vorkommen. Auch hier haben sie »falsche« Paarungen zur Folge. Einige der immer wieder auftretenden *Spontanmutationen* sind dadurch zu erklären. Mutagen wirkt auch *Salpetrige Säure* ($HNO_2$), die man aus Nitrit in saurem Medium erhält. Sie spaltet freie Aminogruppen der Basen ab *(oxidative Desaminierung)*. Dadurch wird z. B. Cytosin in Uracil verwandelt (Bild 32). Das Uracil paart infolge seiner Ähnlichkeit zum Thymin mit Adenin.

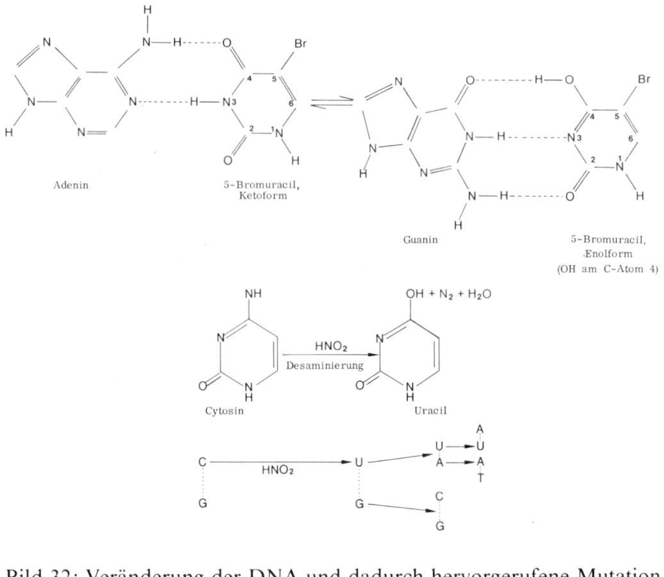


Bild 32: Veränderung der DNA und dadurch hervorgerufene Mutation durch 5-Bromuracil (vgl. Text) sowie Beispiel für die mutagene Wirkung von salpetriger Säure (oxidative Desaminierung). Cytosin wird in Uracil umgewandelt. U wird bei der nächsten Replikation von G getrennt und paart mit A und dieses bei der darauf folgenden Replikation mit Thymin. So wird schließlich ein CG-Paar durch ein TA-Paar ersetzt

Letztlich wird durch die Desamierung von Cytosin also ein CG-Paar durch ein TA-Paar ersetzt. Bromuracil und Salpetrige Säure verursachen den Austausch eines Basenpaares gegen das andere. Derartige Mutationen heißen **Basenaustausch-Mutationen** *(Basensubstitution).*

Eine weitere Möglichkeit besteht in der Behandlung von Bakterien mit *Acridinfarbstoffen.* Diese Moleküle können in die DNA zwischen zwei Basenpaare eingelagert werden, dadurch wird das Molekül um den Betrag, den ein Basenpaar einnehmen würde, verlängert. Bei der Synthese neuer DNA-Stränge führt dies zu Störungen: es kann entweder eine Base ausgelassen werden oder es kann eine zusätzliche Base eingebaut werden (vgl. Bild 33). Acridine führen zur *Basendeletion* oder zur *Basenaddition.* Allgemein spricht man von Schubmutationen oder *Rastermutationen,* weil sich das Nukleotid-Raster geändert hat.

Die Anwendung von Mutagenen verursacht nicht an allen Stellen der DNA gleich häufig Mutationen, sondern es gibt bevorzugte Orte häufiger Mutation, die sogenannten »heißen Stellen« *(hot spots).* Die Orte der hot spots sind für verschiedene Mutagene aber durchaus unterschiedlich.

Die mutagenen Chemikalien wirken auf die DNA besonders dann ein, wenn sie während der Replikation zugeführt werden. Vollständige Doppelstränge werden oft nicht verändert, da hier die Basen gepaart und daher den Chemikalien nicht zugänglich sind.

### 3.3.5 Fähigkeit der DNA zur Realisierung der genetischen Information

Wenn die Basenfolge der DNA die genetische Information enthält, so muß es einen Mechanismus geben, diese Information in ein Merkmal umzusetzen. Bei der Verwirklichung der Information darf die DNA selbst natürlich nicht verändert werden. Sie hat vielmehr eine katalytische Funktion, ebenso wie bei ihrer Replikation, bei welcher der Einzelstrang ebenfalls nicht verändert wird. Man kann die *autokatalytische Funktion* bei der Replikation von der *heterokatalytischen Funktion* bei der Realisierung der genetischen Information unterscheiden (Bild 34).

Bei der Realisierung wird die Information zunächst von der DNA auf eine Ribonukleinsäure (RNA) »umgeschrieben«. Bei den Eukaryonten gelangt sie in dieser Form aus dem Zellkern ins Cytoplasma, wo die meisten Stoffwechselvorgänge stattfinden.

Die Übertragung der Information auf einen transportierbaren Stoff hat folgende Vorteile:

a) Die Information wird unabhängig von der (bei Eukaryonten an den Kern gebundenen) DNA.
b) Es wird nicht die ganze genetische Information der DNA im Zellstoffwechsel wirksam, weil nur der jeweils für den Stoffwechsel benötigte Teil umgeschrieben wird.

c) Die Information kann vielfach hintereinander von der DNA abgerufen werden.

Der Vorgang der Umschreibung der Information heißt *Transkription* (von engl. *transcription*, Umschreibung); er ist der Replikation der DNA ähnlich. Die beiden Stränge der DNA-Doppel-

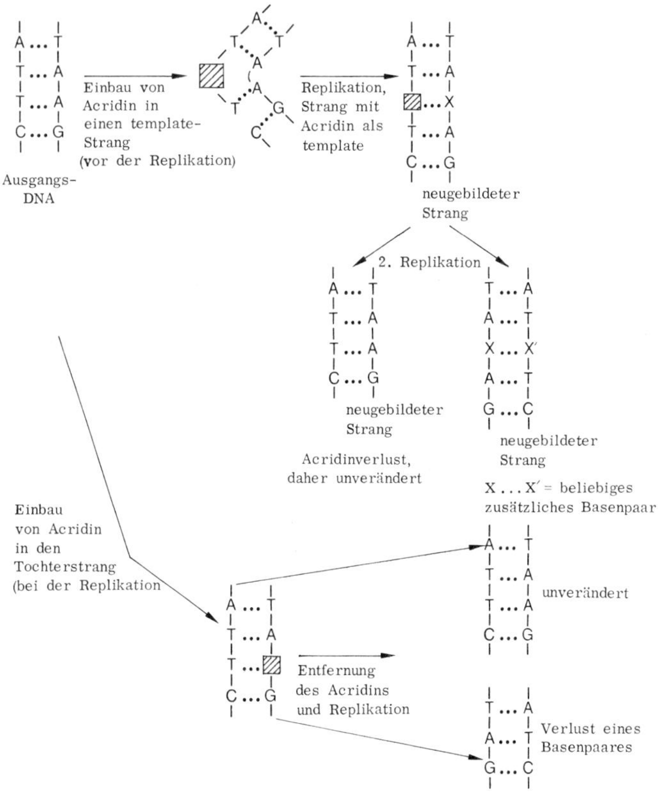


Bild 33: Entstehung von Rastermutationen durch Baseneinschub und Basenverlust. Das Acridin hat den Raumanspruch eines Nukleotids. Sein Einbau zwischen zwei Nukleotide in einem template führt zur Verlängerung des neugebildeten DNA-Stranges um ein Nukleotid (Basenaddition). Der Einbau in den Tochterstrang an Stelle eines Nukleotids führt nach Entfernung des Acridins zur Verkürzung der DNA um ein Nukleotid (Basendeletion)

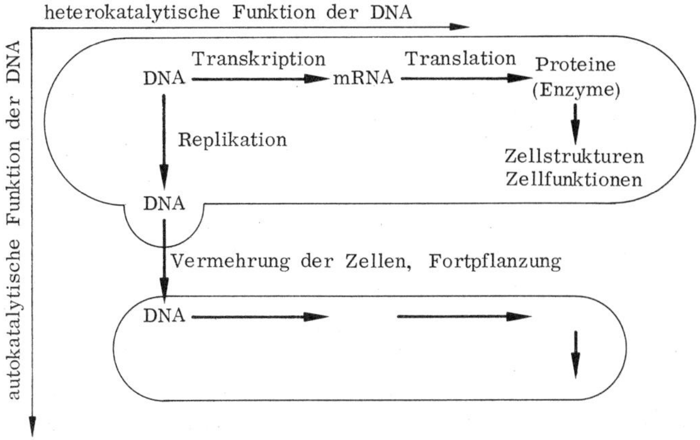


Bild 34: Die doppelte Funktion der DNA: in der einen Rolle steuert sie durch die Transkription die Funktion und Entwicklung der Zelle, in der anderen durch Replikation die Zellvermehrung

helix lösen sich streckenweise voneinander, und die nunmehr ungepaarten Basen eines der beiden DNA-Stränge treten mit komplementären Nukleotiden in Wechselwirkung, die dann durch ein Enzym zu einem neuen Polynukleotid verknüpft werden. Hierbei reagieren infolge der Spezifität des Enzyms nur Nukleotide, die Ribose als Zucker enthalten, so daß das neugebildete Polynukleotid eine Ribonukleinsäure ist. Auch werden keine Thymin-Nukleotide, sondern statt ihrer Uracil-Nukleotide als Paarungspartner für das Adenin der DNA ausgewählt. Die neugebildete RNA enthält daher anstelle von Thymin stets Uracil als Base. Auf diese Weise wird mit Hilfe der **RNA-Polymerase** entlang einer DNA-Kette eine RNA-Kette gebildet. Auch hierbei verläuft die Synthese (wie bei der DNA) von 5′ nach 3′, die DNA wird somit von 3′ nach 5′ abgelesen. Die Ribonukleinsäure löst sich dann von der DNA ab und liegt als einsträngiges Makromolekül vor.

Durch die RNA-Synthese wird die aperiodische Nukleotidsequenz der DNA auf ein neues Molekül übertragen. Die Information ist immer noch in dieser aperiodischen Sequenz, nunmehr der RNA, »verschlüsselt«; aber sie ist durch die geringere Kettenlänge transportabel und unabhängig von der DNA geworden. Die gebildete RNA trägt die Information wie ein Bote *(messenger),* sie wird daher als *messenger-RNA* (kurz: *m-RNA*) bezeichnet (und damit von anderen Sorten von RNA in der Zelle unterschieden). Die Synthese von m-RNA erfolgt nur an einem der beiden DNA-

Stränge der Doppelhelix, der andere Strang enthält ja auch keine zusätzliche Information. Den bei der Transkription aktiven Strang nennt man den *»codogenen«* Strang, weil er die im »Code« der aperiodischen Nukleotidsequenz festgelegte Information weitergibt. Wie dieser codogene Strang zur Ablesung ausgewählt wird, ist bisher ungeklärt. Aus verschiedenen Untersuchungen geht aber hervor, daß innerhalb eines DNA-Moleküls der codogene DNA-Abschnitt für ein Gen auf einem Strang und für ein anderes Gen auf dem dazu antiparallelen Strang liegen kann.

Wenn die unterschiedlichen Informationen der einzelnen Gene in den unterschiedlichen Nukleotidsequenzen der DNA festgelegt sind, so muß bei der Transkription jeweils eine spezifische m-RNA gebildet werden. Jedem Gen entspricht eine bestimmte Nukleotidsequenz der DNA, die in eine bestimmte m-RNA (bzw. bei Eukaryonten in deren Vorstufe, die prä-m-RNA) transkribiert wird.

**Eigenschaften der DNA als genetische Substanz**

| | |
|---|---|
| Speicherung von Information | durch aperiodische Nukleotidsequenz; ein bestimmter DNA-Abschnitt bildet ein Gen |
| Identische Vermehrung | durch semikonservative Replikation |
| Fähigkeit zur Mutation | durch Veränderungen von Basen (bzw. Nukleotiden) |
| Übertragung der Information | durch Transkription, d. h. durch Biosynthese von m-RNA mit komplementärer Nukleotidsequenz an der DNA-Matrize |

Dieser Befund ist heute durch eine riesige Zahl von Experimenten gesichert. Einer der ersten Hinweise auf seine Richtigkeit stammt aus der Untersuchung von Phagen. Schon kurze Zeit nach der Infektion von Bakterienzellen durch die Phagen findet man eine m-RNA im Bakterium, deren Nukleotidabfolge genau einem Strang der Phagen-DNA entspricht, nur daß Thymin durch Uracil ersetzt ist. Erst danach setzt die Bildung der Phagenproteine ein. Man muß daraus schließen, daß die Information der m-RNA in irgendeiner Weise die Spezifität der Protein-Synthese regelt.

## Aufgaben zu Abschnitt 2 und 3

1. Leben ist durchaus möglich mit den Strukturen der Protocyte. Welche Vorteile für die Lebenserscheinungen hat die Eucyte?

2. Welche Schlüsse sind daraus zu ziehen, daß die Zellen aller Eukaryonten zum Eucyten-Typ gehören?

3. Welche Funktionen muß jede undifferenzierte Zelle ausüben?

4. Bakterien sind beliebte Objekte der Forschung, weil sich rasch große Substanzmengen gewinnen lassen. Berechnen Sie zur Veranschaulichung folgendes Beispiel: Die Masse eines Bakteriums betrage $2.10^{-9}$ mg; die Masse der Erde ist $6.10^{21}$t. In welcher Zeit wäre die Masse der Erde erreicht, wenn sich die Bakterien fortgesetzt unter optimalen Bedingungen, also alle 20 min, teilen könnten? Welche Faktoren begrenzen die Vermehrung von Bakterien?

5. An Phagen lassen sich Grundprobleme der Molekulargenetik, der Cytologie und der Entwicklungsphysiologie untersuchen. Erläutern Sie diese Behauptung und geben Sie geeignete Untersuchungsverfahren an.

6. Welche wichtigen Experimente und Untersuchungen sprechen für die DNA als Erbsubstanz?

7. Bei *E. coli* beträgt die kürzeste Verdopplungszeit etwa 20 min. In dieser Zeit muß natürlich auch die Verdopplung der DNA des Chromosoms stattfinden. Berechnen Sie, wieviele Nukleotide (bzw. Nukleotidpaare) pro Sekunde verknüpft werden müssen, wenn die DNA 4 Millionen Nukleotidpaare enthält.

8. Warum ist die Linearität der DNA für die Funktion, Information zu speichern, besonders günstig? Durch welchen Befund kam man darauf, daß die DNA vermutlich aus einem Doppelstrang besteht?

9. Welche Eigenschaften der DNA erfüllen die an eine Erbsubstanz zu stellenden Forderungen? Welche Vorzüge hat ein Doppelstrang-Molekül gegenüber einem einstrangigen Molekül?

# 4. Von der DNA zum Protein

## 4.1 Der Informationsweg vom Gen zum Merkmal

Die Proteine der Zelle sind zum großen Teil Enzyme; durch ihre Tätigkeit als Katalysatoren kommt der Stoffwechsel zustande. Die Stoffwechselreaktionen aber legen die Merkmale der Organismen fest. In einigen Fällen ist dies sehr leicht zu erkennen. So sind etwa für die Bildung einer roten Blütenfarbe bestimmte Farbstoffe erforderlich, deren Bildung in der Zelle die Tätigkeit bestimmter Enzyme voraussetzt. Man kann ganz allgemein sagen, daß bei der Umsetzung der Erbinformation in Merkmale des Organismus die Enzyme eine Schlüsselrolle spielen.

Deren Struktur muß deshalb genetisch, das heißt, in der Nukleotidabfolge der DNA festgelegt sein. Wir haben bereits vermutet, daß durch die m-RNA die Spezifität der Proteinsynthese festgelegt wird. Proteine sind Makromoleküle aus Polypeptid-Ketten, die durch Verknüpfung von Aminosäuren entstehen. Die Annahme liegt nahe, daß die Reihenfolge der Aminosäuren durch die Basensequenz der DNA und somit der m-RNA in den Polypeptidketten festgelegt wird. Einer bestimmten Basenabfolge entspricht dann eine bestimmte Reihenfolge der Aminosäuren. Die experimentelle Bestätigung dieser Hypothese gelang durch Untersuchung von Viren und Bakterien, bei welchen Mutationen hervorgerufen worden waren. Wird bei einer Mutation eine Base durch eine andere ersetzt, so findet man in der Aminosäurenfolge eines Polypeptids an bestimmter Stelle auch oft eine andere Aminosäure *(Fehlsinn- (= missense-) Mutation).* Gelegentlich kann es aber auch zum Abbruch der Synthese der Peptidkette kommen, in diesem Fall liegt eine *Unsinn- (= nonsense-) Mutation* vor. Unsinn-Mutanten, bei denen die Bildung des Hüllproteins abgebrochen wird, hat man beim T 4-Phagen genauer untersucht. Lag die Mutation ganz am Anfang des Phagen-Gens für »Hüllprotein«, so wurde nur ein kurzer Abschnitt der Polypeptidkette gebildet; lag sie am Ende des Gens, so wurde nahezu das ganze Hüllprotein gebildet. Dieser Befund sowie weitere genaue Untersuchungen von Fehlsinn-Mutanten bei *E. coli* bewiesen eine **Ko-Linearität** zwischen der DNA und der Polypeptidkette der Proteine; die Abfolge der Aminosäuren im Polypeptid ist abhängig von der Basenfolge der DNA (siehe auch Bild 51).

Damit wissen wir nun, daß die genetische Information der DNA die Bildung der Proteine reguliert. Der Vorgang der Protein

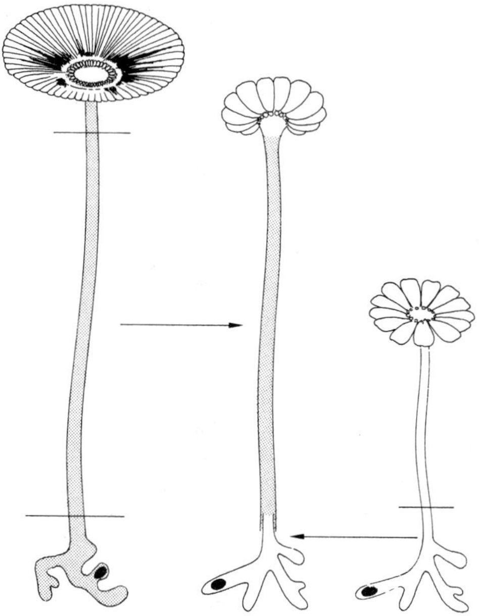


Bild 35: Pfropfversuch bei der einzelligen und einkernigen Meeresalge *Acetabularia* (bis 5 cm groß). Sie ist mit einem wurzelartigen Ausläufer (Rhizoid), der den Kern enthält, am Boden festgewachsen und trägt am entgegengesetzten Ende einen für jede Art charakteristischen gekammerten Hut. Schneidet man eine Acetabulariazelle mit kleinem und wenigkammerigem Hut (*A. wettsteinii*) vor der Hutbildung kurz über dem den Kern enthaltenden Rhizoid ab und pfropft darauf ein kern- und hutloses Stück einer Zelle mit großem Hut (*A. mediterranea*) auf, so entwickelt das Pfropfstück einen kleinen Hut.

synthese, bei dem die in der Basensequenz der m-RNA enthaltene Information in die Aminosäureabfolge der Polypeptidkette »übersetzt« wird, heißt **Translation.**

Bei den Eukaryonten ist weitaus der größte Teil der DNA im Zellkern lokalisiert. Daher ist es nicht verwunderlich, daß dieses Organell für die Ausbildung der Merkmale des Organismus entscheidende Bedeutung hat. Dies läßt sich z. B. durch Pfropfversuche bei der Meeresalge *Acetabularia* belegen (vgl. Bild 35).

Die Gestalt des Hutes von *Acetabularia* wird danach durch den Zellkern bestimmt; der Kern enthält die genetische Information dafür.

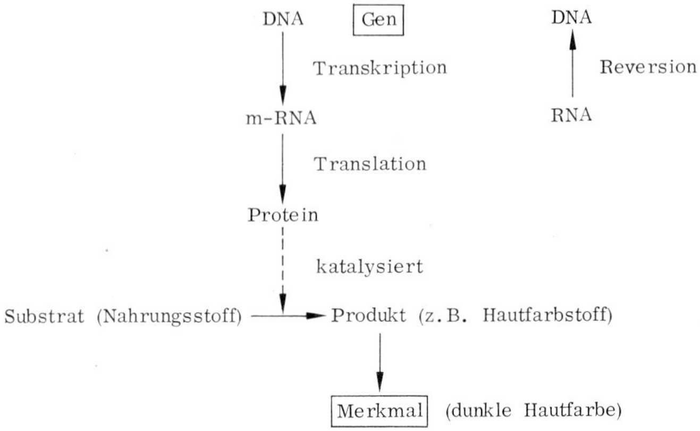

Bild 36: Schema der Informationsübertragung vom Gen (Erbinformation gespeichert) zum Merkmal (Erbinformation verwirklicht)

Die Informationsübertragung vom Gen zum Merkmal läßt sich durch das Schema in Bild 36 darstellen. Die Informationsübertragung verläuft in Richtung der Pfeile. Aufgrund zahlreicher experimenteller Befunde wie auch aufgrund theoretischer Überlegungen wird zwingend gefolgert, daß es eine Informationsübertragung vom Protein zur Nukleotidsequenz einer Nukleinsäure nicht geben *kann*. Dies ist das »**Dogma der Molekularbiologie**«.

Eine Umkehrung des Translationsvorgangs ist nicht möglich, dagegen eine Umkehrung der Transkription, d.h. eine Informationsübertragung von der RNA zur DNA. Von bestimmten RNA-Viren (die RNA als genetische Substanz besitzen) können nach Infektion von Wirtszellen Enzyme gebildet werden, die an der RNA als Matrize eine einsträngige DNA aufbauen. Man nennt sie reverse Transkriptasen oder **Revertasen**. Ob sie auch in nichtinfizierten Zellen von Eukaryonten vorkommen, ist noch umstritten. Die Revertasen sind heute wichtige Hilfsmittel bei der Strukturaufklärung von Genen. In der Regel sind nämlich RNA-Moleküle einfacher in reiner Form zu erhalten als DNA-Moleküle oder Stücke von solchen. Aus den RNA-Molekülen gewinnt man die entsprechende DNA mit Hilfe der Revertase in erforderlicher Menge.

In den letzten Jahren wurden mit den m-RNAs verschiedener Proteine von Säugern und Vögeln solche Versuche durchgeführt. Man gewann die DNA, also isolierte Gene. Zur Kontrolle wurden die so hergestellten einsträngigen DNA-Stücke mit der vorsichtig denaturierten DNA der Gene aus den Kernen der entsprechenden Lebewesen zusammengebracht und renaturiert (vgl. 3.3.2). Dabei fand man etwas außerordentlich Erstaunliches: die echten Gene aus der Kern-DNA enthielten Nukleotid-Sequenzen, die in der m-RNA nicht mehr enthalten waren und daher auch in einer durch Revertase gewonnenen DNA nicht auftraten. Es besteht bei diesen Genen demnach keine vollständige Ko-Linearität zwischen der Nukleotidsequenz der DNA einerseits und der Nukleotidsequenz der fertigen mRNA bzw. der Aminosäureabfolge der Polypeptidkette des Proteins andrerseits.

Man nennt die Teile eines Gens, deren Information in die Polypeptidkette gelangt, die **Exons** (weil sie exprimiert = ausgedrückt werden); diejenigen Teile, die keine Information fürs Polypeptid beitragen, heißen **Introns**. Manche Gene bestehen aus einer ganzen Anzahl von Exons mit dazwischen liegenden Introns (z. B. besteht das Gen des Hühnerei-Albumins aus 7 Exons, vgl. Bild 37). Es gibt aber auch Gene ohne Introns, ihre Nukleotidsequenz entspricht genau der Aminosäuresequenz ihrer Polypeptidkette. Die Gliederung vieler Eukaryonten-Gene in Exons und Introns hat für die Evolution der Proteine sehr große Bedeutung. In einigen Fällen wurde gezeigt, daß einzelne Exons eines Proteins im Rahmen von dessen Funktion bestimmte Teilaufgaben haben, daß also die Exons Funktions-Einheiten sind.

Außer der beschriebenen m-RNA kommen in der Zelle auch noch andere Ribonukleinsäuren vor (r-RNA, t-RNA, vgl. 4.3). Sie werden ebenfalls durch Transkription an der DNA gebildet. Allerdings sind sie keine Boten, die ihre Information durch Translation weiter übertragen.

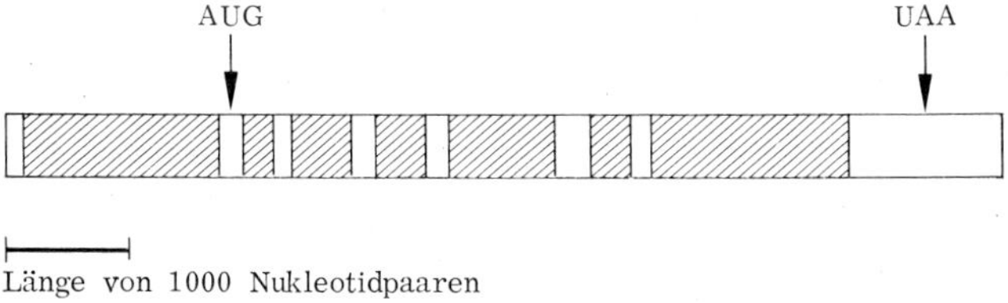


Bild 37: Maßstabsgerechte Zeichnung des Hühnerei-Albumin-Gens. Hell = Exons, Dunkel = Introns. Man erkennt, daß die Introns einen sehr viel größeren Anteil an der Nukleotidsequenz haben als die Exons. Die Introns werden zwar ebenfalls transkribiert, jedoch aus der zunächst entstehenden prä-m-RNA wieder herausgeschnitten, so daß die fertige m-RNA nur die Information der Exons enthält. AUG = Startcodon der Proteinsynthese, UAA = Endcodon der Proteinsynthese. Vor dem Startcodon liegt noch eine Sequenz zur Ribosomen-Erkennung

## 4.2 Die Proteine

Vor einer genauen Besprechung der Biosynthese der RNA und der Proteine müssen wir uns mit der Struktur der Proteine beschäftigen, da diesen Molekülen eine entscheidende Rolle bei der Realisierung der genetischen Information in der Merkmalsbildung zukommt.

### 4.2.1 Die Struktur der Proteine

Die Aufklärung der Proteinstruktur veranschaulicht in eindrucksvoller Weise das Vorgehen der Forschung, die nach Kausalzusammenhängen sucht. Wie bei den Nukleinsäuren zeigt sich auch bei den Proteinen, daß bestimmte Strukturen sich notwendig ergeben, wenn man die Eigenschaften der sie aufbauenden Teile kennt.

Die Polypeptidketten der Proteine sind aus zahlreichen Aminosäuren aufgebaut, die über *Peptidbindungen* miteinander verknüpft sind. Die *Primärstruktur* dieser Makromoleküle ist die *Aminosäuresequenz*. Diese bedingt die räumliche Anordnung der Kette, die *Kettenkonformation*. Bei der Kettenkonformation kann man (wie bei den Nukleinsäuren) zwischen *Sekundär-* und *Tertiärstruktur* unterscheiden. Die Aminosäurekette besitzt ein Ende mit freier Aminogruppe und ein Ende mit freier Carboxylgruppe; das Polypeptid hat somit eine Richtung. Die Biosynthese geht so vor sich, daß die erste eingebaute Aminosäure nach Fertigstellung der Kette die freie Aminogruppe trägt, das heißt: der Richtung der m-RNA von 5′ nach 3′ entspricht die Richtung der Polypeptidkette vom Amino- zum Carboxylende.

Aufgrund der Kenntnisse über die Peptidbindungen (Bild 38) weiß man, daß nur wenige Stellungen der Peptidebenen zueinander stabile Strukturen ergeben. Dazu kommt, daß für eine stabile Sekundärstruktur eine möglichst große Zahl von Wasserstoffbrücken ausgebildet werden muß. So verbleiben nur wenige Strukturmöglichkeiten. Eine besonders stabile Struktur unter Ausbildung der H-Brücken zwischen benachbarten Polypeptidketten ist die *β-Faltblattstruktur*. Im Seidenfaserprotein der Seidenraupe sind die Proteinmoleküle alle in dieser Weise angeordnet.

Die Wasserstoffbrücken können aber auch innerhalb einer Polypeptidkette zustande kommen, wenn diese schraubig angeordnet ist. Eine derartige Struktur liegt in der *α-Helix* vor (Bild 39). Sie ist z. B. beim Haar-Keratin verwirklicht. Auch bei anderen *Faserproteinen* (z. B. des Bindegewebes) wird dieses Bauprinzip über die ganze Polypeptidkette hinweg beibehalten, dadurch hat das Molekül eben die langgestreckte, faserige Gestalt. Die meisten Proteine sind aber mehr oder weniger globulär gebaut. Einzelne Abschnitte mit Helix- oder Faltblattstruktur wechseln hier mit anders ge-

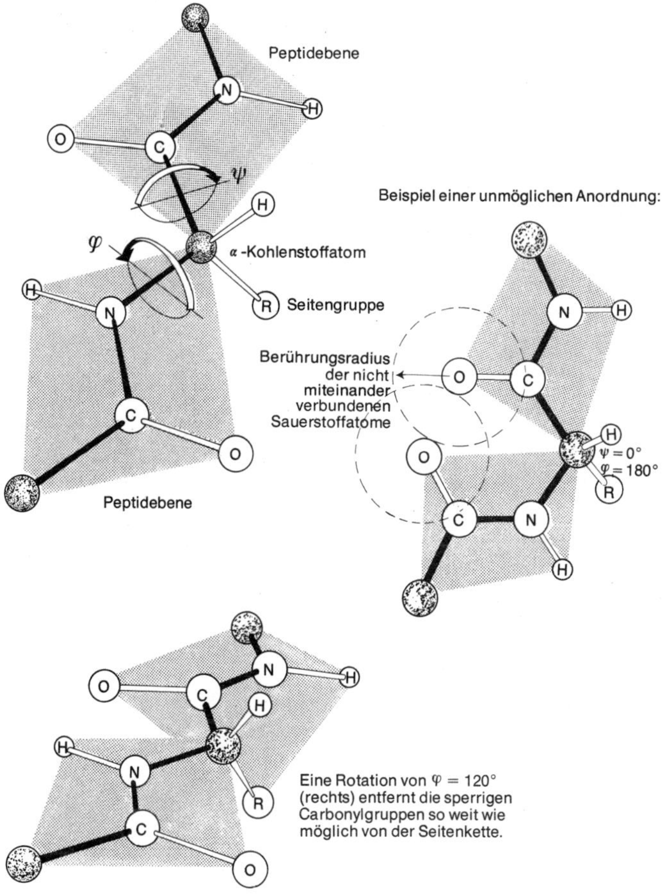


Bild 38: Strukturmodelle von Peptidbindungen. Aus spektrographischen und röntgenographischen Untersuchungen weiß man, daß die Peptidbindung eben gebaut ist (C- und N-Atom sind gegeneinander nicht verdrehbar). Die Peptidebenen sind jeweils über ein C-Atom miteinander verknüpft; an den von diesen ausgehenden Bindungen sind Bewegungen möglich. Es können aber nur solche Bindungswinkel auftreten, bei denen keine gegenseitige räumliche Störung von Atomen vorkommt. Anhand maßstabsgerechter Modelle kann man prüfen, welche Stellung der Peptidebenen zueinander möglich sind

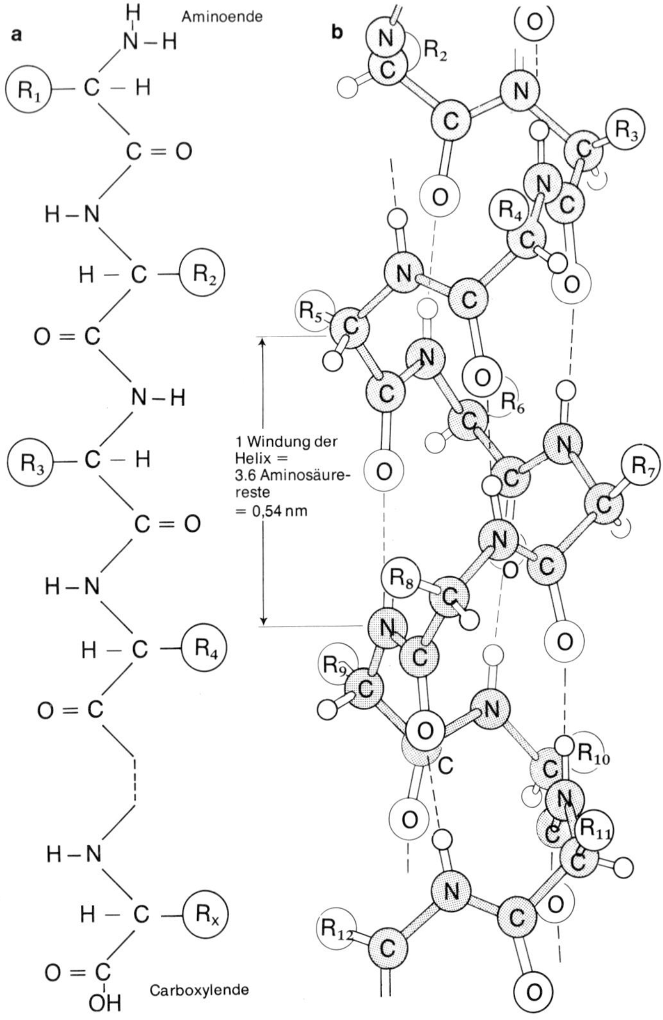


Bild 39: a Primär-, b und c Sekundär-, d Tertiär- und e Quartärstruktur. Primärstruktur: Spezifische Aufeinanderfolge der Aminosäuren in der Peptidkette. Sekundärstruktur: α – Helix-Struktur (b) und β-Faltblattstruktur (c) als Beispiele, ––––Wasserstoffbrückenbindungen. Tertiärstruktur: Räumliche Anordnung der Polypeptidkette mit Helix-Abschnitten unter Bildung einer für jedes Protein charakteristischen Gestalt des Moleküls.

stalteten Abschnitten der Polypeptidkette ab. Diese Stücke weisen keine ohne weiteres erkennbare Ordnung auf, man hat sie daher als *»Zufalls-knäuel-* (random coil-) *Abschnitte«* bezeichnet. Ihre Bildung ist aber nicht zufällig, sondern liegt bei einer gegebenen Aminosäuresequenz der Kette streng fest. Von besonderer Bedeutung für die Ausbildung der räumlichen Anordnung der Kette ist die Tatsche, daß unpolare (hydrophobe) Aminosäure-Seitenketten eine enge Nachbarschaft zueinander bevorzugen und sich dabei vor allem im Molekülinneren anordnen. Dadurch sind sie gewissermaßen aus der das Proteinmolekül umgebenden wäßrigen Lösung »herausgedrängt«. Man bezeichnet diese Erscheinung als *»hydrophobe Wechselwirkung«* (Bild 40).

Durch die Ausbildung der Wasserstoffbrücken und der hydrophoben Wechselwirkungen sowie in verschiedenen Fällen von Schwefel-Brücken

**c**

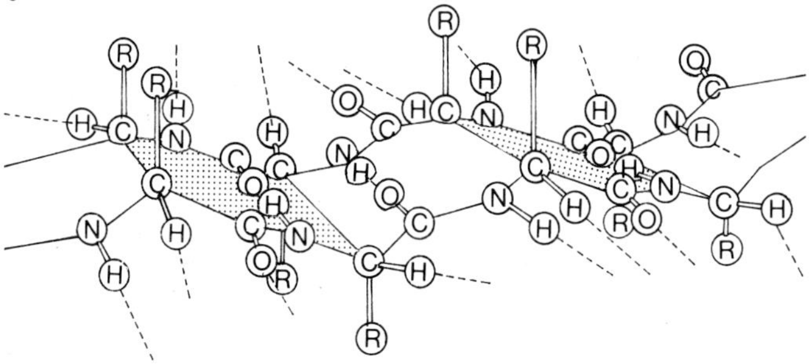


**d**

**e**

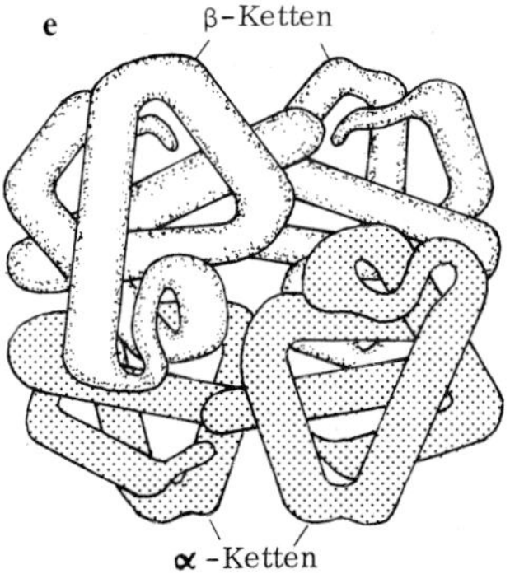


Als Beispiel ist hier das Myoglobin (sauerstoffbindendes Protein im Muskelgewebe) dargestellt, jedoch ohne Häm. Quartärstruktur: Räumliche Anordnung mehrerer Polypeptidketten zueinander. Als Beispiel ist hier das Hämoglobin dargestellt. Es besteht aus vier Polypeptidketten, von denen je zwei identisch sind

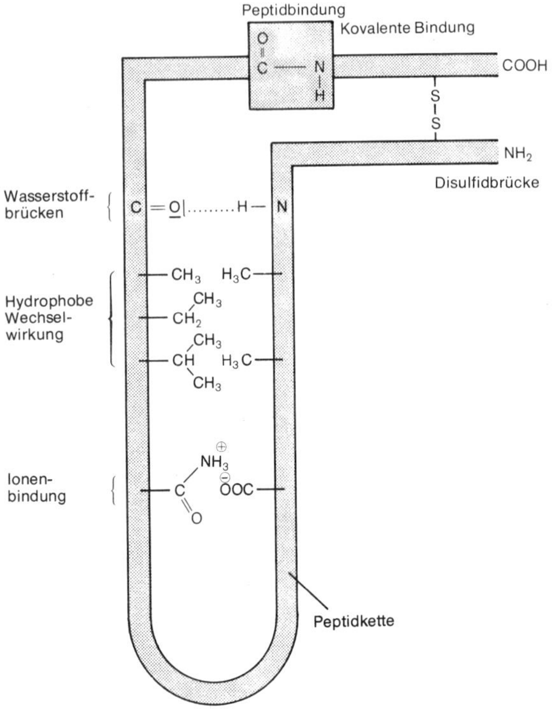


Bild 40: Bindungen und Wechselwirkungen in Proteinen

ist die Raumerfüllung der ganzen Polypeptidkette, also die Tertiärstruktur, festgelegt. Sie ist aus Elementen der Sekundärstruktur (Helix-Stücke, Faltblatt-Stücke) und Zufallsknäuelabschnitten aufgebaut.

Das Hämoglobin des Menschen ist aus 4 Polypeptidketten aufgebaut, wovon je 2 identisch sind (2 α- und 2 β-Ketten). Es gibt noch zahlreiche andere Proteinmoleküle, die aus derartigen Untereinheiten bestehen. Diese sind jeweils Polypeptidketten, die durch nicht-kovalente Bindungen oder durch Schwefelbrücken (z. B. bei Insulin) miteinander verknüpft sind. Die räumliche Anordnung der Untereinheiten wird als *Quartärstruktur* des betreffenden Proteins bezeichnet. Quartärstrukturen gibt es also nur bei solchen Proteinen, die aus mehreren Polypeptidketten bestehen. Diese können gleich oder, wie das Hämoglobin zeigt, verschieden gebaut sein.

Proteine können im Organismus sehr verschiedene Funktionen haben (s. Tabelle 5). Manche Proteine haben sogar mehrere Funktionen. So gibt es Membranproteine, die gleichzeitig als Enzym oder als Transportprotein wirken. Schließlich gibt es Proteine, die ohne selbst echte Enzyme zu sein, an der Regulation von Stoffwechselvorgängen beteiligt sind (z. B. kann durch Bindung eines Proteins an eine bestimmte Stelle der DNA deren Ablesung verhindert werden). Man bezeichnet solche als Regulatorproteine.

**Tabelle 5: Funktionen von Proteinen**

| | |
|---|---|
| **Enzyme** | Katalysatoren der Stoffwechselreaktionen im Organismus |
| **Transportproteine** | Transportieren Stoffe durch Membranen (Permeasen, Carrier-Systeme) oder über größere Strecken in Körperflüssigkeiten (z. B. Hämoglobin) |
| **Membranproteine** | Sind alle in Membranen eingebaute Proteine, unabhängig von ihrer Funktion. Hierzu gehören auch die Glykoproteine der Zellmembran, durch die sich Zellen gegenseitig erkennen (so erkennen z. B. Lymphocyten fremde Zellen) |
| **Immunproteine = Antikörper** | Abwehrstoffe, die körperfremde Substanzen oder Organismen binden und dadurch deren Unschädlichmachung einleiten |
| **Proteine, die Bewegungen verursachen** | Verwandeln chemische Energie in mechanische Energie (z. B. Mikrofilamente von Actin und Myosin in den Zellen oder das Actin-Myosin-System der Muskelzellen). Solche Proteine werden oft fälschlich »kontraktile Proteine« genannt; es gibt aber keine Kontraktion einzelner Proteinmoleküle |
| **Regulatorproteine** | Beteiligt an der Regulation von Stoffwechselvorgängen<br>a) Intrazelluläre Regulatorproteine: z. B. Repressorproteine (vgl. Abschnitt 11)<br>b) Interzelluläre Regulatorproteine: Proteinhormone, mit spezifischer Wirkung auf bestimmte Zellgruppen (z. B. Insulin, Hypophysenhormone) |
| **Rezeptorproteine** | Dienen der Aufnahme und Weiterleitung von Reizen, z. B. das Rhodopsin im Auge (ist an der Umsetzung des Lichtreizes in einen Nervenimpuls beteiligt) |
| **Speicherproteine** | Dienen als Speicher für kleine Moleküle oder Ionen, z. B. Myoglobin speichert Sauerstoff im Muskel, Ferritin speichert Eisen in der Pflanze |
| **Reserveproteine** | Sind Speicherstoffe, u. a. in Pflanzensamen. Wichtig für die menschliche Ernährung (pflanzliches Eiweiß) |
| **Strukturproteine** | Bilden Stützsubstanzen im Organismus und sind dann in der Regel als Faserproteine (Skleroproteine) aufgebaut. Beispiele: Kollagen (Bindegewebsfasern, Sehnen, Knorpel, organischer Bestandteil des Knochens); Keratin (Haare, Federn, Nägel, Horn) |

**Struktur der Proteine (Begriffserläuterung)**

**Primärstruktur:** *Aminosäuresequenz = Abfolge der Aminosäuren, die durch Peptidbindungen miteinander verknüpft sind.*

**Sekundärstruktur:** *Anordnung der Aminosäuresequenz mit bestimmten, wiederkehrenden Strukturmerkmalen. Durch Wasserstoffbrücken gebildet und stabilisiert.*
*Beispiel: α-Helix, Faltblatt-Struktur*

**Tertiärstruktur:** *Raumerfüllung des ganzen Proteinmoleküls, das Elemente der Sekundärstruktur enthält, zwischen denen sog. Zufallsknäuel-Abschnitte liegen.*

*Die Tertiärstruktur wird gebildet und stabilisiert durch Schwefelbrücken, hydrophobe Wechselwirkung, ionische Wechselwirkung und Wasserstoffbrücken.*

**Quartärstruktur:** *Bei Proteinen, die aus mehreren Polypeptidketten aufgebaut sind. Gibt die Art von deren Zusammenlagerung an.*
*Gebildet und stabilisiert durch dieselben Kräfte, welche bei der Tertiärstruktur mitwirken.*

*Sekundär-, Tertiär- und (wenn vorhanden) Quartärstruktur werden auch als* **»Kettenkonformation«** *zusammengefaßt.*

*Genetisch festgelegt ist die Aminosäuresequenz; alle übrigen Strukturen ergeben sich aus der physikalisch-chemischen Wechselwirkung der Aminosäuren.*

## 4.2.2 Die Bestimmung der Proteinstruktur

### Aufklärung der Aminosäuresequenz

Erhitzt man Proteine mit Salzsäure, so werden die Peptidbindungen gespalten und man erhält ein Gemisch der Aminosäurebausteine. Diese werden dann chromatographisch getrennt. So stellt man fest, daß in Proteinen nur 20 Aminosäuren vorkommen. Die Strukturen dieser **20 proteinogenen Aminosäuren** sind in Bild 41 wiedergegeben.

Bild 41: Die Struktur der Aminosäuren, die als Bausteine der Proteine auftreten. Grau unterlegt sind die Seitenketten, deren verschiedene Form für die Oberflächengestalt des Proteins wichtig ist. Unterstrichen sind die essentiellen Aminosäuren, für deren Synthese der Mensch keine genetische Information besitzt

Aminosäuren mit unpolarer (hydrophober) Seitenkette

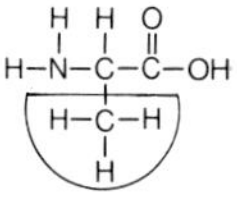

Alanin
(Ala)

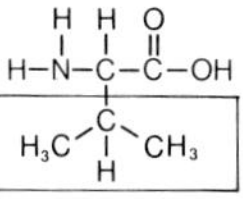

Valin
(Val)

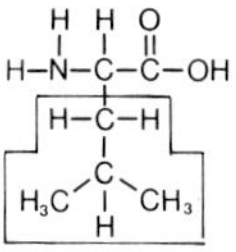

Leucin
(Leu)

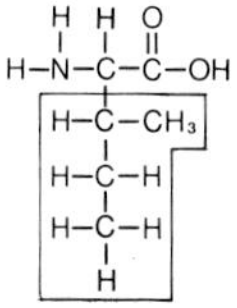

Isoleucin
(Ileu)

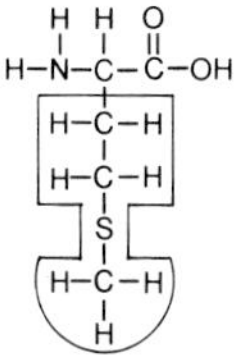

Methionin
(Met)

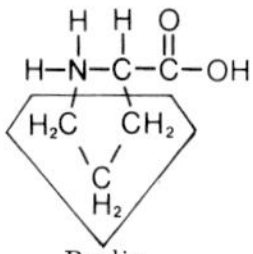

Prolin
(Pro)

aromatische Aminosäuren

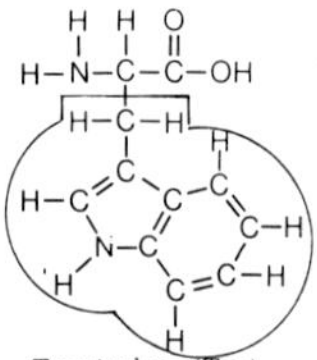

Tryptophan (Trp)

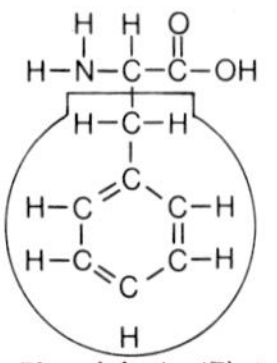

Phenylalanin (Phe)

Aminosäuren mit polarer (hydrophiler) Seitenkette

neutrale:

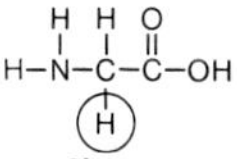

Glycin
(Gly)

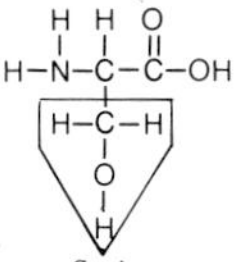

Serin
(Ser)

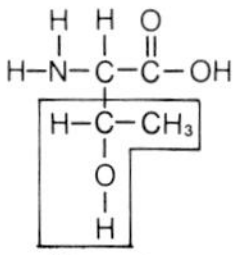

Threonin
(Thr)

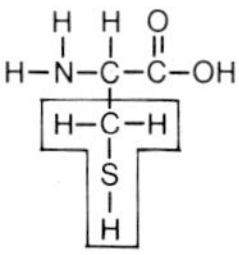

Cystein
(Cys)

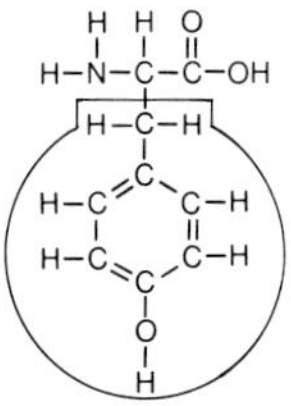

Tyrosin
(Tyr)

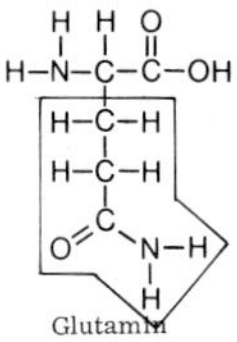

Glutamin
(Gln)

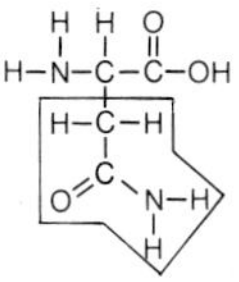

Asparagin
(Asn)

sind die Säureamide der sauren Aminosäuren

saure:

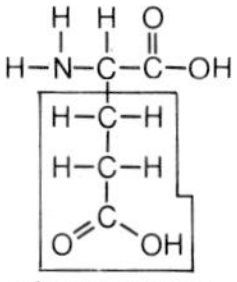

Glutaminsäure
(Glu)

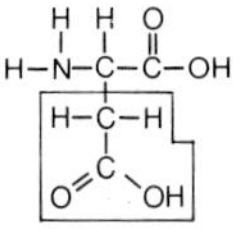

Asparaginsäure
(Asp)

basische:

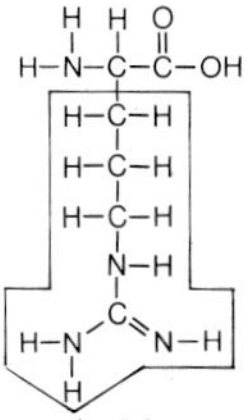

Arginin
(Arg)

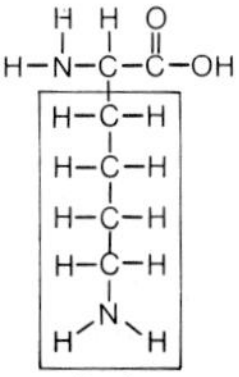

Lysin
(Lys)

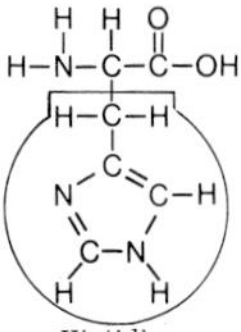

Histidin
(His)

Die weitere Aufklärung der Proteinstruktur umfaßt die Bestimmung der Aminosäureabfolge (also der Primärstruktur) und der räumlichen Anordnung der Polypeptidkette (also der Kettenkonformation). Für die Bestimmung der Aminosäuresequenz wird das reine Polypeptid durch ein proteinspaltendes Enzym (Protease) in kleine Bruchstücke (Oligopeptide) zerlegt. Verschiedene Proteasen spalten das Polypeptid an unterschiedlichen Stellen. So spaltet z. B. Trypsin ausschließlich solche Peptidbindungen, die von den basischen Aminosäuren Lysin oder Arginin ausgehen. Die durch die Spaltung entstehenden Oligopeptide werden anschließend durch Elektrophorese oder chromatographische Verfahren voneinander getrennt und ihre Struktur dann so bestimmt, daß man durch Abspalten eine Aminosäure nach der anderen abtrennt. Um die ursprüngliche Aufeinanderfolge der Trypsin-Spaltstücke festzustellen, führt man eine weitere Spaltung der Polypeptidkette mit einem anderen proteinspaltenden Enzym durch, das andere Peptidbindungen spaltet (also eine andere Spezifität hat). Dies kann z. B. Chymotrypsin sein, das bevorzugt Peptidbindungen aromatischer Aminosäuren spaltet. Man erhält dadurch andere Bruchstücke. Bestimmt man nun deren Aminosäuresequenzen, so müssen sich diese mit jenen der Teilstücke der Trypsin-Spaltung überlappen. Somit läßt sich die Sequenz des ganzen Polypeptids zusammenstellen (Bild 42).

Aminosäuresequenz eines Polypeptids (Ausschnitt)

---

Glu - Ala - Ser - Glu - Lys - Glu - Asp - Phe - Ileu - Val - Ala - Arg - Cys -
Lys - Leu - Try - Ala - Tyr - Glu - Gly - Asp

Spaltung mit Trypsin:
Gly - Ala - Ser - Glu - Lys ▼ Glu - Asp - Phe - Ileu - Val - Ala - Arg ▼ Cys -
Lys ▲ Leu - Try - Ala - Tyr - Glu - Gly - Asp

Spaltung mit Chymotrypsin:
Gly - Ala - Ser - Glu - Lys - Glu - Asp - Phe ▼ Ileu - Val - Ala - Arg - Cys -
Lys - Leu - Try ▲ Ala - Tyr ▲ Glu - Gly - Asp

Bild 42: Aufklärung der Aminosäureabfolge (Sequenz) einer Peptidkette. Bei Spaltung der Kette durch Trypsin entstehen 4 Oligopeptide, deren Aminosäuresequenz bestimmt wird. Bei Spaltung mit Chymotrypsin entstehen andere Oligopeptide (hier ebenfalls 4) deren Sequenz dann auch bestimmt wird. Durch Vergleich der Sequenzen der Bruchstücke erkennt man deren Aufeinanderfolge infolge des Überlappens der Trypsin- und der Chymotrypsin-Spaltstücke. (Man kann sich die Sequenzen der Spaltstücke auf Papierstreifen schreiben – Trypsinpeptide blau, Chymotrypsinpeptide rot – und daraus wie ein Puzzle die ganze Aminosäuresequenz zusammensetzen)

**Röntgenstrukturanalyse**
Die Raumstruktur (Kettenkonformation) eines Makromoleküls wird stets durch Röntgenstrukturanalyse festgestellt. Dazu muß ein hinreichend großer Einkristall des reinen Proteins hergestellt werden. Durch diesen schickt man – nacheinander in den verschiedenen Raumrichtungen – Röntgenstrahlen. Man erhält auf diese Weise Beugungsbilder, da die einzelnen Atome je nach ihrer Elektronendichte die Röntgenstrahlen verschieden stark ablenken und so Interferenzen entstehen. Die Beugungsmuster werden auf einem Röntgenfilm als schwarze Flecken registriert (Bild 43). Aus der Lage der Beugungspunkte kann man zunächst die Eigenschaften des Kristallgitters erkennen. Durch Vermessung der Intensität der Schwärzung sehr vieler Beugungspunkte (schon bei einfachen Proteinen sind über 1000 erforderlich) bestimmt man mit Hilfe komplizierter Rechenverfahren, die nur mit Computern hinreichend rasch ausführbar sind, die Orte hoher Elektronendichte, d. h. die Lage der einzelnen Atome.

a

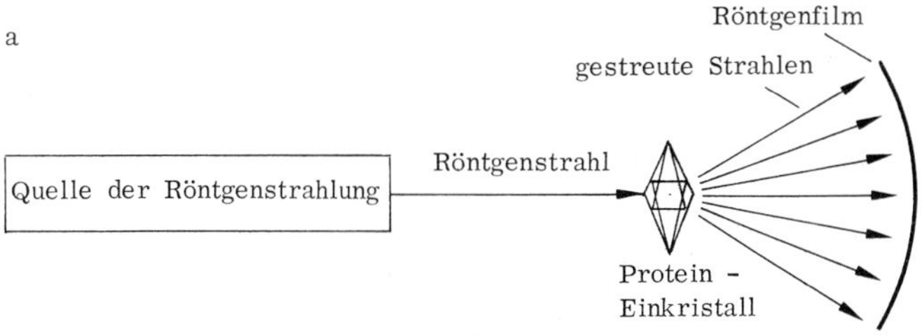


b

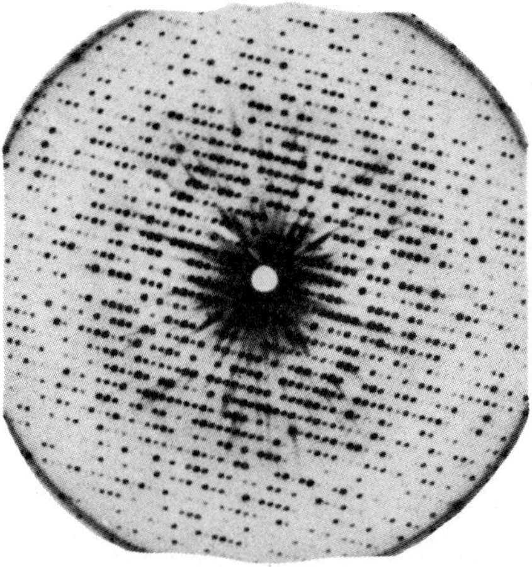

Bild 43: Röntgenstrukturanalyse zur Aufklärung der Raumstruktur eines Proteins. a Prinzip der Methode, b Röntgenbeugungsdiagramm von Myoglobin

### 4.2.3 Zusammenhang von Proteinstruktur und Proteinfunktion

Die Funktionsweise der Proteine ist bisher vor allem bei einigen Enzymproteinen aufgeklärt worden. Als Beispiel betrachten wir hier das Enzym Lysozym (Bild 44). Es greift viele Bakterien an, wobei es die Kohlenhydratketten der Murein-Struktur ihrer Zellwände spaltet. Gewonnen wird es vorwiegend aus Hühnereiweiß, kommt aber z. B. auch in Tränenflüssigkeit und Nasenschleim des Menschen vor. Das Hühner-Lysozym besteht aus 129 Aminosäuren, die eine Polypeptidkette der Molekülmasse 14600 bilden. Ein bestimmter Teil des Enzymproteins tritt mit der zu spaltenden Polysaccharidkette in enge Verbindung. Diesen Molekülteil des

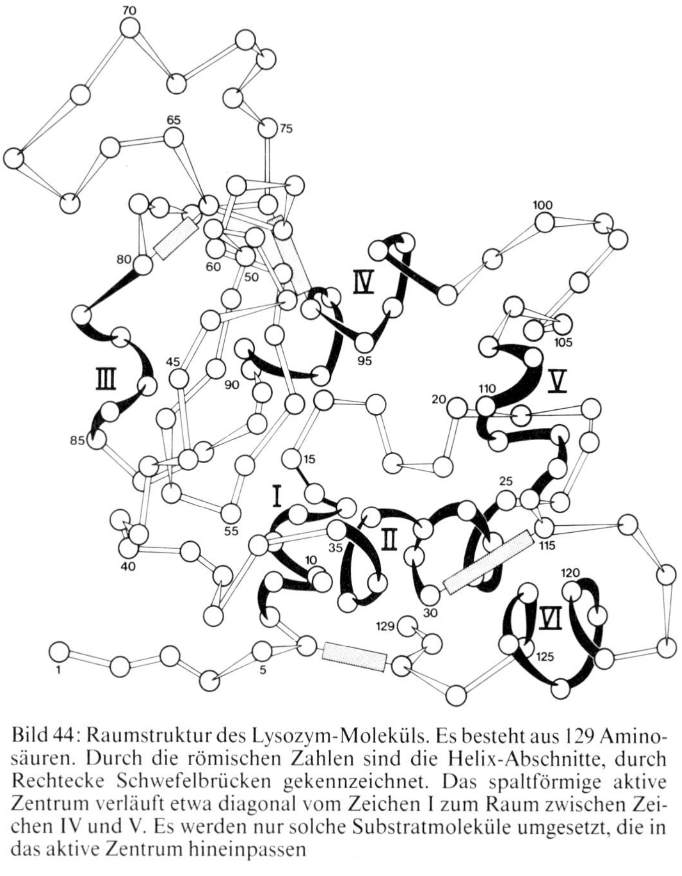


Bild 44: Raumstruktur des Lysozym-Moleküls. Es besteht aus 129 Aminosäuren. Durch die römischen Zahlen sind die Helix-Abschnitte, durch Rechtecke Schwefelbrücken gekennzeichnet. Das spaltförmige aktive Zentrum verläuft etwa diagonal vom Zeichen I zum Raum zwischen Zeichen IV und V. Es werden nur solche Substratmoleküle umgesetzt, die in das aktive Zentrum hineinpassen

Enzyms bezeichnet man als das *aktive Zentrum*; beim Lysozym (und bei den meisten anderen Enzymen) liegt dieses in einer Spalte, die der Polysaccharidkette entlang angelagert wird, wobei eine Bindungsverzerrung an einem Zuckerrest eintritt und gleichzeitig auch die Gestalt der Vertiefung im Proteinmolekül sich etwas verändert. Man spricht dabei von einer *induzierten Anpassung (induced fit)* des Enzyms. Erst nach vollzogener induzierter Anpassung ist das Enzym voll aktiv. Durch gleichzeitige Einwirkung mehrerer verschiedener Aminosäure-Seitenketten, die im aktiven Zentrum lokalisiert sind, spaltet die Polysaccharidkette an der Stelle auf, wo bereits die Bindungsverzerrung eingetreten war. Das gleichzeitige Eingreifen mehrerer Seitenketten verschiedener Aminosäuren des aktiven Zentrums ist für Enzymwirkungen charakteristisch; man spricht von *multifunktioneller Katalyse.*

Beim Lysozym kommt die volle Aktivität erst durch die induzierte Anpassung an das Substrat zustande, wobei eine kleine Veränderung der Raumstruktur des Proteins eintritt. Bei vielen Enzymen können auch andere im Stoffwechsel gebildete Moleküle die Aktivität beeinflussen.

Man bezeichnet alle derartigen Moleküle, die an das Enzymprotein gebunden werden können, als *Liganden* des Proteins. In vielen Fällen ist ein solcher Ligand an der katalytischen Wirkung direkt mitbeteiligt; er wird dann als *Coenzym* bezeichnet. Die Aktivität mancher Enzyme wird aber auch durch Liganden beeinflußt, die mit der Katalyse selbst gar nichts zu tun haben. Durch ihre Bindung an einer bestimmten Stelle des Proteinmakromoleküls (außerhalb des aktiven Zentrums) verändern sie dessen Raumstruktur und dadurch seine Aktivität. Die zusätzliche Bindungsstelle eines Proteins für ein Liganden-Molekül außerhalb des aktiven Zentrums wird als *allosterisches Zentrum* bezeichnet. Enzyme, deren Aktivität auf diese Weise verändert werden kann, heißen allosterisch regulierbar oder kurz *allosterische (andersgeformte) Enzyme.* Sie sind in der Regel aus mehreren Polypeptidketten aufgebaut, besitzen also eine Quartärstruktur. Das Auftreten allosterischer Enzyme ist für die Regulation des Zellstoffwechsels von allergrößter Bedeutung. Die Liganden, welche durch ihre Bindung ans Enzymprotein dessen Konformation verändern, können Inhibitoren oder Aktivatoren sein, d. h. sie setzen die Aktivität des betreffenden Enzyms entweder herab oder herauf.

## 4.3 Die Ribonukleinsäuren als Informationsvermittler

Zur Verwirklichung der genetischen Information werden Proteine aufgebaut. An der Proteinsynthese sind neben der m-RNA noch andere Ribonukleinsäuren beteiligt. Um ihre Funktion verstehen zu können, muß man zunächst ihren Aufbau kennen.

RNA ist ein wichtiger Bestandteil der Ribosomen. Sie heißt *ribosomale RNA* (r-RNA). Ferner kommen noch RNA-Moleküle mit einer für ein Makromolekül geringen Molekülmasse von etwa

40 000 vor. Sie heißen *transfer-RNA* (t-RNA), weil sie Aminosäuren zur Proteinsynthese herbeitragen.

### 4.3.1 Struktur der Ribonukleinsäuren

Der Polynukleotidstrang aller RNA-Formen hat eine Primärstruktur von gleichartigem Bauprinzip. Die Ribonukleotide sind über die Phosphorsäure miteinander verknüpft, das Kettenmolekül besitzt (wie DNA) Polarität, am 3′-Ende des Moleküls befindet sich eine freie OH-Gruppe, am 5′-Ende eine Phosphatgruppe.

Die Strukturunterschiede der verschiedenen Ribonukleinsäuren können außer in verschiedenen Basensequenzen somit in der Molekülgröße sowie in der Sekundär- und Tertiärstruktur liegen.

**t-RNA**

Am besten weiß man über die Strukturen bei den t-RNA-Formen Bescheid. Alle t-RNA-Moleküle (es gibt mehr als 20 verschiedene in jeder Zelle; Erklärung dafür vgl. 4.5) sind aus etwa 80 Nukleotiden aufgebaut. Unter den Basen finden sich immer auch »seltene« (vgl. 3.3.1.1). Aus dem Basen-Verhältnis ergibt sich, daß die Moleküle keine Doppelstränge wie die DNA bilden können. Dennoch zeigen Experimente, daß die meisten Basen der t-RNA gepaart sein müssen. Diese Paarung wird möglich durch Rückfaltung bestimmter Stücke des Polynukleotidstranges, so daß lokal Doppelhelix-Strukturen mit Basenpaarung entstehen. So kommen kleeblattartige Strukturen zustande (Sekundärstruktur der t-RNA, Bild 45). Wie ein solches »Kleeblatt« sich im Raum anordnet (Tertiärstruktur) hat mittlerweile die Röntgenanalyse geklärt (Bild 46).

**r-RNA**

Die r-RNA-Moleküle machen mehr als die Hälfte der Ribosomenmasse aus (der Rest besteht aus Proteinen). Die Ribosomen sind die Organellen der Protein-Synthese. Sie bestehen aus zwei verschieden großen Teilen, der kleinen und der großen Untereinheit. Über den genaueren Aufbau unterrichten Bild 47 und Tabelle 6.

Die Ribosomen des Cytoplasmas von Eukaryonten sind etwas größer als die Ribosomen von Prokaryonten und die aus Plastiden und Mitochondrien der Eukaryonten. Gleiches gilt für ihre Ribonukleinsäuren.

Die r-RNA entsteht bei den Eukaryonten im Bereich des Nukleolus und macht innerhalb des Kerns eine Reifung (posttranscriptional processing) durch. Dabei wird die bei der Transkription gebildete Vorstufe der r-RNA (Transkriptionseinheit, 45 S) aufgespalten, und beide Teilstücke werden durch teilweisen Abbau verkürzt. So entstehen die RNA-Moleküle der kleinen und der großen Untereinheit. Die r-RNA-Vorstufen werden im Nukleolus an Proteine gebunden; es entstehen Ribonukleoprotein-Partikel (RNP). Diese verlassen dann den Kern. Die Ribosomenproteine werden erst im Cytoplasma mit den r-RNA-Molekülen, verknüpft; so entstehen funktionsfähige Ribosomen.

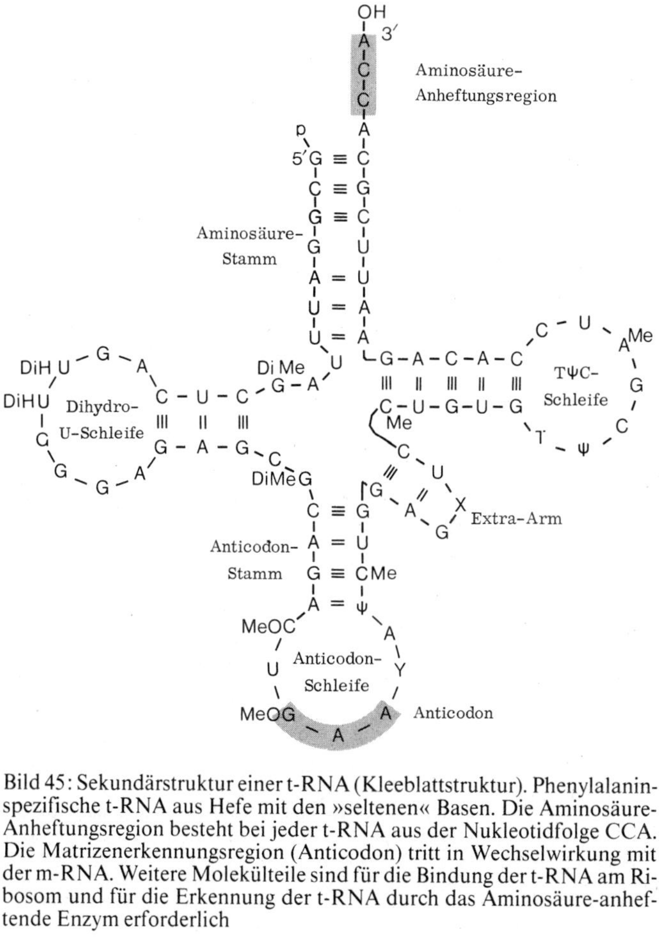


Bild 45: Sekundärstruktur einer t-RNA (Kleeblattstruktur). Phenylalanin-spezifische t-RNA aus Hefe mit den »seltenen« Basen. Die Aminosäure-Anheftungsregion besteht bei jeder t-RNA aus der Nukleotidfolge CCA. Die Matrizenerkennungsregion (Anticodon) tritt in Wechselwirkung mit der m-RNA. Weitere Molekülteile sind für die Bindung der t-RNA am Ribosom und für die Erkennung der t-RNA durch das Aminosäure-anheftende Enzym erforderlich

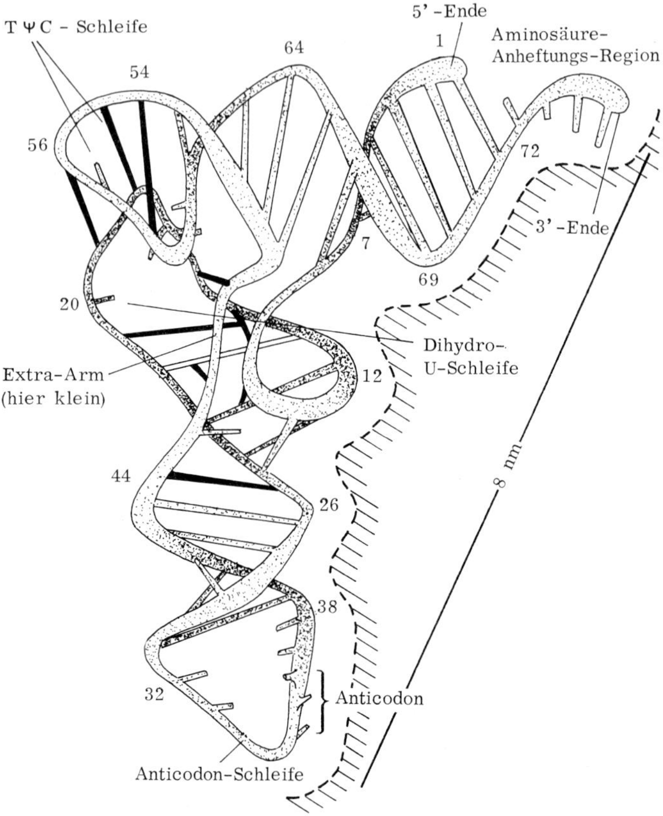


Bild 46: Raumstruktur einer t-RNA. Phenylalanin -spezifische t-RNA aus Hefe. Basenpaarungen als Querbänder dargestellt, ungepaarte Basen als einfache Abzweigungen. Durch die Ausbildung der Raumstruktur werden zusätzliche Basenpaarungen möglich, z. B. zwischen Basen der ersten und der vierten Schleife (schwarz). 1–75 = Numerierung der Nukleotide, beginnend vom 5′-Ende. Durch eine gestrichelte Linie ist die wahrscheinliche Oberfläche des Aminosäure-anheftenden Enzyms angegeben. Man erkennt, daß das Enzym mit einem beträchtlichen Teil der t-RNA in Wechselwirkung tritt. Diese Wechselwirkung bestimmt, welche Aminosäure von der t-RNA gebunden wird. Man spricht daher oft ungenau von der Aminosäure-Erkennungsregion der t-RNA (obwohl diese nicht die Aminosäure, sondern das Enzym erkennt). Die Bindung der Aminosäure erfolgt am 3′-Ende. Ein spezifisches Codon der m-RNA erkennt das Anticodon. Außerdem muß die t-RNA auch noch an Ribosomen gebunden werden und dafür eine Bindungsstelle aufweisen

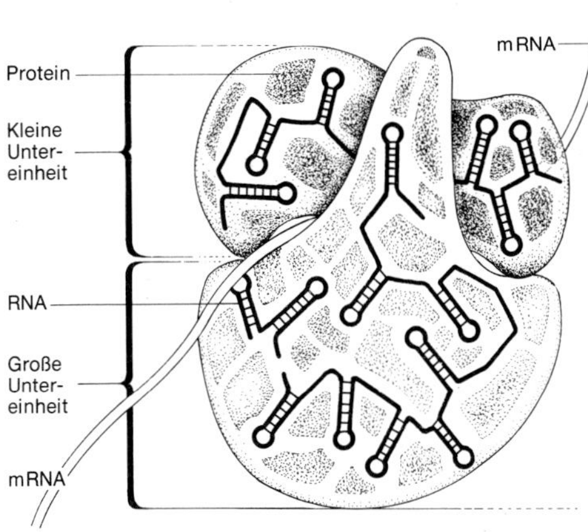


Bild 47: Strukturmodell eines Ribosoms von *E. coli.* Die beiden Untereinheiten und die Lage der m-RNA entsprechen den wirklichen Gestalten. Die räumliche Struktur der r-RNA-Moleküle ist willkürlich eingezeichnet, da über sie nur wenig bekannt ist. Hingegen ist die Lage der meisten Ribosomen-Proteine bekannt. Ihre Lokalisierung erfolgte u. a. mit Hilfe der Immuno-Elektronenmikroskopie. Man stellt nach Gewinnung des reinen Ribosomen-Proteins Antikörper dagegen her. Diese haben mindestens zwei Bindungsstellen und binden sich daher an das entsprechende Protein bei zwei benachbarten Ribosomen (-untereinheiten). Durch elektronenmikroskopische Untersuchung kann dann festgestellt werden, wie die beiden Ribosomenuntereinheiten zueinander liegen und wo das zu prüfende Protein lokalisiert ist

## Tabelle 6: Ribosomen

Bei Prokaryonten (ähnlich auch Ribosomen in Plastiden und Mitochondrien von Eukaryonten):
70 S-Ribosomen (35 % Protein, 65 % RNA)

| | | |
|---|---|---|
| Untereinheiten: | 30 S | 50 S |
| Proteine: | 21 S-Proteine | 34 L-Proteine |
| RNA: | 1 Molekül:<br>16 S (1541 Nukleotide) | 2 Moleküle:<br>23 S (ca. 3200 Nukleotide)<br>5 S (120 Nukleotide) |

Bei Eukaryonten im Cytoplasma:
80 S-Ribosomen (45 % Protein, 55 % RNA)

| | | |
|---|---|---|
| Untereinheiten: | 40 S | 60 S |
| Proteine: | ca. 30 Moleküle | ca. 40 Moleküle |
| RNA: | 1 Molekül: 18 S | 3 Moleküle:<br>25–28 S<br>5,8 S<br>5 S |

**m-RNA**

Die m-RNA-Moleküle (5–10 % der Gesamt-RNA der Zelle) haben hohe Molekülmassen. Sie enthalten stets nur die 4 Nukleotide A, C, G, U; niemals »seltene« Basen.

Bei den Eukaryonten tragen die meisten Formen von m-RNA am 3'-Ende des Moleküls eine Kette von einigen Hundert Adenosinphosphat-Resten *(»Poly-A-Schwanz«)*. Über die Funktion dieses Molekülteils ist man sich nicht klar, er ist aber zum Nachweis und zur Isolierung von m-RNA sehr vorteilhaft. Am 5'-Ende (dem Phosphat-Ende) befinden sich drei Phosphatreste und daran mit dem 5'-Ende (also sozusagen »verkehrt«) gebunden ein zusätzliches Nukleosid, das 7-Methylguanosin (oder ein Abkömmling davon). Man bezeichnet diese Struktur als die »Cap« (Kappe) der eukaryontischen m-RNA. Sie verhindert einen vorzeitigen Abbau durch Ribonukleasen, hat aber wahrscheinlich auch noch andere Funktionen.

Über die Sekundärstruktur von m-RNA weiß man bisher nur wenig. Bei einer Virus-RNA wurde nachgewiesen, daß innerhalb des Stranges Basenpaarungen auftreten, so daß gepaarte und ungepaarte Abschnitte miteinander abwechseln, wodurch sich eine »blumenartige« Struktur ergibt (»flower model«). Bei der m-RNA darf man mit einer Basenpaarung von 40–60 % aller Basen rechnen, wie eine Modell-Berechnung mit Computer zeigte.

Der **Nachweis der verschiedenen RNA-Arten** gelingt mit Hilfe von radioaktiver Markierung und anschließender Dichtegradientenzentrifugation. Zu einer wachsenden Kultur von *E. coli* gibt man für kurze Zeit (ca. 1 min) radioaktives Phosphat mit $^{32}P$ (**Pulsmarkierung**), tötet die Zellen dann ab und extrahiert die Ribonukleinsäuren. Diejenigen unter den Ribonukleinsäuren, die hohe Radioaktivität aufweisen, müssen während der Pulsmarkierung gebildet worden sein. Die Auftrennung der RNA-Präparation, welche die gesamte RNA der Zellen enthält, gelingt durch Zentrifugieren in einem Rohrzuckergradienten. Im Gegensatz zum Verfahren bei der DNA-Gewinnung wird bei dieser Zentrifugation nicht bis zum Gleichgewicht zentrifugiert, dazu hätte eine Rohrzuckerlösung auch eine viel zu geringe Dichte. Die Anwendung des Dichtegradienten dient hier dazu, eine bessere Trennung der Teilchen entsprechend ihrer Sedimentationsgeschwindigkeit zu erreichen. Je größer ein RNA-Molekül ist, um so weiter wird es sedimentiert sein. Die Sedimentationsgeschwindigkeit ist aber außerdem von der Gestalt und der Dichte des Moleküls abhängig. Als Maß für das Sedimentationsverhalten dient die SVEDBERG-*Einheit* (S-Wert oder **Sedimentationskoeffizient**). Allgemein gilt: ein großes Molekül hat einen hohen, ein kleines einen niedrigen S-Wert. Gewinnt man nun nach mehrstündigem Zentrifugieren die einzelnen Fraktionen und untersucht sie auf die Menge an RNA und auf Radioaktivität, so erhält man ein Ergebnis, wie es auf Bild 48 dargestellt ist. Man erkennt drei deutliche Konzentrationsgipfel und einen breiten Radioaktivitätsgipfel. Die Gipfel von 23 S und 16 S enthalten ribosomale Ribonukleinsäuren, der Gipfel von 4 S vor allem die kleinmolekulare t-RNA. Diese sind alle nicht wesentlich markiert; es muß sich also um Moleküle handeln, die lange Zeit in der Zelle unverändert erhalten bleiben. Die m-RNA-Fraktion ist diejenige, die starke Radioaktivität aufweist, da ihre Moleküle fortlaufend neu gebildet (und auch rasch wieder abgebaut) werden. Sie zeigt keinen scharfen Gipfel; daraus folgt, daß sie aus Molekülen unterschiedlicher Größe besteht. Das

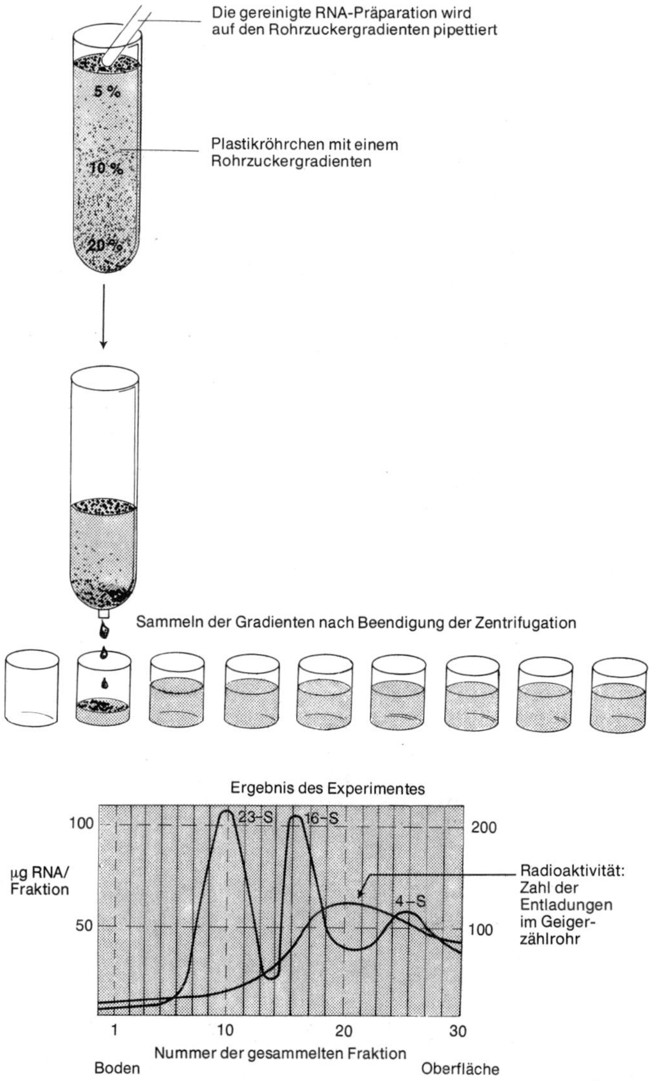


Bild 48: Rohrzuckergradienten-Zentrifugation von RNA. Erklärung im Text

ist verständlich; denn die verschiedenen Gene, bei deren Transkription die m-RNA-Moleküle gebildet werden, weisen unterschiedlich lange Nukleotidsequenzen ihrer DNA auf.

Man kann auch ganze Ribosomen im Dichtegradienten zentrifugieren und für sie und ihre Untereinheiten S-Werte bestimmen. Für Ribosomen von Prokaryonten (sowie von Plastiden und Mitochondrien) erhält man Werte um 70 S, für ihre Untereinheiten erhält man 50 S und 30 S (die S-Werte sind nicht additiv!). Bei den cytoplasmatischen Ribosomen von Eukaryonten mißt man 80 S (Untereinheiten: 60 S und 40 S).

**Übersicht über die Ribonukleinsäuren**

1. **transfer-RNA (t-RNA):**
   5–15 % der RNA der Zelle, enthält stets »seltene« (modifizierte) Basen
   Funktion: Mitwirkung bei der Proteinsynthese, bei Bakterien auch bei der Zellwandsynthese
   Größe: 75–87 Nukleotide (ca. 4 S)
2. **ribosomale RNA (r-RNA):**
   80–90 % der RNA der Zelle, enthält stets wenige methylierte Basen
   Funktion: Aufbau der Ribosomen, somit Mitwirkung bei der Proteinsynthese
3. **DNA-artige RNA (d-RNA):**
   bei Prokaryonten nur als m-RNA, bei Eukaryonten auch in deren Vorstufen (prä-m-RNA und hn-RNA)
   a) m-RNA der Bakterien
      5–10 % der RNA der Zelle, ohne modifizierte Basen
      Funktion: Informationsübertragung
   b) bei Eukaryonten
      im Kern Vorstufen der m-RNA (prä-m-RNA), die durch Reifung (processing) in m-RNA übergehen, sie gelangt ins Cytoplasma
      Funktion: Informationsübertragung

## 4.3.2 Synthese der Ribonukleinsäuren (Transkription)

Die Synthese der RNA erfolgt durch RNA-Polymerase (Transkriptase; vgl. 3.3.5). Der Vorgang ist bei *E. coli* genauer untersucht. Zunächst lagert sich das Enzym (nach Bindung eines Initiationsfaktors $\sigma'$) an die DNA an und bewegt sich auf dieser weiter.

Die Transkription setzt ein, wenn eine bestimmte Sequenz von etwa 7 Nukleotiden, das Startsignal, erreicht wird. Als Bausteine der Synthese dienen die Nukleotidtriphosphate; beim Einbau jedes Nukleotids werden also zwei Phosphate (als Pyrophosphat) freigesetzt.

Die RNA-Synthese beginnt immer mit einem Purinnukleotid, dieses 5′-endständige Nukleotid trägt drei Phosphate, weil hier keine Phosphatabspaltung stattfinden kann. Mit der Bindung des zweiten Nukleotids ist die Transkription in Gang gesetzt. Der Initiationsfaktor wird nun abgespalten und die RNA-Polymerase wandert unter lokaler Auftrennung der Doppelhelix dem codogenen DNA-Strang entlang und bildet die dazu komplementäre RNA. Wird eine bestimmte, als Terminationssignal dienende Nukleotidfolge erreicht, so endet die Transkription.

Bei den Prokaryonten trägt die RNA in der Regel die Information mehrerer Gene (polycistronische RNA, Erklärung dieses Begriffs vgl. 8.8), während bei Eukaryonten ein m-RNA-Molekül normalerweise nur die Information eines Gens enthält. Bei den Prokaryonten beginnt die Proteinsynthese (Translation) bereits, solange die Synthese der m-RNA noch läuft (Bild 55b). Bei den Eukaryonten ist dies nicht möglich, da die Transkription im Kern, die Translation aber im Cytoplasma abläuft. Hier macht die m-RNA einen ziemlich komplizierten *Reifungsprozeß* durch. Transkribiert wird eine RNA, die sehr viel länger ist als die fertige m-RNA. Diese Transkriptionseinheit liegt im Zellkern in der Fraktion der heterogenen Kern-RNA (hn-RNA) vor und wird als prä-m-RNA bezeichnet. Diese RNA ist eine genaue Kopie eines DNA-Stücks. Am 5′-Ende erfolgt dann (im Kern) der Anbau der cap, am 3′-Ende der Anbau der Poly-A-Kette. Ferner werden durch spezifische Enzyme die Introns (vgl. 4.1 u. Bild 37), die keine Information für eine Aminosäuresequenz tragen, aus der prä-m-RNA herausgeschnitten (»splicing«). Vermutlich schon während dieser Vorgänge wird die prä-m-RNA an Proteine gebunden; es entstehen im Zellkern Ribonukleoprotein-Partikel (RNP).

Auch der Transport der m-RNA durch die Kernporen ins Cytoplasma erfolgt in Form von RNP. Im Cytoplasma bleibt die m-RNA ebenfalls stets an Proteine gebunden, die m-RNA tritt also nie frei auf. Die RNP des Cytoplasmas nennt man *Informosomen*. In solchen Partikeln liegt die m-RNA vor, bis sie mit den Ribosomen in Wechselwirkung tritt. In solchen Informosomen läßt sich m-RNA auch speichern, dies spielt z. B. in Eizellen eine wichtige Rolle (vgl. 11.3). Daher kann die m-RNA von Eukaryonten eine hohe Lebensdauer erreichen, während sie bei Prokaryonten zumeist weniger als 20 min Halbwertzeit hat (Die Halbwertzeit gibt an, in welcher Zeit nach erfolgter Pulsmarkierung der m-RNA diese Markierung zur Hälfte wieder aus der RNA verschwunden ist, sie also zur Hälfte bereits wieder abgebaut ist).

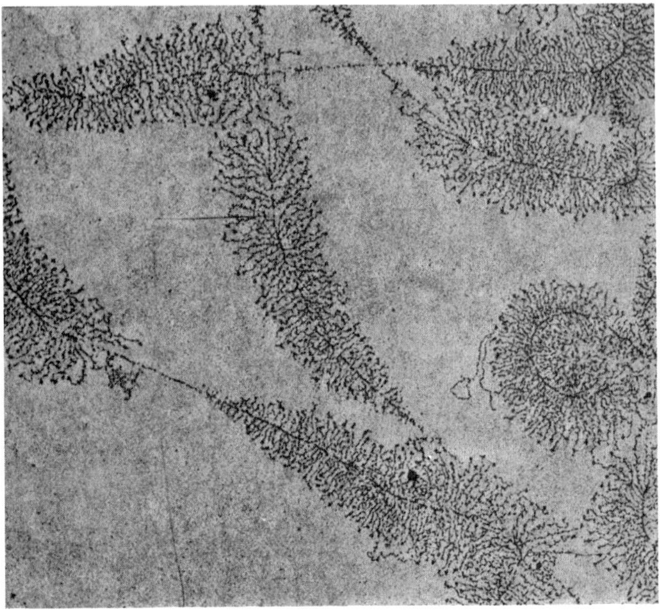

Bild 49: Elektronenmikroskopische Aufnahme der Biosynthese von ribosomaler Ribonukleinsäure an Genen für r-RNA im Kern von Eimutterzellen (Oozyten) eines Molches. Die Gene für die r-RNA liegen im Nukleolus frei vor, d. h. sie bilden einen DNA-Strang, an den keine Proteine (Histone, s. S. 115) gebunden sind. Bei zahlreichen Organismen sind die Gene für die r-RNA in Vielzahl vorhanden. Man erkennt die wachsenden RNA-Stränge; an dem dickeren Ende der RNA-Stränge sind Proteine angelagert. An einem Gen werden gleichzeitig viele RNA-Ketten gebildet. Die Gene sind durch »spacer«-Stücke getrennt; diese Stücke der DNA werden nicht transkribiert

Bild 50: Nachweis für das Vorliegen von Triplett-Codewörtern durch Basendeletion. Bei 2 und 3 sind alle dem ersten Triplett folgenden Tripletts anders zusammengesetzt als bei 1. Bei 4 sind zwei Tripletts anders als bei 1, ein Triplett ist (insgesamt) ausgefallen, alle folgenden sind wieder so zusammengesetzt wie bei 1, so daß erneut eine sinnvolle Information vorliegt

## 4.4 Der genetische Code

In den Proteinen treten normalerweise 20 verschiedene Aminosäuren auf. Deren Reihenfolge muß in der aperiodischen Nukleotidsequenz der m-RNA und damit letztlich der DNA verschlüsselt *(codiert)* vorliegen. In den Nukleinsäuren kommen 4 Basen vor. Würde eine Aminosäure durch eine einzige Base bestimmt, so ließen sich den 4 Basen nur 4 Aminosäuren zuordnen. Würde man jeweils 2 Basen, z. B. AG oder GT, zur Festlegung einer Aminosäure kombinieren, so ergäben sich $4^2 = 16$ Kombinationsmöglichkeiten. Auch diese Zahl reicht zur Bestimmung von 20 Aminosäuren nicht aus. Erst bei der Kombination von 3 Basen, etwa AGT oder ATA, ergeben sich genügend viele, nämlich $4^3 = 64$ Möglichkeiten zur Bestimmung jeder der 20 Aminosäuren.

Welche Möglichkeiten verwirklicht sind, ließ sich mit Hilfe von Rastermutanten entscheiden, wie man sie mit Acridinen (s. Abschnitt 3.3.4) erhalten kann. Unter Raster wird hier die Aufeinanderfolge der Basen verstanden. Das Hinzufügen (Addition) oder Wegnehmen (Deletion) einer Base muß zu einer völligen Unordnung der genetischen Botschaft führen, denn das Ablese-Raster ist verändert. Es werden dann andere Proteine, z. B. nicht mehr funktionsfähige Enzyme gebildet. Auch die Addition oder Deletion von zwei Basen hat das gleiche Ergebnis. Werden hingegen drei aufeinanderfolgende Basen weggenommen oder hinzugefügt, so ist im folgenden Teil der DNA die genetische Botschaft wieder sinnvoll geworden, weil das Raster wieder stimmt. Dies beweist, daß drei Basen (ein *Basentriplett*) die Einheit der genetischen Information sind (Bild 50). Ferner läßt sich daraus ersehen,

| | |
|---|---|
| CAU GCG GAG CUU UAC GCU | 1 normale Abfolge |
| CAU CGG AGC UUU ACG CU | 2 Deletion einer Base |
| CAU CGG AGU UUA CGC U | 3 Deletion von zwei Basen |
| CAU CGG AGU UAC GCU | 4 Deletion von drei Basen |

|——→ von hier an Leseraster wieder sinnvoll

Beispiel mit einem Satz aus nur dreibuchstabigen Wörtern:

| | |
|---|---|
| DIE RNA HAT NUR DEN RAT DEN DIE DNA IHR GAB | 1 |
| DIE RNA HAT URD ENR ATD END IED NAI HRG AB | 2 |
| DIE RNA HAT URD ERA TDE NDI EDN AIH RGA B | 3 |
| DIE RNA HAT URD ERA DEN DIE DNA IHR GAB | 4 |

|——→ ab hier wieder sinnvoll

daß die Codierung keine »Pausenzeichen« zur Unterscheidung der Tripletts benötigt (der Code ist *»kommafrei«*). Die Ablesung des Codes geht ohne Überlappung der Tripletts vor sich (Ausnahmen vgl. unten); d.h. das dritte Nukleotid eines Codewortes ist nicht zugleich das erste des folgenden Codewortes. Auch dies ist mit Hilfe von Mutanten zu erkennen. Eine einzelne Basenaustauschmutation führt höchstens zur Änderung *einer* Aminosäure im zugehörigen Protein (vgl. 4.8). Ein m-RNA-Molekül mit 105 Tripletts (außer den noch zu besprechenden Start- und Stop-Tripletts) kann somit eine Polypeptidkette von 105 Aminosäuren festlegen. Man nennt ein Triplett, das eine Aminosäure festlegt, ein *Codon*.

Mehrere Jahre machte der Phage X 174 aus folgendem Grunde Kopfzerbrechen: Seine DNA besteht aus 5375 Nukleotiden, enthält aber die Information für 9 Proteine mit zusammen 2500 Aminosäuren. Dies ist bei normaler Codierung unmöglich, weil dann 2500 Tripletts = 7500 Nukleotide erforderlich sind. Nachdem Methoden zur Sequenzbestimmung von DNA entwickelt worden waren (vgl. 3.3.1.3), wurde dieses Rätsel gelöst. Es werden hier einige DNA-Abschnitte doppelt genutzt, d.h. durch das gleiche DNA-Stück werden zwei Proteine codiert, wobei eine Rasterverschiebung um ein Nukleotid vorliegt. Man spricht von **Genüberlappung.** Die Regel von der Nichtüberlappung des Codes gilt aber für die beiden ineinandergeschachtelten Gene je für sich durchaus. Ferner besteht keine eindeutige Ko-Linearität zwischen DNA und Aminosäuresequenz.

Mittlerweile ist auch bei anderen Viren (Affenvirus SV 40, Virus G4) eine Genüberlappung nachgewiesen; beim G4-Virus wird ein bestimmtes DNA-Stück sogar dreifach (in allen drei möglichen Rastern) abgelesen.

Welche Tripletts *(Codons)* bestimmen nun welche Aminosäuren? Diese Frage wurde lösbar, nachdem zwei experimentelle Voraussetzungen geschaffen waren. Einmal mußte die Synthese von Proteinen im *zellfreien System (in vitro)* mit Hilfe von m-RNA, Ribosomen, aktivierten Aminosäuren, ATP und den für die einzelnen Reaktionen zusätzlich erforderlichen Enzymen möglich sein; zum andern mußten synthetische m-RNA-Moleküle verschiedener Zusammensetzung hergestellt werden können. Zuerst wurde eine künstliche RNA, aufgebaut nur aus Uridinphosphat-Einheiten, also ein Poly-U, eingesetzt. Von den 20 angebotenen aktivierten Aminosäuren wurde nur eine zu einem Polypeptid umgesetzt, nämlich Phenylalanin. Das Basentriplett UUU der m-RNA bestimmte also den Einbau von Phenylalanin. Auf der DNA muß ihm ein Triplett AAA entsprechen. Üblicherweise gibt man die Code-Wörter aber für die m-RNA an. Mit Hilfe vieler verschiedener künstlicher RNA-Moleküle gelang es, die Bedeutung aller 64 möglichen Tripletts aufzuklären (NIRENBERG, OCHOA, MATTHAEI). Wenn in den RNA-Molekülen die Tripletts

UAG, UAA oder UGA auftraten, erfolgte überhaupt keine Polymerisation bzw. wurde eine begonnene Proteinsynthese abgebrochen. Diese drei Tripletts liefern demnach die Information »Ende der Polypeptidkette«, es sind *Stop-Codons* oder *Terminations-Codons.* Wenn infolge einer Mutation ein derartiges Triplett an der falschen Stelle auftritt, handelt es sich um eine Unsinn-Mutation, wie wir sie am Beispiel des Hüllproteins des T 4-Phagen kennenlernten. Die drei Codons heißen daher auch *Unsinn-Codons.*

Bei 64 möglichen Tripletts (wovon 61 eine bestimmte Aminosäure festlegen), aber nur 20 proteinogenen Aminosäuren, müssen für viele Aminosäuren mehrere Codons vorhanden sein. Man sagt, der genetische Code sei »degeneriert« (oder »entartet«), weil man zwar eindeutig von der Nukleotidsequenz auf die Aminosäure, aber nicht umgekehrt von der Aminosäure auf die Nukleotidsequenz schließen kann. Bei einem nicht degenerierten Code wäre jede Aminosäure durch ein einziges Triplett codiert. Das »genetische Wörterbuch« ist in Bild 51 dargestellt. Mehrere Codons, die dieselbe Aminosäure determinieren, unterscheiden sich häufig nur in der jeweils dritten Base. Ausnahmen von dieser Regel machen nur die Aminosäuren Arginin, Leucin und Serin. Für Methionin und Tryptophan gibt es je ein Codewort. Das Codon AUG (für Methionin) hat darüber hinaus noch eine weitere Funktion: es legt den Start einer Polypeptidkette fest. Daneben kann auch GUG »Start« bedeuten. Ein Startzeichen *(Start-Codon)* ist natürlich nur sinnvoll, wenn es nicht im Innern der Nukleinsäure liegt oder wenn ein Stopzeichen (Terminations-Codon) vorausgegangen ist. Daher können die Start-Tripletts durchaus noch eine weitere Funktion haben. Bei unphysiologisch hohen Mg-Konzentrationen ist ein Start auch ohne Start-Codon möglich. Dies war für die Aufklärung des Codes wichtig, ein Poly-U hätte ja sonst nie ein Polypeptid geliefert.

Zahlreiche Untersuchungen an Viren, Prokaryonten- und Eukaryonten-Zellen, künstliches Zusammenfügen vorher isolierter Bestandteile aus verschiedenen Zellen sowie die Untersuchung von Fehlsinn-Mutanten erbrachten übereinstimmend das Ergebnis, daß alle Organismen denselben Code besitzen: **der genetische Code ist universell**. Dies ist ein starkes Argument dafür, daß alle auf der Erde lebenden Organismen einen gemeinsamen Ursprung haben.

In den Mitochondrien gibt es zwar für einige Aminosäuren abweichende Codewörter; jedoch sind diese offenbar wiederum bei der Proteinsynthese in allen Arten in den Mitochondrien gleich.

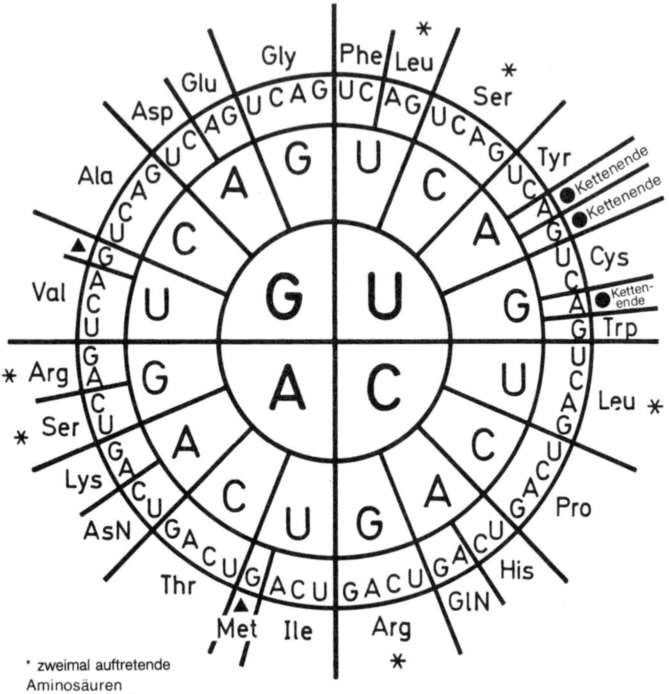


* zweimal auftretende Aminosäuren

● Terminations-Codonen

▲ Starter-Codonen, die am Anfang der Translation stehend stets das Start-Methionin einbauen, in der Mitte des Messengers aber die in der Sonne angegebenen Aminosäuren.

Bild 51: Der genetische Code. Die Codewörter sind für die m-RNA angegeben. Die Codons sind von innen (5') nach außen (3') zu lesen, außen sind die zugehörigen Aminosäuren angegeben. Beispiel: Die Aminosäure Glycin wird bestimmt durch die Tripletts GGU, GGC, GGA und GGG. Abkürzungen der Aminosäuren siehe Bild 41. (Code-Sonne nach Bresch)

## 4.5 Die Protein-Biosynthese (Translation)

Der zweite Teil der Informationsübertragung vom Gen zum Protein, die **Translation**, ist komplizierter als die Transkription, da hier eine Basenabfolge in eine Folge von Aminosäuren übersetzt werden muß.

Die genetische Information steht in Form der Basensequenz der m-RNA zur Verfügung. Orte der Protein-Biosynthese sind die Ribosomen, was man durch kurzzeitige Zufuhr (Pulsmarkierung,

z. B. 10 Sekunden) von $^{14}C$-markierten Aminosäuren beweisen kann. Die Radioaktivität muß sich dort anhäufen, wo aus markierten Aminosäuren Polypeptide aufgebaut werden. Dies ist an den Ribosomen der Fall. Die Ribosomen enthalten fest gebunden eine Anzahl von Enzymen, die bei der Proteinsynthese erforderlich sind. Darüber hinaus werden weitere Enzyme benötigt, die sich nur vorübergehend an die Ribosomen binden und aus dem Cytoplasma gewonnen werden können. Man bezeichnet sie als *»Faktoren«*.

Zu Beginn der Bildung einer neuen Polypeptidkette sind mehrere Initiationsfaktoren (IF) erforderlich, während der Verlängerung der Kette Elongationsfaktoren (EF) und zur Beendigung der Synthese Terminationsfaktoren (RF, R von releasing). Kenntnis von diesen Faktoren erhielt man aus der Durchführung der Proteinsynthese im *»zellfreien System«*. Dieses Verfahren ist für die Aufklärung des Vorganges der Proteinsynthese von außerordentlicher Bedeutung. Nur im zellfreien System *(in vitro)* läßt sich eindeutig erkennen, welche einzelnen Stoffe bzw. Zellorganellen für einen Vorgang notwendig sind. So kann man z. B. feststellen, daß die Proteinsynthese m-RNA benötigt und daß r-RNA und t-RNA diese nicht zu ersetzen vermögen.

Bringt man im zellfreien System Aminosäuren, Ribosomen und die m-RNA zusammen, so bildet sich kein Protein. Erst der Zusatz der erwähnten Faktoren und von t-RNA sowie aktivierender Enzyme ermöglicht die Synthese. Durch Markierungsversuche kann man weiterhin feststellen, daß die Aminosäuren zunächst an die t-RNA gebunden werden. Hieran sind die Ribosomen nicht beteiligt.

Die Aminosäuren werden im Cytoplasma unter Bindung an die t-RNA aktiviert. Diese »beladenen« t-RNA-Moleküle haben die Fähigkeit, mit drei ihrer Basen in Wechselwirkung mit der m-RNA zu treten und so den Triplett-Code »abzulesen«. Die drei Basen bezeichnet man als **Anticodon** (vgl. Bild 45 u. 46). Die von ihnen »mitgebrachten« Aminosäuren werden am Ribosom zur Polypeptidkette verknüpft. Dazu ist außerdem Energie erforderlich, wobei hier nicht ATP, sondern GTP (Guanosintriphosphat) als Energielieferant wirksam ist. (Im zellfreien System kann aber ATP zusammen mit einem GTP-bildenden Enzym verwendet werden.) Den t-RNA-Molekülen kommt also bei der Übersetzung der Information von der »Basensprache« in die »Aminosäuresprache« entscheidende Bedeutung zu; sie sind die »Dolmetscher«.

Für jede der 20 proteinogenen Aminosäuren gibt es mindestens eine t-RNA, häufig aber mehrere, da ja für die Mehrzahl der Aminosäuren mehrere Codons existieren. Damit haben wir eine Erklärung für die früher erwähnte Tatsache, daß mehr als 20 verschiedene t-RNA-Moleküle in der Zelle vorkommen. Jedoch gibt es nicht so viele verschiedene t-RNA-Moleküle wie Codons. Es muß also t-RNA-Moleküle geben, die mehrere Codons ablesen können. Man hat gefunden, daß hierbei das dritte Nukleotid nicht völlig spezifisch ist und sich mit mehreren Codons paaren kann. Man sagt, die Paarung des dritten Nukleotids »wackelt« (*Wobble-Hypothese;* (Bild 52).

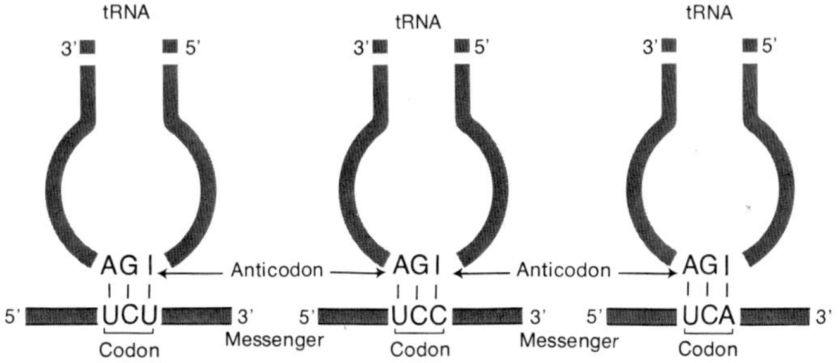


Bild 52: Ablesung mehrerer Codons durch dasselbe Anticodon einer serinspezifischen t-RNA aus Hefe. Die 3. Base der t-RNA (von 3′ nach 5′ gelesen) kann mit mehreren anderen Basen im Codon paaren; ihre Paarung ist weniger stark, sie »wackelt« (Wobble-Hypothese)

An die t-RNA wird eine Aminosäure unter Spaltung von ATP gebunden. Die Auswahl der richtigen Aminosäure geschieht durch die verknüpfenden Enzyme (Aminosäure-t-RNA-Synthetasen). Für jede Aminosäure gibt es mindestens eine Aminosäure-t-RNA-Synthetase, die sie an die t-RNA ankoppelt. Diese Enzyme haben bei der Translation eine sehr wichtige Funktion, obwohl sie mit dem Ribosom gar nicht in Verbindung treten. Durch sie wird die Verbindung zwischen Nukleotiden und Aminosäuren, d.h. zwischen zwei ganz verschiedenen Gruppen chemischer Verbindungen, hergestellt (Adaptor-Funktion der Synthetasen). Die Aminosäure-t-RNA-Synthetasen erkennen die richtige t-RNA aufgrund bestimmter Teile ihrer räumlichen Gestalt (Aminosäure-Erkennungsregion der t-RNA, vgl. Bild 46). Durch die Kleeblatt-Struktur hat die t-RNA »Schleifen« ohne Basenpaarung. In einer dieser Schleifen liegt das Anticodon (Matrizen-Erkennungsregion der t-RNA). Die Bindung der Aminosäure erfolgt am 3'-Ende des t-RNA-Moleküls: Aminosäure-Anheftungsregion (Bild 53).

Die eigentliche Synthese der Polypeptidkette erfolgt nun am Ribosom (Bild 54). Der Beginn dieses Vorgangs **(Kettenstart)** ist ziemlich kompliziert. Die m-RNA tritt zuerst mit der kleinen Ri-

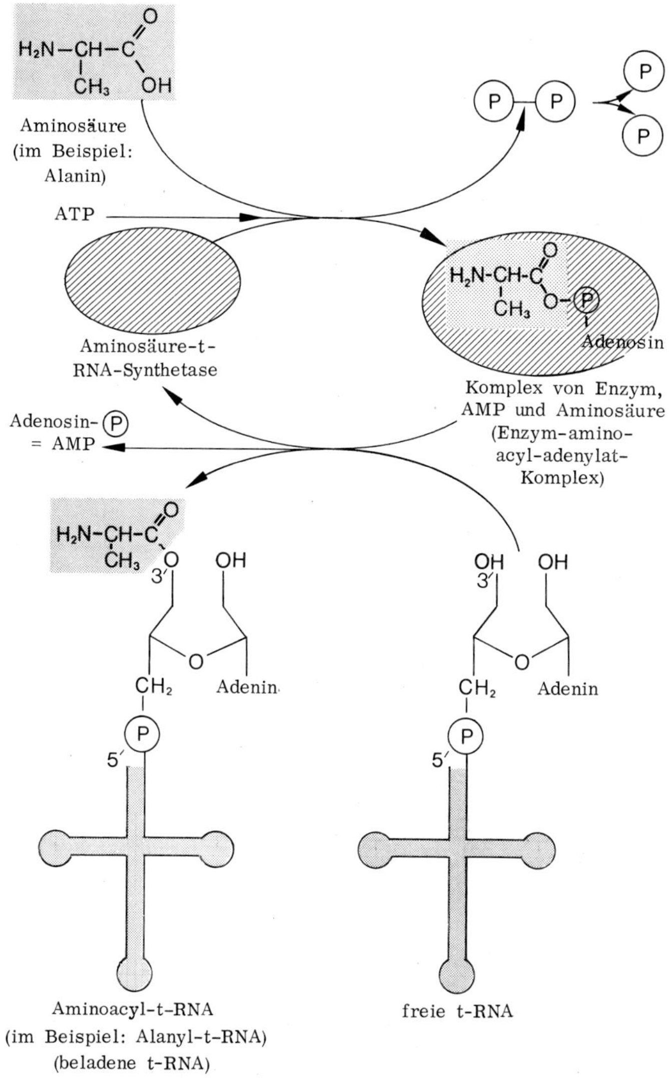


Bild 53: Beladung einer t-RNA mit der Aminosäure (nach Aktivierung der Aminosäure durch Reaktion mit ATP) im Cytoplasma

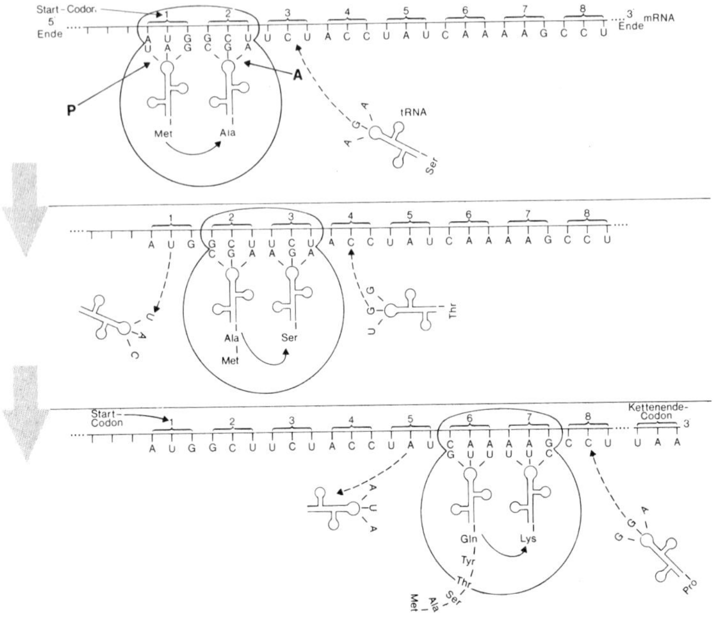


Bild 54: Vorgänge am Ribosom. P und A: Haftstellen am Ribosom, 1–8 Codons der m-RNA. Erklärung im Text. Das Ribosom ist in Wirklichkeit viel größer, es überdeckt etwa 6–7 Codons, von der wachsenden Polypeptidkette liegen nahezu 30 Aminosäuren in einer »Rinne« der großen Ribosomenuntereinheit

bosomen-Untereinheit zusammen, dann wird die große Untereinheit gebunden. Nun beginnt das Ribosom der m-RNA entlang zu wandern.

Das Ribosom hat zwei Bindungsstellen (P und A) für je eine t-RNA. Ist es mit der P-Bindungsstelle an ein Start-Triplett (AUG) gelangt, so tritt die Start-t-RNA, die das komplementäre Anticodon hat, mit dem Start-Triplett in Wechselwirkung. (An der **P**-Bindungsstelle ist später die t-RNA mit der wachsenden **P**eptidkette gebunden.) Die Start-t-RNA trägt stets die Aminosäure Methionin. Bei Prokaryonten ist dieses Methionin an seiner $NH_2$-Gruppe formyliert (Formylmethionin F-Met).

Das folgende Triplett der m-RNA liegt in der A-Bindungsstelle des Ribosoms. (Die **A**-Bindungsstelle bindet eine **A**minosäure-beladene t-RNA.) Mit diesem Triplett tritt eine beladene t-RNA in Wechselwirkung, die ein komplementäres Anticodon aufweist.

Die beiden Aminosäuren werden nun miteinander verknüpft. Zu dieser Ausbildung einer Peptidbindung unter Wasseraustritt ist Energie erforderlich, diese wird durch Spaltung von GTP geliefert. Das so gebildete Dipeptid hängt nun an derjenigen t-RNA, die an der A-Bindungsstelle gebunden ist. Die Start-t-RNA ist dadurch frei geworden und diffundiert wieder ins Cytoplasma.

Die **Kettenverlängerung** geht in ähnlicher Weise vor sich. Damit eine neue Aminosäure-tragende t-RNA gebunden werden kann, muß sich das Ribosom relativ zum m-RNA-Strang um die Länge von 3 Nukleotiden (ein Triplett) weiterbewegen.

Gleichzeitig wechselt die gebundene t-RNA ihren Platz und wandert mit ihrem Dipeptid von der A- zur P-Bindungsstelle. Auch dazu ist Energie erforderlich; es wird GTP gespalten. An der freigewordenen A-Bindungsstelle lagert sich an das dortige Basen-Triplett der m-RNA nun eine beladene t-RNA mit komplementärem Anticodon an. Dann werden die beiden schon verknüpften Aminosäuren mit der Aminosäure dieser t-RNA verbunden, und die freigewordene t-RNA diffundiert weg. Dieser Vorgang setzt sich in gleicher Weise fort. So verlängert sich die Polypeptid-Kette durch fortlaufende Anknüpfung der von den t-RNA herangebrachten Aminosäuren.

Die wachsende Peptidkette bleibt immer an eine t-RNA gebunden, sie ist also nie direkt am Ribosom angeheftet. Bei jeder Verlängerung um eine Aminosäure wird die ganze wachsende Peptidkette auf die nachfolgende t-RNA übertragen.

Da die m-RNA nur mit dem Anticodon der t-RNA in Wechselwirkung tritt, wird die Einbaufolge der Aminosäuren allein durch die Basensequenz festgelegt. Dies kann man nachweisen, indem man eine bereits an die zugehörige t-RNA gebundene Aminosäure chemisch verändert. So läßt sich gebundenes Cystein zu Alanin umsetzen. Dieses Alanin, das an die cysteinspezifische t-RNA gebunden ist, wird als »Cystein« eingebaut.

Gelangt bei der Wanderung des Ribosoms relativ zur m-RNA ein Stop-Triplett (Terminations-Codon) in die A-Bindungsstelle des Ribosoms, so wird keine t-RNA gebunden, sondern mit Hilfe mehrerer Enzyme erfolgt eine **Ablösung** des fertig synthetisierten Polypeptides. Die von der Start-t-RNA herstammende Aminosäure Methionin am Anfang der Polypeptidkette wird abgespalten. In der Regel zerfällt auch das Ribosom wieder in seine beiden Untereinheiten. Nur diese können mit einer m-RNA in Verbindung treten und eine neue Synthese einer Polypeptidkette beginnen. Findet die Aufspaltung nicht statt und das Ribosom bleibt intakt, so liegt es in einer inaktiven Form vor.

Schon während der Synthese der Polypeptidkette beginnt sich

deren Raumstruktur auszubilden; sie wird nach der Ablösung vollendet. Damit liegt ein funktionsfähiges Protein (Enzym) vor.

Während der Weiterbewegung des ersten Ribosoms relativ zum m-RNA-Strang hat sich ein zweites Ribosom, dann ein drittes, danach ein viertes usf. an ihn angelagert, so daß sich schließlich eine ganze Reihe von Ribosomen an verschiedenen Orten der m-RNA befindet und sich an ihr weiterbewegt. Sie bauen alle je ein Molekül des gleichen Polypeptids auf. Man bezeichnet die Gesamtheit aller an einem m-RNA-Molekül befindlichen Ribosomen als *Polysom* (Polyribosom, Bild 55). Durch die Bildung von Polysomen wird die Information einer m-RNA mehrfach genutzt, bevor der Abbau durch Ribonukleasen einsetzt. Dieser Abbau erfolgt bei *E.coli* rasch, bei höheren Organismen bleibt die m-RNA in der Regel länger erhalten (vgl. 4.3.1). Das gebildete Protein (Enzym) kann nun in den Stoffwechsel eingreifen und eine Reaktionskette in Gang setzen, die zur Ausbildung eines Merkmals oder mehrerer Merkmale führt. So verwirklichen die Proteine die genetische Information, die in der DNA gespeichert und über die RNA weitergegeben wird.

Ribosomen sind häufig auch ans Endoplasmatische Reticulum gebunden (vgl. Bild 1). In diesem Fall sind die Ribosomen während der Translation ortsfest und die m-RNA wird bewegt. Wahrscheinlich sind auch die bisher als frei angesehenen Polysomen des Cytoplasmas an das Cytoskelett gebunden.

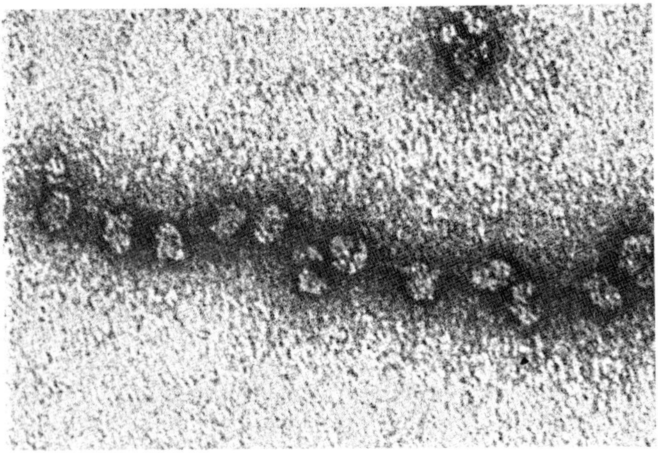

Bild 55a: Polysomenverband aus Mäuseleberzellen. Ribosomenuntereinheiten sind erkennbar. 180000fach vergr.

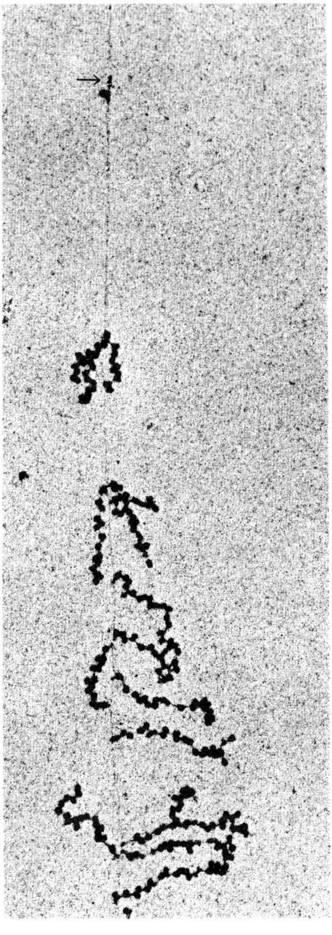

Bild 55b: Polysomen von *E.coli* im Elektronenmikroskop. An dem etwa senkrecht verlaufenden DNA-Strang erfolgt die Bildung von m-RNA, die sofort nach ihrer Entstehung mit Ribosomen besetzt wird. Oben im Bild beginnt die Synthese der m-RNA, die daher zunächst ganz kurz ist und nur mit einem oder wenigen Ribosomen besetzt wird. Im Verlauf der Bildung der m-RNA wird diese immer länger und die Zahl der Ribosomen an ihr nimmt entsprechend zu. Der Pfeil deutet auf die Struktur, die möglicherweise RNA-Polymerase ist. Ihre Anheftungsstelle entspricht dem Startpunkt der m-RNA-Synthese. Die elektronenmikroskopische Aufnahme bestätigte die aufgrund der molekularbiologischen Untersuchung erschlossenen Vorgänge direkt

Bei den Eukaryonten sind Transkription und Translation voneinander räumlich getrennt. Die Prokaryonten besitzen keinen durch eine Membran umschlossenen Zellkern, daher gibt es hier die scharfe Trennung nicht. Elektronenmikroskopische Aufnahmen von Bakterien zeigen, daß die Bildung von Polysomen (und somit von Proteinen) bereits einsetzt, bevor die m-RNA völlig fertiggestellt ist (Bild 55 b).

Im genetischen Material liegen zwischen einem End-Codon und einem Start-Triplett oft *Zwischenstücke (spacer)*, die nicht abgelesen werden.

In der fertigen m-RNA ist das Startcodon AUG nicht das erste Triplett; davor (also gegen das 5'-Ende zu) liegt eine Nukleotidsequenz, die der Bindung der Ribosomen-Untereinheiten dient (Ribosomen-Erkennungs-Sequenz).

**Wirkungsweise von Antibiotika**

Im Zusammenhang mit den Untersuchungen zur Proteinsynthese konnte auch die Wirkungsweise verschiedener Antibiotika in der Bakterienzelle aufgeklärt werden. So bindet sich z. B. *Actinomycin* an die DNA. Die RNA-Polymerase kann diese Stelle nicht überspringen; daher wird die Bildung der m-RNA blockiert. *Rifampicin* bindet sich an die RNA-Polymerase und macht sie unwirksam. *Streptomycin* und *Chloramphenicol* treten mit den Ribosomen in Wechselwirkung und stören dadurch die Proteinsynthese. *Puromycin* wird anstelle einer beladenen t-

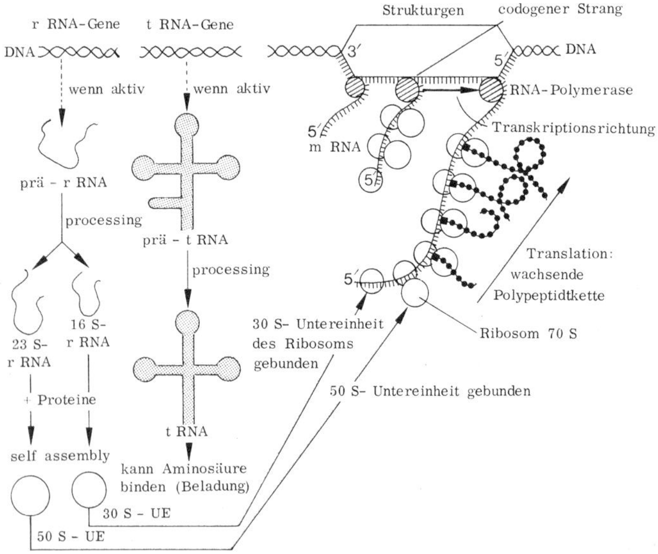


Bild 56a: Übersicht über Transkription und Translation bei Prokaryonten

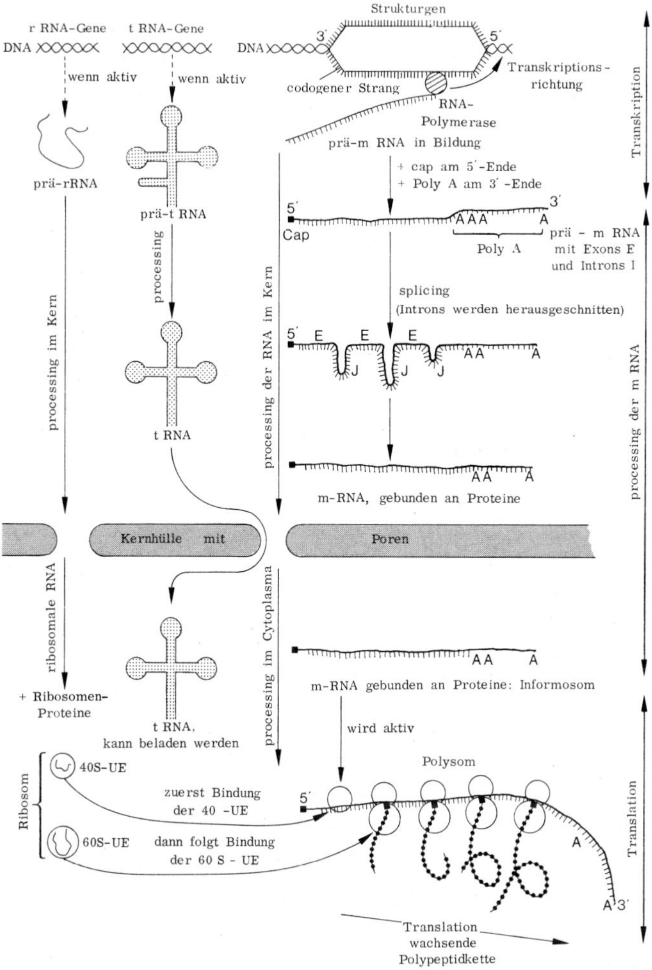


Bild 56b: Übersicht über Transkription und Translation bei Eukaryonten. Beim Processing der m-RNA sind an diese stets Proteine gebunden, sie sind zur Vereinfachung nicht gezeichnet

RNA ins Ribosom eingelagert und führt dadurch zur Beendigung des Polypeptidketten-Wachstums. Mit Hilfe solcher Antibiotika ließen sich auch die zuerst bei *E. coli* geklärten Vorgänge der Transkription und Translation in vielen Organismen experimentell bestätigen. So beweist z. B. eine Zufuhr von Puromycin zu verschiedenen Zeiten nach Beginn der Synthese der Hämoglobin-Proteine, daß das Wachstum der Polypeptidketten sequentiell erfolgt.

Manche Antibiotika wirken nur auf Prokaryonten, da die Vorgänge der Transkription und Translation bei den Eukaryonten in Einzelheiten des Ablaufs abweichen. So hemmt z. B. *Chloramphenicol* in geringer Menge die Proteinsynthese nur bei Prokaryonten, nicht aber im Cytoplasma der Eukaryontenzelle. Deshalb ist es als Arzneimittel verwendbar; nur die Bakterien im menschlichen Körper gehen zugrunde. Umgekehrt hemmt *Cycloheximid* ausschließlich die Proteinsynthese der Eukaryonten.

Der Angriffsort verschiedener Antibiotika in der Bakterienzelle ist in Bild 7 angegeben.

Der Nachweis der sequentiellen Bildung der Polypeptidketten – wonach eine Aminosäure nach der anderen angehängt wird – konnte außer durch Vergiftung mit Antibiotika auch noch auf anderem Weg erbracht werden: Setzt man zu Jugendstadien roter Blutkörperchen, die lebhaft Hämoglobin bilden, für 30 sec radioaktive Aminosäuren zu, so entstehen Polypeptidketten, deren Aminoende unmarkiert ist, während zum Carboxylende zu die Markierung zunimmt. Dehnt man die Pulsmarkierung auf 3 min aus, so entstehen auch ganz neue Polypeptidketten mit radioaktivem Aminoende. Die Biosynthese der Polypeptidketten erfolgt also vom Aminoende zum Carboxylende.

**Schritte der Protein-Biosynthese**

1. Aktivierung der Aminosäuren und Bindung an die t-RNA (im Cytoplasma)
2. Bildung der Polypeptidkette (entlang der m-RNA am Ribosom)
2.1 Startreaktion (mit besonderer Start-t-RNA)
2.2 Kettenverlängerung unter
2.2.1 Bindung einer t-RNA, an die eine Aminosäure gebunden ist
2.2.2 Knüpfung der Peptidbindung; die vorhergehende t-RNA wird frei
2.2.3 Weiterwandern der t-RNA mit gebundener Peptidkette von einer Bindungsstelle zur anderen im Ribosom
2.3 Beendigung der Synthese und Ablösung des Proteins
3. Veränderung von Proteinen nach der Translation (vor allem bei Proteinen, die aus der Zelle ausgeschleust werden und bei Membranproteinen). Verändert wird die Seitenkette einzelner Aminosäuren oder es werden ganze Peptidstücke abgespalten.

Die besondere Aufmerksamkeit, welche die Wissenschaft der Proteinsynthese widmet, ist darin begründet, daß nahezu alle Stoffwechselvorgänge im Organismus durch Enzyme katalysiert werden. Enzyme aber sind Proteine. Diese gehören deshalb ebenfalls wie die Nukleinsäuren zu den Schlüsselsubstanzen des Lebens. Die Beziehungen zwischen Proteinen und Nukleinsäuren gehören zu den wichtigsten Problemen der modernen Molekularbiologie.

**Die Komponenten der Protein-Biosynthese und ihre Funktion**

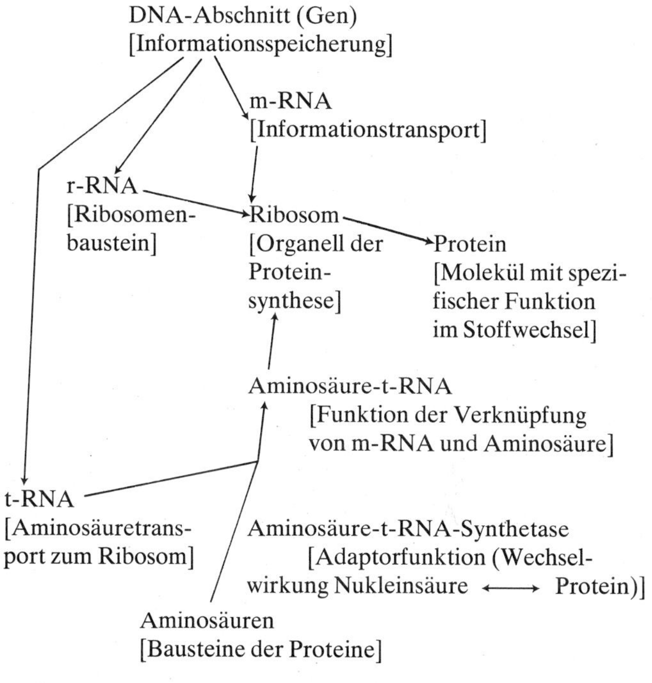


**Gen:** *Abschnitt der DNA, der die Information für eine ganze Polypeptidkette enthält*

**Genetischer Code:** *Nukleotidsequenzen, welche die proteinogenen Aminosäuren festlegen. Jede Aminosäure ist durch eine bestimmte Kombination von drei Nukleotiden (bzw. Basen) festgelegt: Triplett-Code*

**Codogen:** *Ein Trinukleotid (Triplett) der DNA, das bei der Transkription ein Trinukleotid der m-RNA – das Codon – bestimmt*

**Codon:** *Ein Trinukleotid (Triplett) der m-RNA, an das sich bei der Translation am Ribosom eine aminosäurebeladene t-RNA anheften kann, wenn sie ein komplementäres Triplett – das Anticodon – besitzt*

**Anticodon:** *Das ungepaarte Trinukleotid (Triplett) in jeder t-RNA, das mit einem komplementären Trinukleotid (Triplett) – dem Codon – in Wechselwirkung treten (sich anheften) kann*

## 4.6. Veränderung von Polypeptiden nach der Translation

Viele Polypeptide werden nach der Translation noch verändert und erst dadurch zu funktionsfähigen Proteinen. Man spricht von posttranslationalen Veränderungen oder von *Protein-processing.*

Von einigen Proteinen sind solche Vorgänge schon lange bekannt. So wird z. B. das Hormon Insulin in Zellen der Bauchspeicheldrüse zunächst als Proinsulin gebildet und erhält dabei die richtige räumliche Struktur. Durch die Abspaltung eines bestimmten Stücks der Aminosäurekette (Bild 57) entsteht das funktionsfähige Insulin. In ähnlicher Weise werden viele von Zellen abgegebene Proteine *(sekretorische Proteine)* als Vorstufen oder *Proproteine* gebildet (z. B. Trypsin als Trypsinogen u. a.).

Jedoch weiß man heute, daß das Protein-processing von viel allgemeinerer Bedeutung ist. So können z. B. an die Seitenketten einzelner Aminosäuren Phosphat-, Acetyl- oder Methyl-Gruppen gebunden werden, oder es können Seitenketten durch Enzyme völlig verändert werden, so daß das Protein dann nicht-proteinogene Aminosäuren (für die kein Code-Wort existiert) enthält.

Auch ein nachträglicher Anbau einzelner zusätzlicher Aminosäuren durch spezifische Enzyme ist bekannt. Ferner kann – in der Regel in Dictyosomen oder Golgi-Vesikeln – eine Kohlenhydratkette an ein Polypeptid gebunden werden, dadurch entsteht ein *Glykoprotein.* Glykoproteine sind in allen Zellen von großer Bedeutung, vor allem als Bausteine der Zellmembran. Antikörper erkennen artfremde Zellen vorwiegend an solchen Glykoproteinen. In die Zellmembran gelangen sie aus den Dictyosomen: sie werden in die Membran der Golgi-Vesikel eingebaut, diese verschmilzt dann bei der Exocytose mit der Zellmembran.

Nun entstehen in der Zelle als Folge vieler tätiger Gene auch viele Proteine. Wie wird jetzt sichergestellt, daß das »richtige« Protein in die Dictyosomen gelangt, um dort zum Glykoprotein zu werden? Man weiß heute, daß der Transport von Proteinen in die richtigen Reaktionsräume der Zelle in vielen Fällen durch die Erkennung von *Signalsequenzen* sichergestellt wird. Die ersten 15–45 Aminosäuren der Polypeptidkette – vom Aminoende ausgehend – bilden eine Art »Postleitzahl«, d. h. diese Aminosäuresequenz legt fest, wohin das Polypeptid gelangt. Ist eine bestimmte Signalsequenz gebildet, so tritt die wachsende Peptidkette alsbald mit der Membran des ER in Verbindung.

Das Ribosom wird dann ans ER angelagert und das Polypeptid tritt durch die ER-Membran in den Innenraum des ER über. Von dort gelangt es in die Dictyosomen. Andere Signalsequenzen führen zum Durchtritt der Polypeptidkette durch die Chloroplasten-Hülle; das Protein wird zum Chloroplasten-Protein. Wieder andere Signalsequenzen veranlassen, daß ein Protein in der Membran stecken bleibt und so zum Membranprotein

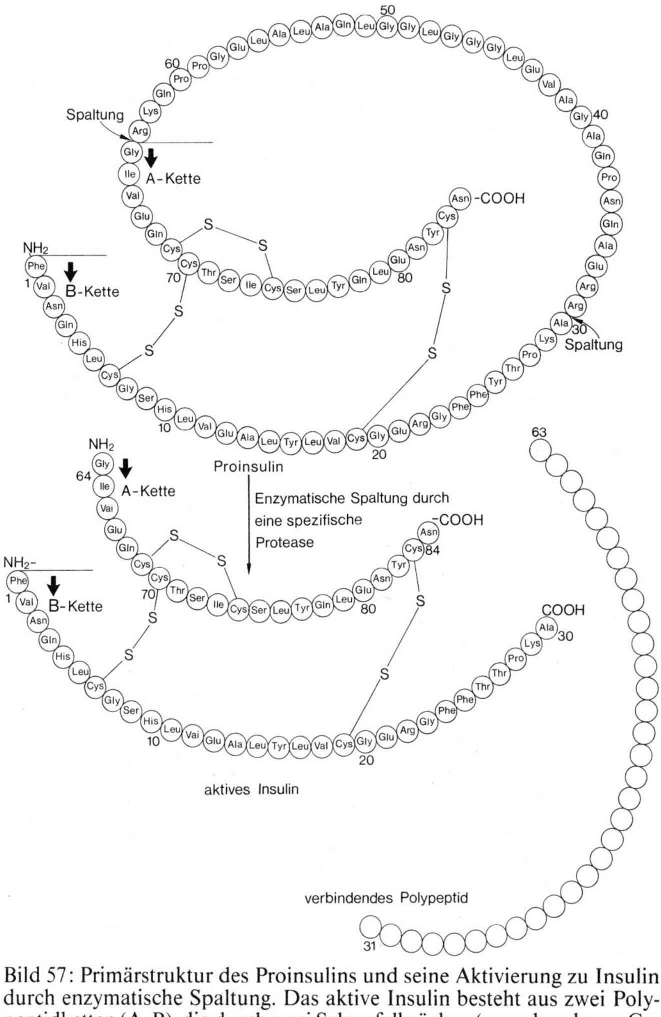


Bild 57: Primärstruktur des Proinsulins und seine Aktivierung zu Insulin durch enzymatische Spaltung. Das aktive Insulin besteht aus zwei Polypeptidketten (A, B), die durch zwei Schwefelbrücken (ausgehend vom Cystein) miteinander verknüpft sind

wird. Die Signalsequenzen werden in allen Fällen nach Erreichen des richtigen Bestimmungsortes von spezifischen Enzymen abgespalten und sind in den funktionsfähigen Proteinen nicht mehr enthalten. Proteine ohne die Signalsequenzen können nicht transportiert werden. Die vollständige Polypeptidkette mit der Signalsequenz nennt man das *Prä-Protein* (Vorprotein). Sekretorische Proteine, wie z.B. Insulin, entstehen stets als Prä-Proteine. Im Fall des zunächst als Proinsulin gebildeten Insulins erhält man also unter Beteiligung mehrerer Kompartimente der Zelle die Abfolge:

| | | | |
|---|---|---|---|
| Plasmatische Phase | ER | Dictyosom | Golgivesikel |
| ↓ | ↓ | ↓ | ↓ |
| Prä-Proinsulin → | Proinsulin → | Insulin → | Ausschleusung |
| (mit Signalsequenz) | | | aus der Zelle |

Beim Insulin gibt es also sowohl ein Pro-Protein wie auch dessen Vorstufe mit Signalsequenz, das Prä-Pro-Protein. Viele Proteine, die in ein anderes Zellkompartiment wandern, werden als Prä-Proteine gebildet. Dagegen tritt nur bei manchen Proteinen, vor allem solchen, die die Zelle verlassen, die Stufe eines Pro-Proteins vor das fertige Protein.

Bei der Bildung von Insulin aus Proinsulin wird ein Peptid abgespalten, das nun nutzlos geworden ist. In anderen Fällen entstehen bei der Aufspaltung *einer* Polypeptidkette mehrere Proteine mit unterschiedlichen Funktionen. Man nennt ein solches Polypeptid Multikomponenten-Protein. Ein Beispiel dafür ist der Polio-Virus; hier bildet sich zunächst eine Polypeptidkette mit der Molekülmasse von 260000. Durch Aufspaltung in 7 Teile entstehen daraus 7 Proteine verschiedener Funktion (Enzyme, Proteine der Virushülle). Neuerdings wurde festgestellt, daß auch die Hypophysen-Hormone ACTH und β-LPH aus einem einzigen Polypeptid durch Aufspaltung entstehen. (Das ACTH regelt die Tätigkeit der Nebennierenrinde und das lipotrope Hormon LPH die Fettspaltung.) Darüber hinaus bilden sich durch Spaltung der β-LPH-Sequenz auch noch der Neurotransmitter β-Endorphin sowie das Hormon Melanotropin.

*Endorphin* wird ausgeschüttet, sobald das Schmerzempfinden eine bestimmte Schwelle überschreitet. Es verhindert die Freisetzung von Überträgersubstanz an den Synapsen sensibler Bahnen, so daß die Erregungsleitung (also die Weiterleitung der Information »Schmerz«) unterbrochen wird. *Melanotropin* bewirkt bei Fischen und Lurchen den Farbwechsel der Haut, seine Bedeutung bei Vögeln und Säugern ist ungeklärt.

## 4.7 Ein-Gen-Ein-Enzym-Hypothese

Wie wird nun die in der DNA niedergelegte und in die Struktur der Proteine übersetzte genetische Information bei der Ausbildung eines Merkmals verwirklicht?

Butenandt und Kühn führten zur Untersuchung dieser Frage Experimente mit der Mehlmotte durch. Sie hat normalerweise dunkelbraun pigmentierte Augen; gelegentlich treten in den Zuchten aber auch Mutanten mit hellbraunen oder ganz hellen Augen auf. Diese »Mangel«mutanten können den dunklen Augenfarbstoff nicht mehr aufbauen. Verfüttert man einer solchen Mangelmutante den Stoff Kynurenin, so färben sich die hellbraunen Augen normal dunkelbraun, jedoch nur so lange, als Kynurenin noch im Futter enthalten ist. Bei einer anderen, äußerlich von der ersten nicht zu unterscheidenden Mangelmutante führt eine Kynureningabe nicht zu braunen Augen. Erst durch Zufuhr weiterer Stoffe, die aus dem Kynurenin durch chemische Umsetzung entstehen können, wird eine Ausfärbung der Augen erreicht. Die Befunde führten zu der Vorstellung, daß der Augenfarbstoff Ommochrom schrittweise über eine Reihe von Zwischenverbindungen gebildet wird:

*Tryptophan → Kynurenin → Hydroxykynurenin →·→·→Ommochrom.* Jeder Teilschritt wird von einem bestimmten Enzym katalysiert. Bei der ersten Mutante wird im Stoffwechsel der Schritt Tryptophan-Kynurenin, bei der zweiten der nächste oder übernächste Schritt nicht mehr vollzogen. Dies kann nur auf dem Fehlen der betreffenden Enzyme beruhen. Es liegt nahe, die Bildung eines bestimmten Enzyms einem bestimmten Gen zuzuordnen, was zur **Ein-Gen-Ein-Enzym-Hypothese** führt (Bild 58). Sie konnte auch an Bakterien (LEDERBERG) und am roten Schimmelpilz Neurospora crassa (BEADLE und TATUM) bestätigt werden (Bild 59).

## 4.8 Polygenie und Polyphänie

Die hintereinandergeschalteten, gengesteuerten Stoffwechselreaktionen bezeichnet man auch als **Genwirkketten.**

Für die Ausbildung der Augenfarbe der Mehlmotte ist aber nicht nur die Bildung von Ommochromen erforderlich. Diese Farbstoffe müssen in den Pigmentzellen an ein Trägerprotein gebunden werden. Selbstverständlich ist auch dessen Bildung durch bestimmte Gene kontrolliert. Eine Mutation, die das Trägerprotein verändert, kann daher ebenfalls zum Ausbleiben des Merkmals Augenfarbe führen. Das Merkmal Augenfarbe ist also durch mehrere Gene bestimmt. Man nennt dies **Polygenie.** Bei *Drosophila* haben nicht weniger als 50 Gene Einfluß auf Gestalt und Farbe der Augen.

Beim Mais wird die Synthese des Chlorophylls von etwa 20 Genen gesteuert. Manche Proteine (z. B. Hämoglobin) sind aus mehreren Polypeptidketten aufgebaut. Jedes Gen aber steuert die Bildung eines Polypeptids, daher können mehrere Gene an der Bildung eines einzigen funktionsfähigen Proteins beteiligt sein.

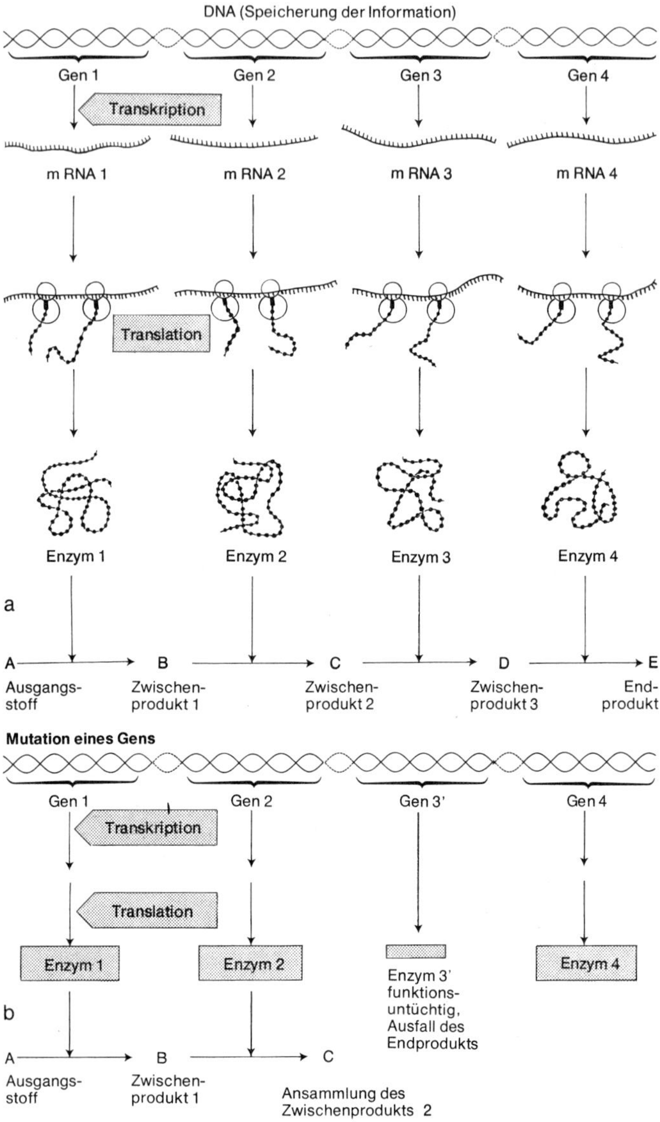


Bild 58: a Schema der Steuerung einer Stoffwechsel-Reaktionskette durch Enzyme. Die Ausgangsstoffe stammen aus der Nahrung oder dem Zellstoffwechsel. b Unterbrechung der Reaktionskette nach Mutation eines Gens; nur die Zufuhr von D ermöglicht dann die Synthese von E

Von **additiver Polygenie** spricht man, wenn sich bei der Merkmalsbildung zwei oder mehr Gene in ihrer Wirkung addieren. Nehmen wir an, das Gen D bewirke die Blütenfarbe dunkelrot, sein Allel d die Farbe rosa und das Gen H bewirke die Farbe hellrot, sein Allel h dagegen die Farbe weiß. Dann ergibt sich bei der Kreuzung Dunkelrot (DDHH) mit Hellrosa (ddhh) bei $F_1$ die Farbe Dunkelrosa (DdHh). In $F_2$ tritt jedoch eine Aufspaltung ein, wobei 6 verschiedene Rottönungen auftreten, nämlich Dunkelrot DDHH, Rot DDHh, Hellrot DDhh und ddHH, Dunkelrosa DdHh, Rosa ddHh und ddHH sowie Hellrosa ddhh. In $F_2$ treten also 6 verschiedene Rottönungen auf. Wären noch weitere additiv wirkende Genpaare an der roten Blütenfarbe beteiligt, würde sich bei den Nachkommen ein kontinuierlicher Übergang zwischen allen Rotstufen einstellen. Ähnliche Verhältnisse wie beim angenommenen Beispiel der Blütenfarbe gelten bei der

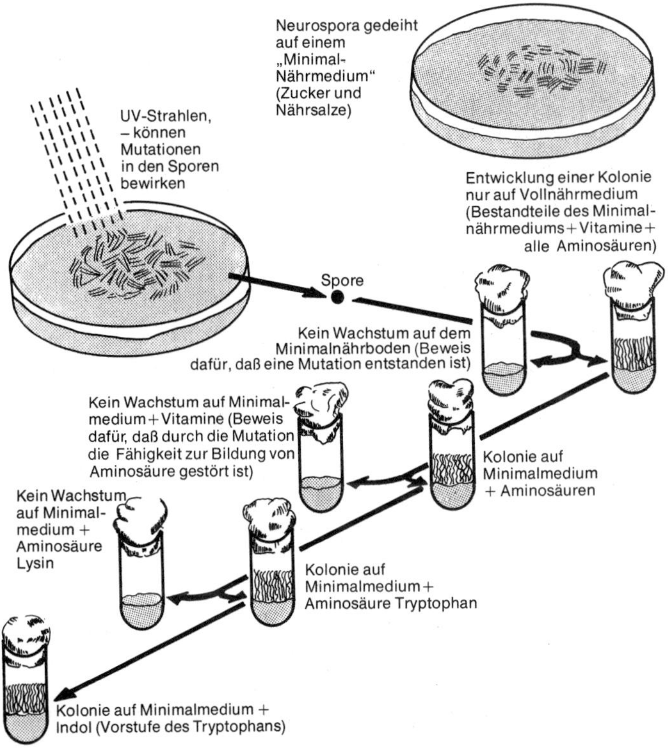


Bild 59: Auswirkung einer Gen-Mutation beim roten Schimmelpilz *Neurospora*; zugleich Darstellung der experimentellen Untersuchung des Zusammenhangs zwischen Gen und Merkmal. Nach dem Ergebnis der Versuchsserie kann durch die Mutation eine Vorstufe des Tryptophans nicht mehr gebildet werden. *Neurospora*-Myzel ist haploid; man kann direkt vom Phänotyp auf den Genotyp schließen

Vererbung der Hautfärbung des Menschen. In Ehen zwischen Weiß und Schwarz haben die Kinder eine braune Hautfarbe. Heiraten sich Mischlingskinder der $F_1$-Generation, treten bei den Nachkommen alle Abstufungen von Schwarz bis Weiß auf. Variieren also die Merkmale kontinuierlich zwischen zwei Extremen, so kann additive Polygenie vorliegen; es kann sich aber auch um Modifikationen handeln, die ein veränderlicher Umweltfaktor verursacht hat.

Von **komplementärer Polygenie** spricht man, wenn sich die Wirkungen mehrerer Gene bei Ausbildung eines Merkmals ergänzen, aber schon beim Ausfall eines dieser Gene die Ausbildung des Merkmals unterbleibt. Ein Beispiel ist die Blutgerinnung (Bild 60), bei der in einem verwickelten Vorgang fädiges, blutbindendes Fibrin (Protein) entsteht, das die Wunde verstopft. Eine normale Blutgerinnung ist nur möglich, wenn alle beteiligten Proteine (* im Schema) ausgebildet werden. Fehlt ein Protein oder ist es funktionsgestört, weil ein zuständiges Gen mutiert ist, dann verlängert sich die Gerinnungszeit.

Bei der **Polyphänie** (Pleiotropie) beeinflußt ein einzelnes Gen gleichzeitig verschiedene Merkmale (Phäne). So ist das Gen *notch* bei *Drosophila* an der Ausbildung von nicht weniger als fünf verschiedenen Merkmalen beteiligt, die sich auf den Flügelrand, die Flügeladern, die Augengröße, die Behaarung der Brust und die

Schema der Blutgerinnung:

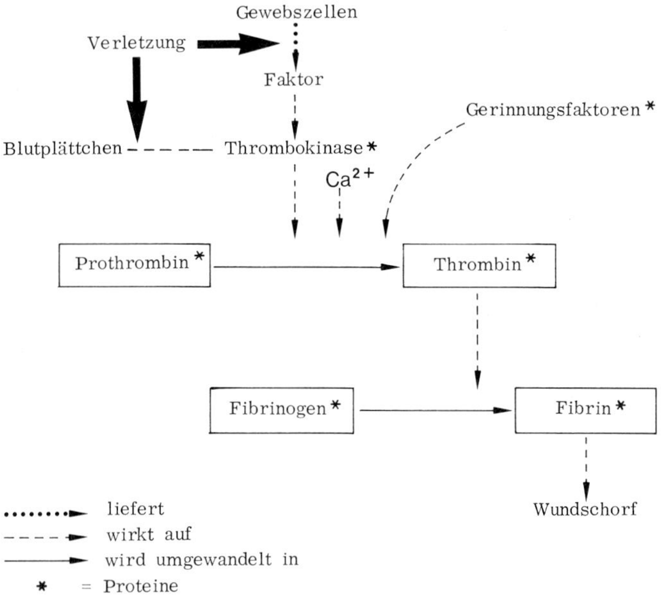


Bild 60: Schema der Blutgerinnung (vereinfacht)

Rückenborsten beziehen. Die Wirkungen eines polyphänen Gens müssen nicht gleichzeitig auftreten, sie können sich auch in verschiedenen Entwicklungsstadien des Organismus äußern. Wenn durch Mutation eines einzigen Gens mehrere Krankheitsmerkmale auftreten, spricht man von einem *Syndrom.* (Beispiel: ACHARD-Syndrom: Mutation eines einzigen Gens führt zu langen dünnen »Spinnen«-fingern, Herzfehlern und Fehlbildungen der Augenlinse).

Auch beim Menschen sind die Wirkungen von Genketten bekannt geworden (Bild 61). Eine davon nimmt ihren Ausgang bei der Aminosäure Phenylalanin, die mit der Nahrung zugeführt wird oder aus dem Eiweißabbau des Körpers stammt. Fehlt das zur Umwandlung von Phenylalanin in Tyrosin notwendige Enzym infolge einer Mutation, so entsteht die giftige Phenylbrenztraubensäure (frühere Bezeichnung Phenylketon). Sie wird im Urin ausgeschieden, man bezeichnet deshalb diese Stoffwechselstörung als *Phenylketonurie.* Die Giftwirkung äußert sich vor allem an den Gehirnzellen, so daß dieser erbliche Defekt zu

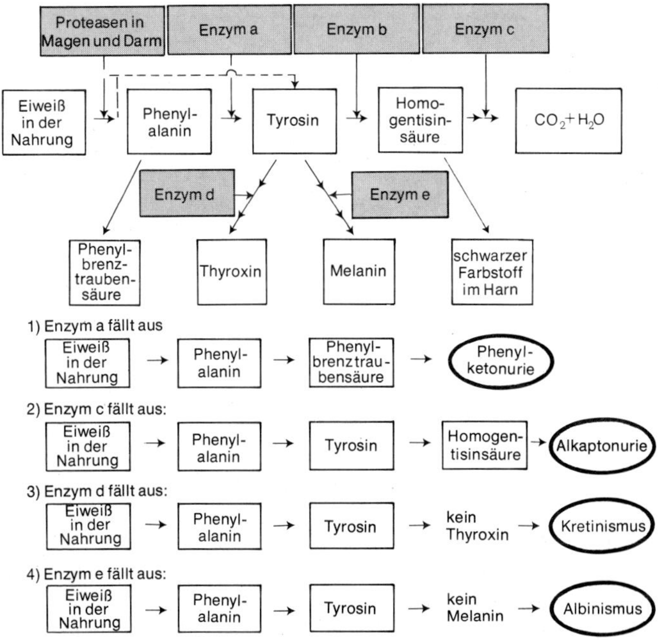


Bild 61: Erbkrankheiten durch genetisch bedingte Störungen im Phenylalanin-Stoffwechsel

Schwachsinn führt. Neugeborene werden deshalb auf Phenylketonurie untersucht (Häufigkeit 1:10000). Liegt sie vor, erhalten die Kinder eine phenylalaninarme Diät, was die schlimmen Folgen weitgehend verhindert. (Windeltest zum Nachweis der Phenylketonurie: Eine mit Urin getränkte Windel des Säuglings wird mit $FeCl_3$-Lösung übergossen. Grünfärbung zeigt hohe Phenylalnin-Konzentration im Urin und damit auch im Blut an).

Eine andere genbedingte Stoffwechselkette läuft vom Tyrosin zum Hautpigment. Fehlt eines der Enzyme dieser Kette, entsteht *Albinismus*. Bei normalem Abbau des Tyrosins wird als Zwischensubstanz Homogentisinsäure (früher Alkapton genannt) gebildet. Kann diese nicht weiter abgebaut werden, weil das erforderliche Enzym dazu fehlt, wird die sich ansammelnde Homogentisinsäure im Urin ausgeschieden. Diese für den Betroffenen oft harmlose Stoffwechselanomalie äußert sich in einer Dunkelfärbung des Urins an der Luft infolge Oxidation der Homogentisinsäure zu einem dunklen Farbstoff (*Alkaptonurie* = Schwarzharn). Lagert sich die Homogentisinsäure im Knorpelgewebe ab, kann Arthritis entstehen, der Ohrknorpel und das »Weiße« im Augapfel färben sich dunkel.

Ein genetisch bedingter Enzymausfall in der Stoffwechselkette vom Tyrosin zum Schilddrüsenhormon Thyroxin führt zu *angeborenem Kretinismus*. Bei dieser Erbkrankheit ist die körperliche und geistige Entwicklung gestört: Zwergwuchs, Schwachsinn. Das Leiden ist nicht zu verwechseln mit dem *endemischen Kretinismus*. Dieser ist eine **Phänokopie** des erblichen Kretinismus und trat in Gebieten auf, in der es der Nahrung an Jod mangelte und deshalb zu wenig Thyroxin gebildet wurde.

Die geschilderten Beispiele zeigen, wie Merkmale verwirklicht werden. Es geschieht über Syntheseketten des Stoffwechsels, wobei die Gene die Information für die Bildung der erforderlichen Enzyme liefern.

Ein Gen kann die Ausbildung mehrerer Merkmale dann beeinflussen, wenn sein spezifisches Enzym einen Stoff erzeugt, der über unterschiedliche Folgereaktionen zu verschiedenen Merkmalen führt. Umgekehrt treten bestimmte Merkmale eben nur dann auf, wenn sämtliche in einer Wirkkette zusammengeschlossenen Gene funktionstüchtig sind.

Durch das Zusammenwirken aller Genketten entsteht ein Gen-Wirknetz, dessen Tätigkeit den Organismus mit seiner Gestalt und seinen Funktionen bestimmt. Aus der langen Kette von Reaktionen, welche die Gene mit den faßbaren Merkmalen verbindet, sind bisher allerdings nur Ausschnitte bekannt geworden.

## 4.9 Methode zur Aufklärung von Reaktionsketten des Stoffwechsels

Zur Erforschung von Stoffwechselwegen kann man allgemein folgendes Verfahren anwenden:

Man erzeugt in einem Wildstamm, z. B. von *Escherichia coli*, durch Bestrahlung eine größere Zahl von Mutationen und bringt dann die Bakterien in ein Medium ohne Aminosäuren, aber mit Penizillinzusatz. Das Penizillin tötet die sich teilenden Zellen. Die Bakterien, die alle Aminosäuren selbst zu synthetisieren vermögen, gedeihen in diesem Medium, teilen sich nach einiger Zeit und werden dabei abgetötet. Die Mangelmutanten teilen sich nicht und bleiben übrig. Sie werden auf einem festen Nährboden ausgestrichen, der alle Aminosäuren enthält, teilen sich dort rasch und bilden schon innerhalb eines Tages ein Muster von Kolonien. Jede Kolonie geht auf ein einziges Bakterium zurück, besteht also aus lauter erbgleichen Individuen. Man drückt dann einen sterilen Samtstempel auf den festen Nährboden und überimpft so das an den Samthaaren hängenbleibende Muster der Bakterienkolonien auf andere Nährböden, denen jeweils eine bestimmte Aminosäure fehlt. Auf diesen Nährböden können sich diejenigen Mutanten nicht entwickeln, welche die im Nährboden fehlende Aminosäure benötigen. Durch Vergleich mit der Ausgangsplatte lassen sich die

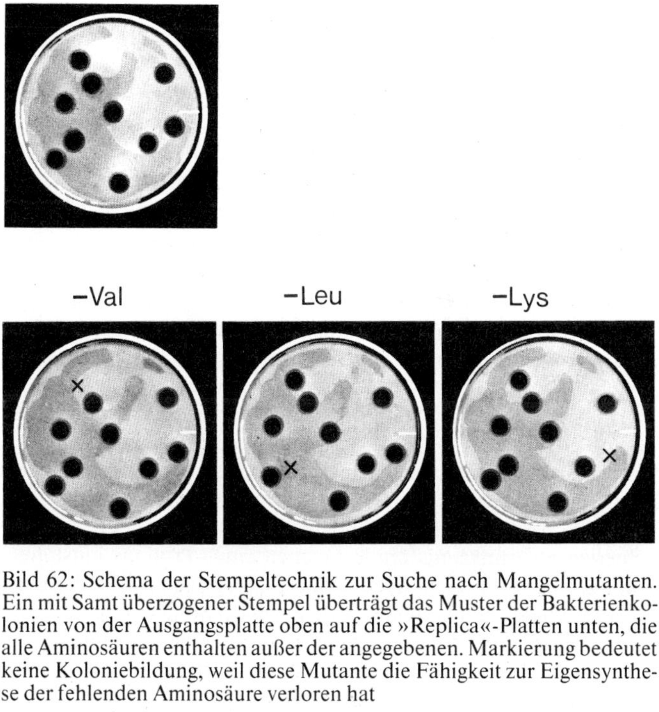


Bild 62: Schema der Stempeltechnik zur Suche nach Mangelmutanten. Ein mit Samt überzogener Stempel überträgt das Muster der Bakterienkolonien von der Ausgangsplatte oben auf die »Replica«-Platten unten, die alle Aminosäuren enthalten außer der angegebenen. Markierung bedeutet keine Koloniebildung, weil diese Mutante die Fähigkeit zur Eigensynthese der fehlenden Aminosäure verloren hat

Mangelmutanten lokalisieren. Sie werden dann von der Ausgangsplatte abgeimpft und unter Zugabe der entsprechenden Aminosäure weiterkultiviert (Bild 62).

Nun kann man einer solchen Mangelmutante verschiedene Stoffe zuführen, die denkbare Vorstufen der von ihr nicht mehr synthetisierten Aminosäure sind. Wächst sie bei Zugabe eines dieser Stoffe, so ist dieser offensichtlich diejenige Vorstufe, die wegen Ausfalls des zuständigen Enzyms nicht mehr gebildet werden konnte. Das Gen für dieses Enzym muß mutiert haben; die Stoffwechselreaktion ist blockiert.

Häufig führt es auch zur Anreicherung von Zwischenstufen vor dem genetischen Block, die man dann aus den Organismen isolieren und chemisch untersuchen kann. Mit Hilfe von Bakterien, *Neurospora* und anderen Mikroorgansimen hat man so eine große Zahl von Biosynthesewegen aufgeklärt. Sie alle haben die Ein-Gen-Ein-Enzym-Hypothese bestätigt.

## 4.10 Allele, Mutationen und Proteinfunktion.

Aus der Kenntnis des Vorgangs der Protein-Biosynthese läßt sich ableiten, welche Folgen Veränderungen (Mutationen) einzelner Basen (Nukleotide) der DNA für Lebensvorgänge haben. Die Veränderung einer Base hat dann keine Auswirkungen, wenn sie durch die Degeneration des genetischen Codes aufgefangen wird, d.h. wenn das veränderte Codewort die gleiche Aminosäure codiert. Wenn dies nicht der Fall ist, wird eine Aminosäure der Polypeptidkette durch eine andere ersetzt. Es hängt von der Art und dem Ort dieser Änderung ab, wie sich die Mutation auswirkt. Ist eine Aminosäure betroffen, die im Bereich des aktiven Zentrums liegt, so ist das Enzym viel schlechter oder gar nicht mehr funktionsfähig. Katalysiert dieses Enzym nun eine grundlegende Stoffwechselreaktion, so ist eine derartige Mutation oft letal. Wird außerhalb des aktiven Zentrums eine Aminosäure mit polarer Seitenkette durch eine mit unpolarer Seitenkette ersetzt (oder umgekehrt), so verändern sich die Bindungsmöglichkeiten oder Molekülgruppen untereinander. Dies verursacht häufig Veränderungen der Raumstruktur des Proteins, was seine Funktionsfähigkeit stark stört. Der Austausch einer polaren Aminosäure durch eine andere polare kann zwar auch zu Beeinflussungen der Funktion führen, wirkt sich in vielen Fällen aber nur geringfügig aus.

Durch einen einzigen Aminosäureaustausch können also verschieden gut funktionsfähige Formen eines Proteins entstehen. Auf der Ebene des Gens liegen dann DNA-Sequenzen vor, bei denen ein Nukleotidaustausch eingetreten ist. Solche unterschiedliche Zustände eines Gens nennt man **Allele**. Durch eine Mutation wird ein Allel in ein anderes Allel übergeführt. Die von Natur aus beim größten Teil der Lebewesen einer Art vorhandene Allelform bezeichnet man willkürlich als *Wildallel* (Wildform). Ein Wildallel ist als solches in der Regel erst zu erkennen, wenn eine Mutation eingetreten ist und somit auch ein mutiertes Allel vorliegt. Dieses wird an den veränderten Eigenschaften eines Proteins oder an einer Merkmalsveränderung des Trägers erkannt.

## Aufgaben zu Abschnitt 4

1. Entwerfen Sie (gedanklich) Experimente, mit denen man einzelnen Aminosäuren die für sie spezifischen Codonen zuordnen kann.

2. Entwerfen Sie ein Experiment, um festzustellen, ob der genetische Code überlappend ist oder nicht.

3. Was kann man daraus schließen, daß der genetische Code universell ist?

4. Der genetische Code ist degeneriert. Was meint man damit und wie äußert sich dies im molekularen Bereich?

5. Betrachten Sie den genetischen Code (Bild 51). a Welche Aminosäuren werden nur durch ein einziges spezifisches Triplett codiert? b Welche Aminosäuren werden durch mehrere, nicht nur im dritten Nukleotid unterschiedene Tripletts codiert? c Welchen Vorteil könnte es haben, wenn eine Aminosäure durch mehrere Codonen bestimmt wird? d Wieviele Tripletts können mit 4 Basen hergestellt werden und wievielen Tripletts ist tatsächlich eine Aminosäure zugeordnet?

6. Was muß ein zellfreies System zur Synthese von Protein enthalten?

7. Ein Abschnitt eines Gens hat folgende Nukleotidsequenz im codogenen Strang: HO-CGGCGCTCAAAATCG-p. Welche Primärstruktur hat der Proteinabschnitt, der dieser Nukleotidabfolge entspricht? Wie ändert sich der Aufbau der Polypeptidkette, wenn das vierte Nukleotid der DNA durch Bestrahlung ausfällt? Wie ändert er sich, wenn nach dem fünften Nukleotid Thymin eingeschoben wird?

8. Zellkulturen werden kurzfristig radioaktiv markierte Aminosäuren angeboten (Pulsmarkierung). Danach werden die Zellbe-

standteile in drei Fraktionen getrennt: Kernfraktion, Ribosomenfraktion und Cytoplasmafraktion. Wo erwarten Sie, daß Radioaktivität auftritt? Wo würde sie einige Zeit später verstärkt auftreten?

9. Die Ribonuklease ist ein Polypeptid aus 124 Aminosäuren. Welche Mindestlänge hat ihr Gen, wenn der Abstand zwischen zwei benachbarten Nukleotiden 0,34 nm beträgt?

10. Welche Arten der Informationsunterbrechung sind bei der m-RNA-Synthese und welche sind bei der Proteinsynthese notwendig?

11. Die RNA ist meist einsträngig. Wie kommt die Raumstruktur (Tertiärstruktur) der t-RNA zustande?

12. Auf welche Weise ließen sich zahlreiche Mutanten von *Neurospora* (roter Brotschimmelpilz) gewinnen? Wie könnte man sie isolieren?

13. Aus der befruchteten Eizelle einer Ratte entwickelt sich stets eine Ratte, aus der befruchteten Eizelle eines Frosches stets ein Frosch. Wie können Sie dies begründen?

14. Die Proteine der Lebewesen werden aus 20 verschiedenen Aminosäuren aufgebaut. Wieviel unterschiedliche Proteine ließen sich bei einer Kettenlänge von nur 100 Aminosäuren herstellen? Kann jeder Organismus, der auf der Erde existiert, seine nur ihm eigenen Proteine haben?

15. Gene legen nur die Reihenfolge der Aminosäuren in den Polypeptidketten der Enzyme fest. Warum genügt dies für die Bildung funktionierender Enzyme?

16. Erläutern Sie den Satz »die Erbinformation ist eine Information über die Proteine«. Wie hängt diese Behauptung mit der Erfahrung zusammen, daß doch Körpermerkmale vererbt werden?

17. Was liefern die angegebenen Organellen? Geben Sie bei 1–3 auch die beteiligten Arten von Transportmolekülen an.

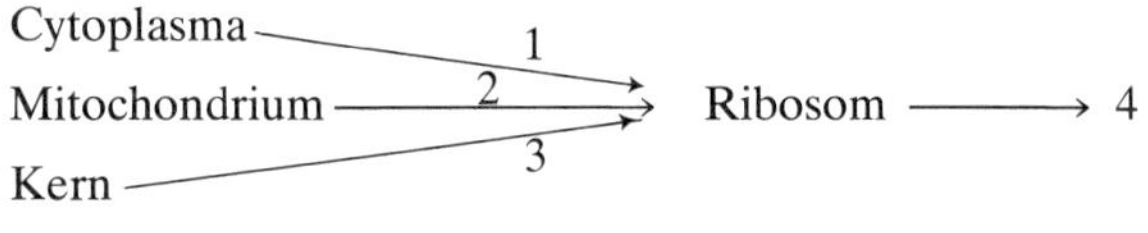

18. Wie äußern sich Rastermutationen? Beschreiben Sie alle Veränderungen bei den Reaktionen bis zum fertigen Genprodukt.

19. Was ist ein genetischer Block? Wie wirkt sich ein vollständiger, wie ein unvollständiger Block aus?

20. Welches sind spezifische Funktionen der DNA, der RNA und der Proteine?

21. Früher wurde das Gen als Einheit der Mutation angesehen. Was ist nach Auffassung der Molekulargenetik die Einheit der Mutation und wie begründet sie dies?

22. Ein Stück eines RNA-Moleküls habe die folgende Nukleotidsequenz. Welche Sekundärstruktur wird sich vermutlich ausbilden?
pAUUCUGGAUGCAGGCCCCGACUGGCCGGGGCCUG-CAUCCAGAAU-oH.

23. Die Translation der m-RNA der Hämoglobin-Untereinheit (ca. 450 Nukleotide) zeigt, daß die Polypeptidkette nach etwa 36 sec fertiggestellt ist. Wie hoch ist die Translationsgeschwindigkeit, d.h. wieviele Aminosäuren werden je sec verknüpft?

# 5. Vorkommen der DNA

## 5.1 Vorkommen der DNA in den Zellen der Prokaryonten

Bakterien und Blaualgen besitzen keinen echten Zellkern. Ihre DNA ist in einem bestimmten Teil der Zelle, dem **Nukleoid**, lokalisiert. Dieses ist in der Regel mit einer bestimmten Nukleotidsequenz an die Zellmembran angeheftet. Bei den Bakterien liegt die DNA zumeist in Form eines einzigen ringförmigen DNA-Moleküls (Bakterienchromosom) vor (vgl. Bild 7). Daneben gibt es allerdings häufig kleine DNA-Moleküle im Cytoplasma der Bakterienzelle, die als **Plasmide** bezeichnet werden. Manche dieser Plasmide können unter bestimmten Umständen ins Bakterienchromosom eingebaut werden; solche nennt man *Episomen.* Zu diesen kann man auch die Prophagen (z. B. $\lambda$-Prophage, vgl. Bild 15) zählen.

Die Plasmide sind wie das Bakterienchromosom ringförmig gebaut; ihre Größe beträgt meist 1–2% der Größe des Chromosoms. Sie vermehren sich wie die DNA des Bakterienchromosoms; bei den Episomen ist die Replikation mit der des Chromosoms gekoppelt, bei den freien Plasmiden hingegen von jener unabhängig. Plasmiden können aber nicht nur an die Nachkommen weitergegeben werden, sondern auch auf andere Vertreter derselben Art und sogar auf andere Arten übertragen werden.

Dies geschieht durch den Vorgang der Bakterien-Konjugation. Dabei lagern sich zwei Bakterien aneinander und bilden mittels Sexpili eine Plasmabrücke aus. Das kann auch zwischen Bakterien verschiedener Arten geschehen. Über die Plasmabrücke können Plasmide von einer Zelle in die andere gelangen.

Von großer Bedeutung unter den Plasmiden sind diejenigen, die Resistenzfaktoren tragen *(R-Plasmide)*. Sie enthalten Gene, die dem Bakterium Resistenz gegen Arzneimittel (Antibiotika

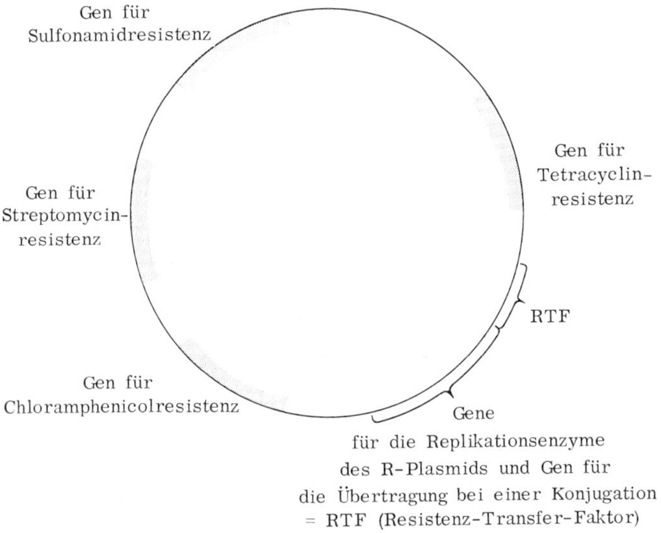


Bild 63: R-Plasmid mit 4 Resistenzgenen. Die von den Resistenzgenen codierten Enzyme verändern die Antibiotika bzw. Sulfonamide chemisch so, daß sie unwirksam werden. Viele R-Plasmide tragen mehrere Resistenzgene. Mittlerweile sind sogar R-Plasmide bekannt geworden, die Resistenzgene gegen alle derzeit verwendeten Antibiotika aufweisen. Gegen Bakterien mit solchen Plasmiden sind auch kombinierte Antibiotika-Gaben nicht mehr wirksam

oder Sulfonamide) verleihen (vgl. Bild 63). Ihre Übertragung hat gefährliche Auswirkungen, wenn dadurch Resistenzfaktoren von harmlosen Bakterien (z. B. *E.coli*) nach einer Infektion auf gefährliche Krankheitserreger (z. B. Typhusbakterien) übertragen werden und so diese Krankheitserreger gegen bestimmte Antibiotika resistent machen. Die Plasmide haben infolge dieser Verbreitungsmöglichkeit eine besondere Stellung als Informationsüberträger: sie geben genetische Information nicht nur an Nachkommen, sondern an alle aufnahmefähigen Zellen weiter.

Über die bei einer Konjugation von gleichen Stämmen gebildete Plasmabrücke kann auch ein Stück des Bakterienchromosoms von einer Spender (Donator-)zelle in eine Empfänger (Acceptor- oder Rezipient-)zelle wandern. Diese Übertragung wird durch einen *Fertilitätsfaktor* (F-Faktor) reguliert, der auf einem Episom liegt (vgl. 7.6). Nach Übertragung von genetischem Material des Chromosoms kann dieses im Empfängerbakterium in das dortige Chromosom eingebaut werden, so daß Bakterien mit neuen Eigenschaften zustande kommen können.

## 5.2 DNA und RNA als genetisches Material bei Viren

Bei Viren kann DNA oder RNA der Träger der genetischen Information sein (vgl. 3.2.2). Über die sehr unterschiedlichen Möglichkeiten der Strukturen unterrichtet Tabelle 7.

Eine Sonderstellung nehmen die Viroide (vgl. 3.2.2) ein. Die Struktur eines Viroids, das eine Kartoffelkrankheit verursacht, wurde geklärt. Es liegt als ringförmige RNA mit weitgehender Basenpaarung und insgesamt 359 Nukleotiden vor (Bild 64). Das Startcodon der Translation, AUG, kommt nicht vor. Die Nukleotidsequenz des Viroids ist also möglicherweise ein »Negativ«-Strang ( – Strang), an dem durch Replikation erst ein »Positiv«-Strang, d. h. eine ablesbare (translatierbare) »messenger«-RNA gebildet werden muß. Auch unter den größeren echten RNA-Viren gibt es sowohl solche mit Negativ- wie auch solche mit Positiv-Strang als genetisches Material (vgl. Tabelle 7).

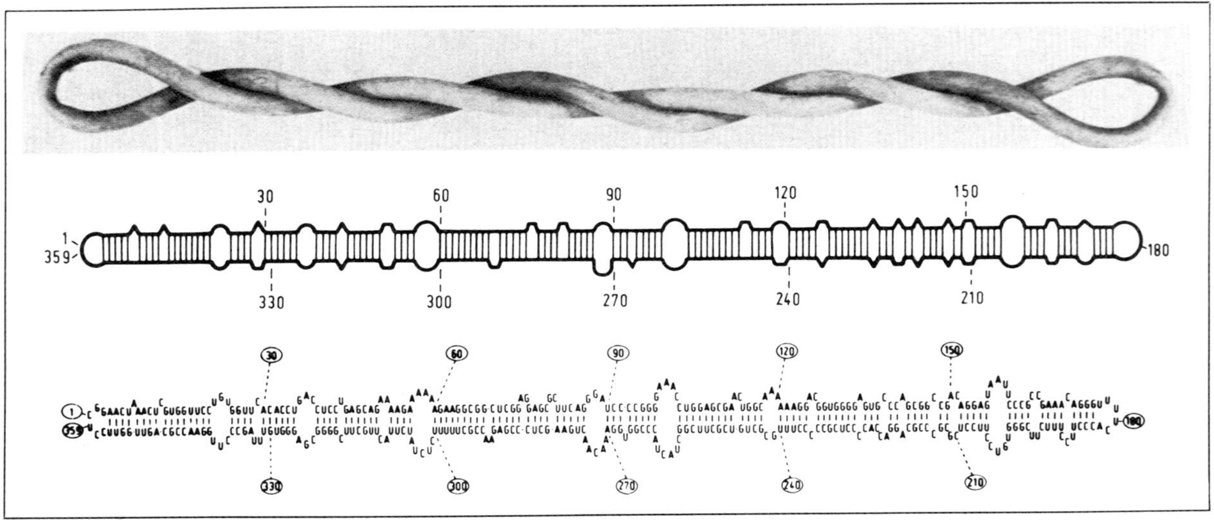


Bild 64: Aufbau eines Viroids. Oben einfaches Modell (ein zur Helix verdrillter Gummiring), darunter schematische Darstellung des Aufbaus (Wasserstoffbrücken durch Striche angegeben), unten Nukleotidsequenz der 359 zu einem Ring angeordneten Ribonukleotide

**Tabelle 7: Genetisches Material bei Viren**

| *Nuklein-säure* | *Eigenschaften* | | *Beispiel* |
|---|---|---|---|
| RNA | Einstrang | a) Strang dient direkt als m-RNA (+Strang) | TMV |
| | | b) Strang bildet durch RNA-Replikation die m-RNA (Genom besteht also aus einem – Strang) | Influenza-Virus |
| | | c) RNA bildet durch Revertase-Wirkung zunächst eine DNA, dann erfolgt normale zelleigene Transkription | RNA-Tumor-Viren (= Oncorna-Viren) |
| | Doppelstrang | | Reo-Viren |
| DNA | Einstrang, er ist der codogene Strang | | Phage X 174 |
| | Doppelstrang (wie DNA in Zellen) Doppelstrang kann auch ringförmig vorliegen. | | T-Phagen |

## 5.3 Vorkommen der DNA in den Zellen der Eukaryonten

Alle Lebewesen außer den Bakterien und Blaualgen weisen einen echten Zellkern auf. In diesem liegt der Hauptanteil ihrer DNA in den Chromosomen, die während der Kernteilung erkennbar werden.

Die Zahl der Chromosomen zeigt keine Beziehungen zur Organisationshöhe des jeweiligen Lebewesens (vgl. Tabelle 8). Jedes Chromosom der Zelle hat seine bestimmte Größe und Gestalt. Bei höheren Pflanzen und vielzelligen Tieren hat jede Zelle einen doppelten Chromosomensatz. Beispielsweise besitzt der Mensch 46 Chromosomen, die man leicht zu 23 Chromosomenpaaren ordnen kann. Diese Chromosomenhomologie beruht darauf, daß Eizelle und Spermium je 23 Chromosomen enthalten, die bei der Befruchtung zu dem Satz von 46 vereinigt werden. Die Befruchtung kombiniert also väterliche und mütterliche Erbsubstanz.

**Tabelle 8: Diploide Chromosomenzahlen einiger Organismen**

| | |
|---|---|
| Ascaris megalocephala (Pferdespulwurm) | 2 bzw. 4 |
| Drosophila melanogaster (Taufliege) | 8 |
| Psalliota campestris (Champignon) | 8 |
| Musca domestica (Stubenfliege) | 12 |
| Pisum sativum (Erbse) | 14 |
| Columba livia (Haustaube) | 16 |
| Antirrhinum spec. (Löwenmaul) | 16 |
| Zea Mays (Mais) | 20 |
| Viele Triturusarten (Molche) | 24 |
| Solanum lycopersicum (Tomate) | 24 |
| Rana temporaria u. esculenta (Gras- und Wasserfrosch) | 26 |
| Triticum, verschiedene Species (Weizen) | 14 bzw. 28 bzw. 42 |
| Lumbricus terrestris (Regenwurm) | 32 |
| Apis mellifica (Honigbiene) | 32 |
| Felis domestica (Hauskatze) | 38 |
| Macaca mulatta (Rhesusaffe) | 42 |
| Hylobates lar (Gibbon) | 44 |
| Homo sapiens (Mensch) | 46 |
| Pan troglodytes (Schimpanse) | 48 |
| Gorilla gorilla (Gorilla) | 48 |
| Kartoffel (Solanum tuberosum) | 48 |
| Bos taurus (Rind) | 60 |
| Equus equus (Pferd) | 64 |
| Gallus domesticus (Haushuhn) | 78 |
| Canis familiaris (Haushund) | 78 |
| Cyprinus capria (Karpfen) | 104 |
| Artemia salina (Salzkrebschen) | 168 |
| Eupagurus ochotensis (Einsiedlerkrebs) | 254 |
| Ophioglossum vulgatum (Natternzungenfarn) | 520 |

Die Tabelle zeigt, daß zwischen der Zahl der Chromosomen und der Organisationshöhe des Organismus (also der Zahl der Gene) kein Zusammenhang besteht. Ein großes Chromosom kann mehr Gene enthalten als mehrere kleine. Außerdem ist die Menge der repetitiven DNA unterschiedlich groß.

**Transportform und Funktionsform der Chromosomen:**
Die Chromosomen sind nur während der Kernteilung vollständig zu erkennen, da sie dann in einer kompakten »Transportform« vorliegen. Diese ist weitgehend transkriptionsinaktiv. Die Transportform wird durch Schraubungsvorgänge erreicht. Nach beendeter Kernteilung tritt wieder Entschraubung auf, das Chromosom kehrt in die »Funktionsform« zurück. In dieser Form,

zwischen den Kernteilungen, besitzen die Chromosomen daher eine viel größere Oberfläche. Jetzt können die Vorgänge der Replikation der DNA und der RNA-Synthese ablaufen. Während der Zeitspanne zwischen den Kernteilungen ist der Kernraum von einem Gewirr von verschlungenen Chromosomenfäden, dem Chromatingerüst, angefüllt.

**Bau der Chromosomen; Nukleosomen**

Die Chromosomen bestehen nicht nur aus DNA, sondern enthalten einen erheblichen Proteinanteil und häufig auch RNA. Besonders wichtig sind Proteine, die reich an Aminosäuren mit basischen Seitenketten (basischen Aminosäuren) sind. Sie treten in enge Bindung mit den DNA-Doppelsträngen. Man bezeichnet sie als **Histone**. Vor jeder Kernteilung besteht jedes Chromosom aus zwei identischen Längshälften, den **Chromatiden**. Nach der Kernteilung muß im Funktionszustand natürlich wieder eine identische Reduplikation eintreten, damit später eine neue Teilung möglich ist. Jede Chromatide enthält sehr wahrscheinlich ein DNA-Molekül (Doppelstrang).

Die Untersuchung des Chromatiden-Feinbaus ergab eine perlschnurartige Struktur. Jeweils 8 Histonmoleküle sind zu einem linsenförmigen Gebilde von etwa 12 nm Durchmesser und 5,7 nm Dicke zusammengelagert. Man nennt sie **Nukleosomen.** Sie besitzen eine Vertiefung (»Rinne«) darin ist ein Stück der DNA-Doppelhelix von 140 Nukleotidpaaren eingelagert. Die DNA-Doppelschraube ist also als Ganzes gewunden und bildet in der Nukleosomen-Rinne etwa $1\frac{3}{4}$-Windungen. Das Nukleosom besteht aus 4 verschiedenen Histonen, die jeweils zweimal vorhanden sind. Eine weitere Histonsorte ist zwischen den Nukleosomen an die DNA angelagert. Der mit Nukleosomen besetzte DNA-Strang ist seinerseits wiederum verschraubt, dadurch entsteht eine Überschraube = Helix 2. Ordnung oder *Superhelix* von etwa 30 nm Durchmesser (Bild 65). Auch diese muß noch weiter verschraubt sein, jedoch hat man darüber noch keine sichere Kenntnis. Durch solche Überschraubungen entsteht das Chromatin, in dem die DNA gegenüber der DNA-Doppelhelix in etwa 1500facher Kontraktion vorliegt. Bei der Bildung der Chromosomen zu Beginn der Kernteilung tritt dann nochmals eine etwa 5fache Kontraktion ein.

Die Menge der in den Chromosomen von Eukaryonten enthaltenen DNA ist sehr viel größer als die des Bakterienchromosoms. Die gesamte Basensequenz des Chromosoms von *E.coli* ließe sich in einem Buch von etwa 2000 Druckseiten aufschreiben. Die Basensequenz der DNA einer menschlichen Zelle hingegen würde etwa 1200 solcher Bücher füllen. Allerdings gibt es bei Eukaryonten Wiederholungen von Sequenzbereichen, die man als repetitive Sequenzen bezeichnet (vgl. Abschnitt 3). Die Häufigkeit ihres Auftretens ist selbst bei nahverwandten Arten ziemlich unterschiedlich. Dies führt dazu, daß solche Arten ziemlich unterschiedliche DNA-Gehalte haben können. Die hochrepetitive DNA ist für die Bildung der richtigen Chromosomenstruktur wichtig, insbesondere wohl im Bereich des Centromers. Bei *Drosophila* besitzt jedes der Chromosomen eine spezifische hochrepetititve DNA; dasselbe ist für das Y-Chromosom des Menschen nachgewiesen.

Ein großer Teil der DNA ist aber nicht repetitiv. Bisher ist nicht endgültig klar, weshalb höhere Organismen soviel mehr DNA je Zelle enthalten als Bakterien. Wahrscheinlich sind bestimmte DNA-Abschnitte für die Regelung der Proteinsynthese notwendig und kommen mit gleichen oder ähnlichen Basensequenzen sehr häufig vor.

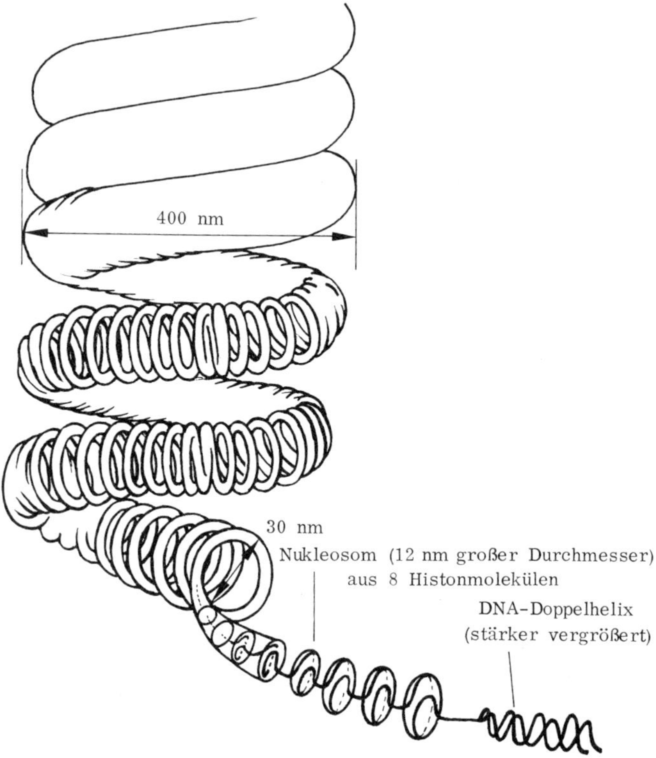


Bild 65: Modell von der Überstruktur der DNA im Eukaryonten-Chromosom (Telefonhörer-Kabel). Das Kabel ist die vereinfachte Darstellung der DNA-Doppelschraube, die um die Nukleosomen gewunden ist. Vgl. hierzu Bild 68

**DNA in Organellen**

In den Eukaryontenzellen findet sich DNA auch außerhalb des Zellkerns. Sie ist in Mitochondrien, Plastiden und Zentralkörperchen (Centriolen) enthalten. Die DNA der Mitochondrien ist häufig, die der Plastiden gelegentlich ringförmig gebaut; sie gleicht dem Bakterienchromosom. Auch die DNA außerhalb des Kerns enthält genetische Information; man spricht von einer nicht-chromosomalen (plasmatischen) Vererbung (vgl. 13). Plastiden und Mitochondrien haben auch eigene Ribosomen, die aber biochemisch und in der Größe den Bakterien-Ribosomen ähnlich sind. In Plastiden und Mitochondrien findet daher ebenfalls Protein-Synthese statt, jedoch können diese Zellorganellen nur einen Teil der in ihnen vorkommenden Enzymproteine selbst bilden, vor allem solche der inneren Membran.

Erwähnt sei, daß in Hefezellen ein Plasmid vorkommt. Dies ist von Bedeutung für eine mögliche genetische Manipulation bei Hefen.

## 5.4 Klonung von DNA als Voraussetzung für genetische Manipulation

Die Kenntnisse vom Aufbau der DNA und die Verfügbarkeit der Restriktionsenzyme (vgl. 3.3.1.3) ermöglichten die Technik der DNA-Klon(ier)ung. Dadurch lassen sich die DNA-Sequenzen von Eukaryonten-Genen in so großer Menge gewinnen, daß biochemische Untersuchungen möglich sind. Erst mit diesem Verfahren erhielt man ausreichend DNA für die Nukleotidsequenzbestimmungen (3.3.1.3).

Durch Restriktionsenzyme erfolgt eine versetzte Spaltung der DNA-Doppelhelix (Bild 23), so daß Einstrangenden entstehen. Bei Anwendung desselben Enzyms haben sie stets die gleiche Basensequenz, binden also auch leicht aneinander (sie sind »klebrig« = sticky). Wenn man verschiedene DNA-Bruchstücke mit *sticky-Enden* mischt und anschließend eine DNA-Ligase (vgl. 3.3.3) zusetzt, so werden durch Kombination neue DNA-Sequenzen gebildet.

Man verwendet nun ein Plasmid aus *E.coli*, in dem durch das Restriktionsenzym nur eine Öffnung des Ringes stattfindet, weil nur ein Angriffsort für das Enzym vorliegt. Weiterhin isoliert man aus einer Kultur von Eukaryontenzellen die DNA und spaltet diese mit dem gleichen Restriktionsenzym in viele Doppelhelix-Stücke. Kombiniert man nun diese Stücke mit den geöffneten Plasmide, so erfolgt ein Einbau von Stücken der Eukaryonten-DNA in die Plasmiden; es entstehen Hybrid-Plasmide mit Fremd-DNA. Diese werden nun wieder in Zellen von *E.coli* gebracht. Da sicher viele der verwendeten Plasmide keine Fremd-DNA eingebaut haben, müssen nun noch die *E.coli*-Zellen mit *Hybrid-Plasmiden* von jenen Zellen

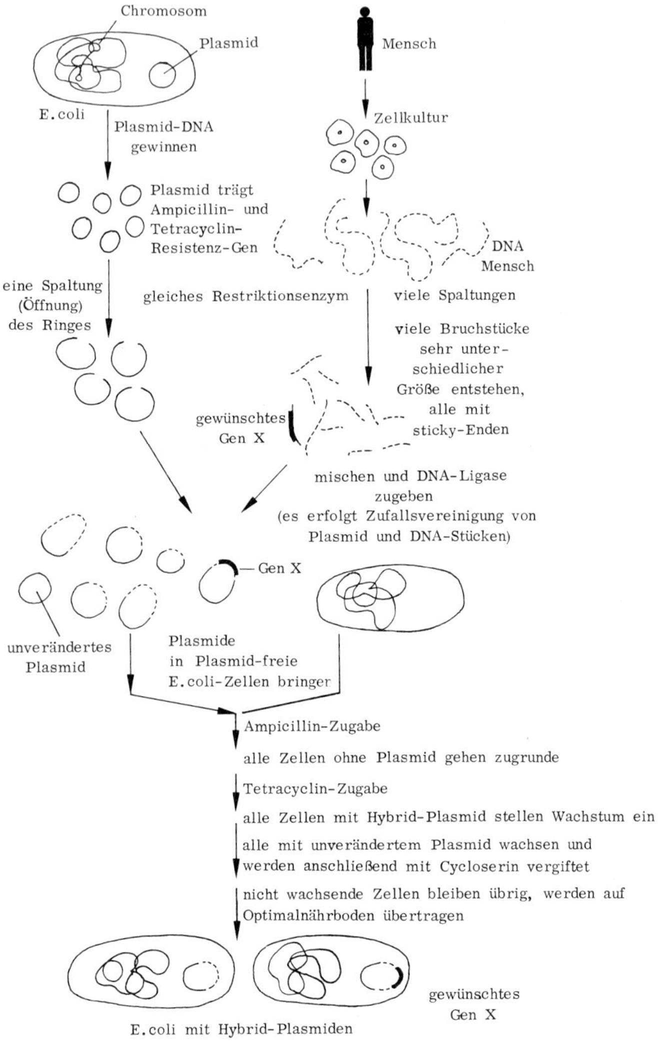


Bild 66: Verfahren zum Einbau von Eukaryonten-DNA in ein Plasmid von *E.coli*

mit unveränderten Plasmiden (die für das Experiment uninteressant sind) abgetrennt werden.

Dazu dient folgendes Verfahren: Der Einbau der Fremd-DNA ins R-Plasmid erfolgt im Bereich des Gens für Tetracyclin-Resistenz. Liegt also ein Hybrid-Plasmid vor, so kann die Zelle bei Gegenwart von Tetracyclin nicht mehr wachsen, weil die Tetracyclin-Resistenz infolge der Aufspaltung des Gens verloren gegangen ist. Plasmide ohne Fremd-DNA wachsen hingegen bei Gegenwart von Tetracyclin. Auf dem für die Versuche verwendeten R-Plasmid befindet sich außerdem ein Gen für Ampicillin-Resistenz. Zellen von *E.coli*, die gar kein Plasmid aufgenommen haben, sterben bei Ampicillin-Zugabe zum Nährmedium ab (sie haben ja keine Resistenz) und werden dadurch zuerst entfernt. Alle Zellen mit aufgenommenen Plasmiden wachsen. Nun setzt man Tetracyclin zu, dadurch können die Tetracyclin-empfindlichen Zellen mit Hybrid-Plasmiden nicht mehr wachsen (aber sie gehen nicht zugrunde!). Die nun noch sich vermehrenden Zellen sind diejenigen mit unveränderten Plasmiden. Sie werden durch Zugabe des Wachstums-Giftes Cycloserin abgetötet. Die übriggebliebenen Zellen, d. h. diejenigen mit Fremd-DNA, werden dann auf einen optimalen Nährboden gebracht und vermehren sich dort rasch.

Bei der Vermehrung wird nun die eukaryontische DNA mit vermehrt, so daß man aufgrund der raschen Bakterienvermehrung innerhalb kurzer Zeit viele Eukaryonten-DNA-Sequenzen erhält (Bild 66). Hat man ein Verfahren zur Erkennung eines bestimmten eukaryontischen Gens, so kann man aus der Vielzahl der Hybrid-Plasmiden solche mit dem gewünschten Gen gezielt auslesen und diese gesondert vermehren lassen. Die Erkennung ist in manchen Fällen möglich mit Hilfe radioaktiv markierter m-RNA des betreffenden Gens, die nur mit dem ihr zugeordneten Gen hybridisieren kann. Des weiteren wird man versuchen, die eingebauten Eukaryontengene auch zur Transkription zu veranlassen. Dies ist bereits Thema der genetischen Manipulation (vgl. 15.1).

## Aufgaben zu Abschnitt 5

1. Beim Menschen beträgt die DNA-Menge der diploiden Körperzelle $6{,}4 \cdot 10^9$ Nukleotidpaare. Ein Nukleotidpaar hat eine Länge von 0,34 nm in der Doppelhelix.

a) Wie lange wäre eine Doppelhelix dieser DNA-Menge?

b) Der Mensch hat 23 Chromosomenpaare. Wie groß ist die DNA je Chromosom im Durchschnitt?

c) Die mittlere Länge der menschlichen Chromosomen während der maximalen Kontraktion in der Mitose ist etwa 6 µm. Wie stark ist diese Kontraktion, d. h. wie ist das Verhältnis Länge der gestreckten Doppelhelix zur Länge im Chromosom?

d) Wie lang wäre eine Doppelhelix, die man aus der DNA-Menge eines Menschen mit $10^{14}$ Zellen insgesamt herstellen könnte?

2. Die Aminosäuresequenz von Histon IV des Rindes ist folgende:

| | | | | | | | | | | | | | | | |
|---|---|---|---|---|---|---|---|---|---|---|---|---|---|---|---|
| 1 | $H_2N$Ser | Gly | Arg | Gly | Lys | Gly | Gly | Lys | Gly | Leu | Gly | Lys | Gly | Gly | Ala |
| 16 | Lys | Arg | His | Arg | Lys | Val | Leu | Arg | Asp | Asn | Ilu | Gln | Gly | Ilu | Thr |
| 31 | Lys | Pro | Ala | Ilu | Arg | Arg | Leu | Ala | Arg | Arg | Gly | Gly | Val | Lys | Arg |
| 46 | Ilu | Ser | Gly | Leu | Ilu | Tyr | Glu | Glu | Thr | Arg | Gly | Val | Leu | Lys | Val |
| 61 | Phe | Leu | Glu | Asn | Val | Ilu | Arg | Asp | Ala | Val | Thr | Tyr | Thr | Glu | His |
| 76 | Ala | Lys | Arg | Lys | Thr | Val | Thr | Ala | Met | Asp | Val | Val | Tyr | Ala | Leu |
| 91 | Lys | Arg | Gln | Gly | Arg | Thr | Leu | Tyr | Gly | Phe | Gly | Gly-COOH | | | |

Was ist über die Verteilung der basischen und der hydrophoben Aminosäuren zu sagen? Welche Folgerungen darf man daraus ziehen?

# 6. Veränderungen an der DNA

## 6.1 Reparatur von DNA

Im Abschnitt 3.3.4 wurde auf die Fähigkeit der DNA zu bleibenden Veränderungen (Mutationen) hingewiesen. Solche durch zahlreiche Umwelteinflüsse ausgelöste Veränderungen sind allerdings in vielen Fällen für den Organismus nachteilig, weil sie zu Störungen der Zellfunktionen führen.

Im Prinzip wird ein DNA-Einzelstrang über unzählige Generationen hinweg unverändert weitergegeben. Schäden durch UV-Strahlung und verschiedene Chemikalien können wieder beseitigt werden, sofern nur ein Strang im DNA-Molekül betroffen ist. Man nennt dies *Reparatur der DNA*. Beim Menschen kann ein erblicher Defekt im Reparatursystem eine Erbkrankheit (*Xeroderma pigmentosum* = Lichtschrumpfhaut) verursachen. Liegt die Mutation homozygot vor, so werden lichtbedingte Schäden am DNA-Strang nicht beseitigt; Lichteinwirkung löst dann eine schwere Hautschädigung aus, die durch Carcinombildung im jugendlichen Alter zum Tode führt. Es ist daher von großer Bedeutung für den Organismus, daß Veränderungen der DNA rückgängig gemacht werden können.

Bisher sind drei verschiedene Reparaturmechanismen bekannt geworden:

1. *Wiederherstellung von DNA unter Einfluß von Licht (Photoreaktivierung).* Durch UV-Strahlen kann eine Ausbildung kovalenter Bindungen zwischen aufeinanderfolgenden Thyminbasen zustande kommen, es wird ein Thymin-Dimeres gebildet. Dieses kann durch ein Enzym wieder gespalten werden, das seinerseits durch Licht aktiviert wird (photoreaktivierendes Enzym). Damit ist der ursprüngliche Zustand wiederhergestellt.
2. *Excisions-Reparatur:* Das beschädigte Teilstück eines DNA-Strangs wird aus dem Doppelstrang herausgeschnitten (daher »Excision«) und enzymatisch abgebaut. Dann wird das fehlende Stück neu gebildet, wobei der komplementäre unbeschädigte DNA-Strang als Matrize dient. Schließlich wird das neue Stück mit dem bestehenden Strangteil verknüpft. Mindestens 4 Reparaturenzyme sind in diesem Fall erforderlich: eine Nuklease für das Einschneiden in den DNA-Strang (Incision), eine Nuklease für den enzymatischen Abbau (Excision), eine DNA-Polymerase für die Neusynthese und eine Ligase für die Verknüpfung.
3. *Postreplikations-Reparatur:* Sie erfolgt unmittelbar nach der Replikation an der Replikationsgabel.

Die geschilderten Reparatur-Vorgänge laufen außerordentlich genau ab. Dennoch sind bleibende Veränderungen der DNA, also Mutationen, nicht selten. Dies beruht einmal darauf, daß die Reparaturvorgänge eine gewisse Zeit erfordern (je nach Art der Reparatur unterschiedlich lange Zeit!), es besteht daher ein Gleichgewicht zwischen der fortlaufenden Schädigung und der fortlaufenden Reparatur. Ist eine Schädigung zum Zeitpunkt der DNA-Replikation noch nicht repariert und erfolgt keine Postreplikations-Reparatur, so ist die Mutation eingetreten. Außerdem entsteht eine Mutation auch dann, wenn eine Schadstelle auf dem einen der beiden DNA-Stränge sehr nahe bei einer anderen Schadstelle auf dem anderen Strang liegt. Wenn nun eine Excision erfolgt, überlappen sich die ausgeschnittenen Stücke. Dadurch ist für eine bestimmte Basensequenz kein Muster mehr vorhanden, so daß die Neubildung fehlerhaft erfolgen muß.

Bei der erwähnten *Xeroderma pigmentosum* ist durch schwache Röntgenbestrahlung der Erkrankten eine teilweise Heilung möglich. Man nimmt an, daß durch die Röntgenstrahlen die sonst unterbleibende Incision hervorgerufen wird. Jedoch sind bei dieser Krankheit nachweislich noch andere Reparaturgene gestört. Auch bei gesunden Menschen steigt durch langdauernde UV-Strahlung (Sonnenbaden am Strand oder im Hochgebirge!) die Mutationsrate in den Hautzellen an, eben aufgrund der Verschiebung des erwähnten Gleichgewichts. Daher erkranken Personen, die lebenslang im Freien arbeiten (z. B. Landwirte) häufiger an Hautkrebs.

## 6.2 Abbau fremder DNA

Bei der Kultur von Phagen hat man beobachtet, daß diese sich nach längerer Zucht in einem bestimmten Bakterienstamm als Wirt oft nur noch in diesem Wirtsstamm rasch vermehren. Überimpft man sie auf einen anderen Stamm derselben Bakterienart, so ist die Vermehrungsrate anfangs außerordentlich gering. Die meisten Phagen gehen zugrunde, ohne daß Nachkommen entstehen.

Eine genauere Untersuchung hat gezeigt, daß hierbei die DNA der Phagen in den meisten Wirtsbakterien als fremde DNA erkannt und abgebaut wird. Die für Erkennung und Beginn des Abbaus verantwortlichen Enzyme sind die uns bereits bekannten Restriktionsenzyme. Sie spalten die DNA an den von ihnen erkannten kurzen Nukleotidsequenzen auf. Nun enthält aber die bakterieneigene DNA ebenfalls solche Nukleotidsequenzen, wie sie von Restriktionsenzymen erkannt werden. Dennoch wird diese DNA nicht zerlegt, weil im Erkenntnisbereich bestimmte Basen zusätzliche Methylgruppen tragen. Das spezifische Muster von Methylgruppen verhindert das Tätigwerden eines Restriktionsenzyms. Bildet sich in der Phagen-DNA ein gleichartiges Methylgruppen-Muster aus, so wird auch diese nicht abgebaut. Die Phagen haben sich dann an den Wirt angepaßt; ihre DNA ist modifiziert. Der *Modifikation* liegt also paradoxerweise eine Veränderung der Phagen-DNA zugrunde. Dabei darf natürlich die genetische Information nicht verändert werden, sonst handelte es sich um eine Mutation. Die Methylierung einzelner Basen der DNA erfolgt nach der Replikation durch besondere Enzyme. Sie stört die Basenpaarung und damit die Transkription und weitere Replikation nicht.

Die außerordentliche Bedeutung der *Restriktionsenzyme* für molekulargenetische Untersuchungen wurde schon in den Abschnitten 3.3.1.3 und 5.4 besprochen, auf ihre Verwendung bei der Genmanipulation wird in 15.1 eingegangen. Auch bei der Untersuchung auf bestimmte Erbkrankheiten beim Menschen dürften Restriktionsenzyme in Zukunft Bedeutung erlangen.

Neuerdings wurde gezeigt, daß bestimmte Phagen auch Proteine besitzen, die Restriktionsenzyme des Wirtsbakteriums hemmen. Nach der Phageninfektion entwickelt sich also eine »chemische Kriegführung« zwischen Bakterienzelle (sie produziert Restriktionsenzyme) und Phage.

# 7. Verhalten der DNA bei der Zellteilung

## 7.1. Zellteilung der Bakterien

Bei Bakterien ist nur ein Chromosom vorhanden; dieses ist mit einer Bindungsstelle an die Zellmembran angeheftet. Wenn die Replikation erfolgt, bindet sich der neuentstehende Doppelstrang an einer etwas entfernten Stelle an die Membran. Zur Verteilung auf die beiden Tochterzellen werden nun offenbar die beiden Haftstellen durch Wachstum der dazwischenliegenden Membran voneinander getrennt. So ist die geordnete Weitergabe der genetischen Information gesichert.

## 7.2 Zellteilung bei Eukaryonten (Mitose)

Die Vermehrung der Zellen bei der Entwicklung des Organismus geschieht durch fortgesetzte Zellteilung. Bei der normalen Zellteilung oder Mitose der Vielzeller und der einzelligen Eukaryonten treten strukturelle Veränderungen in der Zelle auf, die aus mikroskopischen Untersuchungen schon lange bekannt sind (Bild 68 und 70). Wenn sich der Zellkern auf eine Teilung vorbereitet, kontrahieren sich die Chromosomen (*Spiralisationsvorgang*), und zwischen den beiden Chromatiden wird ein *Längsspalt* erkennbar. Schon vorher hat sich aus dem *Zentralkörperchen* oder *Centriol* durch Teilung ein zweites gebildet. (Nicht bei allen Organismen sind Centriolen vorhanden, sie fehlen z. B. den meisten Blütenpflanzen). Die zwei Centriolen wandern an entgegengesetzte Seiten des Kerns, wobei zwischen ihnen eine aus Mikrotubuli und feinen Plasmasträngen (Mikrofibrillen) bestehende *Faser-* oder **Kernteilungsspindel** entsteht. Dann lösen sich Kernhülle und Kernkörperchen auf. Die Chromatiden erhalten nun die Form kompakter Schraubenzylinder (Bild 67 und 69) und sind stark verkürzt und verdickt. Sie ordnen sich in der Äquatorebene der Kern-

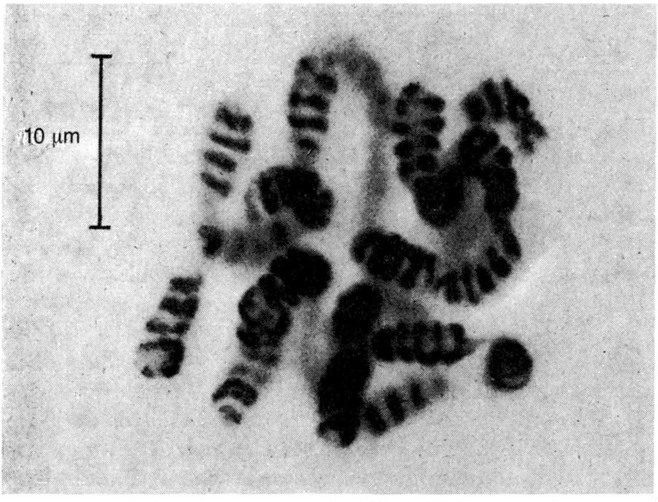


Bild 67: Chromosomen aus *Tradescantia* während der Kernteilung. Die Schraubung ist deutlich erkennbar. Der Durchmesser der Schraubenwindungen ist größer als die Tiefenschärfe des mikroskopischen Bildes, so daß die Schraubenzylinder teilweise nur als optische Querschnitte erfaßt werden

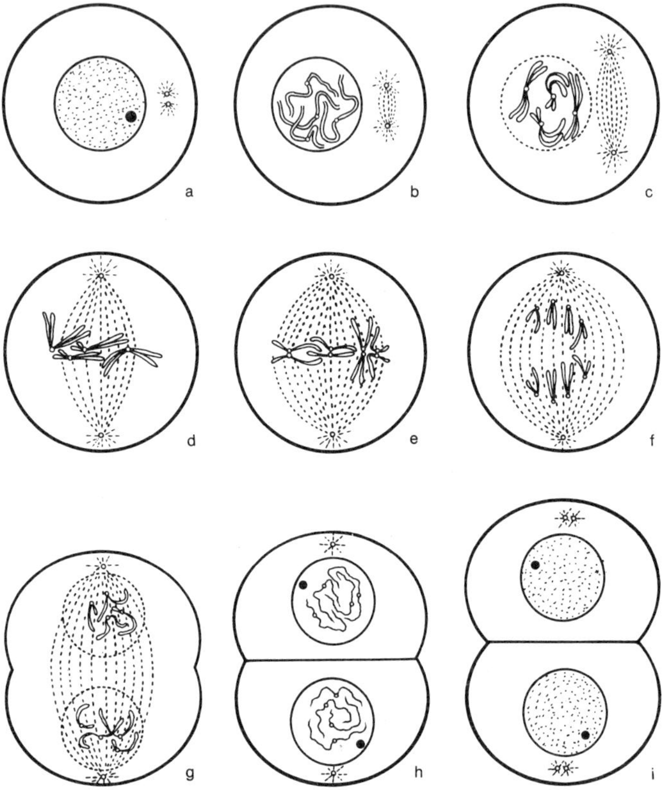


Bild 68: Schema der Kern- und Zellteilung. a Zelle vor der Teilung, Kern mit Chromatingerüst und Nukleolus, b Chromosomen werden sichtbar, jedes Chromosom mit 2 Chromatiden, die am Centromer verbunden sind, c und d Kernmembran und Nukleolus verschwinden, das Centriol hat sich verdoppelt, die beiden Centriolen wandern an entgegengesetzte Pole und bauen den Spindelapparat auf (Spindelfasern aus Mikrotubuli und Mikrofibrillen), e Chromosomen ordnen sich in der Äquatorialplatte, senkrecht zu den Centriolen an, die Centromere teilen sich, f Spindelfasern setzen an den Centromeren an und ziehen jeweils die eine Chromatide zum einen Spindelpol und die Schwesterchromatide zum andern Spindelpol, g und h beginnende Einschnürung des Zellkörpers; die Chromatiden sind nun die Chromosomen der Tochterzellen und bilden je einen neuen Kern mit Kernhülle und Nukleolus, Spindel wird aufgelöst, i Chromosomen der Tochterkerne formen wieder ein Chromatingerüst

spindel zu einer sternförmigen Figur, der **Äquatorialplatte**, an. Nun setzen sich Spindelfasern an das **Centromer** (Kinetochor) der Chromosomen an; es kommt zur Trennung der beiden **Schwesterchromatiden**, die an die entgegengesetzten Pole der Spindel wandern. Dadurch erhält jeder Pol einen vollständigen Chromatidensatz.

Niemals gehen beide Chromatiden an denselben Pol, sie werden stets voneinander getrennt. Nun verschwindet allmählich die Kernteilungsspindel; die jetzt zu den Chromosomen des Tochterkerns gewordenen Chromatiden lockern sich auf. In jeder Tochterzelle befindet sich nach der Zellteilung wieder dieselbe Zahl von Chromosomen, wie sie die Zelle vor der Teilung besaß. Kernkörperchen und Kernhülle werden wieder ausgebildet: aus dem alten Kern sind zwei neue entstanden. Der Zellkörper schnürt sich im Äquator durch oder bildet dort eine Querwand aus; so entstehen zwei neue Zellen, die zur Größe der Mutterzelle heranwachsen. Bei der Trennung der Zellen werden auch die Mitochondrien und, soweit vorhanden, die Chloroplasten auf die Tochterzellen verteilt, so daß jede Zelle die erforderlichen Organellen besitzt.

**Verdoppelung der Chromatiden vor der Kernteilung**

Vor der nächsten Kernteilung (während der Interphase) teilen sich die Chromosomen wieder in je zwei Chromatiden. Da die Chromosomen die DNA enthalten, muß ein Zusammenhang zwischen der Reduplikation der Chromatiden und der Replikation der DNA bestehen. Dieser wird beschrieben durch den sogenannten *Zellzyklus* (vgl. Bild 71).

**Zyklische Vorgänge bei der Mitose**

1. *Bewegungszyklus*
   Bewegung und Verteilung der Chromosomen bzw. Chromatiden (Bild 69)
2. *Spiralisationszyklus*
   Schraubung und Entschraubung der Chromosomen (Bild 70)
3. *Zellzyklus*
   Verdopplung der Chromatiden und der in ihnen vorhandenen DNA zwischen zwei Kernteilungen (Bild 71)

**Bedeutung der Mitose:**

Sicherung der unveränderten und vollständigen Weitergabe der in den Chromosomen liegenden Erbsubstanz von Zelle zu Zelle während der Entwicklung und des Wachstums.

Es wurde bereits darauf hingewiesen, daß die Chromosomen während der Mitose nur geringe Stoffwechselaktivität aufweisen. Dies ist schon im Lichtmikroskop am Verhalten des *Kernkörperchens* (Nukleolus) zu erkennen. Dieses ist ein Ort sehr lebhafter

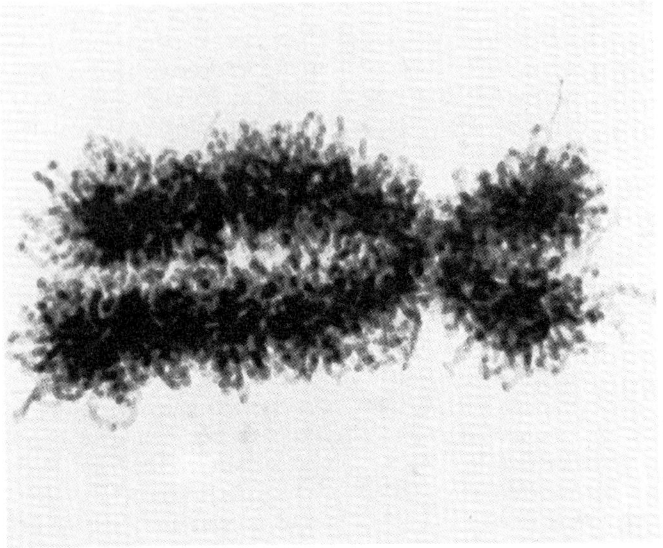

Bild 69: Menschliches Chromosom Nr. 12 während der Kernteilung; elektronenmikroskopische Aufnahme. Die beiden Chromatiden und ihr Zusammenhängen sind deutlich sichtbar. Der Durchmesser der Chromatin-»Fasern« beträgt 25–30 nm; er entspricht der in Bild 65 gezeigten DNA-Überstruktur

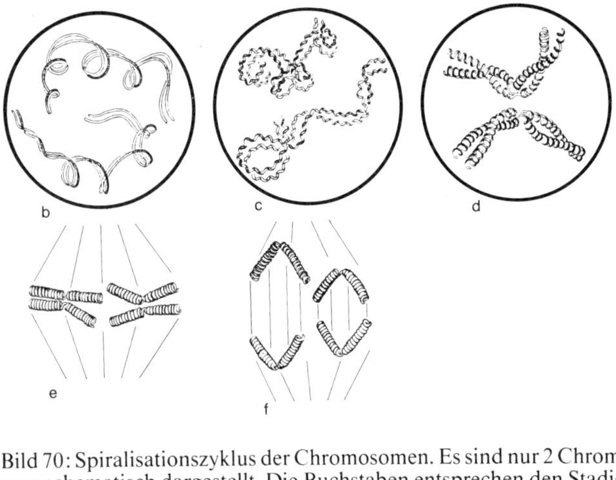


Bild 70: Spiralisationszyklus der Chromosomen. Es sind nur 2 Chromosomen schematisch dargestellt. Die Buchstaben entsprechen den Stadien in Bild 69

RNA-Synthese: die ribosomale RNA wird hier gebildet. Zu Beginn der Zellteilung verschwindet der Nukleolus, da die RNA-Synthese eingestellt wird und die bereits vorhandene RNA wegdiffundiert. Nach Ausbildung der beiden Tochterkerne erhält jeder wieder ein Kernkörperchen, d. h. die RNA-Synthese setzt wieder ein. Dies gilt zwar zunächst nur für die ribosomale RNA, kann aber als Indikator für den Ablauf der RNA-Synthese allgemein angesehen werden.

Die *heterokatalytische Aktivität* der DNA (d. h. die Bildung der m-RNA) ist also weitgehend auf die Zeit zwischen den Kernteilungen beschränkt. Wie aber aus der Beschreibung des Zellzyklus hervorgeht, läuft auch die *autokatalytische Aktivität* der DNA (ihre Selbstverdopplung) während dieser Zeit, und hier sogar ausschließlich in der beschränkten Spanne der S-Phase, ab.

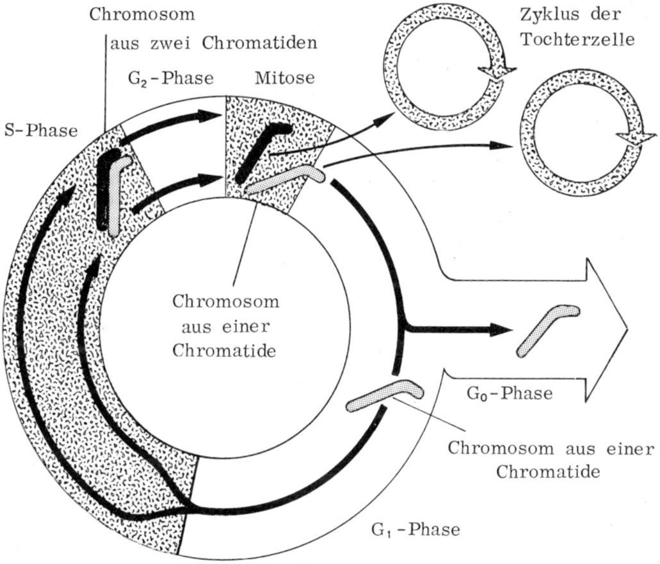


Bild 71: Zellzyklus, reicht von einer Zellteilung bis zur nächsten (Dauer bei Säugerzellen etwa 22 Stunden). Auf die Mitose folgt zunächst eine Zeit ohne DNA-Synthese ($G_1$-Phase, von *gap* Pause), dann die Phase der DNA-Synthese (S-Phase) und schließlich vor der nächsten Teilung eine weitere Phase ohne DNA-Bildung ($G_2$-Phase). Während der $G_2$-Phase ist der DNA-Gehalt der Chromosomen doppelt so groß wie zur Zeit der $G_1$-Phase. Differenziert sich die Zelle und teilt sie sich dann nicht mehr, so tritt sie von der $G_1$-Phase ohne DNA-Synthese in die stabile $G_0$-Phase über. Die Chromosomen der nicht mehr teilungsfähigen Körperzellen bestehen also nur aus einer Chromatide

**Centromer:** *Ansatzstelle der Spindelfasern bei der Kernteilung; besteht vorwiegend aus hoch-repetitiver DNA. Am Centromer bleiben die beiden Schwester-Chromatiden bis zur Kernteilung verbunden.*

## 7.3 Chromatiden-Verdopplung und DNA-Replikation

Wir wissen, daß sich die DNA-Moleküle semikonservativ verdoppeln. Aus der mikroskopischen Beobachtung der Zellteilung ist zu erschließen, daß eine Verdopplung der Chromatiden während der Zeit zwischen zwei Mitosen, in der die Chromatiden infolge Entschraubung nicht beobachtbar sind, eintritt. Wie stehen nun die beiden Erscheinungen miteinander in Verbindung? Darüber geben Versuche an Wurzelspitzen (z. B. der Ackerbohne) Aufschluß, die erstmals von TAYLOR ausgeführt wurden und mittlerweile unter Abwandlung der Versuchsanordnung an vielen pflanzlichen und auch tierischen Objekten wiederholt worden sind.

Man hält die Wurzelspitzen in einer Nährlösung und fügt für die Zeitdauer zwischen zwei Kernteilungen radioaktives, mit Tritium ($^3H$) markiertes Thymidin hinzu. Dieses wird bei der Synthese von DNA mit eingebaut. Dann werden die Wurzelspitzen in einer Nährlösung mit nicht radioaktivem Thymidin bis zur Untersuchung weiterkultiviert.

Ein Teil der Wurzelspitzen wird während der ersten Kernteilung nach der Behandlung mit radioaktivem Thymidin aufgearbeitet, der andere Teil während der nächstfolgenden Kernteilung. Unter den sich teilenden Kernen sucht man solche aus, bei denen das Auseinanderwandern der Chromatiden zu den Polen noch nicht erfolgt ist und prüft die Verteilung der Radioaktivität im mikroskopischen Präparat durch Auflegen einer empfindlichen Photoemulsion. Diese *autoradiographischen* Untersuchungen ergeben im ersten Fall Radioaktivität in beiden Chromatiden jedes Chromosoms, im zweiten Fall ist hingegen nur eine Chromatide radioaktiv. Zunächst kann man daraus schließen, daß die genetische Grundstruktur einer Chromatide ein einziger DNA-Doppelstrang sein muß. Bei der Verdopplung der Chromatiden in der S-Phase lösen sich die beiden Stränge voneinander. An die freigewordenen Nukleotide jedes Einzelstrangs lagern sich die entsprechenden komplementären Nukleotide an. Damit ist jeder der beiden Einzelstränge wieder zu einem Doppelstrang ergänzt. Aus der ursprünglichen Chromatide (mit einem Doppelstrang) ist damit ein Paar Schwesterchromatiden geworden. Im Experiment sind beide Chromatiden radioaktiv, weil in jedem neu aufgebauten Einzelstrang der beiden DNA-Doppelstränge radioaktives Thymidin eingefügt wurde. Bei der nächsten Verdoppelung der DNA in normaler Nährlösung trennt sich der nicht radioaktive vom radioaktiven Strang. Beide ergänzen sich durch Anlagerung komplementärer, nicht radioaktiver Nukleotide, wonach einer der neugebildeten Doppelstränge noch den »alten« radioaktiven Einzelstrang, der andere Doppelstrang jedoch keinen radioaktiven Strang enthält. Im Experiment war in diesem Stadium auch nur noch eine der Chromatiden radioaktiv, die andere enthielt den nicht radioaktiven Doppelstrang.

Bei der Zellteilung erhält also jede Tochterzelle einen der identischen Doppelstränge der DNA und somit die vollständige genetische Information. Diese Versuche von TAYLOR waren ein wichtiger Beweis dafür, daß auch bei höheren Organismen die DNA stoffliche Grundlage der genetischen Information ist und semikonservativ repliziert wird. Ferner sind die Befunde eine starke Stütze für die Auffassung, daß Chromatiden eine DNA-Doppelhelix enthalten.

Aus Drosophila-Chromosomen konnte man DNA-Moleküle mit Molekülmassen bis zu 80 Milliarden isolieren. Dem entspricht eine gemessene Länge der nicht kontrahierten Doppelhelix von etwa 4 cm. Daraus kann man schließen, daß ein einziger DNA-Doppelstrang das ganze Chromosom durchzieht.

Über den Verlauf der Replikation der DNA eines Chromosoms während der S-Phase sind ebenfalls Untersuchungen angestellt worden. Hierzu bringt man in Kulturen mit sich teilenden Zellen zunächst einen Überschuß an radioaktivem Thymidin. Dieses wird von den Zellen aufgenommen, und bei der DNA-Synthese entsteht dann radioaktive DNA. Der noch nicht in die DNA eingebaute Anteil des markierten Thymidins wird im Cytoplasma gespeichert. Nach einiger Zeit wechselt man das Nährmedium und stellt jetzt nur noch nichtradioaktives (»kaltes«) Thymidin zur Verfügung. Da es ebenso in die DNA eingebaut wird, muß die Radioaktivität der von diesem Zeitpunkt ab neu gebildeten DNA fortlaufend abnehmen. Isoliert man nun die DNA und führt Autoradiographie durch, so gibt eine abnehmende Schwärzung des autoradiographischen Bildes die Replikationsrichtung an. Mit dieser Methode wurde gezeigt, daß die Replikation des DNA-Doppelstrangs eines Chromosoms an mehreren Stellen etwa gleichzeitig beginnt. Die Startpunkte der Replikation liegen fest, von dort verläuft die Synthese in beiden Strängen gleichzeitig bis zu Endpunkten (Bild 72). Die Replikation beginnt in verschiedenen Chromosomen zu unterschiedlichen Zeiten innerhalb der S-Phase, aber bei jeder Teilung in derselben zeitlichen Abfolge. Der Replikationsablauf ist also selbst genetisch festgelegt.

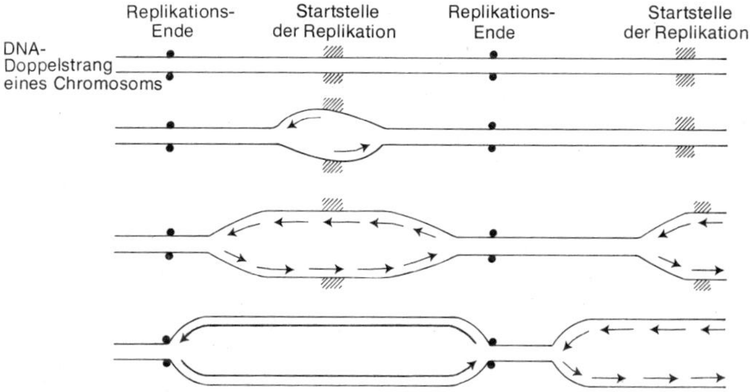


Bild 72: Replikation der DNA im Eukaryonten-Chromosom. Die Entschraubung der DNA und die dazu erforderlichen Brüche in einem der beiden Mutterstränge sind nicht berücksichtigt. Die Länge der Replikationseinheiten ist bei verschiedenen Arten unterschiedlich (Mensch ca 30 μm, Maus ca. 50 μm)

## 7.4 Tumorbildung – Krebs

Die DNA-Replikationen und die sich anschließenden Mitosen stehen normalerweise unter scharfer Kontrolle des Organismus. Schon eine wenig verstärkte Zellbildung könnte zu schweren Störungen führen. Entstünden beispielsweise im Darm nur wenige Prozent mehr neue Zellen pro Zeiteinheit als normal, so würde er völlig blockiert und der Organismus wäre zum Tod verurteilt.

**Tabelle 9: Tumoren**

| Gutartig (benigne) | | Bösartig (maligne) |
|---|---|---|
| Meist langsames Wachstum | | Häufig rasches Wachstum |
| Scharf begrenzt, keine Metastasen (Tochtergeschwülste an anderen Stellen des Organismus) | | Schlecht abgrenzbar, Einwachsen in Blutgefäße, daher Bildung von Metastasen |
| Beschaffenheit des Muttergewebes weitgehend erhalten | | Starkes Abweichen von der Struktur des Muttergewebes |
| Wenig Mitosen | | Meist viele Mitosen |
| Bezeichnungsweisen: | | |
| Bildung aus Epithel-Stammzellen | Polyp<br>Adenom | Carcinom |
| aus anderen Stammzellen | Myom<br>Osteom<br>u. a. | Sarkom<br>Terato(carcino)m<br>Blastom (histologisch wie embryonales Gewebe aussehend) |

Wenn Vorgänge der Zellteilung außer Kontrolle geraten, so ist dies krankhaft und führt zu Gewebewucherungen. Man nennt sie **Tumoren** und wenn sie gewebezerstörend ständig weiterwuchern, *bösartige* Tumoren oder »**Krebs**« (vgl. Tabelle). Tumorbildung kann viele verschiedene Ursachen haben, man bezeichnet sie als *carcinogene Faktoren* oder kurz **Carcinogene** (Tabelle 10). Die ersten experimentell erzeugten Tumoren wurden mit Teer erzielt. Man erkannte, daß bestimmte polycyclische aromatische Kohlenwasserstoffe im Teer wirksam sind. Wie sie aber wirken, ist ziemlich unklar. Carcinogen sind auch viele aromatische Amine. Diese müssen im Zellstoffwechsel zuerst oxidiert werden, um eine Wirkung auszulösen. Auch andere chemische Carcinogene werden erst nach Umsetzungen im Stoffwechsel wirksam; sie werden »aktiviert«. Diese veränderten Stoffe treten dann mit der DNA oder mit bestimmten Proteinen des Cytoplasmas in Reaktion. Viele Carcinogene sind gleichzeitig auch mutagen, d.h. sie lösen durch Reaktion an der DNA Mutationen aus (vgl. 10.1.2).

Bei der Auslösung von Tumoren durch Chemikalien wurde ferner festgestellt, daß auch Stoffe, die selbst gar nicht carcinogen sind, die Tumorbildung fördern können; man spricht von einer Förderung (Promotion) durch Cocarcinogene. Als Cocarcinogen ist z. B. Crotonöl wirksam.

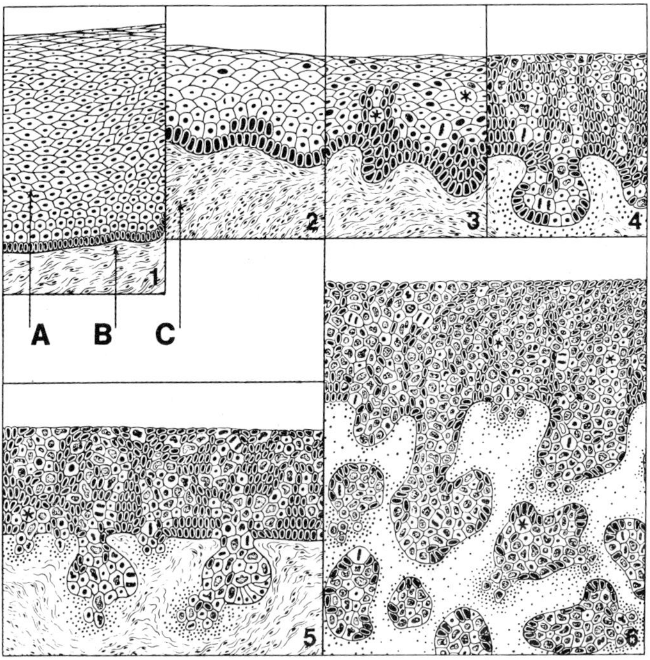


Bild 73: Entstehung eines Carcinoms, am Beispiel des Gebärmuttermund-Carcinoms. 1 Normaler Zustand des Schleimhautepithels (A obere Zellschichten der Schleimhaut, B Basalzellen der Schleimhaut, C Bindegewebe). 2 Erste Veränderungen: Basalzellen mehrschichtig. 3 Basalschicht ufert aus, im Schleimhautepithel überall Mitosen. 4 Carcinom »in situ«, d.h. beschränkt auf die Schleimhaut. Normale Ordnung in der Schleimhaut zerstört, Bindegewebe nicht angegriffen. 5 Beginn des Eindringens ins Bindegewebe. Lymphocyten (schwarze Punkte) versuchen die Krebszellen abzuwehren. Bis zu diesem Stadium läßt sich das Krebsgewebe leicht chirurgisch entfernen. 6 Wucherndes Epithelgewebe wächst ungeordnet ins Bindegewebe

**Tabelle 10: Beispiele für Carcinogene** (nach SÜSS):

1. *Chemische Reize*

| | |
|---|---|
| Anorganische Verbindungen | Asbest, Nickelstaub, Blei- und Berylliumverbindungen |
| Organische Verbindungen | Nitrosamine (Verwendung in chemischer Industrie, entsteht bei Nitritzusatz zu Nahrungsmitteln)<br>aromatische Amine (z. B. Benzidin und »Buttergelb«)<br>Thioharnstoff (Verwendung in chemischer Industrie und zur Tumorinduktion)<br>aromatische Kohlenwasserstoffe (z. B. in Tabakrauch und Abgasen) |
| Organische Naturstoffe | Aflatoxine (aus Schimmelpilz Aspergillus auf verschimmelten Nahrungsmitteln) |

2. *Physikalische Reize*

| | |
|---|---|
| Strahlung | UV-Strahlen (intensive Besonnung kann zu Hautkrebs führen)<br>Röntgenstrahlen und $\gamma$-Strahlen (daher auch bestimmte radioaktive Isotope, z. B. $^{60}Co$; $^{222}Ra$) |
| Mechanische Reize | Wunden (nur Förderung?) |
| Wärmereize | Chronische Verbrennungen |
| Polymere Stoffe | Kunststoff-Folien |

3. *Biologische Reize*

| | |
|---|---|
| Parasiten | z. B. Bilharziose (begünstigt Tumorviren?) |
| Tumorviren | DNA-Viren: Polyomaviren, Adenoviren<br>RNA-Viren: Rous-Sarkom-Virus, Leukämieviren |

Tumoren können auch durch Viren verursacht werden. Diese heißen **Tumor-Viren** oder *onkogene Viren* (onkos = Geschwulst). Dazu gehören DNA- und RNA-Viren. DNA-Tumorviren werden in der Wirtszelle unvollständig vermehrt, weshalb sich keine infektionsfähigen Viren bilden. Dadurch stirbt die Wirtszelle nicht ab, wird aber zu Teilungen angeregt, so daß Tumoren entstehen. Zu diesen Viren gehört das *Epstein-Barr-Virus*, das ziemlich sicher auch beim Menschen cancerogen ist. Das *Papilloma-Virus* verursacht die Bildung gutartiger Hautgeschwülste, der Warzen. Die *RNA-Tumorviren* oder *Oncorna-Viren* besitzen ein Revertase-Gen, so daß die Virus-RNA in der Wirtszelle zu DNA transkribiert werden kann. Anschließend ist Rekombination mit der Zell-DNA möglich (Bild 74). Die so entstandene »Virus-DNA« findet man aber nicht nur in den entarteten Zellen, sondern sie kann eingebaut ins Genom als *Provirus* in normalen Zellen auftreten. Dadurch sind solche Zellen und damit auch ihre Träger stets gefährdet, denn eine Aktivierung des Provirus löst die Teilung der Zellen aus. Eine Aktivierung ist durch verschiedene Chemikalien möglich. Die Proviren werden auch über die Keimbahn an Nachkommen weitergegeben, wie für die *C-Typ-Viren*, welche bei der Maus Leukämie verursachen, nachgewiesen wurde.

Bei Pflanzen werden Wucherungen durch eine Plasmid-DNA verursacht, die bei der Infektion durch ein Bakterium *(Agrobacterium)* in die Zellen gelangt.

Das Zusammentreffen bestimmter »unverträglicher« Gene kann ebenfalls tumorauslösend wirken, wie man bei Zahnkarpfen und Tabak durch entsprechende Kreuzungen nachweisen konnte **(»Genetische Tumoren«)**.

Tumorzellen teilen sich fortgesetzt; die von ihnen verursachten Neubildungen nennt man auch **Neoplasmen**. Die Veränderung der Zellen, die der ungeordneten Teilung vorausgeht, bezeichnet

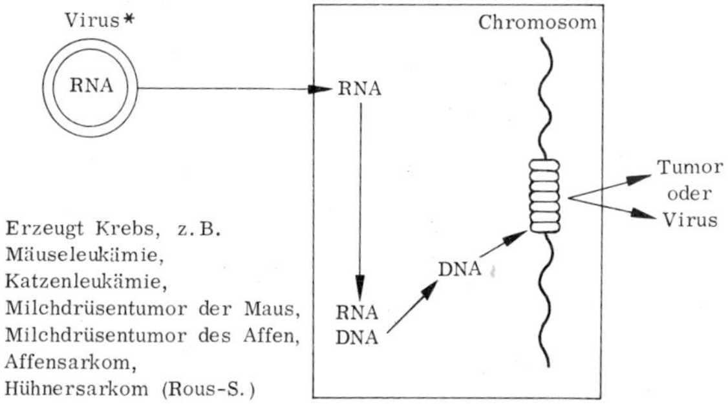


Bild 74: Die umgekehrte Transkription von RNA aus RNA-Tumor-Viren in DNA führt zur Vereinigung der Virus-Information mit der Information der Wirtszelle. Die »Virus-DNA« kann in verschiedene Chromosomen des Wirtes eingebaut werden. Die Folge kann Tumorbildung sein oder die Bildung neuer RNA-Viren durch Transkription der »Virus-DNA«.

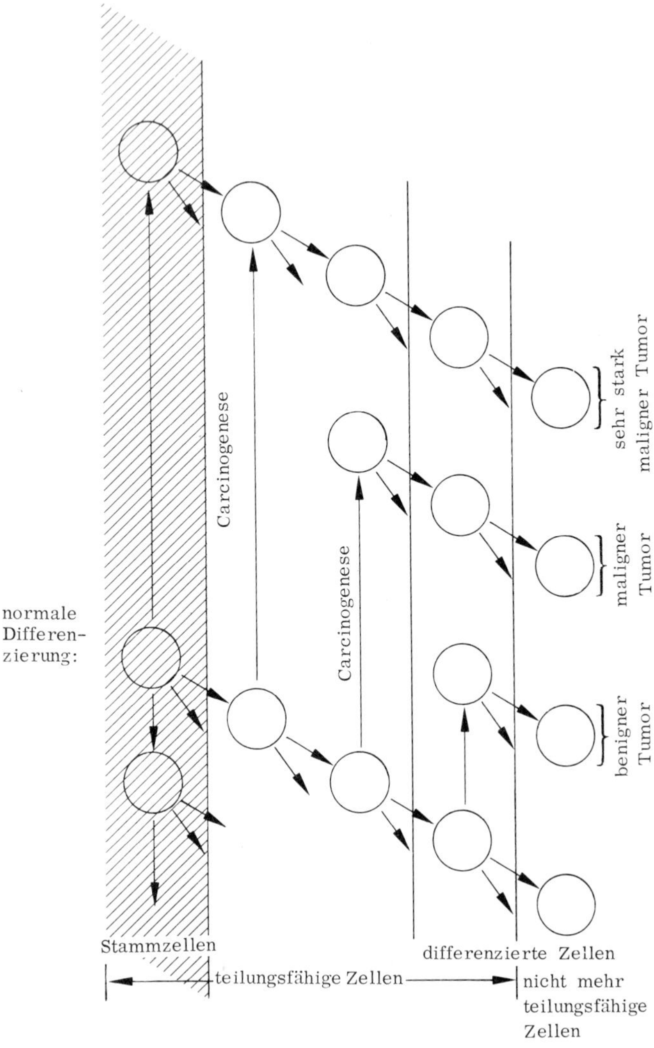


Bild 75: Schema der Tumorbildung durch falsche Differenzierung

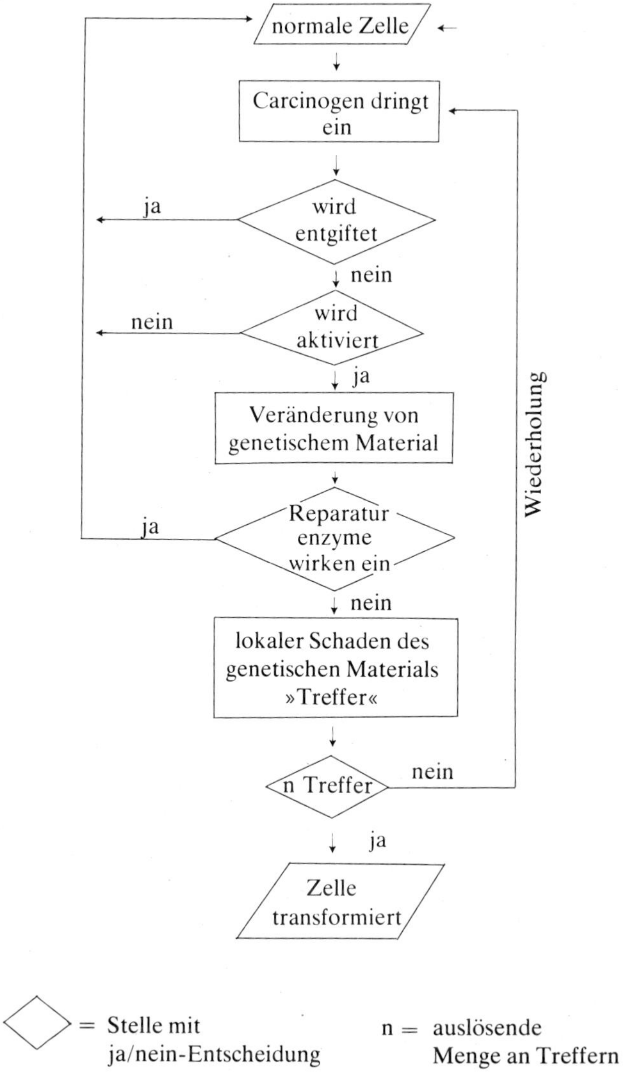


Bild 76: Kybernetisches Schema der Umwandlung (Transformation) einer normalen Zelle in eine Tumorzelle durch ein chemisches Carcinogen

man als *Zelltransformierung* (oder Zelltransformation, nicht zu verwechseln mit der Transformation nach Abschn. 3.1.), dabei werden auch Bestandteile der Zellmembran verändert. Die Tumorzellen besitzen Tumorzellantigene, die vom Immunsystem erkannt werden, dadurch können Tumorzellen vernichtet werden. Bei einer Schwäche des Immunsystems funktioniert dieser Vorgang nicht, es entsteht dann ein Tumor.

Neuere Untersuchungen an tierischen Tumoren zeigten, daß ein Tumor eine »Karikatur der Gewebserneuerung« ist, die von den Stammzellen der einzelnen Gewebe aus erfolgt. Gewebe, die nicht erneuert werden (z. B. adulte Nervenzellen) können daher auch keine Tumoren bilden. Ein Tumor kommt also nicht, wie lange Zeit angenommen, durch Entartung differenzierter Zellen (»Rückführung auf den embryonalen Zustand«) zustande. Tumoren entstehen durch eine Veränderung von Stammzellen und eine daraus folgende falsche Differenzierung (Bild 75). Vermutlich wird infolge einer Mutation in der Stammzelle (somatische Mutation) die Regulation der Genaktivität gestört und so der Ablauf der Zelldifferenzierung verändert. Allerdings können derartig veränderte Stammzellen ihren bösartigen Charakter auch wieder dauerhaft verlieren; dies ergaben Untersuchungen an Teratomen der Maus. Dabei handelt es sich um Tumore, die aus einem Wirrwarr unterschiedlich differenzierter Zellen aufgebaut sind. Wenn man Stammzellen des Teratoms entnimmt und sie einem Mäuse-Embryo auf sehr frühem Stadium injiziert, so entwickeln sie sich darin wie normale Embryozellen; die entstehende Maus enthält dann nicht von den Eltern stammende Gewebsteile; sie ist eine *Chimäre.* Bringt man dieselben Stammzellen des Teratoms in eine erwachsene Maus, so entsteht innerhalb kurzer Zeit ein sehr bösartiges Teratom.

Damit sich bei Einwirkung eines Carcinogens tatsächlich ein Tumor bildet, müssen zahlreiche Bedingungen erfüllt sein. Wählen wir als Beispiel ein chemisches Carcinogen (Bild 76): das Carcinogen muß zunächst in die Zelle eindringen, darf dort nicht entgiftet werden, muß dann aktiviert werden und in aktiver Form den Wirkungsort (zumeist die DNA) erreichen. Wird die DNA verändert, muß eine Reparatur unterbleiben. Es hängt also stark vom physiologischen Zustand einer Zelle ab, ob ein bestimmtes Carcinogen in bestimmter Menge eine Wirkung entfalten kann. Auch eine ausgebildete Tumorzelle kann noch durch die Immunabwehr des Körpers beseitigt werden.

**Chalone.** Wie erwähnt, ist eine Tumorbildung nur bei Störung der gewebseigenen Steuerung der Zellteilungsrate möglich. Diese Steuerung wird erkennbar bei der Regeneration. Entfernt man ein kleines Stück Lebergewebe operativ, so wird dieses Stück regeneriert. Beim Heranwachsen hören aber die Teilungen auf, sobald die ursprüngliche Größe des Organs wieder erreicht ist. Dies beruht darauf, daß die Leberzellen einen *Hemmfaktor* bilden. Jede Zelle trägt zu der Gesamtmenge an Hemmfaktor bei. Sobald ein bestimmter Spiegel an Hemmfaktor erreicht ist, hören die Zellteilungen auf. Durch diesen einfachen Mechanismus einer negativen Rückkopplung behält ein Gewebe immer die »richtige« Größe. Die Hemmfaktoren sind gewebespezifisch. Sie heißen *Chalone.* Isoliert wurde bisher das Chalon des Hautgewebes vom Schwein. Es ist ein Protein mit einer Molekülmasse von etwa 30000. Kommt es in einer Zelle und deren Abkömmlingen zum Verlust der Chalonbildung oder der Reaktionsfähigkeit gegenüber Chalonen, so führt dies zur Tumorbildung.

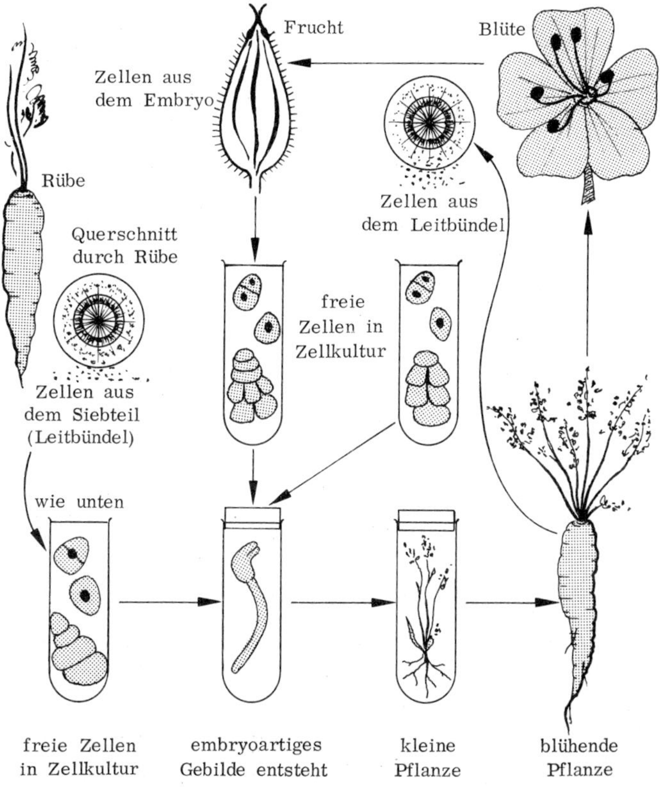


Bild 77: Omnipotenz von Zellen der Möhre; sie enthalten alle für die vollständige Entwicklung der Pflanze notwendigen Gene

## 7.5 Die Omnipotenz differenzierter Zellen

In der Ontogenese wird bei störungsfreien Zellteilungsfolgen jede Zelle mit einem vollständigen Chromosomensatz ausgestattet. Dennoch vollbringen die Zellen eines vielzelligen Organismus sehr unterschiedliche Leistungen; sie sind z. B. Drüsenzellen oder Nervenzellen oder Muskelzellen. Zur Klärung des Gegensatzes zwischen genetischer Gleichheit und leistungsmäßiger Verschiedenheit der Zellen muß man annehmen, daß nicht alle genetischen Informationen in allen Zellen verwirklicht werden. Daß hierbei nicht etwa ein Verlust oder eine Veränderung von genetischem Material eintritt, ließ sich in zahlreichen Versuchen nachweisen. Schon lange ist bekannt, daß ein Steckling aus einem Stengelabschnitt bei vielen Pflanzenarten die ganze Pflanze mit Wur-

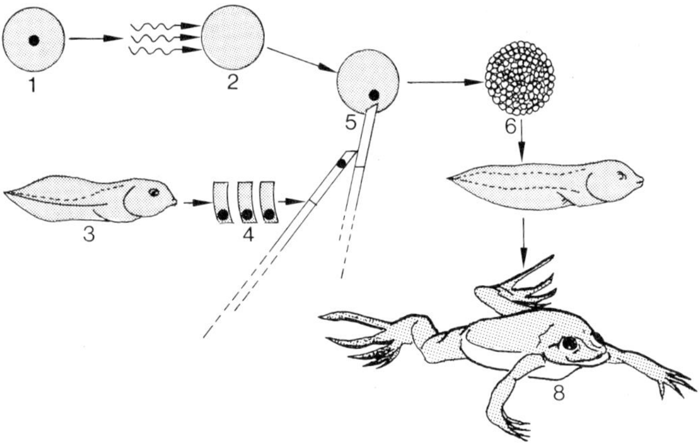


Bild 78: Werden Kerne aus vollständig differenzierten Darmepithelzellen von Kaulquappen des südafrikanischen Krallenfrosches in kernlos gemachte Eizellen dieses Frosches verpflanzt, so entwickeln sich daraus normale Frösche. Das beweist einerseits, daß auch im Kern differenzierter Zellen noch alle, für eine vollständige Entwicklung des Tieres notwendigen Gene vorhanden sind, und andererseits, daß das Cytoplasma der Eizelle Stoffe enthält, welche die Tätigkeit der Gene regulieren. Zur Entwicklung des Tieres aus der Eizelle müssen wieder Gengruppen aktiv geworden sein, welche in der differenzierten Zelle inaktiv waren, zugleich aber mußten die für die spezifische Funktion der Darmepithelzellen tätigen Gene abgeschaltet worden sein. 1 unbefruchtete Eizelle, 2 Zerstörung des Eizellkerns durch Ultraviolett-Strahlen, 3 Kaulquappe, 4 isolierte Darmepithelzellen dieser Kaulquappe, 5 Übertragung eines Zellkerns mit einer Mikropipette, 6 Weiterentwicklung der Eizelle nach der Kernverpflanzung zur Blastula, 7 zur Kaulquappe und 8 zum fertigen Frosch

zel und Blüte wiederherstellen kann. Bei der Begonie vermögen abgeschnittene Blätter ganze Pflanzen zu regenerieren. Aus einer einzigen Blattzelle entsteht hierbei ein neuer Sproß mit Wurzeln. Nimmt man einzelne Zellen aus dem Siebteil der Leitbündel einer Karotte und kultiviert sie in Kokosnußmilch, so bilden sie durch Teilung einen Zellhaufen, der bei geeigneter Ernährung zu einer normal blühenden und fortpflanzungsfähigen Möhrenpflanze heranwächst (Bild 77). Beim Tabak und zahlreichen anderen Blütenpflanzen hat man isolierte Blattzellen mit Hilfe von Enzymen zellwandlos gemacht; es gelang dann sogar, aus diesen nackten Protoplasten normale ganze Pflanzen aufzuziehen.

Beim südafrikanischen Krallenfrosch (*Xenopus*) hat man Kerne aus ausdifferenzierten Darmepithelzellen in kernlos gemachte Eizellen verpflanzt. Aus diesen entstanden normale Frösche (Bild 78).

Alle diese Experimente beweisen, daß die gesamte genetische Information auch in stark spezialisierten Zellen enthalten ist. Man spricht deshalb von der **Omnipotenz** (Totipotenz) der Zellen.

## 7.6 Meiose (Reduktionsteilung)

### 7.6.1 Ablauf der Meiose

In vielzelligen Tieren und höheren Pflanzen besitzt jede Körperzelle in der Regel einen doppelten Chromosomensatz, da bei der Befruchtung eine Kombination von väterlichen und mütterlichen Erbanlagen erfolgt. Es erhebt sich somit die Frage: Wie kommt es, daß die Kerne von Spermium und Eizelle jeweils nur die Hälfte der in den Körperzellen vorhandenen Chromosomen besitzen, jedoch so, daß von jedem der Chromosomenpaare ein Chromosom vorhanden ist? Die Geschlechtszellen besitzen nur einen einfachen Chromosomensatz, sie sind **haploid**, während die Körperzellen in der Regel **diploid** sind.

Die Tatsache selbst kann nicht überraschen; sie ist sogar theoretisch gefordert worden, noch ehe sie beobachtet wurde. Bei der Befruchtung vereinigen sich ja die Kerne und damit die Chromosomen zweier Zellen. Wenn nun die Chromosomenzahl der Geschlechtszellen dieselbe wäre wie die der Körperzellen, so müßte sich die Chromosomenzahl mit jeder neuen Generation verdoppeln. Es muß daher einen Vorgang geben, welcher jeweils die Zahl der Chromosomen verringert. Tatsächlich wird bei *der Bildung der Geschlechtszellen bei Tier und Mensch die Chromosomenzahl auf die Hälfte reduziert*, dieser Vorgang heißt **Meiose** (gr. meion, weniger).

Diploide Zellen, die in die Meiose eintreten, besitzen je 2 homologe Chromosomen, die aus je 2 Chromatiden aufgebaut sind. Sie beginnen also mit 4 Chromatiden. Die Reduktion der Chromosomenzahl auf die Hälfte ist erreicht, wenn die Zellen jeweils nur noch eine Chromatide anstatt deren 4 enthalten. Dazu sind zwei Teilungen erforderlich, die man Reifungsteilungen nennt (Bild 79).

Die Meiose beginnt nach dem Sichtbarwerden der Chromosomen mit deren Paarung. Sie wird als **Synapsis** (gr.Verknüpfung) bezeichnet und ist der entscheidende Ordnungsvorgang bei der Meiose. Homologe Chromosomen lagern sich eng nebeneinander, zwischen ihnen bilden sich bandartige Längsstrukturen aus Protein, die durch Querelemente verbunden sind. Da die Chromosomen aus je zwei Chromatiden aufgebaut sind, entstehen **Chromatiden-Tetraden**.

Die einzelnen Chromatiden werden bei der Meiose zunächst kaum erkennbar; man sieht im Mikroskop nur Zweiergruppen, die **Bivalente**. Während der Paarung erfolgen Brüche der DNA-Stränge in den homologen Chromosomen, die anschließend oft »über Kreuz« verheilen. Dadurch entstehen Überkreuzungen von Chromatiden, es kommt also zu einem Austausch zwischen einander homologen Abschnitten der homologen Chromosomen. Sie sind oft genetisch nachweisbar als **Crossover** (vgl. 8.3) und werden noch während der Meiose in einem späteren Stadium auch mikroskopisch erkennbar als Chromatiden-Kreuzung, man nennt sie dann **Chiasmata** (Einzahl: Chiasma). (Der Chromatiden-Bruch ist also nicht die Folge einer zuvor aufgetretenen Kreuzung der Chromatiden, vielmehr ist das Chiasma Folge eines Bruches; vgl. Bild 83).

Die Anzahl der Chiasmata richtet sich nach der Länge des Chromosoms, jedes Chromosom hat in der Meiose in der Regel 1–8 Chiasmata. In seltenen Fällen (z. B. bei der Spermienbildung bei *Drosophila*) finden keine Crossover-Vorgänge statt. – Im weiteren Verlauf der Meiose wird die Paarung wieder lockerer und die Chromatiden-Tetraden (also nicht Chromosomen, wie bei der Mitose) ordnen sich in der Äquatorialebene der Kernteilungsspindel an. Die Chromatiden trennen sich nun wieder voneinander, wobei Chiasmata allmählich zum Chromatidenende wandern. Dann wandern von der Tetrade zwei Schwesterchromatiden zum einen Pol und die zwei Schwesterchromatiden des homolo-

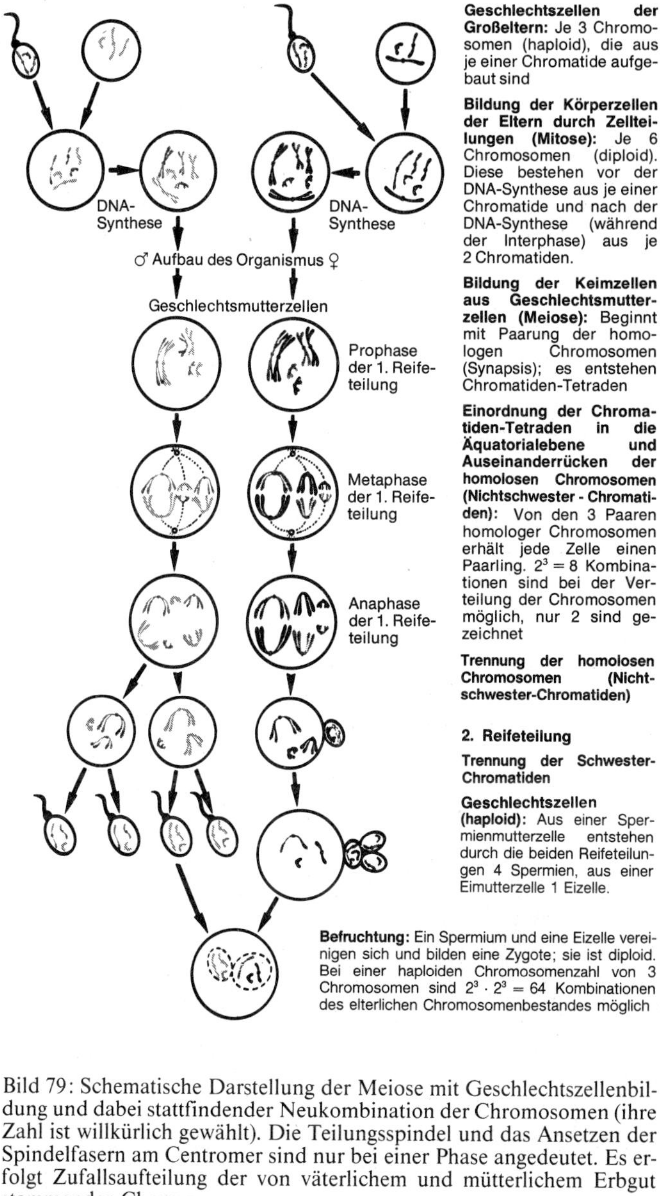


Bild 79: Schematische Darstellung der Meiose mit Geschlechtszellenbildung und dabei stattfindender Neukombination der Chromosomen (ihre Zahl ist willkürlich gewählt). Die Teilungsspindel und das Ansetzen der Spindelfasern am Centromer sind nur bei einer Phase angedeutet. Es erfolgt Zufallsaufteilung der von väterlichem und mütterlichem Erbgut stammenden Chromosomen

gen Chromosoms zum anderen Pol. Es erfolgt also eine Trennung der Nichtschwester-Chromatiden. Hierbei bleibt es dem Zufall überlassen, welches der beiden homologen Chromosomen (mit seinen beiden Chromatiden) zu welchem Pol gelangt. An beiden Polen befinden sich nun je zwei homologe Chromatiden, d.h. von jedem ursprünglichen Chromosomenpaar ein vollständiges Chromosom, das nach kurzer Zeit ohne Ruhepause in die zweite Reifungsteilung eintritt. Diese läuft wie eine gewöhnliche Mitose ab, d.h. die beiden Schwesterchromatiden werden voneinander getrennt. Damit ist die Reduktion vom diploiden zum haploiden Chromosomensatz vollendet.

Die Meiose führt also zur Bildung von 4 Zellen (Keimzellen) mit je einer Chromatide, die in der Folgezeit wie bei der Mitose durch Reduplikation wieder ein Chromosom mit zwei Chromatiden ausbildet.

Bei der Reduktionsteilung werden die väterlichen und mütterlichen Chromosomen dem Zufall entsprechend verteilt (Bild 80). Dies führt zu einer Neukombination der Chromosomensätze und damit des väterlichen und mütterlichen Erbguts. Durch den Vorgang der Meiose sind die Nachkommen eines Elternpaares weder den Eltern noch unter sich gleich. Die Meiose steigert die genetische Variabilität.

Die Meiose ist ein sehr komplizierter Vorgang und daher ihrerseits durch viele Gene kontrolliert. Bei der Erbse sind 58 Gene be-

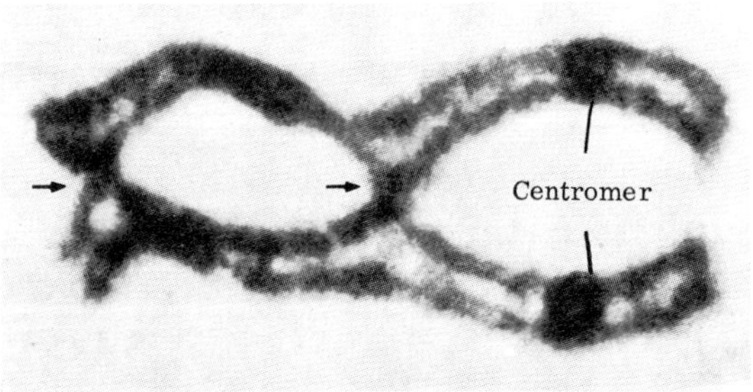


Bild 80: Mikrophoto von zwei gepaarten Chromosomen (Reifeteilung der Spermienmutterzelle eines Salamanders). Die Pfeile zeigen auf zwei Chiasmata, hier kreuzen sich zwei Chromatiden, die zu homologen Chromosomen gehören

kannt, die an der Meiose mitwirken; darunter sind solche, die für die Kontrolle der Synapsis erforderlich sind und andere, welche auf die Häufigkeit von Chiasmata (bzw. Crossover) Einfluß nehmen. Manche der Gene wirken nur bei der Bildung der männlichen Geschlechtszellen mit. Bei bestimmten Mutationen solcher Gene werden keine männlichen Gameten mehr gebildet. Pflanzen, bei denen dies der Fall ist, sind männlich steril, aber weiblich fertil. Solche Mutationen sind für Züchtungszwecke sehr geeignet, weil dann keine Selbstbestäubung möglich ist.

### 7.6.2 Besonderheiten der Meiose beim Menschen

Von der Pubertät an werden fortlaufend Spermien gebildet. In jeder Sekunde beginnen etwa 1000 Spermienmutterzellen mit der Reifeteilung, die ganze Meiose dauert 1–2 Monate. Den Vorgang der Spermienbildung bezeichnet man als *Spermatogenese.*

Die Bildung der Eizellen (= *Oogenese*) erfolgt diskontinuierlich. Die Eimutterzellen werden alle vor der Geburt des Mädchens gebildet (ca. 500000) und bleiben in der Prophase der 1. Reifeteilung bis zur Pubertät stehen. Dann geht die Meiose weiter und führt – reguliert durch den weiblichen Sexualzyklus – zur periodischen Bildung von Eizellen. Jedoch ist die Zelle, welche vom Eierstock abgegeben und vom Spermium befruchtet wird, noch keine fertige Eizelle, sondern deren Vorstufe während der 2. Reifeteilung. Das Endstadium der 2. Reifeteilung wird erst in Gegenwart des Spermakerns erreicht. Spermakern und Eikern verschmelzen sogar erst dann, wenn die erste Mitose dieses zweikernigen Gebildes eingeleitet wird.

**Tabelle 11: Gegenüberstellung von Mitose und Meiose**

| | Mitose | Meiose |
|---|---|---|
| Vorkommen | Bei allen undifferenzierten Zellen | Beim diploiden Organismus in Geschlechtsorganen<br>Beim haploiden Org. nach der Befruchtung in der diploiden Zygote<br>Bei Pflanzen mit Generationswechsel in bestimmten Geweben des Sporophyten |
| Dauer | 30 min bis 4 Std | 4 Std bis zu vielen Jahren |
| Funktion | Neubildung von Kernen u. Zellen<br>Bei haploiden Organismen Bildung der Keimzellen | Bei diploiden Organismen Bildung der Keimzellen<br>Bei haploiden Organismen Wiederherstellung des haploiden Zustandes nach der Zygotenbildung |

| | | |
|---|---|---|
| Ablauf | Eine Teilung | Zwei aufeinanderfolgende Teilungen |
| | Keine Konjugation der homologen Chromosomen | Konjugation der homologen Chromosomen zu Bivalenten, Umbau der Chromosomen durch Bruch u. Austausch (Crossover), wird als Chiasma erkennbar |
| | Mitose | Meiose |
| | Chromatiden mikroskopisch sichtbar | Chromatiden mikrosk. meist nicht sichtbar |
| | Trennung von Chromatiden | Trennung von Chromosomen |
| Ergebnis | Bildung von zwei genetisch ident. Tochterzellen | Bildung von (4) genetisch nicht ident. Tochterzellen |
| | Chromosomenzahl gleich wie im Mutterkern | Chromosomenzahl auf die Hälfte reduziert |

**Mitose:** *Vorgang der Kernteilung, führt bei der Teilung einer Zelle zu zwei genetisch gleichen Tochterzellen. Die Bildung von Körperzellen erfolgt durch mitotische Zellteilung.*

**Meiose:** *Vorgang der Kernteilung, führt bei der Teilung einer Zelle mit doppeltem Chromosomensatz zu Tochterzellen mit einfachem Chromosomensatz. Sie tritt bei Tier und Mensch bei der Bildung der Geschlechtszellen auf und führt zur Neukombination der Chromosomen in den Geschlechtszellen.*

**Diploid:** *Zellen mit doppeltem Chromosomensatz, in der Regel Körperzellen.*

**Haploid (monoploid):** *Zellen mit einfachem Chromosomensatz, bei Tier und Mensch die Geschlechtszellen (griech. haplus einfach)*

**Synapsis:** *Frühstadium der Meiose, in dem sich homologe Chromosomen eng nebeneinanderlagern. Zwischen Nichtschwesterchromatiden können dabei Stücke ausgetauscht werden, was eine Neukombination von Genen zur Folge hat (s. Crossover 9.3).*

## 7.7 Konjugation und Rekombination bei Bakterien

Erbfaktorenaustausch wurde auch bei Bakterien nachgewiesen. Versuche, bei denen zwei verschiedene, mehrfach-auxotrophe Bakterienstämme (z. B. ein Threonin- und Leucin-bedürftiger Stamm 1 mit einem Lysin- und Methionin-bedürftigen Stamm 2 gemischt wurden, erbrachten Wildtypformen, welche die genannten Stoffe im Nährmedium nicht brauchen. Dies kann nicht durch Mutation zum Wildtyp verursacht worden sein, da die Mutations-Wahrscheinlichkeit viel geringer ist, als die Häufigkeit des entstandenen Wildtyps. Die weitere Untersuchung ergab, daß hier eine Genübertragung durch unmittelbaren Zellkontakt (**Konjugation**) eintrat. Nach erfolgter Konjugation konnte ferner einer der beiden Stämme selektiv abgetötet werden, ohne daß die neu entstandenen Wildtypen betroffen waren, während diese bei Abtöten des anderen Stammes alle vernichtet wurden. Die Wildtypen mußten demnach alle nur einem der beiden Stämme angehören. Daraus folgt, daß das genetische Material gerichtet von einem »fertilen« Spenderstamm (*Donor*) zu einem »nicht-fertilen« Empfängerstamm (*Rezipient*) übertragen wurde.

Die Spenderzellen enthalten neben dem Chromosom stets ein F-Plasmid (vgl. 5.1), dessen F-Faktor zur Ausbildung von Sexpili (vgl. Bild 6) befähigt, die den Kontakt zu den Empfänger-Zellen herstellen. Die Empfängerzellen enthalten kein F-Plasmid, man nennt sie *$F^-$-Zellen.* Das F-Plasmid kann ins Bakterienchromosom eingebaut werden, dann ist eine Übertragung von Genen des Chromosoms möglich. Solche Zellen werden als *Hfr-Zellen* (*h*igh *f*requency *r*ecombination) bezeichnet; Spenderzellen mit freiem F-Plasmid nennt man *$F^+$-Zellen.* Diese übertragen bei Konjugation nur Gene von Plasmiden, nicht aber chromosomale Gene.

Bei Einbau des F-Plasmids ins Bakterienchromosom bei den Hfr-Zellen wird nach Kontakt mit einem Empfängerbakterium das Spenderchromosom verdoppelt (durch DNA-Synthese) und das Doppel über einen Sexpilus in die Empfängerzelle ($F^-$) übertragen. Der Vorgang dauert etwa 90 min, wird aber in den meisten Fällen schon vorher unterbrochen, so daß nur ein Teil des Spenderchromosoms übertragen werden kann. Dieser Teil wird nun ganz oder teilweise in das Chromosom der Empfängerzelle eingebaut (Bild 81). Bei früher Unterbrechung der Konjugation werden weniger Gene übertragen, bei später Unterbrechung mehr. Man kann so die Reihenfolge der Gene auf dem Spenderchromosom feststellen und eine Genkarte anfertigen (Bild 82). Welche Gene in die Empfängerzelle übertragen worden sind, merkt man an den neuen Eigenschaften der Empfängerzellen, diese sind durch den DNA-Austausch genetisch verändert; es sind **Rekombinanten.**

Das ins Bakterienchromosom eingebaute F-Plasmid kann auch wieder freigesetzt werden. Dabei nimmt es manchmal ein Stück des Chromosoms mit einigen Genen mit. Wird nun das Plasmid bei der Konjugation in eine andere Zelle übertragen, so werden die mitgenommenen Gene ebenfalls mit übertragen. Dieser Vorgang der Genübertragung heißt *Sexduktion.* Bei Genübertragungen durch Rekombinationsvorgänge, die ohne Meiose erfolgen, spricht man von **Parasexualität**. Dazu gehören auch Transformation (vgl. 3.1) und Transduktion (3.2.3). Zur echten Sexualität gehört nicht allein die Vereinigung von Keimzellen, sondern auch deren Bildung durch Meiose, wobei das genetische Material umgeordnet wird.

**Transposition**. Das F-Plasmid wird stets dort eingebaut, wo eine bestimm-

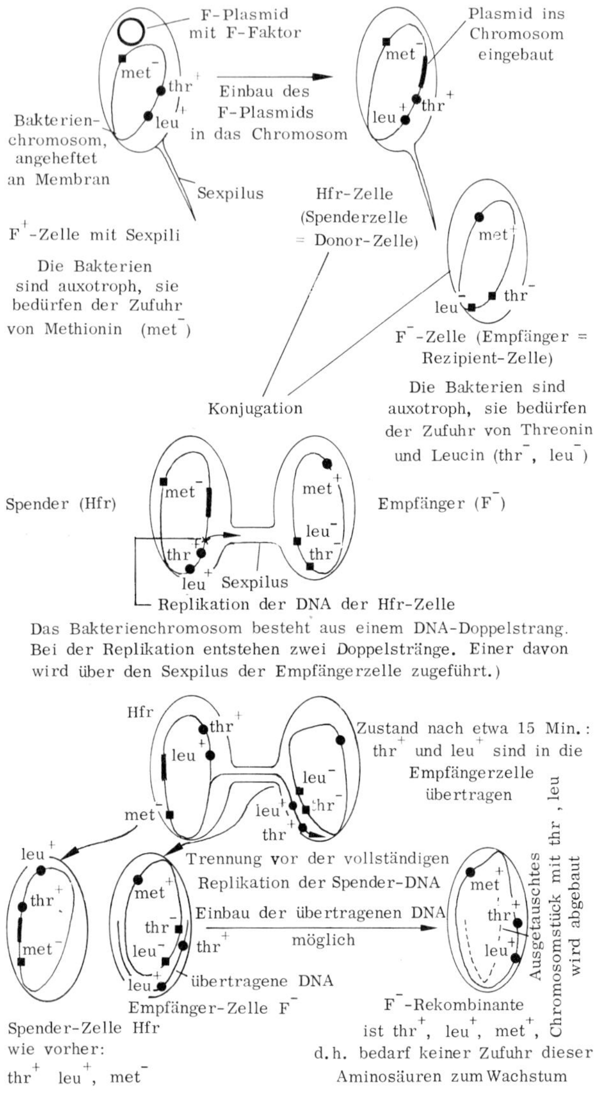


Bild 81: Schema der Konjugation und Rekombination bei Bakterien

te Nukleotidabfolge von etwa 1400 Nukleotidpaaren im Bakterienchromosom vorliegt. Nun gibt es unterschiedliche Bakterienstämme mit verschiedenem Einbauort des F-Plasmids. Offenbar kann also die als Ansatz für den Einbau dienende Nukleotidsequenz ihren Platz im Chromosom wechseln, d.h. an einer Stelle aus- und an einer anderen wieder eingebaut werden. Man nennt solche Umlagerungsvorgänge von Stücken des Polynukleotid-Doppelstrangs *Transposition.* Nach der Größe unterscheidet man bei den umgelagerten Nukleotidsequenzen zwei Gruppen:

1. *Insertionssequenzen:* sie sind kleiner als 2000 Nukleotidpaare und tragen keine Gene. Durch ihren Einbau in die Nukleotidsequenz eines Gens wird dieses aber funktionsunfähig; bei Wiederaustritt wird die Funktion wiederhergestellt. Insertionssequenzen sind bisher von Bakterien, Hefe, Taufliege und Mais bekannt.
2. *Transposons:* sie sind größer als 2000 Nukleotidpaare und tragen eines oder mehrere Gene. Ihre Endstücke sind oft Insertionssequenzen. Transposons sind bei Bakterien und Hefe nachgewiesen, für *Drosophila* gibt es Hinweise ihrer Existenz (z. B. kann das Gen »Weißäugigkeit« offenbar an verschiedenen Stellen liegen).

Insertionssequenzen und insbesondere Transposons dürften in Zukunft wichtige Hilfsmittel für die Genmanipulation werden.

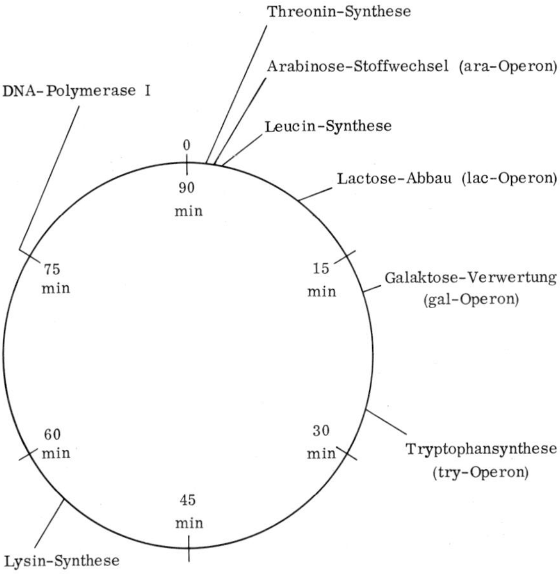


Bild 82: Genkarte von *E.coli.* Eingetragen sind einige Gene, auf die im Text des Buches eingegangen wird (die Genorte einer sehr großen Zahl von Genen sind bekannt). Man teilt die Genkarte in 90 min ein, weil unter normalen Verhältnissen in dieser Zeit das Genom der Spenderzelle (Hfr) vollständig in die Empfängerzelle übertragen wird. (Zum Begriff Operon vgl. 11.2)

## Aufgaben zu Abschnitt 6 und 7

1. Bald nach Entdeckung der Chromosomen vermutete man in ihnen die Träger der Erbanlagen. Warum?

2. Warum darf man den Zustand des Zellkerns zwischen zwei Teilungen nicht, wie früher üblich, als Ruhekern bezeichnen?

3. Wodurch unterscheidet sich der Beginn der Mitose vom Beginn der Meiose?

4. Wie unterscheiden sich die nach der ersten Reifeteilung vorliegenden Kerne von den Kernen, die durch eine Mitose entstanden sind?

5. Das Pferd hat 60 Chromosomen, der Esel 66 Chromosomen. Wie viele Chromosomen hat das Maultier (Kreuzung von Eselhengst und Pferdestute)? Warum wohl ist das Maultier unfruchtbar?

6. Sind die Nachkommen von sich selbst befruchtenden, zwittrigen Organismen identisch?

7. Vergleichen Sie Mitose und Meiose. Wie viele Zellen sind das Ergebnis der Meiose, wie unterscheiden sich genetisch die Zellen von den Mutterzellen und untereinander, die a aus der Mitose und b aus der Meiose hervorgehen? Bei welchem der beiden Vorgänge treten Chiasmata auf und welche Folgen haben diese?

8. Entwickeln Sie eine allgemeine Formel, die die Zahl der möglichen, genetisch verschiedenen Keimzellen angibt, wenn der diploide Organismus 2 X Chromosomen besitzt.

9. Durch welche Vorgänge entstehen Rekombinanten a bei Bakterien und b bei Eukaryonten?

# 8. Methoden und Ergebnisse der klassischen Genetik mit Ergänzungen aus der Molekulargenetik

## 8.1 Die Erkenntnisse MENDELS

Schon vor MENDEL (1822–1885) hatten zahlreiche Forscher Kreuzungsversuche durchgeführt, ohne auf allgemeine Gesetzmäßigkeiten zu schließen. MENDELS entscheidender Schritt zur Formulierung von Erbgesetzlichkeiten war die Einführung quantitativer Methoden in die Vererbungsforschung. Er stellte statistische Beziehungen zwischen den verschiedenen Gruppen von Nachkommen und ihren Eltern her und wählte zur Untersuchung einfache und eindeutige Merkmale (Blütenfarbe, Samenfarbe, Samenform) aus. So entdeckte er, daß jedes Merkmal auf einen mütterlichen und einen väterlichen Einflußfaktor zurückgeht und daß diese Faktoren bei der Kreuzung nicht miteinander verschmelzen, sondern eigenständig bleiben und unabhängig voneinander vererbt werden.

Wir verdanken MENDEL:

A. Die Untersuchungsmethodik der Kreuzungsanalyse als einer statistischen Häufigkeitsanalyse. Sie wird auch heute noch in großem Umfang angewandt bei Untersuchungen zur Vererbung von Merkmalen, insbesondere in der Züchtungsforschung. Die Grundlage ist folgende Erkenntnis:

Die Vererbungsvorgänge gehen auf Gene zurück, die in den diploiden Zellen jeweils doppelt vorhanden sind (zwei Allele). Die Gameten (Keimzellen) sind hingegen haploid und daher stets homozygot. Bei der Befruchtung kombinieren sie sich auf jede mögliche Weise, so können die verschiedenen Formen der $F_2$-Generation entstehen. Daraus ergibt sich, daß das Erbgeschehen den Regeln der Kombinatorik folgt; die theoretisch geforderten Zahlenverhältnisse werden um so genauer gefunden, je mehr Einzelfälle der Untersuchung zugrunde gelegt werden. Dies geht aus den Zahlen, die bei der Kreuzung von Erbsen mit gelben und grünen Samen erhalten wurden, klar hervor.

| | gelb | grün | Verhältnis |
|---|---|---|---|
| Mendel 1865 | 6022 | 2001 | 3,01 :1 |
| Correns 1900 | 1394 | 453 | 3,077:1 |

| | gelb | grün | Verhältnis |
|---|---|---|---|
| Tschermak 1900 | 3580 | 1190 | 3,008:1 |
| Hurst 1904 | 1310 | 445 | 2,944:1 |
| Bateson 1905 | 11903 | 3903 | 3,049:1 |
| Lock 1905 | 1438 | 514 | 2,797:1 |
| Darbishire 1905 | 109060 | 36186 | 3,013:1 |
| Winge 1924 | 19195 | 6553 | 2,929:1 |
| zusammen | 153902 | 51245 | 3,003:1 |

B. Die Erkenntnis der intermediären und der dominant-rezessiven Wirkung der Allele eines Gens auf die Merkmalsausbildung.

Wir wissen heute, daß intermediäre und dominante Merkmalsausbildung nur Grenzfälle sind. Bei der dominanten Vererbung ist ein Allel zwar unterlegen, aber häufig nicht völlig überdeckt; seine Anwesenheit ist an kleinen Unterschieden zu erkennen. Es gibt daher tatsächlich alle Abstufungen zwischen intermediärem und dominantem Verhalten.

C. Die Formulierung der nach ihm benannten Regeln als Zusammenfassung der Gesetzmäßigkeiten bei der Weitergabe der Allele von Generation zu Generation. Die Regeln lauten:

*1. Kreuzt man zwei reinerbige Individuen einer Art, die sich in einem einzigen Merkmal unterscheiden, so sind alle entstehenden Mischlinge ($F_1$-Generation) unter sich gleich* **(Uniformitätsregel).**

Diese bekannte Formulierung der 1. Mendelschen Regel ist eine Idealisierung, da es reinerbige Individuen, die sich nur in einem Merkmal unterscheiden, nur in Ausnahmefällen gibt. Man muß daher allgemeiner formulieren:

*Kreuzt man zwei Individuen einer Art, die sich in einem Merkmal unterscheiden, das beide Individuen reinerbig aufweisen, so sind die Individuen der $F_1$-Generation in bezug auf das betrachtete Merkmal gleich.* Sofern das Merkmal eine quantitative Größe ist (z. B. Länge, Körpergewicht usw.), so ist noch zu ergänzen: »... innerhalb der Modifikabilität (Variationsbreite, vgl. 12) gleich«.

Uniformität der $F_1$-Individuen tritt auch auf, wenn bei der Kreuzung das Geschlecht der Eltern vertauscht ist (reziproke Kreuzung). Man bezeichnet daher die Uniformitätsregel auch als **Reziprozitätsregel**. Eine Ausnahme besteht bei geschlechtschromosomengebundener Vererbung (vgl. 8.9.3).

*2. Kreuzt man diese Mischlinge der $F_1$-Generation unter sich,*

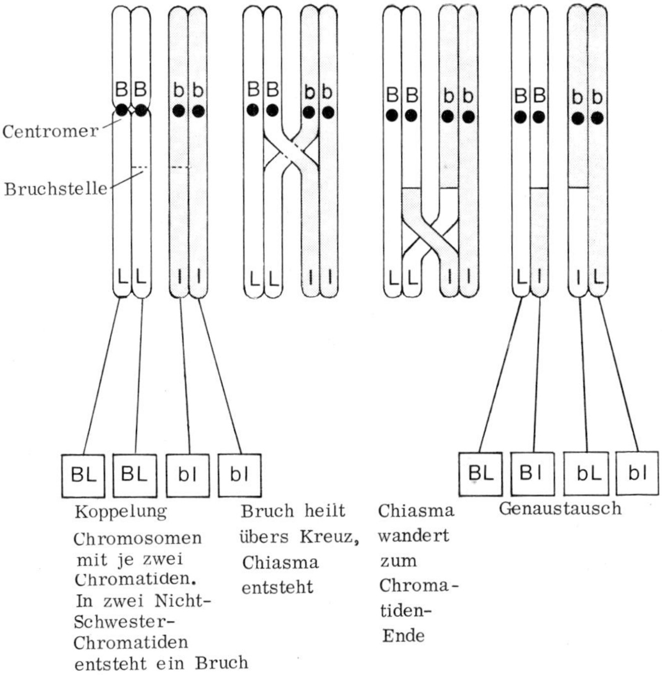


Bild 83: Genaustausch durch Crossover zwischen zwei Chromatiden eines Chromosoms während der Meiose und Rekombination bei den entstehenden Gameten

*so spalten in der Enkelgeneration ($F_2$) die Merkmale im Zahlenverhältnis 1:2:1 oder 3:1 wieder auf* **(Spaltungsregel).**

Die Richtigkeit dieser Regel kann durch die *Rückkreuzung (Testkreuzung)* eines $F_1$-Bastards mit einem Elter erwiesen werden.

*3. Die einzelnen Erbanlagen werden unabhängig voneinander vererbt und können bei der Keimzellenbildung und Befruchtung neu zusammentreten* **(Regel von der Unabhängigkeit der Erbanlagen oder der Neukombination der Gene).** (Vgl. aber Abschnitt 8.3)

**Kreuzung:** *Paarung von zwei Individuen einer Art, die sich in bestimmten Genen (und damit Merkmalen) unterscheiden. Die Nachkommen heißen Mischlinge, Bastarde oder Hybriden.*

**Reinerbigkeit:** *Die Allele eines Gens auf den beiden homologen Chromosomen sind gleich; der Organismus ist dann in bezug auf dieses Gen reinerbig = homozygot.*

**Mischerbigkeit:** *Die Allele eines Gens auf den beiden homologen Chromosomen sind verschieden; der Organismus ist dann in bezug auf dieses Gen mischerbig = heterozygot.*

*Chi-Quadrat-Test:*

Die Mendelschen Regeln sind statistische Gesetzmäßigkeiten. Je größer die Zahl der Einzelversuche ist, desto besser wird sich das experimentell gefundene Verhältnis der Spaltzahlen bei der Merkmalsaufspaltung an das theoretisch zu erwartende Aufspaltungsverhältnis annähern. Da man nicht beliebig viele Versuche durchführen kann, benutzt man ein besonderes Testverfahren der mathematischen Statistik, um zu überprüfen, ob die gefundenen Spaltzahlen im Rahmen der zu erwartenden Wahrscheinlichkeit mit den theoretischen Werten übereinstimmen. Dieser für Kreuzungsanalysen außerordentlich wichtige $\chi^2$-Test (chi-Quadrat-Test) dient beispielsweise dazu, seltene Crossover aufzuspüren, die bei der geringen Abweichung gefundener von den theoretischen Spaltzahl-Verhältnissen sonst nicht erkannt würden. Auch Fehler bei der Durchführung genetischer Versuche (z. B. wenn bei der Bestäubung unbeabsichtigt Pollen eines falschen Elters in die Kreuzung eingeht) lassen sich mit Hilfe des Tests auffinden.

Für den Test gilt die Formel

$$\chi^2 = \sum \frac{(p-q)^2}{q} \left( = \frac{(p_1-q_1)^2}{q_1} + \frac{(p_2-q_2)^2}{q_2} + \ldots \right)$$

wobei p = empirische Zahl (im Versuch gefundene Zahl von Individuen) pro Klasse

q = Erwartungswert jeder Klasse

Hat man $\chi^2$ errechnet, so kann man aus Tafelwerken die zugehörige statistische Wahrscheinlichkeit entnehmen und z. B. angeben, daß die Abweichung von gefundenen und erwarteten Werten mit 80% oder 95% oder 99% Wahrscheinlichkeit zufallsbedingt ist.

Beispiel: Bei einer Kreuzung, deren theoretische Spaltzahlen 3 : 1 sind, findet man die Aufspaltung 1803 : 598

| | p | q | p − q | $(p-q)^2$ | $\frac{(p-q)^2}{q}$ | | |
|---|---|---|---|---|---|---|---|
| 1. | 1803 | 1800 | 3 | 9 | 9/1800 | = | 0,005 |
| 2. | 598 | 600 | 2 | 4 | 4/600 | = | 0,0066 |
| | | | | | $\chi^2$ | = | 0,0116 |

Diesem $\chi^2$-Wert entspricht bei 2 Versuchsklassen (somit 1 Freiheitsgrad) laut Tabellenwerk ein Wahrscheinlichkeitswert P von nahezu 0,95, d.h. mit nicht ganz 95% Wahrscheinlichkeit sind die gefundenen Abweichungen von den theoretischen Spaltzahlen zufallsbedingt (oder mit etwas mehr als 5% Wahrscheinlichkeit macht man einen Fehler, wenn man die Abweichung als zufallsbedingt ansieht). Ergibt der Test, daß die gefundenen Abweichungen sehr wahrscheinlich nicht zufallsbedingt sind, so muß nach einer Ursache für die Abweichungen gesucht werden.

Derartige Abweichungen kommen z. B. zustande durch Störungen bei der Meiose. Sie sind von vielen Pflanzen, Insekten und der Maus bekannt. Am genauesten untersucht sind sie bei *Drosophila.* Hier führt eine bestimmte Allelenkombination von 3 Genen auf einem Chromosom dazu, daß bei der Meiose die Ausbildung der Spermien mit den entsprechenden Nicht-Schwester-Chromatiden gestört wird. Die Störung wird während der Synapsis ausgelöst. Als Folge davon sterben diese Spermien ab, dies führt zur Störung der MENDEL-Spaltzahlen. Ob auch das unerwartete Auftreten von menschlichen Erbleiden in bestimmten Fällen auf ähnliche Vorgänge zurückgeht, ist unklar.

## 8.2 Chromosomen-Theorie der Vererbung

Bei dem Versuch, die Vererbungserscheinungen zu erklären, fiel schon früh die Parallelität zwischen dem erschlossenen Verhalten der Erbanlagen und der Verteilung und Weitergabe der Chromosomen auf. Daher nahm man schon lange vor Kenntnis des Baus und der chemischen Zusammensetzung der Chromosomen an, daß diese die Träger der Gene seien. Die *Chromosomen-Theorie der Vererbung* wurde 1903 durch BOVERI und SUTTON begründet. In dieser Theorie begegneten sich zwei bis dahin völlig getrennt verlaufende Forschungsrichtungen, die *Zellforschung* und die *Kreuzungsforschung.* In der Regel sind solche wissenschaftlichen Theorien, durch die getrennte Gebiete eines Wissenschaftszweiges unter einem Gesichtspunkt zusammengefaßt werden können, besonders fruchtbar und für die Wissenschaftsentwicklung und Erweiterung unserer Erkenntnis wertvoll.

## 8.3 Genkoppelung und Crossover

Im weiteren Verlauf der Forschung hat sich gezeigt, daß die Regel von der freien Kombination der Gene nicht unbeschränkt gültig ist. Es ergab sich nämlich immer wieder, daß ganze Gruppen von Erbanlagen gemeinsam, gewissermaßen gekoppelt, vererbt werden. Auch ist die Zahl der nachgewiesenen Gene sehr viel höher als die haploide Chromosomenzahl. Es müssen also viele Gene gemeinsam in einem Chromosom liegen. Da aber die Chromosomen nur als Ganzes weitergegeben werden, können auch die in einem Chromosom vereinigten Gene nicht unabhängig voneinander »mendeln«, sondern müssen gemeinsam vererbt werden. Den Nachweis einer solchen »Koppelung von Erbanlagen« erbrach-

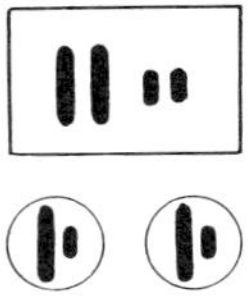

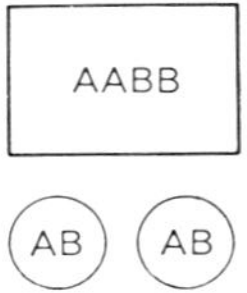


| *Ergebnisse der Chromosomenforschung* | *Ergebnisse der Erbversuche* |
| --- | --- |
| Die Chromosomen sind selbständige Einheiten, die als solche weitergegeben werden. | Die Erbanlagen (Gene) sind selbständige Einheiten, die nicht vermischt oder aufgeteilt, sondern als Ganzes weitergegeben werden. |
| Die Chromosomen treten in den Körperzellen paarweise auf und bilden in ihrer Gesamtheit einen doppelten Satz. | Alle Erbanlagen sind in den Körperzellen paarweise vorhanden und bilden in ihrer Gesamtheit einen doppelten Satz. |
| Durch die Reduktionsteilung gelangt von jedem Chromosomenpaar ein Paarling in die Geschlechtszellen. Diese enthalten einen einfachen, aber vollständigen Chromosomensatz. | Die Geschlechtszellen erhalten von jedem Anlagenpaar eine Anlage; sie enthalten einen einfachen Anlagesatz (Spaltungsregel, Reinheit der Gameten). |
| Bei der Reduktionsteilung werden die Paarlinge väterlicher und mütterlicher Herkunft unabhängig voneinander nach Gesetzen der Wahrscheinlichkeit in freier Kombination auf die Geschlechtszellen verteilt. Dadurch erfolgt die Herstellung des einfachen Satzes. | Von den Anlagepaaren werden bei der Bildung der Geschlechtszellen die einzelnen Anlagen unabhängig voneinander verteilt, so daß eine freie Kombination der Erbanlagen in den Geschlechtszellen stattfindet (Unabhängigkeitsregel, freie Kombination der Gene). |

ten die Forschungen des amerikanischen Zoologen MORGAN und seiner Schule an der Frucht- oder Taufliege *(Drosophila melanogaster).* Die Zahl der Koppelungsgruppen entspricht immer der Zahl der Chromosomenpaare (bei diploiden Organismen). Bei den Kreuzungsversuchen findet man aber fast stets Fälle, die nur durch eine Durchbrechung der Koppelung zu erklären sind.

Es ist naheliegend, entsprechend der Übereinstimmung zwischen Chromosomen und genetischen Versuchen für diese Durchbrechung der Koppelung die Chiasmata verantwortlich zu machen. Diese beruhen ja darauf, daß Chromatidenstücke zwischen Nichtschwester-Chromatiden ausgetauscht werden (Bild 83). Durch Chiasmata kommt es also zu einer Entkoppelung von Genen einer Koppelungsgruppe (eines Chromosoms) und zum Austausch. Genetisch wird dieser Austausch als **Crossing over** *(Crossover)* bezeichnet. Der Prozentsatz der entkoppelten Formen heißt **Austauschwert** oder *Austauschhäufigkeit.* Die Bedeutung der Überkreuzung liegt darin, daß neue, bisher nicht vorhanden gewesene Gen-Kombinationen entstehen, während in den vom Chiasma nicht betroffenen Chromatiden bzw. Chromatidenstükken die bisherigen Koppelungsverhältnisse erhalten bleiben.

Zwischen zwei Genen ist ein konstanter Austauschwert festzustellen, sofern unter konstanten Versuchsbedingungen gearbeitet wird.

## 8.4 Aufstellung von Genkarten

Aufgrund der Austauschwerte kann man die relative Lage der Gene auf einem Chromosom ermitteln und damit eine Genkarte des Chromosoms aufstellen. So beträgt z. B. bei Drosophila der Austauschwert zwischen den im selben Chromosom vorkommenden Genen *gelber Körper* und *stachelige Augen* immer 5,5%, zwischen den Genen *stachelige Augen* und *rubinäugig* immer 2%. Für *gelber* Körper und *rubinäugig* aber ergab sich der Austauschwert 7,5%, welcher gleich der Summe der beiden einzelnen Austauschwerte ist (Bild 84). Diese Tatsachen führten zu der Annahme, daß die drei Gene *gelber Körper, stachelige Augen* und *rubinäugig* in dieser Reihenfolge mit entsprechenden Abständen im Chromosom liegen **(lineare Anordnung der Gene)**.

Die aus den Austauschhäufigkeiten ermittelten Genabstände sind relative Abstände; eine Austauschhäufigkeit von 1% nennt man eine MORGAN-Einheit. Diese Abstände müssen nicht streng mit den tatsächlichen Streckenabständen auf dem Chromosom übereinstimmen (vgl. Bild 84), da es Orte bevorzugten Bruches und somit Crossovers geben kann.

Die Crossover-Vorgänge erfolgen bei der Meiose. Nun kann aber die genetische Konstitution der dabei gebildeten Keimzellen nicht direkt erkannt werden. Die Crossover sind daher in der Regel erst durch Rückkreuzungsversuche zu erkennen. Man kreuzt mit dem reinerbig rezessiven Elter, da dessen genetische Situation (bezüglich der untersuchten Gene) eindeutig ist (Bild 85). Bei Crossover-Vorgängen im X-Chromosom können sie an den männlichen Nachkommen allerdings sofort erkannt werden, weil diese nur 1 X-Chromosom aufweisen.

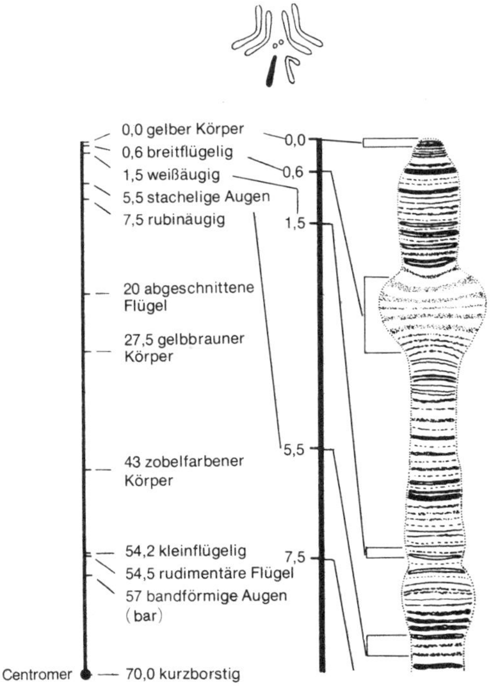


Bild 84: Links Genkarte des X-Chromosoms (= Chromosom 1) von *Drosophila* aufgrund von Crossover-Experimenten mit Morgan-Abständen. Das Centromer ist am Ende des X-Chromosoms gelegen. Rechts Ausschnitt aus der cytologischen Genkarte mit Darstellung des entsprechenden Teils des Riesenchromosoms. Ein Riesenchromosom besteht aus einem Bündel zahlreicher identischer Chromatiden (vgl. 8.9)

Vergleicht man bei unterschiedlichen Kreuzungsexperimenten die erhaltenen Austauschwerte, so stellt man fest, daß diese für weit auseinanderliegende Gene oft geringer sind als die Summe von Einzelwerten wäre. Wir erhalten z. B. für den Austausch b/vg (Bild 85) einen Wert von 18 Einheiten. Mißt man in weiteren Versuchen die Austauschwerte von b, vg und einem zusätzlichen Gen p, also für b/p und p/vg, so erhält man: b/p = 6 Einheiten, p/vg = 12,5 Einheiten. Daraus folgt sofort, daß p zwischen b und vg liegt. Die Werte sind nicht additiv, weil es – selten – auch Doppel-Crossover gibt, wobei ein Austausch zwischen b und p und zwischen p und vg erfolgt. Dann sind aber b und vg nicht ausgetauscht. Die Doppel-Crossover werden erkennbar, wenn man Dreifach-Kreuzungen untersucht:

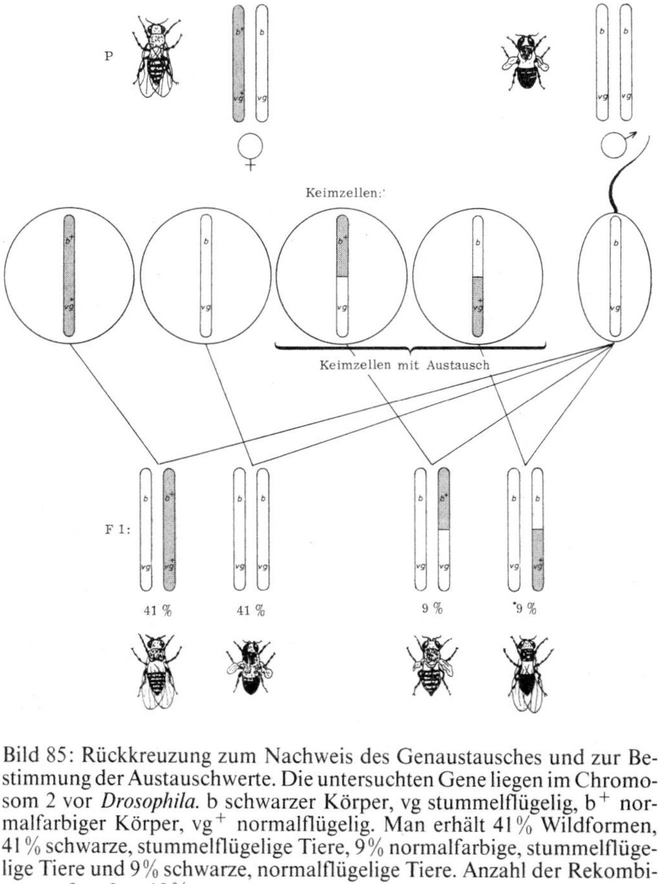


Bild 85: Rückkreuzung zum Nachweis des Genaustausches und zur Bestimmung der Austauschwerte. Die untersuchten Gene liegen im Chromosom 2 vor *Drosophila.* b schwarzer Körper, vg stummelflügelig, $b^+$ normalfarbiger Körper, $vg^+$ normalflügelig. Man erhält 41 % Wildformen, 41 % schwarze, stummelflügelige Tiere, 9 % normalfarbige, stummelflügelige Tiere und 9 % schwarze, normalflügelige Tiere. Anzahl der Rekombinanten 9 + 9 = 18 %

$$\frac{b^+\quad p^+\quad vg^+}{b\quad p\quad vg} \times \frac{b\quad p\quad vg}{b\quad p\quad vg}$$

Es treten dann die seltenen Formen

$$\frac{b\quad p^+\quad vg}{b\quad p\quad vg} \text{ und } \frac{b^+\quad p\quad vg^+}{b\quad p\quad vg} \text{ auf.}$$

Die durch Doppel-Crossover zustande gekommenen seltenen Rekombinanten liefern unmittelbar die Reihenfolge der Gene. Für die Genkartierung sind also Drei- oder Mehrfaktor-Kreuzungen besonders wertvoll; sie werden in der Regel herangezogen (vgl. Aufgabe 7).

Bei einer Austauschhäufigkeit von 50% ist nicht eindeutig zu entscheiden, ob Koppelung vorliegt oder nicht. Diese Entscheidung muß dann mit Hilfe eines Markergens getroffen werden, das bereits auf einem Chromosom sicher lokalisiert ist. Heute sind für viele Arten und alle deren Chromosomen solche Markergene bekannt.

Genkarten gibt es heute für zahlreiche Pflanzen- und Tierarten und für den Menschen (Bild 121). Beim Menschen erfolgt die Genkartierung mit Hilfe der Methode der Zellhybridisierung (vgl. 11.3). Ein weiteres Verfahren der Genkartierung ist die cytologische Kartierung. Mit ihrer Hilfe ist z. B. unabhängig von der Kreuzungskartierung eine Genkartierung beim Phagen λ durchgeführt worden. Die Methode geht aus Bild 86 hervor. Bei Riesenchromosomen ist eine cytologische Kartierung ebenfalls möglich (vgl. 10.3).

## 8.5 Vom Zusammenhang zwischen Forschungsmethode und Forschungsergebnis

Wie wichtig die Wahl geeigneter Untersuchungsobjekte und Untersuchungsverfahren für die Erkenntnisgewinnung ist, beweist das von Morgan benützte genetische Forschungsobjekt *Drosophila.* Diese kleine Taufliege läßt sich leicht züchten, vermehrt sich schnell und bietet in ihrer äußeren Erscheinung viele Merkmale, bei denen auftretende Veränderungen leicht erkennbar sind. Zudem hat *Drosophila* den Vorteil, daß sie nur vier Chromosomenpaare besitzt, die sich außerdem im Mikroskop klar unterscheiden lassen. Auch die abweichende Gestalt des y-Chromosoms ist sofort sichtbar. Morgan konnte durch die glückliche Wahl seines Untersuchungsobjekts für dieses schon 1926 folgende Aussagen machen:

1. In den Keimzellen befinden sich Gene (Erbanlagen).

Bild 86: Verfahren der cytologischen Genkartierungen durch Heteroduplex-Bindung. Eine sehr ähnliche Methode ist heute das wichtigste Verfahren zur Aufklärung der Struktur von Genen (vgl. Abschnitt 4.1)

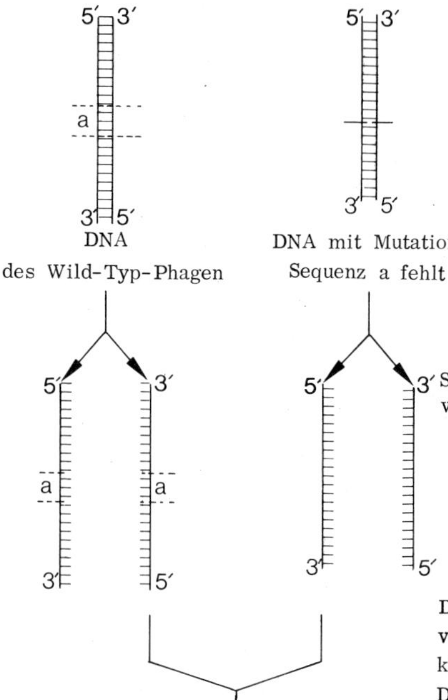


Schmelzen der DNA durch vorsichtiges Erhitzen

Da die Stränge etwas verschiedene Dichte haben, können sie im CsCl-Dichtegradient voneinander getrennt werden

antiparallele Stränge von Wildtyp und Mutante werden bei nahezu 100° zusammengebracht und sehr langsam abgekühlt: es erfolgt Renaturierung

renaturierter Doppelstrang weist eine Schleife auf im Bereich der ungepaarten Sequenz a: Heteroduplex-Bildung

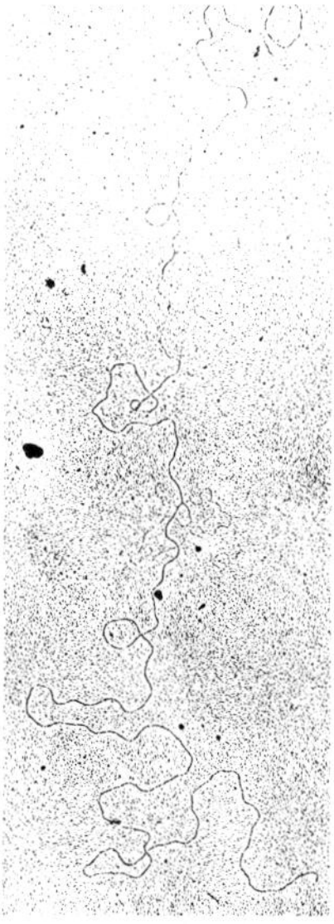

Die Schleife (Heteroduplex) kann im Elektronenmikroskop erkannt werden.

2. Die Gene treten in Koppelungsgruppen auf, die der Zahl der Chromosomen entsprechen. Die Chromosomen sind Träger der Gene.
3. Gene aus verschiedenen Koppelungsgruppen werden unabhängig vererbt.
4. Gene können durch Crossing-over zwischen zwei Koppelungsgruppen ausgetauscht werden.
5. Die Gene sind linear in der jeweiligen Koppelungsgruppe (Chromosom) angeordnet. Die Häufigkeit der Crossing-over ist den relativen Genabständen proportional, dadurch ist eine Genkartierung auf den Chromosomen möglich.

## 8.6 Molekularer Mechanismus des Crossover

Dem Vorgang des Crossover muß im molekularen Bereich ein Bruch der DNA-Doppelhelix und eine neue Verknüpfung zugrundeliegen. Man wird solche Vorgänge am leichtesten bei Bakterien und Phagen erkennen können, wo die DNA »nackt« vorkommt, d.h. nicht von Proteinen umgeben ist, wie in den Eukaryonten-Chromosomen. Tatsächlich stammt unser – noch recht lückenhaftes – Wissen von molekularen Vorgängen beim Crossover nahezu ausschließlich von diesen Objekten. Die Enzyme, die am Crossover beteiligt sind, heißen Rekombinationsenzyme.

Zunächst tritt in einer DNA-Doppelhelix ein Bruch auf. Dabei brauchen die beiden Stränge nicht an genau derselben Stelle zu brechen, sondern nur nicht allzuweit voneinander entfernt. Ob nun im zweiten Elter-Chromosom, also dem Rekombinationspartner, ein Bruch ebenfalls spontan auftritt oder ob er durch den bereits eingetretenen Bruch im anderen DNA-Doppelstrang ausgelöst wird, ist noch ungeklärt. Im Bereich der Brüche bildet sich lokal wieder eine Doppelhelix aus, so daß zwei ursprünglich nicht zusammengehörige Stränge miteinander verbunden werden. Die richtige Nukleotidsequenz wird dann durch eine Art von Reparaturvorgang erreicht, und zwar mit den gleichen Enzymen, die bei der Reparatur (Abschn. 6.1) wirksam sind (Nukleasen, DNA-Polymerase, Ligase).

## 8.7 Multiple Allele

Ein Gen besteht aus einer großen Zahl von Nukleotidpaaren. Bei einer Mutation wird in der Regel nur ein Nukleotid und darum auch sein Paarungspartner verändert. Weil aber die Veränderung recht verschiedene Nukleotidpaare innerhalb eines Gens treffen kann, entsteht im Laufe der Zeit oft eine ganze Gruppe von Allelen, die alle auf Mutationen eines Gens zurückgehen *(multiple Allele)*. Die Veränderung unterschiedlicher Basenpaare kann natürlich unterschiedliche Genwirkungen zur Folge haben. Ein Beispiel hierfür sind die Blutgruppen des Menschen. Den vier Blutgruppen, A, B, AB und 0 liegen die drei Gene $I^A$, $I^B$ und i zugrunde, die Allele sind, d.h. sich gegenseitig vertreten können. $I^A$ und $I^B$ wirken gleich stark; sie sind **kodominant**. Beide dominieren über i. Jeder Mensch bekommt von beiden Eltern je eine dieser Anlagen, daraus ergeben sich die in der Tabelle aufgezeichneten Genkombinationen und Blutgruppen.

**Tabelle 12: Genetische Grundlage der Blutgruppen**

| Genotyp | Antigen auf den Erythrocyten | Phänotyp (Blutgruppe) | Antikörper im Serum | agglutiniert Blut der Blutgruppen |
|---|---|---|---|---|
| $I^AI^A$ | A | A | Anti-B | B, AB |
| $I^Ai$ | A | A | Anti-B | B, AB |
| $I^BI^B$ | B | B | Anti-A | A, AB |
| $I^Bi$ | B | B | Anti-A | A, AB |
| $I^AI^B$ | A, B | AB | keine | keine |
| i i | keines | 0 | Anti-A und Anti-B | A, B, AB |

Die Antigene, die auf der Membran der roten Blutkörperchen lokalisiert sind, bestehen aus Glykoproteinen mit spezifischen Kohlenhydratketten. Sie entstehen schon während der Embryonalentwicklung, wogegen die Antikörper Anti-A und Anti-B erst nach dem dritten Lebensmonat gebildet werden, Einzelheiten ihrer Entstehung sind unklar.

Ein interessanter Fall multipler Allele ist auch vom menschlichen Hämoglobin bekannt. Dieses besteht aus 2α- und 2β-Polypeptidketten, an die je ein Häm gebunden ist. Infolge einer Mutation kann in der β-Kette die an der sechsten Stelle auftretende Aminosäure Glutaminsäure (polare Seitenkette) durch Valin (unpolare Seitenkette) ersetzt werden. Es entsteht so aus dem normalen Hämoglobin A (HbA) das Hämoglobin S (HbS). Es zeigt eine andere Beweglichkeit im elektrischen Feld und kristallisiert bei Verringerung des Sauerstoffpartialdrucks leicht aus, wobei die

Blutkörperchen eine sichelförmige Gestalt (Bild 87) annehmen (daher die Bezeichnung »S«). Die Folge ist bei den Menschen, die nur HbS bilden können, eine schwere Anämie, die *Sichelzellanämie.* Wird die Glutaminsäure an der sechsten Stelle der β-Kette durch Lysin ersetzt, so entsteht das Hämoglobin C. Dies äußert sich homozygot in einer »mäßigen Sichelzellanämie«. Die geringere Auswirkung in diesem Fall beruht darauf, daß eine polare Aminosäure durch eine andere polare Aminosäure ersetzt wurde. Allerdings besitzt Glutaminsäure eine saure Seitenkette, Lysin dagegen eine basische, so daß der Austausch die Eigenschaften des Proteins noch deutlich beeinflußt.

An diesem Beispiel erkennt man auch, daß der Begriff des »Merkmals«, welches durch das Gen bestimmt wird, nicht klar festzulegen ist.

Für den Arzt sichtbar ist zunächst die Anämie, aber bei genauerer Untersuchung dann die Sichelzellbildung und die geringere Löslichkeit des HbS. Bei der Bildung von HbS sind die beiden β-Ketten des Hämoglobin-Moleküls verändert. Natürlich ist auch denkbar, daß eine Mutation in der α-Kette zu einer Anämie führt.

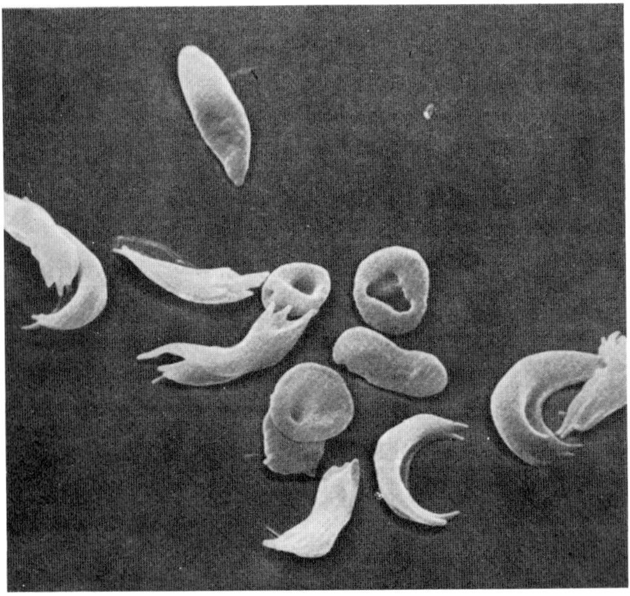

Bild 87: Rasterelektronenmikroskopische Aufnahme der deformierten roten Blutkörperchen eines Menschen mit Sichelzellanämie

So können gleiche Veränderungen eines Merkmals verschiedene genetische Ursachen haben. Erst eine Untersuchung der Proteinstrukturen erlaubt eine eindeutige Zuordnung einer Mutation zu einer Merkmalsveränderung.

## 8.8 Das Cistron

Ein Gen ist molekularbiologisch definiert als ein Stück einer DNA-Doppelhelix, das die Information für *ein* Protein (bzw. Polypeptid) enthält und daher eine funktionelle Einheit ist. Auch auf rein genetischem Wege läßt sich ein Gen als Funktionseinheit erkennen. Da es als eine bestimmte Nukleotidabfolge in der DNA eine lineare Ausdehnung hat, können innerhalb des Gens an ganz verschiedenen Stellen (verschiedenen Nukleotiden) Mutationen eintreten. So entstehen verschiedene Allele. In der Regel handelt es sich um rezessive Mutanten. Wenn die beiden Allele des betreffenden Gens, die in verschiedenen Chromosomen liegen, von solchen unterschiedlichen Mutationen betroffen sind, so spricht man von einer *trans*-Anordnung. In seltenen Fällen kommt es zu Crossover im betrachteten Gen zwischen den beiden Mutationsorten. Die Rekombination hat zur Folge, daß beide Mutationsorte nun auf einem Allel liegen und das andere die Nukleotidsequenz des Wildtyps aufweist, also nicht mutiert ist. Man nennt dies die *cis*-Form (Bild 88). Sie ist phänotypisch wild. Eine Rekombination kann aber nur dann zu diesem Ergebnis führen, wenn beide Mutationsorte im gleichen Gen liegen und das Crossover zwi-

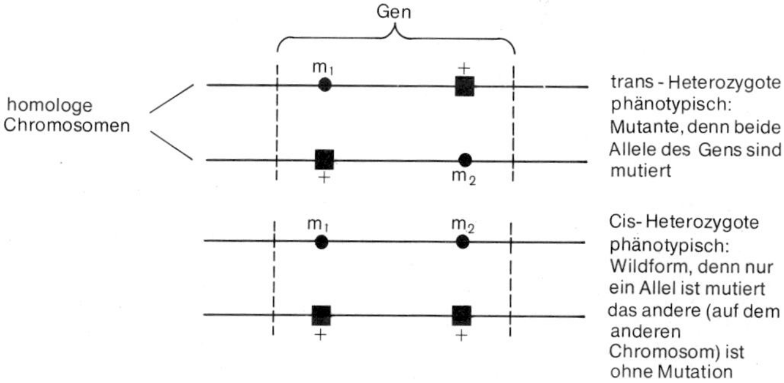


Bild 88: Cis- und Trans-Heterozygoten eines Cistrons (Gens). Die mutierten Allele sind rezessiv gegenüber der Wildform

schen den beiden Mutationsorten erfolgt. Liegen die Mutationsorte hingegen in zwei benachbarten Genen, so ist auch die trans-Anordnung phänotypisch wild, weil die Wirkung der rezessiven mutierten Allele durch ihre dominanten Wildallele überdeckt wird. Durch den **»Cis-Trans-Test«** kann somit geprüft werden, ob zwei Mutationen tatsächlich im gleichen Gen lokalisiert sind. Damit wird auf rein genetischem Weg eine lineare Ausdehnung des Gens nachgewiesen und das Gen als Funktionseinheit erkannt. Es wird dann auch als *Cistron* (von CIS-TRans) bezeichnet.

Der Cis-Trans-Test kann mit allen Organismen durchgeführt werden, die diploid sind oder vorübergehend diploid vorliegen können. Bei Bakterien entsteht teilweise Diploidie bei der Sexduktion (vgl. 7.6); bei Viren ist hierzu eine Infektion der Wirtszelle durch zwei gleiche Viren erforderlich (Doppelinfektion).

**Gen:** *Teil der Erbinformation, der auf die Ausbildung eines bestimmten Merkmals wirkt. Wird als Funktionseinheit erst durch Mutation erkennbar. Ein Gen ist ein Stück einer DNA-Doppelhelix und molekularbiologisch definiert als Träger der Information für ein Protein (bzw. Polypeptid). Die Summe aller Gene eines Lebewesens heißt Genom.*

**Mutation:** *Sprunghafte Veränderung eines Gens. Häufig wird dadurch ein abweichendes Merkmal ausgebildet; daran ist die Mutation zu erkennen. Die Einheit der Mutation (= »Muton«) ist das einzelne Nukleotid*

**Allel:** *Bestimmte Nukleotidsequenz eines Gens. Durch Mutation wird die Nukleotidsequenz verändert und damit das Allel in ein anderes übergeführt. Bei diploiden Organismen liegt jedes Gen in zwei Allelen vor. Sie liegen auf den beiden homologen Chromosomen jeweils am gleichen Ort (Genlokus). Im homozygoten Zustand sind diese beiden Allele identisch, im heterozygoten Zustand sind sie verschieden. Unterschiedliche Allele können zu Merkmalsunterschieden artgleicher Organismen führen.*

**Multiple Allele:** *Mehr als zwei Varianten der Nukleotidsequenz eines Gens, die dann auch unterschiedliche phänotypische Auswirkungen haben. Sie sind durch verschiedene Mutationen eines Ausgangsallels entstanden. Der Begriff der multiplen Allele setzt immer eine Population voraus, da ein diploider Organismus lediglich zwei Allele eines Gens besitzt.*

**Lokus:** *Ort eines Gens in der Genkarte oder im Chromosom.*

**Genkartierung:** *Bestimmung des Ortes, an dem sich ein Gen auf einem Chromosom befindet.*

**Cistron:** *Auf rein genetischem Weg durch den Cis-Trans-Test bestimmte Funktionseinheit und somit synonym mit dem Begriff Gen, wenn dieser molekularbiologisch als Funktionseinheit definiert wird. Rekombinationen beim Cis-Trans-Test zeigen, daß die kleinste Einheit der Rekombination (=»Recon«) das einzelne Nukleotid ist.*

**Crossover:** *Austausch von Genen zwischen zwei Chromatiden von zwei homologen Chromosomen, verursacht durch den Bruch dieser Chromatiden während der Synapsis in der Meiose.*

## 8.9 Geschlechtsbestimmung und geschlechtschromosomengebundene Vererbung

Für das Zustandekommen genetischer Rekombinationen (Neukombinationen von Erbanlagen) ist das Vorliegen verschiedener Geschlechter sehr wichtig. Im Prinzip besitzt bei den Eukaryonten jeder Organismus die Fähigkeit, sich zu beiden Geschlechtern zu entwickeln *(bisexuelle Potenz)*. Dies geht aus Geschlechtsumstimmungen hervor. Beispielsweise werden bei der Roten Lichtnelke weibliche Pflanzen durch Befall mit einem Brandpilz zu männlichen Pflanzen. Von zwittrigen Lebewesen abgesehen, wird aber nur ein Geschlecht verwirklicht. Die Bestimmung des Geschlechts kann entweder durch Umwelteinflüsse verursacht *(phänotypische Geschlechtsbestimmung)* oder genetisch festgelegt sein *(genotypische Geschlechtsbestimmung)*. Auch bei phänotypischer Geschlechtsbestimmung sind Gene vorhanden, welche die Ausprägung der männlichen oder weiblichen Geschlechtsmerkmale verursachen, nur werden diese Gene erst unter dem Einfluß der Umwelt wirksam (Phänotyp und Genotyp: vgl. Abschn. 12.1, Begriffserläuterungen).

### 8.9.1 Phänotypische Geschlechtsbestimmung

Sie kommt bei vielen wirbellosen Tieren und Algen sowie zwittrigen und einhäusigen Blütenpflanzen vor. Bei dem Meereswurm *Bonellia* gehen aus den Eiern geschlechtlich nicht differenzierte Larven hervor. Setzt sich eine solche Larve am Rüssel eines erwachsenen Weibchens fest, so entwickelt sich daraus ein (viel kleineres) Männchen; bleibt sie freilebend, so entsteht ein Weibchen. Zur Geschlechtsdeterminierung führen hier Stoffe, die von den erwachsenen Weibchen abgegeben werden (»Auslösefaktoren«).

Der im Meer lebende Borstenwurm *Ophryotrocha* ist als junges Tier männlich. Mit zunehmender Größe wandelt er sich nach einer kurzen zwitterigen Übergangsphase in ein Weibchen um, das nur noch Eizellen erzeugt. Durch knappe Fütterung lassen sich die Weibchen wieder in Männchen zurückverwandeln.

Beim Meeresringelwurm *Grubea* lassen sich die Weibchen durch knappe Fütterung ebenfalls in Männchen verwandeln. Darüber hinaus werden Weibchen nach Amputation hinterer Körperabschnitte bis zu 50% zu Männchen. Weibchen, die durch Isolierung von den Männchen an der Eiablage gehindert werden, verwandeln sich ebenfalls in Männchen. Eine Umwandlung von Männchen wie bei *Ophryotrocha* ist aber nicht mehr möglich.

Die meisten Blütenpflanzen sind zwittrig (z. B. Rose, Tulpe) oder einhäusig (z. B. Haselnuß). Ihre Zellen müssen also die Fähigkeit zur Entwicklung beider Geschlechter aufweisen (bisexuelle Potenz). Welche Vorgänge die Bildung von Staubbeuteln und in diesen die Bildung von Pollenkörnern (die ihrerseits männliche Gameten bilden) veranlassen und andererseits zur Bildung von Samenanlagen (und in diesen von Eizellen) führen, ist weitgehend unbekannt. Man nimmt an, daß innere Regulatoren (z. B. pflanzliche Hormone) wirksam sind. Ob Zwitterblüten oder eingeschlechtliche Blüten gebildet werden, ist zumeist genetisch festgelegt, in manchen Fällen aber auch von Umwelteinflüssen abhängig.

### 8.9.2 Genotypische Geschlechtsbestimmung

Das Geschlechtsverhältnis zwischen Weibchen und Männchen ist in der Regel etwa 1 : 1. Weil dieses Aufspaltungsverhältnis auch bei einer Rückkreuzung auftritt, wurde schon früh vermutet, daß die das Geschlecht bestimmenden Erbfaktoren im einen Geschlecht homozygot und im anderen heterozygot vorliegen. Hinweise auf die Richtigkeit dieser Vermutung erbrachte die Untersuchung der Chromosomen von *Drosophila.*

Von den vier Chromosomenpaaren der *Drosophila* sind drei bei beiden Geschlechtern völlig gleich gestaltet (homomorph). Das vierte Paar besteht beim Weibchen aus zwei X-Chromosomen, beim Männchen aus einem X- und einem (größeren) Y-Chromosom. Diese Chromosomen bestimmen das Geschlecht; man nennt sie **Geschlechtschromosomen**. Alle übrigen Chromosomen heißen **Autosomen**.

Bei der Reduktionsteilung treten die Partner eines jeden Chromosomenpaares auseinander. Es müssen daher alle Eizellen ein X-Chromosom besitzen, während die eine Hälfte der Samenzellen ein X-Chromosom, die andere Hälfte aber ein Y-Chromosom mitbekommt. Das Zusammentreten der Geschlechtszellen würde dann je zur Hälfte die Kombination XX und XY, d.h. Weibchen und Männchen im Zahlenverhältnis 1 : 1 ergeben, was auch tatsächlich zutrifft. Die Geschlechtsbestimmung ist demnach bei *Drosophila* ein Vorgang der Vererbung und beruht auf der Kombination eines besonderen Chromosomen-Paares. *Das Geschlecht des künftigen Wesens ist daher* (bei diploiden Lebewesen) *mit der Befruchtung festgelegt.* Gleiches gilt auch für die meisten zweihäusigen Pflanzen (z. B. Salweide, Große Brennessel), bei denen jedes Individuum entweder nur männliche oder weibliche Blüten trägt.

Beim Menschen bestimmt die An- oder Abwesenheit des sehr kleinen Y-Chromosoms die Geschlechtsentwicklung. Bei näherer Untersuchung der Verhältnisse bei *Drosophila* hat sich hingegen gezeigt, daß die Ausbildung des männlichen Geschlechts nicht durch das Y-Chromosom festgelegt wird, sondern daß das Verhältnis zwischen der Anzahl der X-Chromosomen und der Anzahl der Autosomensätze entscheidend ist (Bild 89).

Bei einer Reihe von Tierarten (z. B. Wanzen) fehlt das Y-Chromosom. Bei diesem XO-Typ wird das Geschlecht ebenfalls durch das Verhältnis von X-Chromosomen zu Autosomen bestimmt.

Meist sind die weiblichen Tiere in Bezug auf die Geschlechtschromosomen homozygot, die männlichen heterozygot, so daß die Samenzellen zu gleichen Teilen das weibliche und das männliche Geschlecht bestimmen. Bei Vögeln und Schmetterlingen ist es umgekehrt; bei ihnen entscheidet also der Chromosomeninhalt der Eizelle über das künftige Geschlecht (Heterogametie im weiblichen Geschlecht, vgl. Tabelle).

Der Vorgang der Geschlechtsbestimmung läßt beide Geschlechter in gleicher Zahl erwarten. Dies stimmt auch tatsächlich im großen ganzen; bei einzelnen Lebewesen treten aber doch *Abweichungen von dem Geschlechtsverhältnis* 1 : 1 auf, die über das nach Wahrscheinlichkeitsgesetzen zulässige Maß hinausgehen. So werden bei allen Rassen des Menschen auf 100 Mädchen 106–107 Knaben geboren. Auch bei den Haustieren werden Abweichungen beobachtet. Bei der getrenntgeschlechtlichen Lichtnelke konnte CORRENS nachweisen, daß die starke Störung des Geschlechtsverhältnisses (bis zu 230 weibliche auf 100 männliche Pflanzen) darauf zurückzuführen ist, daß die Pollenschläuche der weiblich bestimmenden Pollen durchschnittlich schneller wachsen als die der männlich bestimmenden und deshalb in mehr Fällen die Befruchtung herbeiführen als die anderen. Bei Tieren und beim Menschen erklärt man die Abweichungen durch eine verschiedene Geschwindigkeit der X- und Y-Samenzellen.

Es gibt auch Arten, bei denen die Geschlechtsverhältnisse durch die Autosomen bestimmt werden, bei ihnen fehlen gestaltlich gesonderte Geschlechtschromosomen. Dies trifft z. B. für die staatenbildenden Hautflügler zu. Bei der Honigbiene entwickeln

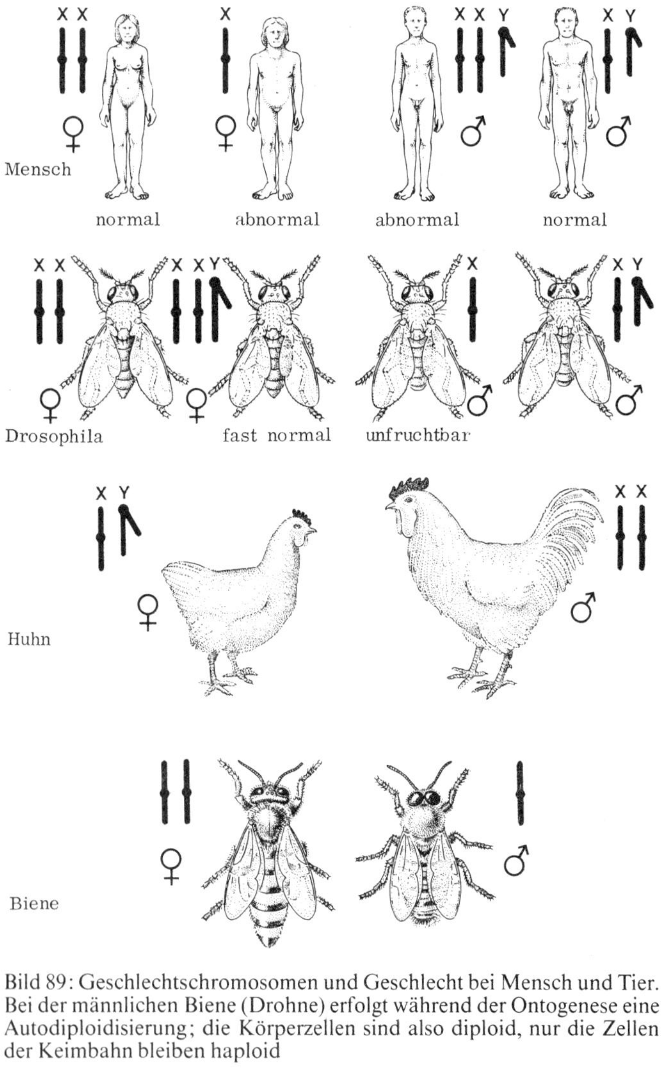


Bild 89: Geschlechtschromosomen und Geschlecht bei Mensch und Tier. Bei der männlichen Biene (Drohne) erfolgt während der Ontogenese eine Autodiploidisierung; die Körperzellen sind also diploid, nur die Zellen der Keimbahn bleiben haploid

sich Königinnen und Arbeiterinnen aus befruchteten, Drohnen aus unbefruchteten Eiern.

**Phänotypische Geschlechtsbestimmung:** *Geschlecht wird durch Umwelteinflüsse bestimmt.*

**Genotypische Geschlechtsbestimmung:** *Geschlecht wird von Geschlechtschromosomen bestimmt und deshalb bei der Befruchtung festgelegt.*

**Tabelle 13: Genotypische Geschlechtsbestimmung im Tierreich**

1. XX/XY-System:
   ♂ mit XY (♂ heterogametisch)
   Gestalt: X = Y: bei einigen Amphibien (Hyla)
   X > Y: bei den meisten Säugern (z. B. Mensch), zahlreichen Insekten, einigen Krebsen
   X < Y: Drosophila
   ♀ mit XY (♀ heterogametisch)
   bei den meisten Schmetterlingen, einigen Libellen, Vögeln (z. B. Huhn), vielen Fischen, Hüpferling (Krebs)
2. XX/XO-System:
   ♂ mit XO: bei den meisten Libellen, Wanzen
   ♀ mit XO: bei einigen Schmetterlingen
3. Komplexe Systeme:
   ♀ mit mehr als 2 X-Chromosomen, ♂ heterogametisch:
   bei einigen Insekten (Gottesanbeterin, Küchenschabe), einigen Säugern (Beuteltiere, einige Nagetiere), den meisten Spinnen

### 8.9.3 Geschlechtschromosomengebundene Vererbung

Es gibt Erbgänge, bei welchen eine merkwürdige Bindung gewisser Anlagen an das Geschlecht zu beobachten ist:

a. Kreuzt man rotäugige Weibchen von *Drosophila* mit weißäugigen Männchen, wobei Rot über Weiß dominiert, so haben in $F_1$ alle Tiere rote Augen, und die beiden Geschlechter treten im Verhältnis 1 : 1 auf. Dies entspricht durchaus der ersten Mendelschen Regel und dem Mechanismus der Geschlechtsbestimmung.

b. Die Kreuzung von weißäugigen Weibchen mit rotäugigen Männchen ergibt dagegen schon in $F_1$ rot- und weißäugige Tiere im Verhältnis 1 : 1, wobei alle Weibchen rote, alle Männchen weiße Augen haben.

Dieser Fall läßt sich durch die Annahme erklären, daß die X-Chromosomen nicht nur das Geschlecht bestimmen, sondern auch Gene tragen, welche zusammen eine Koppelungsgruppe bilden. Es sind *geschlechtschromosomgebundene,* oder kürzer, *geschlechtsgebundene* Erbanlagen.

Auf dem kleinen Y-Chromosom des Menschen sind nur wenige Allele lokalisiert, daher haben die meisten Gene des X-Chromosoms keine entsprechenden Allele auf dem Y-Chromosom. Solche Gene wirken sich im männlichen Geschlecht deshalb auch dann aus, wenn sie rezessiv sind. Dies gilt für einige bekannte Erbkrankheiten des Menschen, besonders für die Rotgrünblindheit und die Bluterkrankheit (Hämophilie) mit ihrer gefährlich verlangsamten Blutgerinnung.

Theoretisch gehen aus der Ehe zwischen einem bluterkranken Mann mit der Krankheitsanlage im X-Chromosom und einer erbgesunden Frau zur Hälfte gesunde Söhne und phänotypisch gesunde, aber heterozygote Töchter hervor. Heiratet nun eine solche Anlagenträgerin einen gesunden Mann, so entstehen je zu einem Viertel reinerbig gesunde und mischerbige Töchter sowie gesunde und kranke Söhne. Wenn eine Erbträgerin einen kranken Mann heiratet, so müßten je zu einem Viertel reinerbig kranke Töchter, mischerbige Töchter (Anlageträgerinnen), kranke und gesunde Söhne entstehen. Doch sind Verbindungen von Blutern mit Mädchen aus Bluterfamilien sehr selten. Daß ein Bluter einen kranken Sohn hatte, ist bei den vielen bisher durchgeführten Stammbaumuntersuchungen nur einmal festgestellt worden. Seit einigen Jahren ist eine Sippe bekannt, in der bluterkranke Frauen vorkommen. Sie sind in bezug auf die Krankheitsanlage reinerbig; alle männlichen Nachkommen sind Bluter. Diese Abweichungen sind erklärbar, seit man weiß, daß bei der Blutgerinnung eine große Zahl von Genen beteiligt ist; so gibt es offenbar zwei verschiedene Bluterkrankheiten (A und B). Bei beiden kann das Krankheitsbild unterschiedlich schwer sein. Eine Stammtafel über die Vererbung der Bluterkrankheit in europäischen Fürstenhäusern zeigt Bild 90.

Die verschiedenen Formen geschlechtschromosomengebundener Rotgrünblindheit sind durch zwei Gruppen von Genen verursacht, die auf dem X-Chromosom in gewissem Abstand voneinander liegen. Etwa 3 – 4% der Männer (in Europa) können in unterschiedlichem Maß nicht zwischen Rot und Grün unterscheiden. Bei etwa 1 – 2% der Männer ist hingegen das Farbenspektrum am roten Ende verkürzt, und die Rotempfin-

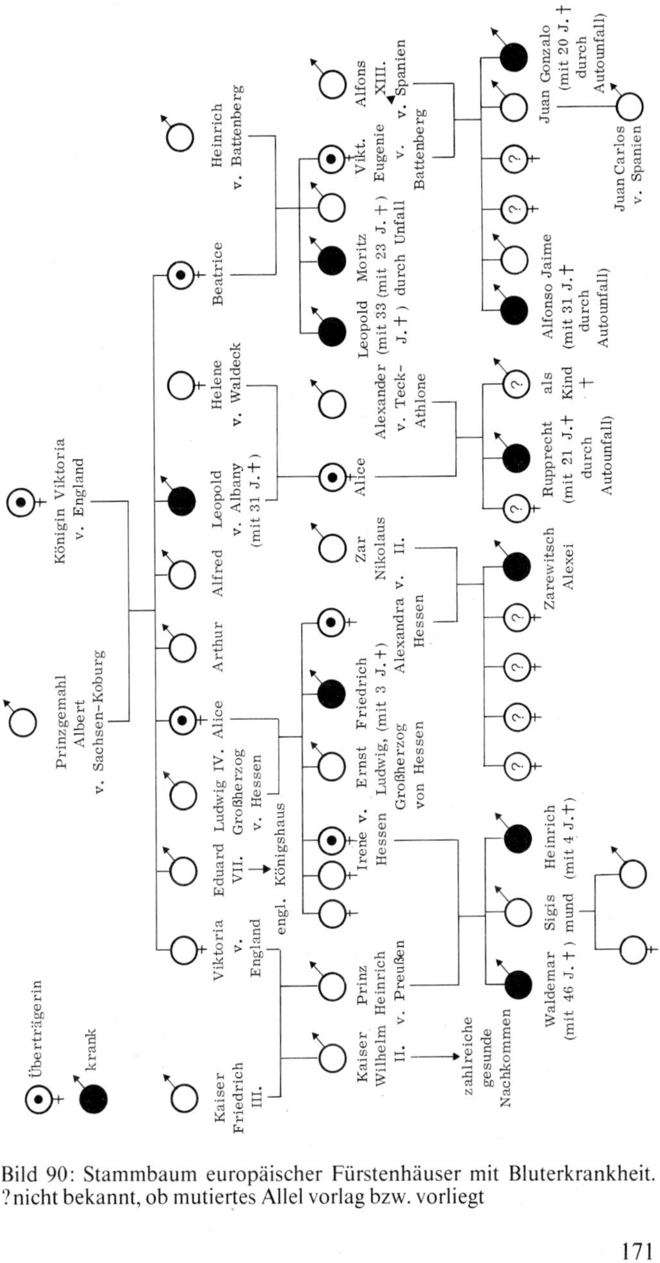


Bild 90: Stammbaum europäischer Fürstenhäuser mit Bluterkrankheit.
? nicht bekannt, ob mutiertes Allel vorlag bzw. vorliegt

dung fehlt oder ist stark abgeschwächt, Grün dagegen wird gesehen. Frauen, die heterozygot eines der mutierten Allele tragen, haben in der Regel normale Farbwahrnehmung. Gelegentlich findet man unter ihnen aber Rotgrünblinde des gleichen Typs wie ihre Söhne und Väter. Eine Erklärung dafür gibt Abschnitt 10.3.

Zwischen den beiden gekoppelten Genen für Bluterkrankheit und Rotgrünblindheit wurde beim Menschen auch ein Genaustausch nachgewiesen. Ein äußerlich gesundes Ehepaar hatte 4 Söhne, von denen der älteste rotgrünblind und Bluter, der zweite normalsehend und Bluter, der dritte rotgrünblind, aber blutgesund, der vierte weder Bluter noch rotgrünblind war. Die Anlagen erwiesen sich also zum Teil als gekoppelt, zum Teil als nicht gekoppelt. Das muß seinen Grund darin haben, daß während der Eireifung bei der Mutter ein Anlagenaustausch stattfand. Dabei sind zwei Möglichkeiten denkbar: Entweder erhielt schon die Mutter die beiden Gene in *einem* Chromosom übermittelt, und sie wurden in ihr entkoppelt, oder aber besaß sie die beiden Gene ursprünglich getrennt in den zwei homologen X-Chromosomen, und sie wurden bei der Eireifung zusammengekoppelt. Dieses Beispiel zeigt, daß auch beim Menschen Anlagenaustausch durch Überkreuzung vorkommen kann.

Von der geschlechtsgebundenen Vererbung streng trennen muß man das **geschlechtsbegrenzte Auftreten von Merkmalen**. So gibt es beim Menschen ein auf einem Autosom gelegenes dominantes Gen, das beim Mann frühzeitige Glatzenbildung auslöst, nicht hingegen bei Frauen (die aber das Gen übertragen). In diesem Fall muß zur Merkmalsausbildung eine bestimmte Menge männlicher Sexualhormone vorhanden sein. So verlieren Frauen mit einer Nebennierenerkrankung, die zur vermehrten Bildung solcher Hormone führt, bei Gegenwart dieses Gens ihr Haar; Eunuchen mit dem Gen werden dagegen nicht kahl.

### 8.9.4 Inaktivierung des X-Chromosoms

Beim Menschen liegen auf dem X-Chromosom zahlreiche Gene, die mit der Geschlechtsausbildung nichts zu tun haben. Diese treten im weiblichen Geschlecht bei zwei X-Chromosomen also doppelt auf und können vielleicht das Gleichgewicht zwischen den Genen der Geschlechtschromosomen und den Genen der Autosomen stören. Jedenfalls wird schon auf embryonalem Stadium eines der beiden X-Chromosomen durch starke Kontraktion der DNA und Verknüpfung mit zusätzlichen Proteinen in einen inaktiven Zustand gebracht; an dieser DNA kann keine m-RNA mehr gebildet werden. Das »stillgelegte« X-Chromosom ist lichtmikroskopisch sichtbar und wird als Geschlechtschromatin oder **Barr-Körperchen** bezeichnet (Bild 91).

Durch Vorhandensein oder Fehlen des Barr-Körperchens kann bei Zwittern (Hermaphroditen), die z. B. als Folge hormonaler Störungen auftreten, das erblich angelegte Geschlecht eindeutig erkannt werden. Die Kern-Geschlechtsbestimmung wird durch cytologische Untersuchung von Blut- oder Haarwurzel-Zellen ausgeführt (Geschlechtstest bei Sportlerinnen). Welches der beiden X-Chromosomen den BARR-Körper ausbildet, ist dem Zufall überlassen.

Die Inaktivierung eines X-Chromosoms erfolgt auf frühem Embryonalzustand. Bei Heterozygotie bezüglich einzelner Gene kommt es hierdurch zu einer Mosaikentwicklung, d.h. in bestimmten Zellen ist das eine Allel solcher Gene aktiv, in anderen Zellen das andere. Dadurch wird eine Störung im Organismus verhindert, auch wenn in durchschnittlich der Hälfte der Körperzellen einzelne Gene nicht funktionsfähig sind. Bei genauer biochemischer Untersuchung sind solche partiellen Funktionsstörungen nachweisbar. So findet man z.B. bei Frauen, die für Muskelschwund heterozygot sind, erkrankte Muskelfasern (normales X-Chromosom inaktiv) und gesunde (defektes X-Chromosom inaktiv). Da das gesunde Gewebe verstärkt wird, sind die betreffenden Frauen phänotypisch gesund (vgl. Bild 92).

Bei *Drosophila* wird nicht ein ganzes X-Chromosom inaktiviert, sondern jeweils einzelne Gene auf jedem der beiden X-Chromosomen; es entsteht also kein BARR-Körperchen.

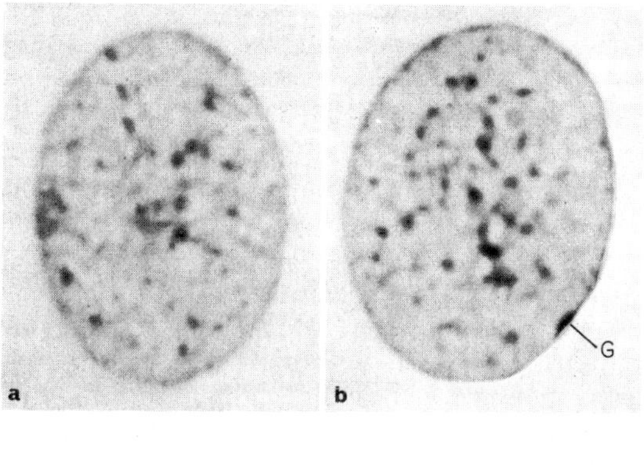


Bild 91: Zellkerne aus dem Epithel der Mundschleimhaut eines Mannes (a) und einer Frau (b). Der Zellkern der Frau enthält randständig das Barr-Körperchen G (Geschlechtschromatin)

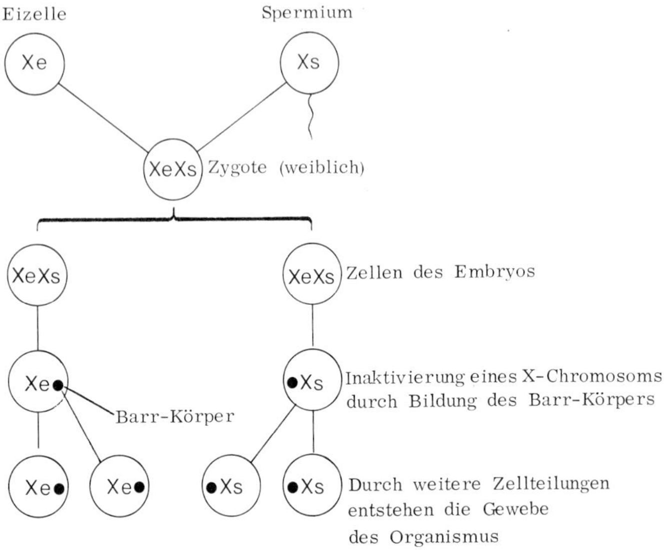


Bild 92: Entstehung eines Zellmosaiks im weiblichen Körper aus Zellen, die entweder ein aktives $X_e$-Chromosom (von der Eizelle) oder ein aktives $X_s$-Chromosom (vom Spermium) haben. Im Organismus sind deshalb die Gene beider X-Chromosomen wirksam

## 8.10. Riesenchromosomen – Entstehung und Bedeutung für genetische Untersuchungen

Der Zellforscher kennt bei verschiedenen Organismen die Erscheinung, daß in bestimmten Zellen, die sich normalerweise nicht mehr teilen, die Reduplikation der Chromosomen im Kern weitergeht, ohne daß eine Kernteilung erfolgt. Dieser Vorgang heißt *Endomitose.* Mit den vervielfachten Chromosomensätzen besitzen solche Zellen entsprechend viele homologe Gene und sind dadurch zu besonders intensiven Stoffwechselleistungen befähigt. Aus den langgestreckten Chromatiden werden dicke Bündel, da schon nach 10 Reduplikationen aus einer Chromatide 1024 Stränge geworden sind. Diese Bündel können sich nicht mehr zu Chromosomen verschrauben, sind aber infolge ihres beträchtlichen Durchmessers auch in den Zeitspannen zwischen den Teilungsvorgängen gut erkennbar.

Diese vielsträngigen oder **polytänen Riesenchromosomen** zeigen ein Querscheibenmuster, das durch verdickte Stellen auf den einzelnen Fäden zustande kommt (Bild 93). Man bezeichnet sie als **Banden** oder auch als **Chromomeren.** Durch chemische Nachweis-Reaktionen hat man festgestellt, daß die Chromomeren Orte sehr hoher DNA-Konzentration sind. Durch geeignete Färbemethoden kann man auch in normalen Chromatiden solche Chromomeren sichtbar machen. Die Banden (Chromomeren) der Riesenchromosomen umfassen in Wirklichkeit mehrere Chromomeren normaler Chromosomen. Besonders große Polytän-Chromosomen findet man in den Speicheldrüsen von Zweiflügler-Larven (z. B. von *Drosophila* und von der Zuckmücke *Chironomus*). Riesenchromosomen gibt es aber auch bei Einzellern, Bohnenembryonen u. a.

Bild 93: Mikrophotographie eines ganzen, aus einer Zelle von *Rhynchosciara* (Mücke) isolierten Kerns mit deutlich erkennbaren Chromomeren auf den Riesenchromosomen

## 8.10.1 Beobachtung der Genaktivität

Im Querscheibenmuster der Riesenchromosomen kann man Stellen mit aufgelockerten Strukturen entdecken. An solchen Orten hat sich die in den Chromomeren konzentrierte DNA entfaltet und bildet eine vergrößerte Oberfläche. Dabei entsteht im Chromosom eine Aufwölbung, die als **Puff** (engl. Aufblähung) bezeichnet wird (Bild 94). Die *Puffs* zeichnen sich durch intensive RNA-Bildung aus, wie man durch autoradiographische Untersuchung erkannt hat. Uridin wird nur in RNA, aber nicht in DNA eingebaut. Findet man also nach Fütterung von radioaktiv markiertem Uridin eine hohe Radioaktivität im Puff-Bereich, so muß dort eine starke RNA-Synthese eingetreten sein. Auf diese Weise wurde gezeigt, daß im Puff-Bereich Transkription stattfindet, d. h. hier sind Gene aktiv; die Puff-Bildung ist Folge der RNA-Synthese.

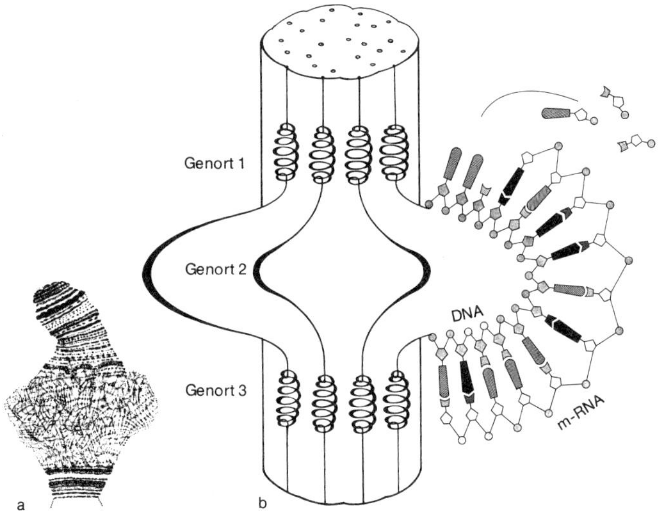


Bild 94: a Ausschnitt aus einem Riesenchromosom einer Mücke mit Querscheiben und Puff. b Schema des Puffvorgangs: Entknäuelung und Auftrennung eines DNA-Abschnitts an einem Genort, Aufbau eines m-RNA-Strangs durch Ansetzen freier komplementärer Nukleotide an die frei gewordenen Basen des DNA-Strangs. Von den Tausenden von Chromatiden des Riesenchromosoms sind nur 4 genauer dargestellt

## 8.10.2 Beobachtung der differentiellen Genaktivität

Jeder Organismus durchläuft während seiner Entwicklung Jugend- und Altersstadien, die sich in vielen Merkmalen voneinander unterscheiden. Das wird besonders deutlich bei Tierarten, die ein Larvenstadium durchlaufen. Eine Raupe ist anders gebaut als der sich aus ihr entwickelnde Schmetterling. Man kann sich deshalb schwer vorstellen, daß alle Gene in allen Zellen aller Entwicklungsstadien gleich aktiv sind. Wahrscheinlicher erscheint, daß in jedem Lebensstadium nur eine ganz bestimmte Gruppe von Genen wirksam ist und die jeweils vorhandenen Merkmale ausbildet. Zu gleichen Überlegungen gelangt man, wenn man die Differenzierung der Zellen bei der Furchung und Embryonalentwicklung betrachtet. Wie kommt es, daß sich die eine Zelle zur Muskelzelle, die andere zur Nervenzelle oder Drüsenzelle differenziert? Sie stammen doch alle von der gleichen befruchteten Eizelle ab und müssen durch den Vorgang der Mitose mit den gleichen Genen ausgestattet sein.

Kann man zur Erklärung der Entwicklung und Differenzierung annehmen, daß in den verschiedenen Zelltypen eben gerade diejenigen Gene aktiv sind, welche ihre besonderen Eigenschaften bestimmen, wogegen alle übrigen Gene blockiert und untätig sind? In diesem Falle müßten die verschiedenen Gene zeitlich nacheinander und in entwicklungsgerechter Reihenfolge in Aktion treten **(differentielle Genaktivierung)**.

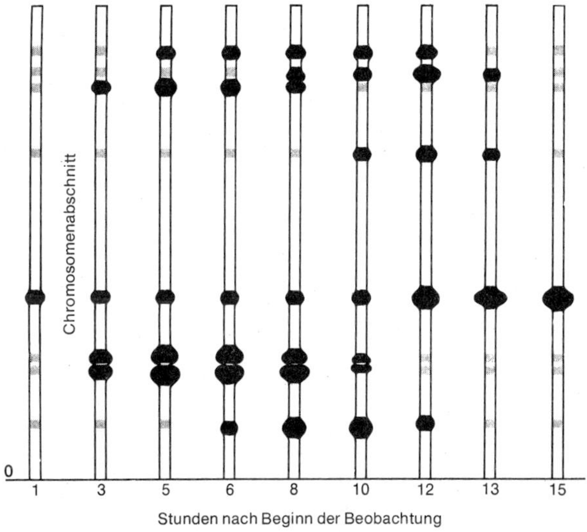


Bild 95: Schema der zeitlichen Folge der Genaktivität, gekennzeichnet durch Auftreten und Verschwinden von Puffs an den Genorten eines Chromosomenabschnitts von *Drosophila.* Schwarz: Gen aktiv (Puff) Grau: Gen inaktiv

Die Puffmuster der Riesenchromosomen liefern nun mikroskopisch direkte Hinweise für diese differentielle Genaktivität.

Man beobachtet bei Mückenlarven nicht nur, daß sich das Puffmuster der Chromosomen in jedem Larvenstadium ändert, sondern findet selbst beim gleichen Larvenstadium in verschiedenen Lappen der Speicheldrüsen, die unterschiedliche Sekrete bilden, auch unterschiedliche Puffmuster. Die durch die Puffmuster sich äußernde Genaktivität ist also sowohl stadienspezifisch wie auch gewebsspezifisch (Bild 95).

Bei einer Mückenart wurde gezeigt, daß zu Beginn der Metamorphose ein Puff über etwa 15 Querscheiben (Chromomeren) hinwegwandert. Hier wird offensichtlich nacheinander eine Reihe von Genen aktiv, die hintereinander im Chromosom aufgereiht liegen. Die mikroskopische Untersuchung der Puffbildung bei Riesenchromosomen hat sich als wertvolle methodische Hilfe zur Klärung von Fragen der Molekulargenetik erwiesen.

### 8.10.3 Nachweis des Mendelns der Allele an Riesenchromosomen

Bei der Zuckmückenart *Chironomus pallidivittatus* werden in bestimmten Zellen der Speicheldrüsen Eiweißkörperchen (Granula) gebildet, bei der Art *Chironomus tentans* nicht. Beide Arten können gekreuzt werden. In der $F_1$-Generation ist die Granulabildung von geringer Intensität (intermediäre Wirkung). In der $F_2$-Generation findet man dementsprechend drei Gruppen von Individuen im Verhältnis 1 (viele Granula): 2 (wenige Granula): 1 (keine Granula). Das Merkmal Granula-Bildung zeigt somit normales Mendeln. Eine Analyse der Puffbildung in den Riesenchromosomen der verschiedenen Kreuzungsprodukte ergab, daß für die Granula-Bildung ein Gen im Chromosom 4 verantwortlich ist. Das Auftreten der Granula ist stets mit der Puffbildung an der betreffenden Stelle verknüpft. Bei *Chironomus tentans* wird kein Puff ausgebildet. Im Bastard der $F_1$-Generation erscheint bei einem der beiden homologen Chromosomen ein Puff; bei *Ch. pallidivittatus* treten in beiden Chromosomen Puffs auf. In diesem Fall kann die Puffbildung mit dem Auftreten eines bestimmten Proteins in der Zelle korreliert werden. Außerdem lassen sich die nach den beiden ersten Mendelschen Regeln zu erwartenden Gesetzmäßigkeiten direkt am Puffbildungsmuster ablesen.

## Aufgaben zu Abschnitt 8

1. Das Fell eines »Platin«-Nerzes ist viel teurer als das Fell des wildfarbenen Nerzes. Eine Nerzfarm kauft deshalb ein »Platin«-Männchen. Wie muß gekreuzt werden, damit man von dem »Pla-

tin«-Männchen und einem wildfarbenen Weibchen in kürzester Zeit eine möglichst große Anzahl platinfarbener Nachkommen erhält? Das Gen für »Platin«-Fell ist rezessiv.

2. Ein Katzenzüchter hat rein weiße Katzen und einige mit schwarzen Flecken. Wie läßt sich klären, ob die Schwarzfleckigkeit ein dominantes oder rezessives Merkmal ist? Vorausgesetzt ist, daß den beiden Fellfarben ein Paar alleler Gene zugrundeliegt.

3. Angenommen, die Gene A, B und C liegen auf einem Chromosom, ihre Allele a, b und c auf dem homologen Chromosom. Bei Kreuzungen beobachte man in 15% der Fälle eine Entkoppelung von A und B durch Crossover und in 4% der Fälle eine Entkoppelung von A und C. Wie hoch ist dann wahrscheinlich der Prozentsatz für Entkoppelung von B und C?

4. Bei *Drosophila* ist von vielen Genen bekannt, auf welchen Chromosomen sie liegen. Angenommen, man entdeckt eine neue Mutation, die auf ein einziges mutiertes Gen zurückgeht. Wie ließe sich feststellen, auf welchem Chromosom das mutierte Gen liegt?

5. Man spricht von Genen für die verschiedenen Merkmale eines Organismus (z.B. Hautfarbe, Sichelzellanämie, hoher Wuchs). Gene sind aber nach Auffassung der Molekulargenetik Abschnitte eines DNA-Moleküls. Welcher Zusammenhang besteht zwischen beiden Aussagen?

6. Warum kann man bei haploiden Organismen Erbgänge leichter erkennen als bei diploiden?

7. Bei *Drosophila* wird ein heterozygotes Weibchen mit den mutierten Genen y, ct und v mit einem Männchen gekreuzt, das die gleichen mutierten Gene hat. Die Gene liegen auf dem X-Chromosom. Folgende Nachkommen wurden gezählt: Phänotyp wild 2189, Phänotyp y ct v 1945, Phänotyp y $ct^+$ $v^+$ 737, Phänotyp y ct $v^+$ 368, Phänotyp $y^+$ ct v 720, Phänotyp $y^+$ $ct^+$v 317, Phänotyp y $ct^+$ v 78, Phänotyp $y^+$ ct $v^+$ 82. Welche Rekombinationen zeigen einfaches Crossover? Wo kommt doppeltes Crossover vor? Wie groß sind die Abstände zwischen y und ct und zwischen ct und v in MORGAN-Einheiten?

8. Ein Kaninchenzüchter will ein chinchillafarbenes Männchen für Zuchtzwecke kaufen. Er weiß aber nicht sicher, ob dieses bezüglich der Farbe homozygot ist. Wie kann er das am besten prüfen? Er kreuzt das Tier mit einem reinrassigen Weibchen von Himalaya-Farbe und erhält in einem Wurf von 6 Tieren nur chinchil-

lafarbene. Wie sicher ist er jetzt, daß das Männchen homozygot ist (Chinchilla ist dominant über Himalaya)?

9. Erläutern Sie die Erscheinung der multiplen Allelie aus der chemischen Natur der Gene.

10. Drosophila besitzt im haploiden Chromosomensatz etwa $1{,}4 \cdot 10^8$ Nukleotidpaare. In den Riesenchromosomen zählt man insgesamt etwa 5000 Chromomerenbanden, die zusammen etwa 95% der DNA enthalten. a) Wie viele Nukleotidpaare enthält eine Bande im Durchschnitt? b) Wie groß ist die Anzahl der Gene je Bande, wenn wir eine durchschnittliche Gengröße von $10^3$ Nukleotiden annehmen?

11. Ein homozygoter Drosophila-Stamm trägt das rezessive Allel v (auf dem X-Chromosom), ein anderer homozygoter Stamm das rezessive Allel ro (auf einem Autosom). Wie erhält man einen für diese Allele doppelt homozygoten Stamm?

12. Als Allele der Augenfarbe treten bei *Drosophila* auf: $W^+$ = rot (Wildtyp), W = weiß, $W^e$ = rosa. Eine Kreuzung zwischen einem Wildtyp-Männchen und einem rosa-äugigen Weibchen ergab folgende Nachkommen:
in F 1:

| | | |
|---|---|---|
| Rote Augenfarbe: | ♀ | 565 |
| | ♂ | 0 |
| Rosa Augenfarbe: | ♀ | 0 |
| | ♂ | 279 |
| Weiße Augenfarbe: | ♀ | 0 |
| | ♂ | 304 |

Auf welchem Chromosom liegen die Allele? Welches sind die Genotypen der Eltern? Wie ist das Dominanzverhältnis der Allele?

13. Die Genkartierung erfolgt aufgrund der durch Crossover hervorgerufenen Rekombinationshäufigkeiten. Die Rekombinationen sind während der Meiose als Chiasmata sichtbar. Welche Beziehungen bestehen zwischen den Genabständen in MORGAN-Einheiten und der Häufigkeit der Chiasmata eines Chromosoms?

14. Eine Hühnerrasse besitzt kurze Beine. Das diesem Merkmal zugrunde liegende Gen ist dominant. Außerdem führt es im homozygoten Zustand zu einer so starken Verkürzung des Schnabels, daß das Küken im Ei die Schale nicht aufpicken kann und vor dem Ausschlüpfen stirbt. In einem Betrieb, der nur kurzbeinige Tiere zur Weiterzucht verwendet, sind 3000 Küken ge-

schlüpft, darunter auch langbeinige Tiere. Wieviel kurzbeinige Tiere unter den 3000 geschlüpften sind zu erwarten. Läßt sich das Auftreten langbeiniger Tiere durch eine geschickte Kreuzung verhindern?

# 9. Populationsgenetik

Für die Genetik ist nicht nur die Vererbung der Gene bei der Nachkommenschaft bestimmter Eltern von Interesse, sie untersucht auch die Verteilung der Erbanlagen in der Nachkommenschaft ganzer Populationen. Die **Population** umfaßt alle artgleichen Individuen eines Gebiets, die sich beliebig miteinander paaren können – die Population bildet also eine Fortpflanzungsgemeinschaft. Den Gesamtbestand der in einer Population vorhandenen Gene (d.h. aller Allele) bezeichnet man als **Genpool** und die Häufigkeit eines Gens in einer Population als **Gen-Frequenz.**

Um die Verteilung der Erbanlagen bei den Nachkommen einer Population zu untersuchen, wählen wir als Beispiel eine Tierpopulation mit 4 schwarzen, 12 grauen und 9 weißen Individuen. Die Farbe sei durch Allele eines einzigen Gens festgelegt: SS = schwarz, ss = weiß, Ss = grau. Die Allele kommen im Genpool also in unterschiedlicher Häufigkeit vor. Bezeichnen wir die relative Häufigkeit von S mit p und die von s mit q dann ist $S + s = p + q = 1$ (= 100% aller Farballele im Genpool). In der Population sind vorhanden

4 Individuen mit SS (relative Häufigkeit 0,16)
12 Individuen mit Ss (relative Häufigkeit 0,48)
9 Individuen mit ss (relative Häufigkeit 0,36)

---
25 Individuen insgesamt (relative Häufigkeit 1,0)

Im Genpool sind vorhanden
20 Allele S, relative Häufigkeit 0,40 = p
30 Allele s, relative Häufigkeit 0,60 = q

---
50 Allele insgesamt, relative Häufigkeit 1,00 = p + q

Da Zufallspaarung vorausgesetzt ist, kann man die Zusammensetzung der Tochtergeneration mit den Regeln der Wahrscheinlichkeit bestimmen. Die hierfür wichtige Grundregel lautet: Die Wahrscheinlichkeit, daß zwei voneinander unabhängige Ereignisse zugleich auftreten, ist gleich dem Produkt der Einzelwahrscheinlichkeiten.

Man kann sich diese Wahrscheinlichkeitsregel folgendermaßen veranschaulichen: Ein Würfel hat sechs Seiten; die Wahrscheinlichkeit, eine Eins zu würfeln, ist $1:6 = 1/6$. Die Wahrscheinlichkeit mit zwei Würfeln gleichzeitig zwei Einsen zu würfeln, ist $1/6 \cdot 1/6 = 1/36$.

Bei p Spermien mit dem Allel S
q Spermien mit dem Allel s
p Eizellen mit dem Allel S
q Eizellen mit dem Allel s

ergeben sich für die Tochtergeneration folgende Kombinationsmöglichkeiten:

| | Eizellen | |
|---|---|---|
| Spermien | S<br>Häufigkeit p | s<br>q |
| S<br>Häufigkeit: p | SS<br>$p^2$ | Ss<br>pq |
| s<br>Häufigkeit: q | Ss<br>pq | ss<br>$q^2$ |

Bei der Tochtergeneration sind also folgende Genotypen zu erwarten

SS mit der Häufigkeit $p^2$
Ss mit der Häufigkeit 2pq
ss mit der Häufigkeit $q^2$

Nun muß aber gelten: $p^2 + 2pq + q^2 = 1$, weil die Summe aller Genotypen 100% der Population entsprechen.

Wenn die drei Genotypen SS, Ss und ss gleiche Überlebenswahrscheinlichkeit, gleiche Paarungschancen und gleiche Fruchtbarkeit haben, (vgl. St.-band Evolution 3.5.2.1), so bilden sich auch in der Tochtergeneration wieder p Keimzellen mit dem Allel S und q Keimzellen mit dem Allel s aus. Das Verhältnis der Keimzellen S zu den Keimzellen s bleibt also p : q und das Verhältnis der entstehenden Genotypen SS : Ss : ss = $p^2 : 2pq : q^2$. Dies gilt auch für alle folgenden Generationen. Das Verhältnis der Genhäufigkeiten in einer Population bleibt über Generationen hinweg konstant (p : q = constant). Diese Tatsache wurde 1908 von dem Engländer HARDY und unabhängig davon gleichzeitig von dem Stuttgarter Arzt WEINBERG gefunden; man bezeichnet sie daher als **HARDY-WEINBERG-Gesetz** und heißt die Formel $p^2 + 2pq + q^2 = 1$ die HARDY-WEINBERG-Formel.

Im Beispiel haben wir der Einfachheit halber intermediäre Vererbung angenommen (die Heterozygoten sind grau). Das HARDY-WEINBERG-Gesetz kann selbstverständlich auch angewandt werden, wenn die Heterozygoten die Eigenschaften der Wildform haben. Aus der Größe von q kann man mit Hilfe der Formel dann den Heterozygoten-Anteil in einer großen Population berechnen.

Dies ist für die Medizin wichtig, um statistische Angaben über die Zahl erblich Belasteter in der Bevölkerung machen zu können. So hat man beobachtet, daß unter 10000 Kindern eines an Phenylketonurie leidet. Die Häufigkeit der heterozygoten Anlagenträger errechnet sich dann so: $p^2 + 2pq + q^2 = 1; q^2 = \frac{1}{10000}$, somit $q = \frac{1}{100}$ und $p = 1 - q = 1 - \frac{1}{100} \approx 1$. Heterozygot sind $2\,pq = 2 \cdot 1 \cdot \frac{1}{100} = \frac{1}{50}$, d.h. etwa jeder fünfzigste Mensch ist Anlagenträger (heterozygot).

Finden sich drei Allele eines Gens in einer Population, wie z.B. beim ABO-Blutgruppen-System, lassen sich die möglichen Kombinationen der Allele miteinander durch die erweiterte Formel $(p + q + r)^2 = 1$ darstellen. p gibt beim genannten Beispiel die Frequenz von $I^A$, q die Frequenz von $I^B$ und r die Frequenz von i an; auch hier gilt $p + q + r = 1$.

Da populationsgenetische Überlegungen auf Wahrscheinlichkeiten aufbauen, ist das HARDY-WEINBERG-Gesetz nur bei großer Individuenzahl hinreichend genau gültig, in kleinen Populationen können erhebliche Abweichungen auftreten.

**Populationsgenetik von Letalfaktoren:** *Es gibt Mutationen, die in homozygoter Form zum Tod des Lebewesens auf einem frühen Entwicklungsstadium führen, man nennt sie Letalfaktoren (vgl. 10.1). Solche treten in Populationen aller Lebewesen, auch des Menschen, auf (z.B. homozygoter Ausfall eines notwendigen Stoffwechselenzyms, gelbe Fellfarbe der Maus). Nehmen wir an,* ***s*** *sei ein Letalfaktor. Will man nun die Zusammensetzung der Population nach der HARDY-WEINBERG-Formel berechnen, so muß man berücksichtigen, daß die Individuen mit* ***ss*** *nicht lebensfähig sind. Dies sind diejenigen, deren Häufigkeit in der Formel durch die Größe »$q^2$« ausgedrückt ist. Sie sind von der Gesamtpopulation abzuziehen, d.h. wir schreiben die Formel nunmehr so:*

$$p^2 + 2pq = 1 - q^2$$

*Damit ist aber die Gesamthäufigkeit nicht mehr 1 (also 100%) sondern nur $1-q^2$; man muß daher die Formel nun so ändern (»nomieren«), daß rechts wieder der Wert 1 erscheint. Dazu dividiert man durch $1-q^2$:*

$$\frac{p^2}{1-q^2} + \frac{2pq}{1-q^2} = 1$$

*In der nächsten Generation ist der Letalfaktor **s** keineswegs verschwunden, denn er ist in den Heterozygoten enthalten. Die Häufigkeit der Heterozygoten in der Population ist $\frac{2pq}{1-q^2}$*
*Da sie den Letalfaktor nur heterozygot enthalten, ist seine Häufigkeit in der Tochtergeneration*

$$q_{(Tochtergeneration)} = \frac{pq}{1-q^2}$$

oder, da $p = 1-q$

$$= \frac{q(1-q)}{1-q^2}$$

Die Häufigkeit q des Letalfaktors ***s*** *nimmt in der Population von Generation zu Generation ab, weil die Homozygoten nicht lebensfähig sind. Die Ausnahme ist*

$$q_{Tochtergen.} - q_{Elterngen.} = \frac{q(1-q)}{1-q^2} - q = -\frac{q^2(1-q)}{1-q^2}$$

*Aus dieser Formel erkennt man, daß die Abnahme (daher Minuszeichen!) davon abhängt, wie häufig der Letalfaktor in der Population ist. Ist q groß, so nimmt die Frequenz zunächst von Generation zu Generation stark ab. Dadurch wird q rasch kleiner, d.h. nur noch wenige Individuen tragen den Letalfaktor. Dann aber nimmt q nur noch langsam ab. Ist z.B. die Frequenz q des Letalfaktors 2% = 0,02, so ergibt sich aus der Formel, daß die Abnahme der Häufigkeit je Generation lediglich etwa 0.0004% beträgt.*

**Population:** *Gesamtheit der Individuen einer Art in einem bestimmten Lebensraum.*

**Genpool:** *Gesamtheit aller in einer Population vorhandenen Gene (genauer: aller Allele der Population).*

## Aufgaben zu Abschnitt 9

1. Weiße Wolle bei Schafen wird verursacht durch ein dominantes Allel B, schwarze Wolle durch das rezessive Allel b. Bei einer Population von 900 Schafen findet man 891 weiße und 9 schwarze. Wieviele weiße Schafe sind heterozygot?

2. Stellen Sie für das ABO-Blutgruppensystem bei einer Population im genetischen Gleichgewicht fest, welche genotypischen Frequenzen (p, q, r) den Phänotypen A, B, AB und O entsprechen.

3. Die phänotypischen Häufigkeiten in einer Population seien: Blutgruppe 0 49%; A 36%, B 12%; AB 3%. Berechnen Sie die Allelenfrequenzen. Für welchen Anteil von Personen mit Blutgruppe A ist Homozygotie zu erwarten?

4. Ein Züchter kauft Tabaksamen und stellt bei der Keimung fest, daß von insgesamt 3072 Pflanzen 192 Albino-Keimlinge sind, die dann zugrundegehen. Für welchen Anteil an Pflanzen darf Homozygotie bezüglich der Chlorophyllbildung und damit volle Lebensfähigkeit aller Nachkommen angenommen werden? Wieviele Keimlinge sind Träger des Chlorophyll-Defekt-Gens?

Weitere Aufgaben zur Populationsgenetik im Abschnitt 14.

# 10. Mutationen

Mutationen treten bei allen Lebewesen auf und sind in jeder Zelle möglich (siehe auch Abschnitt 3.3 und 5.3). Bei Vielzellern können Körperzellen (Somazellen) oder die Keimbahn davon betroffen sein. Unter Keimbahn versteht man die Zellfolge, die von der Zygote bis zur Bildung der Keimzellen führt. Bei vielzelligen Tieren sondern sich diese *generativen* Zellen schon auf früher Entwicklungsstufe von den eigentlichen Körperzellen ab. Mutationen in

Körperzellen **(somatische Mutationen)** werden normalerweise nicht an die Nachkommen weitergegeben (Ausnahme: vegetative Fortpflanzung). Somatische Mutationen sind z. B. Knospenmutationen bei Pflanzen, bei denen aus einer Knospe heraus ein Sproß mit anderen Erbeigenschaften entstanden ist. Man kann sie durch Pfropfung und durch Samen vom mutierten Sproß vermehren.

Durch **Mutationen in der Keimbahn** sind die zahlreichen Rassen unserer Haustiere und Kulturpflanzen aus den Wildformen entstanden, die der Mensch in Zucht genommen hat. Auch die über 500 Formen von *Drosophila*, mit denen heute experimentiert wird, sind in den Zuchten als Mutationen entstanden. Bei einer Reihe von Arten beobachten wir gleichartige Mutationen. So sind die rotblättrigen Buchen, Haseln, Ahorne und Berberitzen die geschlitztblättrigen Holunder, Buchen, Erlen und Flieder, die »Trauerformen« der Weide, Esche, Buche, Birke und Ulme oder die »Dackelbeine« bei Hund und Schaf solche gleichgerichteten Mutationen.

Mutationen können einzelne oder viele Gene betreffen (vgl. Übersicht). Nach der Anzahl der betroffenen Gene unterscheidet man auch Genmutationen (nur ein Gen betroffen) und Chromosomenmutationen (mehrere Gene eines Chromosoms betroffen, häufig auch bei mikroskopischer Untersuchung des Chromosoms als Veränderung im Chromosom **(strukturelle Chromosomenaberration)** zu erkennen).

Jede nachteilige Mutation in einem Strukturgen führt zu einem schlechter oder gar nicht funktionsfähigen Protein und deshalb zur Störung oder zum Ausfall einer Stoffwechselreaktion. Rezessiv ist diese Mutation dann, wenn die Tätigkeit des zweiten vorhandenen Allels ausreicht, um genügend voll funktionsfähiges Protein zu bilden. In diesem Fall wird die Störung nur bei Homozygotie des mutierten Allels bemerkbar. Durch die Störung oder den Ausfall einer Stoffwechselreaktion werden oft mehrere Merkmale verändert, weil das Reaktionsprodukt an der Ausbildung mehrerer Merkmale beteiligt ist *(Polygenie)*. Dominant ist eine nachteilige Mutation, wenn die Störung durch das eine mutierte Allel bereits ausreicht zu einer nachteiligen Wirkung auf die Proteinsynthese. Dieser Fall ist natürlich viel seltener. Aus der Überlegung über die molekular ablaufenden Vorgänge folgt auch unmittelbar, daß »dominant« und »rezessiv« Grenzfälle sind und die Wirkung mutierter Allele alle Zwischenzustände zwischen dominant und rezessiv aufweisen kann.

Mutationen können auch Störungen bei der Regulation der Genaktivität verursachen (vgl. 11) , dadurch ist eine molekularbiologische Deutung von Befunden der klassischen Genetik ohne genaue Untersuchung oft sehr schwierig.

**Keimbahn:** *In der Entwicklung der vielzelligen Tiere auftretende Abfolge von Zellen, beginnend mit der befruchteten Eizelle (Zygote) bis zur Bildung von Geschlechtszellen (Keimzellen, Gameten) im Organismus, der sich aus der Zygote entwickelte. Nur Mutationen in der Keimbahn können vererbt werden.*

**Mutationen:** (vgl. Bild 96)

1. **Punktmutationen:** Sie betreffen ein Basenpaar oder wenige benachbarte Basenpaare eines Gens (vgl. auch 3.3.4)
   - 1.1 Substitutionsmutationen: durch Basenpaar-Austausch
   - 1.2 Rastermutationen:
     - 1.2.1 Basenpaar-Verlust (Deletion)
     - 1.2.2 Basenpaar-Einschub (Addition)

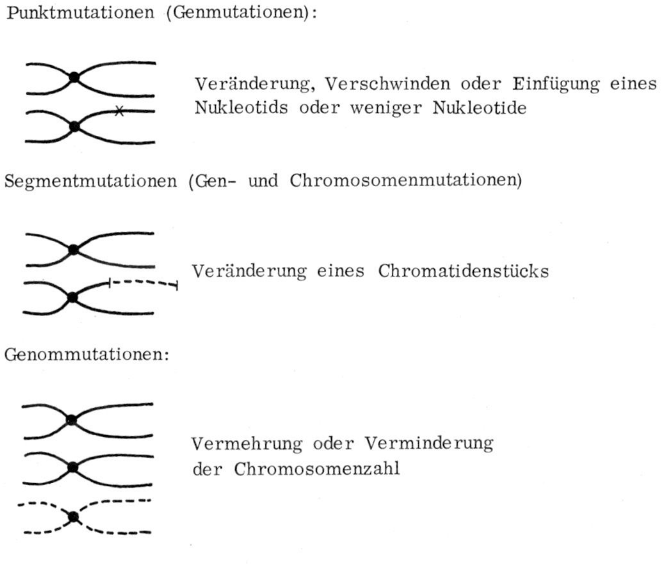


Bild 96: Übersicht über die Mutations-Typen

2. **Segmentmutationen:** Sie betreffen kleinere oder größere Stücke der DNA-Doppelhelix; sie können innerhalb eines Gens auftreten oder mehrere bis viele Gene umfassen. Sie verändern die Chromosomenstruktur (strukturelle Chromosomenaberration; vgl. 10.3).

  2.1 Umlagerungen:
    2.1.1 Inversion
    2.1.2 Translokation
  2.2 Verluste (Deletionen)
  2.3 Verdopplungen (Duplikationen)

3. **Genom-Mutationen:** Sie ändern die Anzahl ganzer, vollständiger Chromosomen (numerische Chromosomenaberrationen; vgl. 10.4).

## 10.1 Mutationsrate und Mutagene

Die Häufigkeit **(Mutationsrate)**, mit der sich ein Gen verändert, beträgt im Mittel $10^{-4}$ bis $10^{-9}$ je Gen und Generation. Allerdings zeigen sich große Unterschiede zwischen den einzelnen Pflanzen- und Tierarten, ja selbst zwischen den Genen einer Art. Manche Gene mutieren häufig, andere nur recht selten.

Die Mutationsrate bestimmt man bei Einzellern als die Anzahl Mutanten, die je Teilung und je Zelle neu auftreten. Bei Vielzellern errechnet man sie unter Anwendung der Populationsgenetik als Anteil der in einer Generation je Geschlechtszelle erfolgten Mutationen, soweit sie bei Nachkommen auftreten. Von den Mutationen des Menschen sind diejenigen der monogenen Erbleiden gut zu erfassen, wenn sie ärztlicher Behandlung bedürfen. Man kennt z. B. für die Phenylketonurie die Häufigkeit des krankmachenden Allels (vgl. 9). Die in einer großen Population bei Neugeborenen festgestellten Phenylketonurie-Fälle, die über die nach der Häufigkeit zu erwartende Zahl hinausgehen, müssen durch Neumutationen verursacht sein. So läßt sich statistisch erfassen, wie hoch die Mutationsrate bezogen auf die Zahl der zur Entwicklung gelangenden Zygoten ist. Dies ist die sogenannte »spontane Mutationsrate«, sie kann durch Umwelteinflüsse nur größer, nie aber kleiner werden.

*Beispiele für Mutationsraten beim Menschen:*

| | Zahl der Mutationen auf 1 Million Zygoten | Mutationsrate |
|---|---|---|
| Albinismus | 28 | $2{,}8 \cdot 10^{-5}$ |
| Bluterkrankheit (Hämophilie) | 19 | $1{,}9 \cdot 10^{-5}$ |
| Phenylketonurie | 25 | $2{,}5 \cdot 10^{-5}$ |

Die meisten Genmutationen sind rezessiv, es treten aber auch dominant und intermediär sich vererbende Allele neu auf. Welches Gen mutiert, steht in keinem erkennbaren Zusammenhang zu Umwelteinflüssen. Mutationen sind richtungslos und sind keine Anpassungserscheinungen an einen auslösenden Reiz und damit an die Umwelt. Für ihren Träger sind sie in vielen Fällen gleichgültig (Schlitzblättrigkeit, Hängeformen), sehr oft nachteilig (verkrüppelte Flügelformen bei *Drosophila*), bei Reinerbigkeit manchmal tödlich (letal); in diesem Fall spricht man von einem **Letalfaktor**. Seltener treten vorteilbringende Mutationen auf, solche werden erhalten und verdrängen die weniger vorteilhaften Formen.

Die Mutationsrate wird durch Umweltfaktoren beeinflußt. So nimmt bei vielen Lebewesen (z. B. *Drosophila*) die Mutationsrate mit steigender Temperatur zu. Auch zahlreiche Chemikalien können Mutationen auslösen (vgl. 10.1.2). Außerdem gibt es Mutagene, die bei wirbellosen Tieren oder Pflanzen wirksam sind, nicht hingegen bei Wirbeltieren, und andere Mutagene, die bei Säugern Mutationen auslösen, dagegen z. B. bei *Drosophila* nicht.

Gut untersucht ist die Auslösung von Mutationen durch Strahlung. Wirksam ist energiereiche, d. h. kurzwellige, elektromagnetische Strahlung sowie Korpuskular-(Teilchen-) Strahlung bei zureichender Energie.

**Letalfaktor:** *Mutation, die in einer frühen Entwicklungsphase des Organismus zu dessen Tod führt, wenn sie homozygot vorliegt.*

### 10.1.1 Mutationsauslösung durch Strahlen

Bei Vielzellern haben geringe Strahlungsdosen keine tödliche Wirkung. Erst eine Häufung vieler Einzelvorgänge im Organismus führt zum Tod. Bei Einzellern, vor allem bei Bakterien oder Viren, geht oft schon durch kleinste Strahlendosen ein gewisser Teil der Population zugrunde.

Wichtiger als die Abtötung durch Strahlung ist deren mutagene Wirkung. Sie wurde 1927 von MULLER bei der Bestrahlung von *Drosophila* mit Röntgenstrahlen entdeckt. Die mutagene Wirkung kommt bei der Teilchen- und der Röntgenstrahlung hauptsächlich durch Ionisation von Molekülen in der Zelle zustande, d.h. aus diesen getroffenen Molekülen werden Elektronen herausgeschlagen. Dabei genügt ein einziger Treffer, der das »richtige« Molekül trifft (**Treffertheorie** der Strahlenwirkung).

**Tabelle 14: Mutagene Strahlung**
(Wirkungsweise vgl. 10.1.1.)

| | |
|---|---|
| Elektromagnetische Wellen: | UV-Strahlen (Optimum: 260 nm) |
| | Röntgenstrahlen |
| | $\gamma$-Strahlen |
| Korpuskularstrahlen: | Elektronen ($\beta$-Strahlen) |
| | Protonen |
| | Neutronen |
| | $\alpha$-Strahlen |
| Radioaktive Substanzen als Strahlenquellen | |

Die Ionisation muß nicht an der DNA selbst erfolgen. Sie kann auch an solchen Molekülen der Zelle stattfinden, die nach der Ionisation durch die so veränderte chemische Reaktionsfähigkeit mit der DNA reagieren und deren Struktur dadurch verändern können.

UV-Strahlen sind nicht so energiereich, daß sie Ionisationen in nennenswertem Umfang hervorbringen können. Dennoch sind sie deutlich mutagen. Die Moleküle, auf die sie wirken, lassen sich durch Aufnahme eines **Wirkungsspektrums** identifizieren. Dazu bestrahlt man Einzellerpopulationen oder Zellkulturen mit UV-Strahlen gleicher Gesamtenergie, aber verschiedener Wellenlängen und mißt danach die Mutationsraten. Das Maximum der Mutationsraten wird man bei der Wellenlänge finden, bei der die Molekülart, deren Veränderung zu Mutationen führt, ihr Absorptionsmaximum hat. Das Ergebnis eines solchen Versuchs zeigt Bild 97. Der entscheidende Vorgang ist eine Veränderung der DNA. *Dies ist ein weiterer Beweis dafür, daß die DNA die genetische Substanz ist.*

Bei energiereichen Strahlen ist das Zustandekommen der mutagenen Wirkung komplizierter. Neben direkten Wirkungen auf die DNA spielen auch Schädigungen anderer Moleküle (z. B. Radikalbildung) eine Rolle, die dann mit der DNA reagieren. Für solche Wirkungen entscheidend ist die Anzahl der Ionisationen, die in der Zelle eintritt. Als Maß für die Ionisation dient die Röntgen-Einheit [r].

**Tabelle 15: Mittlere Strahlenbelastung der Bevölkerung in Europa**

| | m rem/Jahr |
|---|---|
| **1. Natürliche Strahlenbelastung** | |
| 1.1 Kosmische Strahlung | ~ 50 |
| 1.2 Terrestrische Strahlung | ~ 60 |
| 1.3 Aufnahme natürlicher radioakt. Elemente | ~ 20 |
| **2. Strahlenbelastung durch Zivilisation** | |
| 2.1 Medizin (Diagnose und Therapie) | ~ 50 |
| 2.2 Berufliche Belastung (ohne Kerntechnik, Strahlenmedizin) | < 1 |
| 2.3 Kernenergie-Technik, Reaktoren | < 1 |
| 2.4 Fall-out von Kernexplosionen | 8 (1970) |
| 2.5 Kleinquellen (Leuchtziffern, Fernsehgerät) | < 2 |
| 2.6 Passagiere im Luftverkehr | < 1 |

1 rem = 1 röntgen-equivalent-man ist die Einheit für die Dosis einer ionisierenden Strahlung beliebiger Art. Sie erzeugt in der Zelle denselben Effekt wie eine Gamma-Strahlung von 1 Röntgen.

Für die biologische Wirkung der Strahlung bei Vielzellern (und damit auch beim Menschen) ist die räumliche Verteilung der Vorgänge von großem Einfluß. Diese hängt von zahlreichen einzelnen Faktoren ab: Lage der Strahlenquelle (außerhalb oder innerhalb des Körpers), Art der Strahlung (elektromagnetische Wellen oder Teilchen), Energie der Strahlung, Dichte und chemische Zusammensetzung der absorbierenden Materie. UV-Strahlung wird schon durch 1–3 Zellschichten völlig absorbiert und kann daher beim Menschen nie Keimzellen im Körper erreichen. Hingegen durchdringt die Röntgenstrahlung den ganzen Körper, ausgenommen die Stellen, an denen schwere Atome in größerer Zahl eingelagert sind (Knochen). Darauf beruht ja das Prinzip der Röntgenaufnahmen. Auch die Reichweite der Teilchenstrahlung hängt von der Energie der Teilchen ab. Dementsprechend dringt Strahlung sehr verschieden weit in den Körper ein. In der Schicht des Körpers, die durchstrahlt wird, treten die biologischen Wirkungen ein.

**Beispiele für den Energieinhalt der Strahlung einiger radioaktiver Isotope:**

| | | |
|---|---|---|
| $^{3}H$ | : β-Strahlen | 18 [keV] |
| $^{14}C$ | : β-Strahlen | 160 [keV] |
| $^{32}P$ | : β-Strahlen | 1700 [keV] |

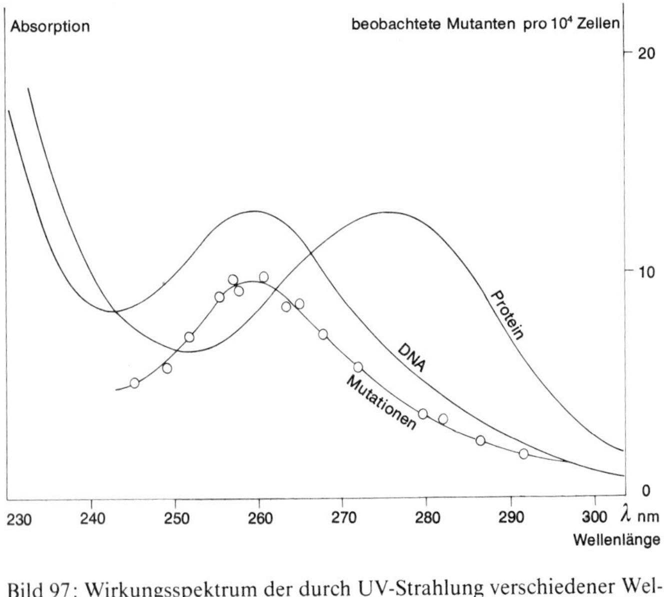


Bild 97: Wirkungsspektrum der durch UV-Strahlung verschiedener Wellenlängen ausgelösten Mutationen sowie Absorptionsspektrum von DNA und Proteinen. Übereinstimmung der mutagenen Wirkung der Strahlung mit der UV-Absorption durch DNA und nicht mit der UV-Absorption durch Protein

**Tabelle 16: Reichweite von Teilchenstrahlung und Bildung von Ionen durch die Teilchen**

| *Strahlen* | *Energie in [keV]* | *Reichweite [mm]* | *Zahl der gebildeten Ionen pro µm* primär | *gesamt* |
|---|---|---|---|---|
| Elektronen | 10 | 0,002 | 30 | 1000 |
| (β-Strahlen) | 100 | 0,01 | 4,7 | 100 |
| | 500 | 1,6 | 2,0 | |
| | 1000 | 5 | | 10 |
| α-Strahlen | 1000 | 0,005 | 5200 | |
| | 10000 | 0,1 | 700 | |
| Neutronen | $10^{-3}$ | 30 | 1000 | |

### 10.1.2 Mutationsauslösung durch Chemikalien. Mutagenitätsprüfung

Über mutagene Stoffe ist in den Abschnitten 3.3.4 und 14.9 berichtet. Bei einigen Mutagenen ist die Wirkungsweise bekannt (vgl. Tabelle 17), in den meisten anderen Fällen ist sie noch ungeklärt.

**Tabelle 17: Wirkung chemischer Mutagene**

| *Mutagen* | *Wirkungsweise* |
|---|---|
| Oxidationsmittel ($SO_2$, $HSO_3^-$, $NO_2$) und Alkylierungsmittel (Alkyl-nitrosamine, N-Lost-Derivate) | Chem. Veränderung der Basen, die dann anders paaren (vgl. Bild 32) |
| Basenanaloge (z. B. Bromuracil, 5-Fluor-desoxyuridin u. Nukleosidanaloge (z. B. Cordycepin) | Einbau an Stelle von Basen, paaren anders als die ursprünglich hergehörige Base (vgl. Bild 33) |
| Interkalierende Stoffe (Einschubstoffe, z. B. Acridine) | Schieben sich in der DNA zwischen Nukleotide, dadurch Aufnahme oder Verlust von Nukleotiden (vgl. Bild 33) |

| *Mutagen* | *Wirkungsweise* |
| --- | --- |
| Spindelaktive Stoffe (z. B. Colchicin) | Verhindern Ausbildung der Kernspindel und dadurch die Aufteilung der Chromatiden auf Tochterkerne. |

**Mutagenitätsprüfung**

Die Prüfung auf Mutagenität ist bei Chemikalien (einschl. der Arzneimittel) sehr wichtig. Mit manchen Chemikalien wurde jahrelang industriell ziemlich sorglos umgegangen, bis sich dann herausstellte, daß sie mutagen und cancerogen sind (z. B. Bis-chlormethyläther, Vinylchlorid, Benzidin). Etwa 90% der Cancerogene sind auch mutagen. Neuerdings werden Chemikalien und neu entwickelte Arzneimittel systematisch getestet. Dafür sind mehrere Verfahren in Gebrauch:

**1. Lymphocyten – Test**: Untersuchung menschlicher Lymphocyten auf Chromosomenaberrationen. Die Chromosomen sind bei der Zellteilung in Lymphocyten-Kulturen zu erkennen.

a) Falls Patient dem betreffenden Stoff ausgesetzt war: Man entnimmt dem Blut Lymphocyten und kultiviert diese in Zellkulturen weiter (»in vivo-Test«)
b) Lymphocyten-Kulturen werden mit dem zu prüfenden Stoff behandelt (»in vitro-Test«)

Da das Verfahren nur auf der Erkennung von Chromosomenaberrationen, also nur eines Teils der Mutationen beruht, ist es unzureichend.

**2. AMES-Test:** Drei Histidin-Mangel-Mutanten einer Art der Bakteriengattung *Salmonella* werden auf Rückmutation (erneute Fähigkeit zu eigener Histidin-Bildung) geprüft, sie wachsen dann wieder auf Histidin-freiem Medium. Die drei Mangelmutanten werden durch unterschiedliche Punktmutationen wieder zu Wildtyp-Formen. Mit ihnen kann man prüfen, ob eine chemische Verbindung eine dieser Mutationen auslöst. Nun dürfen allerdings Befunde von Bakterien nicht ohne weiteres auf Mensch und Säugetier übertragen werden, weil in der Säugerzelle die zu prüfende Verbindung möglicherweise durch bei Bakterien nicht vorhandene Enzyme verändert wird. Daher wird der Test in Gegenwart eines Homogenats von Ratten – bzw. Menschenleber durchgeführt. Dennoch liefert dieser Test natürlich nur Anhaltspunkte. Da er aber rasch Ergebnisse zeitigt, ist er der wichtigste Vortest. Stoffe, die sich in diesem Test als wahrscheinlich mutagen erweisen, werden dann dem Langzeit-Test am Versuchstier unterzogen. Stoffe, bei denen kein Effekt eintritt, werden in der Regel nicht weiter geprüft, obwohl natürlich kein Beweis für ihre Unschädlichkeit beim Menschen vorliegt.

**3. Langzeit-Test beim Versuchstier**: Intakten Tieren (Mäusen, Ratten; selten Hunden und Affen) wird der zu prüfende Stoff verabreicht. Da sich somatische Mutationen oft durch Bildung von Tumoren zu erkennen geben, prüft man auf deren Entstehung. Um bei einer größeren Zahl von Versuchstieren während der normalen Lebensspanne Tumoren hervorzurufen, bedarf es oft hoher Dosen des zu prüfenden Stoffes.

Nachteile des Verfahrens:

(a) Es kann direkt nur die Carcinogenität, nicht aber die Mutagenität geprüft werden.

(b) Die Wirkung niedriger Dosen ist nicht eindeutig festzustellen.
(c) Es ist stets zu überlegen, ob die Befunde auf den Menschen übertragbar und auch für ihn wahrscheinlich gültig sind. Trotz der genannten Einwände ist dieser Test der derzeit beste (wenn auch teuerste). Unklar sind die Verhältnisse bei schwachen Carcinogenen. Deren tatsächliche Carcinogenität und Mutagenität bei den verwendeten niedrigen Dosen ist zwar gering, aber genauer kaum abzuschätzen. Zu diesen Stoffen gehören z.B. Barbiturate, Alkohol, Coffein, DDT, Abbauprodukte des Zuckerersatzes Cyclamat.

**Tabelle 18: Carcinogenität von chemischen Carcinogenen** (zugleich sehr wahrscheinlich Mutagene) aufgrund des Langzeittestes mit Tieren.

| | | |
|---|---|---|
| Aflatoxin B 1 (aus Pilz *Aspergillus*) | 1 µg | sehr stark carcinogen und mutagen |
| Dimethylnitrosamin | 0,5 mg | |
| Benzidin | 5 mg | stark carcinogen und mutagen |
| Urethan | 9 mg | |
| Tetrachlorkohlenstoff | 15 mg | |
| Methyl-methan-sulfonat | 30 mg | |
| Trichlor-ethylen | 2 g | schwach bis kaum carcinogen (mutagen?) |
| Saccharin | 9 g | |

**Carcinogenität** : *Tagesdosis je kg Körpergewicht, um bei 50% der Versuchstiere während der normalen Lebensspanne Tumorbildung hervorzurufen*

Strahlenbelastung und mehr noch chemische Mutagene gefährden jeden Menschen durch Erhöhung der Mutationsrate seiner Zellen. Die Untersuchung einzelner betroffener Zellen zeigt stets, daß es eine unwirksame Dosis nicht gibt (außer möglicherweise bei schwachen Mutagenen). Eine Zunahme der Mutationsrate wird sich zunächst in einer unmerklichen Anhäufung von Mutanten im Erbgut der menschlichen Population auswirken. Auch phänotypisch völlig gesunde und normale Individuen können eine große Zahl rezessiver Mutationen ansammeln. Diese werden phänotypisch erst nach vielen Generationen bei Homozygotie in Erscheinung treten.

Auch das Alter der Organismen bzw. der Zellen hat einen Einfluß auf die Mutationsrate. Älteres Saatgut liefert z. B. eine größere Zahl mutierter Pflanzen als frisches. Offenbar häufen sich Mutationen im Verlauf des Alterns.

## 10.2 Punkt-Mutationen (Gen-Mutationen)

Sie sind die häufigste Art der Mutation. Ihre verschiedenen Formen und die Wirkung auf die DNA wurden schon in Abschnitt 3.3 besprochen.

Bei Mutanten des Phagen T4 konnte BENZER ein bestimmtes Cistron in mehr als 300 »Regionen« aufgliedern, an denen Mutationen aufgetreten waren. Diese Regionen haben offenbar eine Größe von einem oder wenigen Nukleotiden, was mit den in Abschnitt 3.3.4 dargestellten Befunden übereinstimmt. Genmutationen treten ein, wenn eines oder wenige Nukleotide der DNA verändert werden. Dadurch wird ein Allel in ein anderes übergeführt. Bei Rastermutationen verliert das mutierte Allel in der Regel die bisherige sinnvolle Information (wenn nicht gerade 3 Nukleotide betroffen sind), während der Basenaustausch sehr verschiedenartige Auswirkungen haben kann (Bild 98).

Gen-Mutationen können durch weitere Mutationen rückgängig gemacht werden, es tritt dann wieder der ursprüngliche Phänotypus auf (Rückmutation). Dabei kann sogar – allerdings selten – die anfängliche Nukleotidsequenz der DNA wiederhergestellt werden (echte Rückmutation). Häufiger ist es, daß eine neue Mutation in der Nachbarschaft der ersten Mutation deren Auswirkungen verhindert. Man spricht dann von kompensierender Mu-

| | | | | | | | | |
|---|---|---|---|---|---|---|---|---|
| 1. DNA (codogener Strang) | TCG | AAG | ACG | CGT | CAC | GAC | Wildtyp |
| 2. m RNA | AGC | UUC | UGC | GCA | GUG | CUG | |
| 3. Polypeptid | Ser | Phe | Cys | Ala | Val | Leu | |
| 1. | TCG | AAG | AC[A] | CGT | CAC | GAC | Sinn-Mutation |
| 2. | AGC | UUC | UG[U] | GCA | GUG | CUG | |
| 3. | Ser | Phe | [Cys] | Ala | Val | Leu | |
| 1. | TCG | AAG | [T]CG | GGT | CAC | GAC | Fehlsinn-Mutation |
| 2. | AGC | UUC | [A]GC | GCA | GUG | CUG | |
| 3. | Ser | Phe | [Ser] | Ala | Val | Leu | |
| 1. | TCG | AAG | AC[T] | GGT | CAC | GAC | Unsinn-Mutation |
| 2. | AGC | UUC | UG[A] | GCA | GUG | CUG | |
| 3. | Ser | Phe | [Ende] | der Kette | | | |
| 1. | TCG | AAG | [T]AC | GCG | TCA | CGA | Basen-einschub |
| 2. | AGC | UUC | [A]UG | CGC | AGU | GCU | |
| 3. | Ser | Phe | [Met] | [Arg] | [Ser] | [Ala] | |
| 1. | TCG | AAG | [+] CG | C/GT | C/AC | G/AC | Basen-verlust |
| 2. | AGC | UUC | [+] GCG | CAG | UGC | UG | |
| 3. | Ser | Phe | [Ala] | [Gln] | [Cys] | | |

Bild 98: Genmutationen und ihre Wirkung auf die Polypeptidkette

tation. Der Wildtyp (ursprüngliche Phänotyp) ist hier funktionell, aber nicht genotypisch wieder hergestellt.

Wird durch eine zweite Mutation in einem anderen Gen die Wirkung der ersten Mutation aufgehoben und der Wildtyp phänotypisch wieder hergestellt, so spricht man von *Suppressor-Mutation.* Ist z. B. eine Unsinn-Mutation (vgl. 4.1) eingetreten, so kann durch eine weitere Mutation im Gen einer bestimmten t-RNA deren Anticodon so verändert werden, daß wieder eine Aminosäure eingebaut wird. Es entsteht dann ein Polypeptid mit nur einer falschen Aminosäure, das oft ein funktionsfähiges Protein bildet. Verschiedentlich werden auch kompensierende Mutationen als *intragene* Suppressor-Mutationen bezeichnet.

Gen-Mutationen können auch durch Insertionssequenzen (vgl. 7.6) verursacht werden. Tritt eine solche Sequenz in die Nukleotidabfolge eines Gens ein, so ist dieses nicht mehr funktionsfähig.

## 10.3 Segment-Mutationen (Chromosomen-Mutationen)

Sie betreffen den Aufbau größerer DNA-Stücke. Häufig sind die Veränderungen in den Chromosomen schon lichtmikroskopisch erkennbar; man spricht dann von Chromosomen-Mutationen. Für die Evolution dürften Verdopplungen einzelner oder mehrerer benachbarter Gene von großer Bedeutung sein (Genduplikation, vgl. Studienband Evolution, Abschn. 3.6.3). An Riesenchromosomen lassen sich Duplikationen daran erkennen, daß bestimmte Querscheibenmuster doppelt auftreten.

Chromatiden können auch auseinanderbrechen. Geschieht dies in der $G_1$-Phase des Zellzyklus, so kommt es zur Chromosomenaberration, in der $G_2$-Phase entsteht eine Chromatidenaberration, die aber nach einer Zellteilung ebenfalls zur Chromosomenaberration führt. Auch Einzelstrangbrüche der DNA in der $G_1$-Phase, die nicht repariert werden, können nach der S-Phase Chromatidenaberrationen zur Folge haben.

Wenn ein Teilstück ohne Centromer vom Chromosom abbricht und isoliert bleibt, so geht es bei der nächsten Kernteilung verloren; es kommt zum Stückverlust *(Deletion).* Wenn sich ein solches Teilstück an das homologe Chromosom anheftet, kommt es zu einer Verdopplung *(Duplikation)* der Gene dieses Teilstücks. Wird das Teilstück an ein anderes, nicht homologes Chromosom verlagert, so spricht man von *Translokation.*

Innerhalb eines Chromosoms kann sich nach einem Bruch ein Chromosomenstück auch umgekehrt wieder einfügen (*Inversion*). Solche Änderungen im Bau haben Verlust oder Verlagerung der betroffenen Erbanlagen zur Folge (vgl. Bild 99). Es hat sich dabei gezeigt, daß die Wirkungsweise eines Gens vielfach von den

Nachbargenen und damit von dem Ort abhängig ist, den es innerhalb der übrigen Gene des Chromosoms einnimmt (*Positions-Effekt*).

Ein gut untersuchter Fall einer Duplikation ist die »Bar«-Mutante von *Drosophila*. Bei ihr ist ein Chromosomenabschnitt des X-Chromosoms mit dem Gen »Bar« verdoppelt. Infolgedessen ist die Ausbildung der Facettenaugen gestört, bei Homozygoten und bei Männchen stärker als bei Heterozygoten.

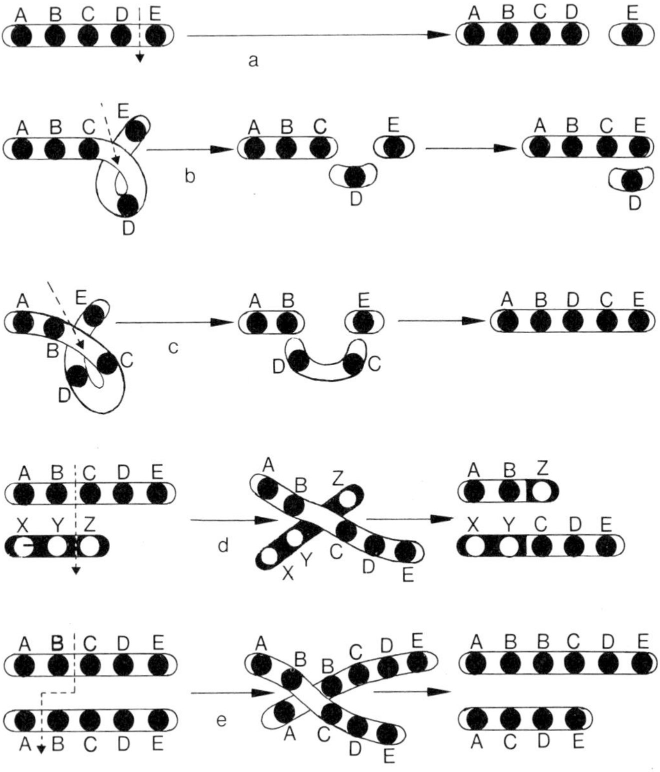


Bild 99: Schema von Chromosomen-Mutationen (in einem Stadium, bei dem das Chromosom aus einer Chromatide besteht: a Verlust (Deletion) eines Endstücks; b Verlust (Deletion) eines Zwischenstücks; c Umkehrung (Inversion) bei Schleifenbildung; d Austausch (Translokation) durch Verlagerung eines Chromosomenstücks an ein nichthomologes Chromosom; e Verdopplung (Duplikation) eines Chromosomenstücks durch ungleiches Crossover bei zwei homologen Chromosomen

Durch eine Deletion im kurzen Arm von Chromosom 5 ist das Katzenschrei-Syndrom beim Menschen verursacht. Seinen Namen hat dieses Krankheitsbild von der merkwürdig veränderten Stimme des weinenden Kleinkindes. Die Kinder haben außerdem geistige Defekte, einen zu kleinen Kopf und sterben in der Regel früh. Die Ursache ist der Verlust eines kleinen Teils des Chromosoms 5. Deletionen größerer Chromosomenstücke sind meist auch heterozygot letal.

Deletionen können auch nur Teile eines einzigen Gens betreffen. Solche Fälle wurden vor allem bei Bakterien untersucht. Sie sind daran zu erkennen, daß nie Rückmutationen auftreten, da hierbei eine verlorengegangene Nukleotidsequenz neu gebildet werden müßte, was unmöglich ist.

Mit Hilfe von Deletionen in Riesenchromosomen ist es möglich, Gene zu lokalisieren. Ein Weibchen von *Drosophila*, dem ein Stück eines X-Chromosoms fehlt, wird mit einem Männchen, das mutierte Allele im X-Chromosom hat, gekreuzt. Nun treten unter den Weibchen der $F_1$-Generation solche auf, bei denen rezessive Allele des vom Vater stammenden X-Chromosoms sich im Phänotypus bemerkbar machen. Diese Allele müssen logischerweise in dem Bereich liegen, der beim mütterlichen X-Chromosom infolge der Deletion fehlt *(Pseudodominanz)*. Kreuzt man diese Weibchen wieder mit den Männchen zurück, so findet man in den Larven der $F_2$-Riesenchromosomen, denen infolge der Deletion ein halbes Stück fehlt. Das vorhandene Stück, das vom Vater stammt, muß die Gen-Orte der betreffenden rezessiven Allele enthalten.

Untersucht man zahlreiche verschiedene Deletions-Mutanten mit überlappenden Deletionen, so lassen sich die Genorte immer mehr einengen. Man findet sie fast stets in den DNA-reichen Banden der Riesenchromosomen.

Man kann nun cytologische Genkarten und die aufgrund der Crossover-Wahrscheinlichkeit erhaltenen Genkarten vergleichen. Man findet dieselbe Reihenfolge der Gene, oft jedoch andere Genabstände (Bild 84). Dies ist durch ungleiche Crossover-Wahrscheinlichkeit in verschiedenen Chromosomenabschnitten verursacht. Besonders am Ende der Chromosomen sind die Wahrscheinlichkeiten für Crossover kleiner als zufallgemäß, so daß man zu geringe Abstände erhält.

Ein weiteres Verfahren der Genkartierung benützt einen Laser-Strahl, mit dem Stücke von 0,25 bis 0,5 µm auf einem Chromosom oder auf beiden homologen Chromosomen geschädigt werden können. Dies führt dann zur Deletion dieser Stücke. Damit lassen sich Genorte auf derart kleine Abschnitte einengen.

Größere Inversionen lassen sich cytologisch zu Beginn der Meiose bei Heterozygoten erkennen. Bei der Synapsis muß infolge der Veränderung der Genreihenfolge ein Chromosom (Chromatidenpaar) eine Schleife ausbilden (Bild 100), damit allele Gene nebeneinander zu liegen kommen.

Entsteht bei Inversions-Heterozygoten ein Crossover, so führt der Chromatidenaustausch zu Deletionen und Duplikationen. Ein Teil der gebildeten Keimzellen stirbt daher ab. Inversionen beim Menschen führen häufig zu spontaner Fehlgeburt. Inversionsheterozygote sind oft steril. Dies trägt zur Artaufspaltung bei und ist deshalb ein für die Evolution wichtiger Vorgang. Solche Fälle sind von *Drosophila* und im Pflanzenreich von *Tradescantia* gut bekannt. Bei Bakterien sind Gene oder Gengruppen, die infolge Inversion in umgekehrter Abfolge im Chromosom liegen, meist voll funktionsfähig. Bei diesem invertierten Stück ist nunmehr der antiparallele DNA-Strang codogen. An ihm muß also die Transkription erfolgen; dies ist offenbar ohne Schwierigkeiten möglich.

Translokationen sind heterozygot ebenfalls während der Synapsis zu erkennen; es entstehen hier kreuzförmige Gebilde (Bild 101). Sie heißen Multivalente, da sie mehr als zwei homologe Chromosomen aufweisen. Bei der Reduktionsteilung sollen aber Chromosomensätze entstehen, die alle Gene nur einfach enthalten. Bei der Wanderung zu den Polen dürfen also nicht beliebige Chromatidenpaare zum gleichen Pol wandern. Infolgedessen entstehen nicht in allen Fällen fertile Keimzellen. Translokationen führen daher zu einer teilweisen Sterilität ihrer Träger.

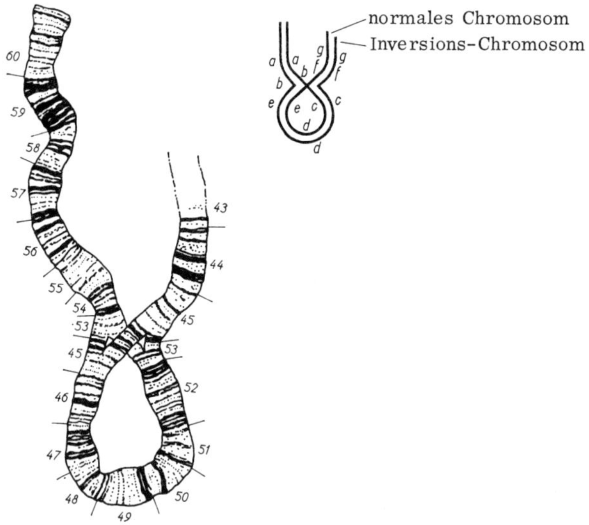


a

Bild 100: Chromosomenpaarung (Synapsis) bei Inversions-Heterozygoten, die bei polytänen Riesenchromosomen cytologisch gut zu erkennen sind. Die Zahlen kennzeichnen die Bandengruppen

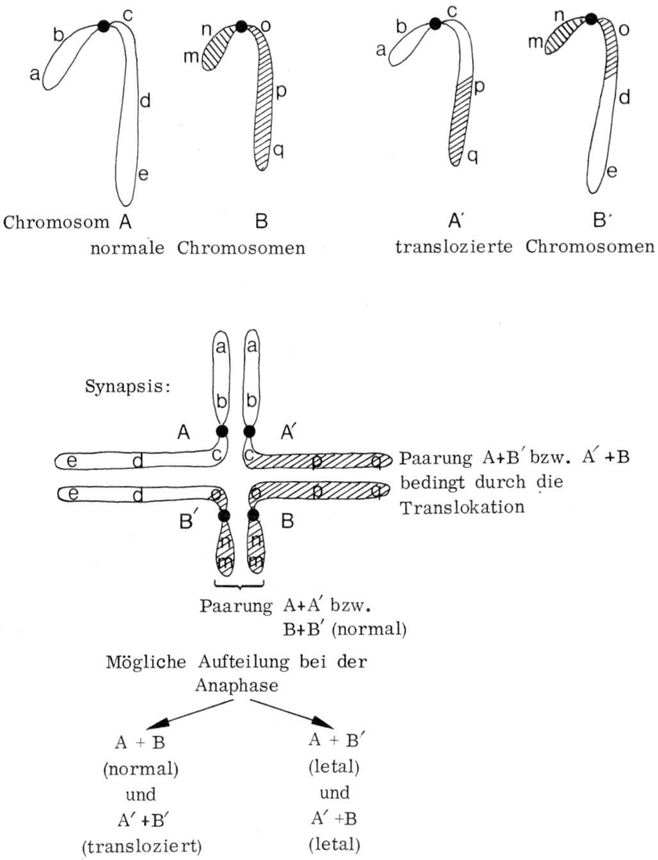


Bild 101: Translokations-Heterozygotie. Bei der Wanderung zu den Polen entstehen komplette Chromosomensätze nur, wenn A mit B und A′ mit B′ kombiniert werden. Zellen, bei denen diese Kombination nicht erreicht wird, gehen zugrunde

## 10.4 Genom-Mutationen

Hierbei verändert sich der Gesamtbestand der Chromosomen, das Genom. Durch Unregelmäßigkeiten bei den Zellteilungen kann es sein, daß einzelne Chromosomen nicht repliziert oder einzelne Chromosomenpaare bei der Verteilung auf die Tochterzellen nicht getrennt werden **(Nondisjunktion** bei der Meiose). Dadurch wird die Zahl der Chromosomen vermehrt oder vermindert **(Aneuploidie)**; statt 2 n-Chromosomen (d. h. 2 normalen Chromosomensätzen) können 2 n + 1, 2 n + 2, 2 n – 1 usw. vorkommen.

**Tabelle 19: Genom-Mutationen**

| | | | |
|---|---|---|---|
| 1.1 Orthoploidie | Haploidie (Monoploidie) | n | (einfacher Chromosomensatz) |
| | Tetraploidie | 4n | Polyploidie |
| | Hexaploidie | 6n | |
| | Oktoploidie | 8n | |
| | usw. | | |
| 1.2 Anorthoploidie | Triploidie | 3n | |
| | Pentaploidie | 5n | |
| | Heptaploidie | 7n | |
| | usw. | | |
| 2. **Aneuploidie** | | | |
| 2.1 Hypersomie | Trisomie | | 2n + 1 |
| | Doppelte Trisomie | | 2n + 2 verschiedene |
| 2.2 Hyposomie | Monosomie | | 2n – 1 |
| | Doppelte Monosomie | | 2n – 2 verschiedene |
| | Nullisomie | | 2n – 2 gleiche |

Der Fall 2n + 1 (Trisomie) tritt beim Menschen beispielsweise beim Chromosom 21 auf und führt zum Krankheitsbild der Trisomie 21 (DOWN-*Syndrom*). Die Patienten haben Schlitzaugen, kleinen Wuchs und leiden unter schwerem Schwachsinn. Etwa 10 % der Anstalts-Schwachsinnigen haben diese Erbkrankheit. Die Störung der Meiose, die zu dieser Trisomie führt, wird mit zunehmendem Alter der Mutter häufiger (Durchschnitts-Häufigkeit insgesamt: 1 von 650 Geburten).

*Wahrscheinlichkeit einer Trisomie 21:*

| | |
|---|---|
| Mütter unter 30 Jahren: | 0,04 % |
| Mütter 30–35 Jahre | 0,11 % |
| Mütter 35–40 Jahre | 0,33 % |
| Mütter 40–45 Jahre | 1,25 % |
| Mütter über 45 Jahre | 3,15 % |

Die Wahrscheinlichkeit ist außerdem bei vorhergegangener Infektion der Mutter mit Virus-Hepatitis stark erhöht. Für die Trisomie 21 ergibt sich also, daß sowohl genetische als auch Umweltfaktoren die Ursache sein können. – Trisomie eines anderen Chromosoms ist die Ursache des Wolfsrachens.

Trisomie kann auch bei Geschlechtschromosomen auftreten (vgl. Bild 102). Der Typus XXY verursacht das KLINEFELTER-Syndrom. Die Kranken haben männliches Geschlecht, aber eunuchoide Züge (hohe Stimme, geringer Bartwuchs, Sterilität). Dieser anomale Genotyp zeigt, daß beim Menschen das Y-Chromosom das männliche Geschlecht bestimmt und in seiner Ausprägungsstärke ein X-Chromosom übertrifft. Männer des XYY-Typs leiden oft an einer krankhaften sexuellen Triebstärke und verringerter Intelligenz.

Die Auswirkungen des Fehlens eines Chromosoms (Monosomie) können beim Menschen am TURNER-Syndrom studiert werden. Hier liegt als Geschlechtschromosom nur ein X-Chromosom vor (Typ XO). Die Betroffenen haben weibliche Konstitution mit rückgebildeten Geschlechtsorganen, sie sind kleinwüchsig und geistig infantil.

Von großer Bedeutung sind Genom-Mutationen, bei denen eine Vervielfachung des ganzen Chromosomensatzes eintritt. Man bezeichnet diese Erscheinung als **Polyploidie**.

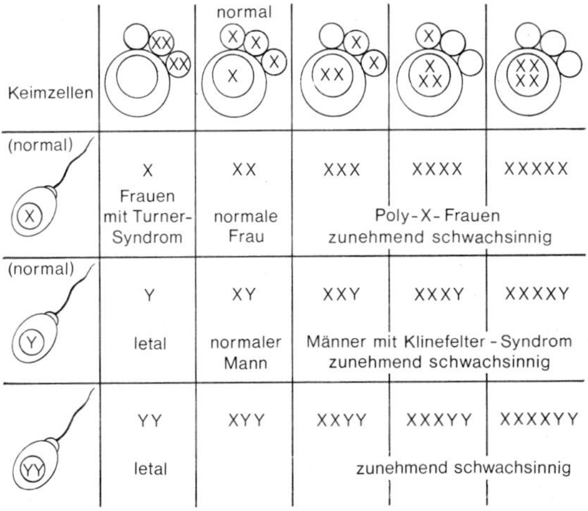


Bild 102: Anomalien der Geschlechtschromosomenzahl beim Menschen infolge Störungen bei der Meiose. Häufigkeit: Turner-Syndrom 1:3000, XXY-Klinefelter-Syndrom 1:600, Triple-X 1:1000

Durch Hemmungen bei den Reifeteilungen können statt haploiden (n) diploide Keimzellen (2 n) entstehen, die bei der Befruchtung zusammen mit einer normalen Keimzelle einen triploiden Satz (3 n) ergeben. Beim Zusammentreten zweier diploider Keimzellen entsteht ein tetraploider Satz (4 n). Auf ähnliche Weise können bis zu über 16fache Sätze entstehen. Fortpflanzungsfähig sind allerdings nur geradzahlige Polyploide; doch ist die Fruchtbarkeit oft herabgesetzt. Bei ungeradzahligen, wie auch bei einzelnen überzähligen oder fehlenden Chromosomen, treten Störungen bei den Reduktionsteilungen auf. Bei vielen unserer Nutz- und Zierpflanzen liegt Polyploidie vor. Pflanzen mit vervielfachter Chromosomenzahl haben gewöhnlich größere Zellen; Verdoppelung der Chromosomen führt etwa zur Verdoppelung des Zellvolumens, so daß man bei nahverwandten Arten aus der Zellgröße auf den Polyploidiegrad schließen kann. Sie zeichnen sich meist durch üppigeren Wuchs vor den Normalpflanzen aus; aus diesen Gründen werden sie bevorzugt in Kultur genommen. Bei der Rose (n = 7) sind Formen mit 14, 28, 42, 56, 70, 84 und 112 Chromosomen, also bis zum 16fachen Satz, bekannt; die Gartendahlie ist oktoploid. Unter natürlichen Verhältnissen hat eine andere Art von Polyploidie bei Pflanzen größere Bedeutung. Ein Bastard aus zwei verschiedenen Pflanzenarten ist normalerweise steril, da eine ordnungsgemäße Paarung der Chromosomen in der Meiose nicht möglich ist, weil sich der Chromosomensatz des männlichen Elters von dem des weiblichen unterscheidet. Verdoppelt sich nun der Chromosomensatz, so wird der Bastard fortpflanzungsfähig und zu einer neuen Art mit spezifischen Eigenschaften. Eine Aufspaltung der Bastard-Nachkommen in die ursprünglichen Elternformen kann ja nicht mehr auftreten, weil die Keimzellen je einen Chromosomensatz von beiden Ausgangseltern haben. Man spricht hier von *Allo-Polyploidie.*

**Polyploidie bei Kulturpflanzen**

Viele unserer Kulturpflanzen sind auf diese Weise entstanden. Die heutigen allo-hexaploiden Weizensorten besitzen 42 Chromosomen, während die Stammarten Einkorn 14 und Emmer 28 Chromosomen aufweisen (Chromosomen-Grundzahl der Gattung Weizen *(Triticum)*: n = 7). Allopolyploidisierungen werden heute vom Pflanzenzüchter auch künstlich hervorgerufen. Man stellt durch Kreuzung einen Artbastard her und behandelt ihn mit *Colchicin*, dem Gift der Herbstzeitlose. Dieses löst durch Hemmung der Kernspindel-Bildung Polyploidie aus. Ist die Polyploidisierung eingetreten, so ist der Bastard meist fertil.

Um Getreide mit höherem Ertrag auch in klimatisch ungünstigen Gebieten anbauen zu können, züchtete man den Weizenroggen aus *Triticum aestivum* (42 Chromosomen, hoher Ertrag und hohe Backqualität) und *Secale cereale* (14 Chromosomen, anspruchslos, hohe Winterfestigkeit). Allerdings blieben die Erträge hinter den Erwartungen zurück.

Bei Tieren ist Polyploidie selten (Goldhamster, Molche, Salinenkrebschen).

**Vorteile der Haploidie**

Haploidie tritt bei Pflanzen manchmal spontan auf. Wegen ihrer Vorteile bei der Pflanzenzüchtung versucht man heute, haploide Pflanzen durch Kulturen von Pollenkörnern oder von Teilen von Samenanlagen in Nährmedien zu erhalten. Bei vielen Arten ist dies bereits gelungen. In der Regel findet bei den haploiden Pflanzen schon auf dem Jugendstadium eine spontane Diploidisierung statt. Dabei entstehen dann völlig homozygote Organismen. Eine im haploiden Zustand vorliegende oder neu aufgetretene Mutation ist dann nämlich in beiden homologen Chromosomen vorhanden. Auch wenn sie nur rezessive Wirkung hat, muß sie somit phänotypisch in Erscheinung treten. Dies ist für die Praxis von Vorteil; denn man spart sich alle weiteren Kreuzungsversuche, die sonst zur Erkennung rezessiver Mutanten erforderlich wären, und daher viel Zeit. Bei einer über Haploiden-Zucht durchgeführten Verbesserung von Tabaksorten benötigte man zur Erzielung eines bestimmten Zuchtergebnisses zwei Jahre. Die klassische Züchtung hätte hierzu wahrscheinlich etwa zehn Jahre gebraucht.

## Aufgaben zu Abschnitt 10

1. Welche Gefährdung für Menschen können von unsachgemäß abgelagertem »Atommüll« (Rückstände der mit radioaktiven Stoffen arbeitenden Industrie) ausgehen?

2. Was spricht dafür, daß Mutationsauslösung und Krebsentstehung in engem Zusammenhang stehen?

3. Wie definiert die klassische Genetik den Begriff Mutation und wie die Molekulargenetik?

4. Warum kann die in der Physik gültige These »kein Effekt – kein Vorgang« nicht auf die Prüfung der Mutagenität von Stoffen angewandt werden?

# 11. Die Genaktivität und ihre Regulation

Wie kommt es, daß sich während der Embryonalentwicklung die eine Zelle zur Muskelzelle, die andere zur Nervenzelle oder Drüsenzelle differenziert? Sie stammen doch alle von derselben befruchteten Eizelle ab und müssen durch den Vorgang der Mitose mit den gleichen Genen ausgestattet sein. Der Gegensatz zwischen genetischer Gleichheit und leistungsmäßiger Verschiedenheit der Zellen legt nahe, daß nicht alle genetischen Informationen in allen Zellen verwirklicht werden. Auch müssen während der Entwicklung des Organismus *(Ontogenese)* Gene wirksam sein, deren Tätigkeit der fertig ausgebildete, erwachsene Organismus nicht mehr benötigt. Demnach muß die zeitliche Aktivität der Gene ebenfalls geregelt werden.

## 11.1 Differentielle Genaktivität

Eine zeitliche Regulation der Genaktivität ist schon für sehr einfache Entwicklungsvorgänge nachzuweisen. Erinnern wir uns an die Vermehrung von Bakteriophagen (vgl. 3.2.2). Gelangt die DNA eines T2-Phagen in die Wirtszelle, so finden folgende Vorgänge geordnet nacheinander statt:

1. Ein bei der DNA-Injektion mit in die Wirtszelle gelangendes Protein bindet sich an die RNA-Polymerase der Wirtszelle und blockiert sie, was zur Folge hat, daß die Phagen-DNA bevorzugt abgelesen (transkribiert) wird.
2. An bestimmten Genen der Phagen-DNA (früh wirksame Gene) wird m-RNA gebildet *(»frühe m-RNA«)*, an dieser entstehen mit Hilfe der bakteriellen Ribosomen phagenspezifische Enzyme. Dazu gehören solche, die eine identische Replikation der Phagen-DNA durchführen sowie solche, die bakterielle DNA abbauen.
3. Weitere Gene der Phagen-DNA werden aktiv (spät wirkende Gene), es entsteht *»späte m-RNA«*. Diese führt zur Bildung der Proteine für die Phagenhülle. Kopfproteine, Schwanzproteine und Schwanzfiberproteine entstehen in drei Genwirkketten; ferner wird Lysozym gebildet.
4. Der Zusammenbau der Phagen erfolgt (vgl. Bild 103).
5. Das Lysozym bewirkt die Lyse der Bakterienzelle (und die gebildeten Phagen treten aus).

Die für die Vermehrung der Phagen erforderlichen Gene werden also nacheinander aktiv. Man nennt dies **differentielle Genaktivität**.

Die differentielle Genaktivität ist bei höheren Pflanzen und Tieren am leichtesten zu erkennen an der unterschiedlichen Enzymausstattung verschiedener Gewebe (Bild 104). Oft wird auch das sogenannte Isoenzymmuster von Geweben untersucht. Isoenzyme sind Enzyme gleicher Funktion, aber unterschiedlicher Struktur. Sie werden also von verschiedenen Genen gebildet. So gibt es z.B. bei Wirbeltieren eine größere Zahl von Milchsäuredehydrogenasen, die Brenztraubensäure zu Milchsäure umsetzen (oder umgekehrt). Welche dieser Isoenzyme nun auftreten, hängt ab vom Gewebe und vom Entwicklungsstadium der Organismen, dies ist ebenfalls ein Beweis für die unterschiedliche Aktivität der zugrundeliegenden Gene (vgl. 11.4).

Es gibt schließlich auch unmittelbare cytologische Nachweise der differentiellen Genaktivität. Sie gelangen unter anderem an

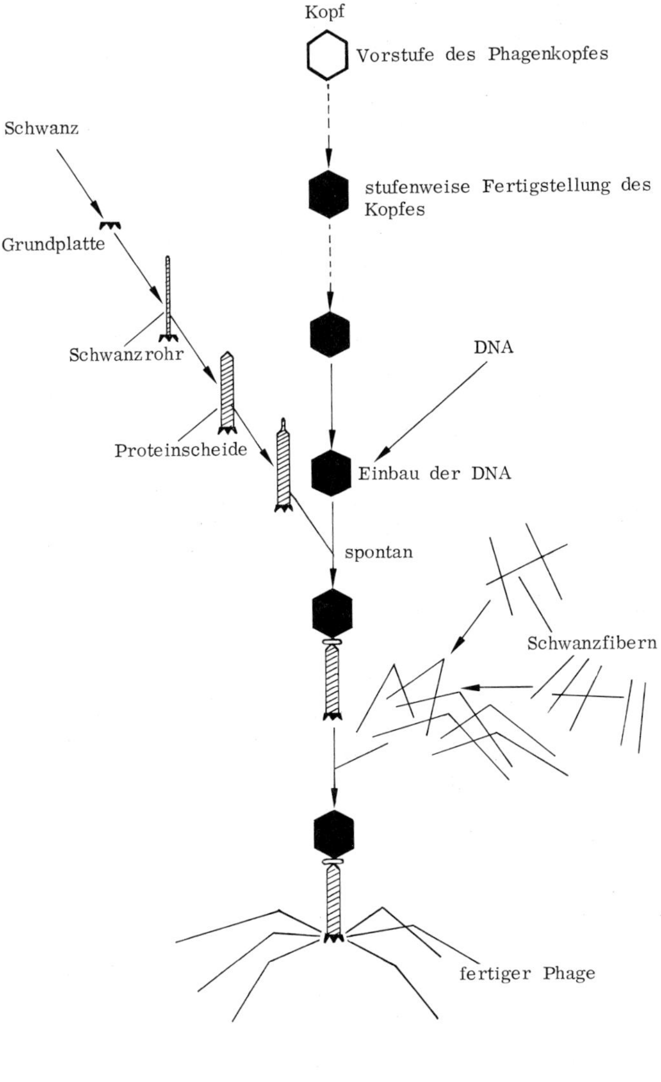


Bild 103: Aufbau des Bakteriophagen T2. Die einzelnen Teile des Phagen werden nacheinander gebildet – ein Beweis, daß die für die Teile zuständigen Gene nacheinander tätig werden

den Riesenchromosomen der Mücke *Chironomus*. Nach Einwirkung des Häutungshormons *Ecdyson* bilden bestimmte Genorte Puffs aus, während andere Genorte, die vorher aufgepufft waren, ihre Aktivität einstellen und den Puff zurückbilden. Durch das Hormon wird offensichtlich die Aktivität von Genen verändert. Unklar bleibt, warum nur einige der zahlreichen Gene auf das Hormon reagieren. Auch ist zunächst nichts über den molekularen Mechanismus der Hormonwirkung festgestellt. Es ist nicht wahrscheinlich, daß das Hormon direkt mit der DNA des Chromosoms in Wechselwirkung tritt und das Gen »einschaltet«. Man muß vielmehr zwischen dem auf die Zelle einwirkenden Hormon und der DNA im Zellkern eine dazwischengeschaltete »**Signalkette**« annehmen.

Auch andere Hormone können bestimmte Gene über eine Signalkette aktivieren (d. h. die Transkription veranlassen). Für das pflanzliche Hormon Gibberellinsäure konnte dies beispielsweise

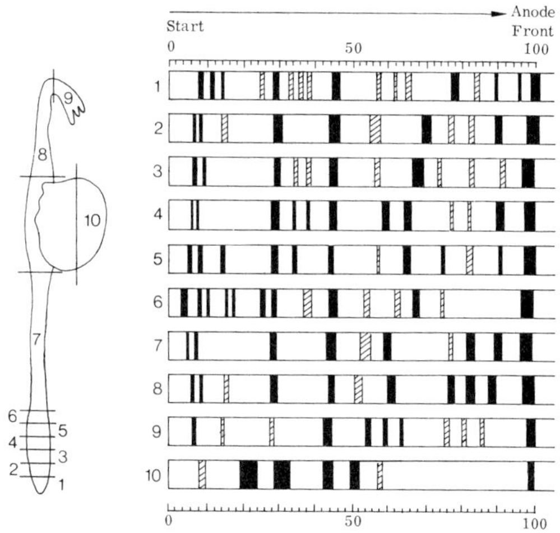


Bild 104: Nachweis der differentiellen Genaktivität durch Untersuchung vonProteinen eines Erbsenkeimlings. Der Keimling wird in 10 Teile zerlegt. Aus jedem Teil werden die Proteine gewonnen und durch Elektrophorese aufgetrennt. Für die einzelnen Teile erhält man jeweils unterschiedliche Proteinmuster. So sind z. B. im Gewebe 2 der Keimwurzel teilweise andere Proteine enthalten als im Gewebe 8 des Sproßkeims. Demnach sind in den Zellen beider Gewebe neben gleichen auch unterschiedliche Gene tätig, obwohl die Genausstattung der Zellen identisch ist. (Die Zahl der Proteine ist in Wirklichkeit viel größer: durch spezifische Färbemethoden werden aber nur bestimmte Proteingruppen angefärbt und damit auf dem Elektropherogramm erkennbar)

an Riesenchromosomen aus Bohnenembryonen gezeigt werden. Auch ist bekannt, daß Gibberellinsäure bei Getreidekörnern die Bildung eines stärkespaltenden Enzyms (α-Amylase) auslöst. Allerdings erfordert dessen Bildung etwa 15 Stunden Zeit, dies ist ein sicherer Hinweis für eine zwischengeschaltete Signalkette.

## 11.2 Das Operon der Bakteriengenetik

Um genauere Kenntnis darüber zu erhalten, wie ein Gen aktiviert wird, ist es sinnvoll, zunächst die einfacheren Verhältnisse bei den Bakterien zu untersuchen. Deshalb sind die genauen Kenntnisse über die Regulation der Gentätigkeit zunächst fast ausschließlich an *Escherichia coli* gewonnen worden.

### 11.2.1 Das Lactose-Operon von Escherichia coli

Schon lange ist bekannt, daß Enzyme, die den Abbau des Milchzuckers (Lactose) bei *E. coli* einleiten, nur gebildet werden, wenn Lactose im Nährmedium vorhanden ist. Der Zucker verursacht hier die Bildung der Enzyme, die ihn abbauen. Man nennt dies **Induktion** der Enzymsynthese und bezeichnet die Lactose als *Induktor*. Da man Mutanten kennt, bei denen Lactose die Enzymbildung nicht mehr induzieren kann, muß die Induzierbarkeit eine genetische Ursache haben.

Die genauere Untersuchung ergab, daß es zwei Proteine sind, die für den Lactoseabbau neu gebildet werden. Eines davon ist für den Transport von Lactose aus dem Medium ins Zellinnere verantwortlich, es wird als Lactose-Transport-Protein oder Permease bezeichnet. Das andere katalysiert in der Zelle die Spaltung von Milchzucker in Glucose und Galaktose, es heißt Galaktosidase. Die beiden Enzyme werden entsprechend der Ein-Gen-Ein-Enzym-Hypothese jeweils durch ein Gen codiert. (Dies wurde durch genetische Untersuchungen an zahlreichen Mutanten sichergestellt). Die Genkartierung zeigte, daß beide Gene auf dem *E. coli*-Chromosom unmittelbar nebeneinanderliegen. Üblicherweise wird das Permease-Gen mit *y*, das Galaktosidase-Gen mit *z* bezeichnet. In Zellen, die Galaktosidase bilden, findet man auch die entsprechende m-RNA. Hingegen fehlt in den Zellen, die keine Galaktosidase synthetisieren, auch die zugehörige m-RNA. Die Regulation muß daher bei der Transkription, nicht bei der Translation erfolgen. Damit ist nachgewiesen, daß der Induktor die vorher nicht aktiven Gene zur Synthese von m-RNA anregt und damit die Bildung der betreffenden Enzyme auslöst.

Eine weitere Untersuchungsreihe ergab, daß die beiden Enzyme immer im selben Mengenverhältnis zueinander gebildet werden. Die Synthese beider muß irgendwie zusammenhängen. Man konnte zeigen, daß die beiden nebeneinanderliegenden Gene *y* und *z* gemeinsam abgelesen werden; bei der Transkription entsteht eine einzige m-RNA *(polycistronische RNA)*. Eine derartige Gengruppe nennt man ein *Operon*. In unserem Fall handelt es sich um das *Lactose-Operon*, da Lactose die Aktivität dieser Einheit steuert, und Gene für den Lactose-Abbau vorliegen.

## 11.2.2 Regulatorgen und Strukturgen

Wie kann nun der Induktor die Transkription eines ganzen Operons auslösen? Wie schon erwähnt, gibt es Mutanten, bei denen die Induktion nicht mehr ordnungsgemäß stattfindet, so daß die Enzyme immer, auch ohne Gegenwart des Induktors, gebildet werden. Eine nähere Untersuchung dieser Beobachtung ergab, daß die Gene *y* und *z* nicht betroffen sind, sondern die Mutation stets in einem anderen Gen (Gen *i*) lag. Nur die Mutation des Gens *i* führt zur dauernden Produktion der Lactose-Enzyme. Demnach beeinflußt das Gen *i* die Regulierung der Ablesung des Lactose-Operons. Man nennt es daher ein *Regulatorgen*. Die Gene *y* und *z* hingegen bestimmen die Proteinstrukturen von Enzymen, sie heißen *Strukturgene*.

Auch das Regulatorgen *i* liefert durch die Vorgänge von Transkription und Translation ein Protein. Durch eine Reihe von Versuchen konnte gezeigt werden, daß das vom Regulatorgen gebildete Protein die Ablesung der Strukturgene hemmt. Man bezeichnet es als *Repressorprotein* oder kurz **Repressor**. Wenn eine Mutation des Gens *i* auftritt, ist der Repressor nicht mehr funktionsfähig, d. h. die Hemmung der Ablesung wird aufgehoben, und die zugehörigen Strukturgene werden aktiv. Auch der Induktor (in unserem Beispiel die Lactose) verändert den Repressor derart, daß er nicht mehr funktionsfähig ist. Sonst wäre eine Enzyminduktion, d. h. die Auslösung der Enzymbildung, nicht möglich.

Man könnte nun annehmen, daß die Inaktivierung des Repressors so verläuft, daß sich der Induktor an denjenigen Bereich des Repressorproteins anlagert, der bei Abwesenheit des Induktors die Hemmung der Transkription verursacht. Es gibt aber Mutationen im Regulatorgen, die dazu führen, daß die Bildung der Lactose-Proteine überhaupt nicht mehr induziert werden kann, d. h. das Repressorprotein wird durch den Induktor nicht mehr beeinflußt, sondern hemmt die Transkription dauernd. Die Existenz solcher Mutanten ($i^s$-Mutanten genannt) beweist, daß der Angriffsort des Induktors am Repressorprotein an einer Stelle liegt, die vom Bereich, der die Transkriptionshemmung bewirkt, verschieden ist. Bei den $i^s$-Mutanten ist der Repressor voll wirksam, kann aber den Induktor nicht mehr binden. Beim normalen, nicht mutierten Repressorprotein verursacht die Bindung des Induktors eine Inaktivierung des Bereichs des Proteins, der für die Transkriptionshemmung verantwortlich ist.

Das Unwirksamwerden des Repressors beruht auf einer Veränderung der Kettenkonformation des Repressorproteins. Es handelt sich also um einen allosterischen Effekt.

### 11.2.3 Operator und Promoter

Wie kann das aktive Repressorprotein die Transkription von Strukturgenen verhindern? Bei einer Hemmung wirkt der Lactose-Repressor spezifisch nur auf die Gene der Lactose-Enzyme ein. Es muß also eine Struktur im Bereich des Lactose-Operons geben, die mit der spezifischen Struktur des Repressorproteins in Wechselwirkung tritt. Dieses Stück des Lactose-Operons wird als *Operator* bezeichnet. Durch Untersuchung von Mutanten und durch Anlagerung von isoliertem Repressorprotein wurde nachgewiesen, daß der Operator aus einer Nukleotidsequenz der DNA besteht, die direkt neben dem Strukturgen *z* liegt. Er hat eine Länge von 35 Nukleotidpaaren. Lagert sich an diese Nukleotidsequenz das Repressorprotein an, so wird der Beginn der m-RNA-Synthese verhindert. Die RNA-Synthese an der DNA beginnt mit der Anlagerung des erforderlichen Enzyms RNA-Polymerase. Sie findet an einem weiteren kurzen DNA-Abschnitt statt, der als Polymerase-Bindungsstelle oder *Promoter* bezeichnet wird. Der Promoter-Bereich liegt unmittelbar neben dem Operator (vgl. Bild 105). Wenn ein Repressor-Molekül an den Operator angelagert ist, kann daher die RNA-Polymerase nicht wirksam werden.

Promotoren verschiedener Gene bzw. Gengruppen (Operonen) unterscheiden sich wahrscheinlich in ihrer Affinität zur RNA-Polymerase. So hat der Promoter des Regulatorgens *i* nur eine geringe Affinität zur Polymerase, somit wird das Regulatorgen nur selten transkribiert. Dadurch wird verhindert, daß ein Überschuß an Repressorprotein gebildet wird, der für die Zelle keinen Wert hätte.

Gäbe es diese Regulationsmöglichkeit nicht, so müßte man auch für das Regulatorgen seinerseits wieder einen spezifischen Repressor annehmen, der dann durch ein weiteres Regulatorgen gebildet würde usf. Dies wäre widersinnig.

**1. Bestandteile des lac-Operons:**

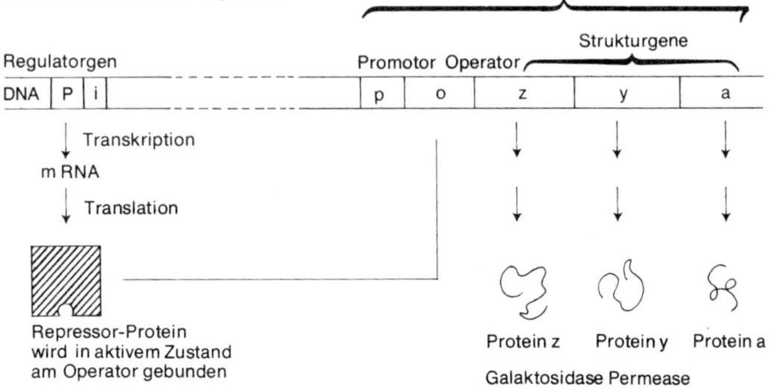


**2. Zustand ohne Induktor:**

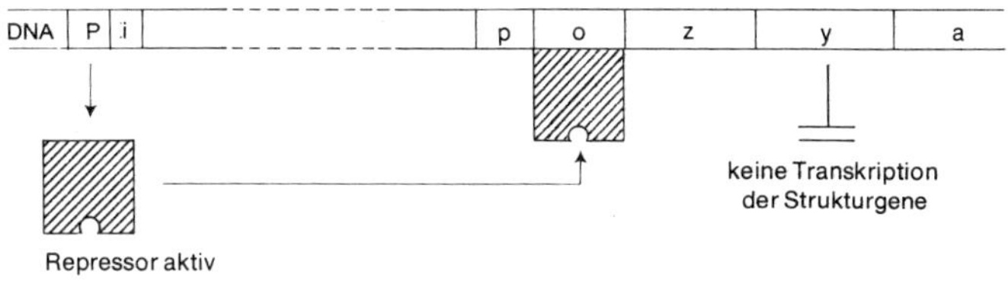


**3. Zustand mit Induktor:**

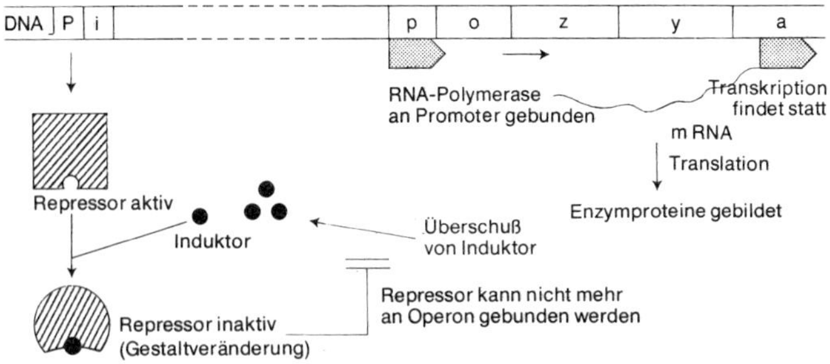

4. Induktor entfernt:

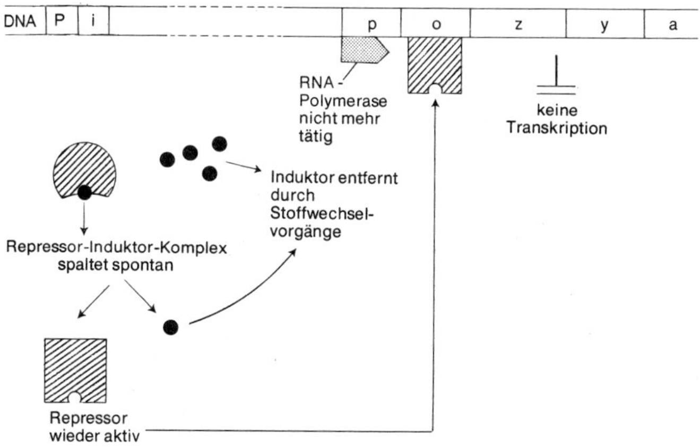


Bild 105: JACOB-MONOD-Modell: Induktion von Enzymen am Beispiel des Lactose-Operons von *Escherichia coli*

## 11.2.4 Enzym-Induktion und -Repression

Bei dem ausführlich geschilderten Fall des Lactose-Operons handelt es sich um eine **Enzym-Induktion** (Auslösung der Enzymbildung). Nur bei Gegenwart des abzubauenden Stoffes im Medium werden die dafür erforderlichen Enzyme gebildet. Fehlt der Stoff im Medium, ist der Repressor aktiv und verhindert die Transkription des Operons. Er wird erst durch den Induktor inaktiviert, was dann die Synthese des Enzyms auslöst.

Aber auch der umgekehrte Vorgang der Regulation der Genaktivität ist bekannt. *E. coli* kann z. B. die Aminosäure Tryptophan selbst synthetisieren. Fügt man aber reichlich Tryptophan zur Nährlösung, so nimmt die Menge der an der Tryptophan-Synthese beteiligten Enzyme in den Bakterien rasch ab, und schließlich wird kein Typtophan mehr gebildet. Man nennt diese Erscheinung **Enzym-Repression**. Entsprechende Untersuchungen wie beim Lactose-Operon zeigten, daß hier ein zunächst inaktives Repressorprotein vorliegt. Durch Bindung von Tryptophan an dieses Repressorprotein wird es aktiviert, lagert sich an den Operator des Tryptophan-Operons an und verhindert so die weitere Transkription der Strukturgene des Operons. Weil das Tryptophan die Enzymbildung durch seine Bindung an den Repressor unterdrückt, heißt es **Korepressor**.

Korepressor und Induktor haben gemeinsam, daß sie mit dem Repressorprotein reagieren und dessen Aktivität, d.h. seine Fähigkeit, an den Operator zu binden, verändern. Sie sind beide allosterische Effektoren. Der Induktor löst nur eine Enzymsynthese aus, die induzierbar ist. Induktion findet man vor allem bei Stoffwechselreaktionen, die dem Stoffabbau dienen (z.B. Lactose-Abbau). Der Korepressor (und nicht der Repressor allein) verhindert eine reprimierbare Enzymsynthese. Eine derartige Repression findet man bei Reaktionsketten, die dem Stoffaufbau dienen (z.B. Tryptophan-Synthese). Wird der Zelle das Endprodukt eines Biosyntheseweges zugeführt, so muß dieses nicht mehr gebildet werden, die Synthese der Enzyme dieses Reaktionsweges wird unterdrückt (reprimiert).

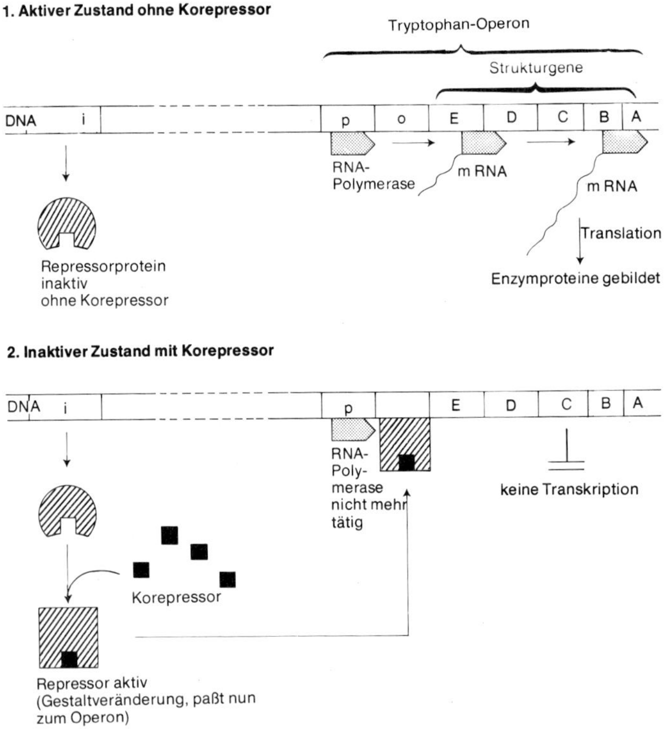


Bild 106: Jacob-Monod-Modell: Reprimierung von Enzymen am Beispiel des Tryptophan-Operons von *E. coli*. Der Promoter des Regulatorgens ist nicht gezeichnet

**Tabelle 20: Regulationen der Stoffwechselvorgänge**

| | *typische Regulation der Genaktivität* | *typische Regulation der Enzymaktivität* |
|---|---|---|
| **Stoffabbau** (katabolische Reaktion) | Enzyminduktion Substrat des ersten Enzyms der Reaktionskette wirkt als Induktor | Ausgangssubstrat-Aktivierung (in manchen Fällen); Substrat des ersten Enzyms der Reaktionskette aktiviert ein Enzym am Ende der Reaktionskette |
| **Stoffaufbau** (anabolische Reaktion) | Enzymrepression Endprodukt der Reaktionskette wirkt als Korepressor | Endprodukthemmung; Endprodukt der Reaktionskette hemmt ein Enzym am Anfang der Reaktionskette |

Durch diese Regulationsmöglichkeiten der Enzymsynthese ist die Zelle in der Lage, jeweils die Enzyme zu bilden, die gerade erforderlich sind. Da die Proteinsynthese Aminosäuren und Energie benötigt, handelt es sich bei der Regulation der Genaktivität um einen stoff- und energiesparenden Mechanismus. Eine Zelle, die ihren Stoffwechsel so regulieren kann, daß sie nur bildet, was gebraucht wird, hat Wachstumsvorteile gegenüber einer gleichartigen Zelle, die zu dieser Regulation nicht in der Lage ist. Wachstumsvorteil aber bedeutet Selektionsvorteil.

Die hier geschilderten Regulationsmechanismen bei Bakterien wurden zuerst von F. JACOB und J. MONOD in einer Theorie zusammengefaßt (JACOB-MONOD-*Modell*). Weitere Untersuchungen an Bakterien zeigten dann, daß dieses Modell noch zu verfeinern und zu ergänzen war.

Wie kompliziert die Vorgänge sind, ergaben genaue Untersuchungen des Tryptophan-Operons. Man fand, daß zwischen dem Operator und dem ersten Strukturgen (E) eine Abfolge von 161 Nukleotiden liegt. Diese wird *leader-Sequenz* genannt (leader = Führer, an ihr werden die Ribosomen bei der Translation entlang geführt). In diesem Bereich liegt eine Kontroll-Region, an der die m-RNA-Synthese nochmals durch den Tryptophan-Gehalt der Zelle kontrolliert wird. Bei hohem Tryptophan-Gehalt wird sie vor der Ablesung des ersten Strukturgens unterbrochen. Dieses Kontroll-Element nennt man einen Attenuator (Abschwächer); es verbessert und sichert die Kontrolle des Tryptophan-Operons durch das Tryptophan. Auch der nachfolgende Abschnitt gibt einen Einblick in die schon bei Prokaryonten sehr verwickelte Regulation der Gentätigkeit.

### 11.2.5 Positive Kontrolle der Regelung der Genaktivität (Auslösung der Genaktivität)

Eine zusätzliche Erweiterung mußte das JACOB-MONOD-Modell erfahren, nachdem man fand, daß es bei einigen Operons auch eine Kontrolle durch ein aktivierendes Protein gibt. Das Arabinose-Operon von *E. coli* (enthält Gene für Abbau-Enzyme des Zuckers Arabinose) bindet im Promoterbereich ein solches Aktivatorprotein; erst dann erfolgt Transkription. Das Protein wird seinerseits nur gebunden, wenn es durch Reaktion mit Arabinose im bindungsfähigen Zustand ist. Die Arabinose ist also ein Induktor, der in diesem Fall die Bindung eines Proteins und dadurch die Aktivierung des Operons auslöst, es handelt sich um eine *positive Kontrolle der Transkription*. Dagegen verhindert ein aktives Repressorprotein stets die Transkription, übt also eine *negative Kontrolle* aus.

Eine weitere Art positiver Kontrolle wurde für zahlreiche Operons von *E. coli* nachgewiesen. Wenn im Nährmedium reichlich Glucose zur Verfügung steht, werden auch bei Gegenwart von

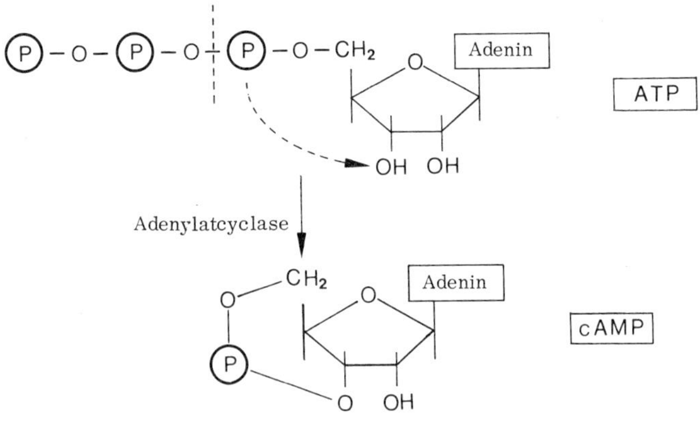


Bild 107: Bildung von cAMP aus ATP. Die Bildung von cAMP steigt in *E. coli* bei Glucose-Mangel an

Lactose kaum Lactose abbauende Enzyme gebildet, d.h. das Lactose-Operon und ebenso verschiedene andere Operons für den Abbau bestimmter Zucker werden nicht voll aktiv. Weitere Untersuchungen zeigten, daß die Promoterbereiche dieser Operons auch nach Abspaltung des jeweiligen Repressorproteins vom Operator nicht sofort eine hohe Affinität für die RNA-Polymerase haben. Zuvor muß noch ein aktivierendes Protein an die DNA angelagert werden. Dieses Protein liegt in einem inaktiven Zustand im Cytoplasma vor und wird erst durch Bindung von cyclischem Adenosinmonophosphat aktiv, d.h. es tritt dann mit der DNA im Promoterbereich in Wechselwirkung. Daraufhin kann die RNA-Polymerase angreifen. Das aktivierende Protein ist nicht spezifisch für ein bestimmtes Operon, es reagiert mit Promoterbereichen vieler Operons. Das zur Aktivierung des Proteins erforderliche *cyclische Adenosinmonophosphat (cAMP)* entsteht aus ATP durch eine spezifische Enzymreaktion (Bild 107).

Bei Gegenwart von Glucose ist der Gehalt an cAMP in der Zelle gering; bei Glucose-Mangel steigt er an. Damit ist die Wirkung der Glucose auf die Aktivität mehrerer Operons erklärt.

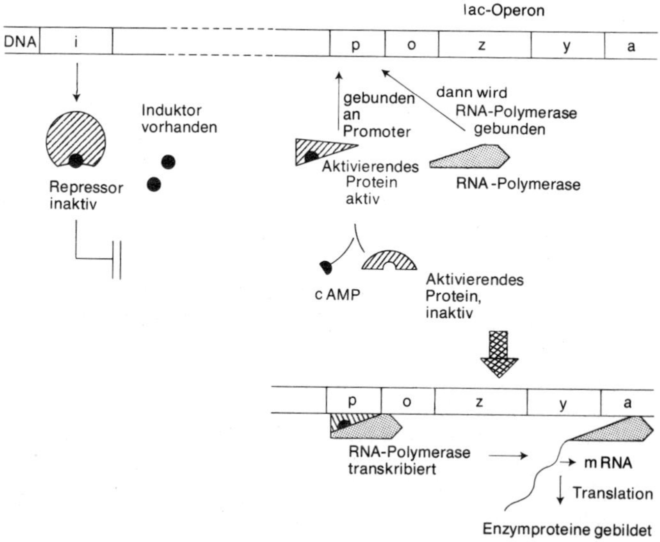


Bild 108: Lactose-Operon unter Berücksichtigung der zusätzlichen Wirkung einer positiven Kontrolle durch das aktivierende Protein

**Tabelle 21: Die bei der Gen-Regulation (Operon-Modell der Bakterien) wirkenden Teile und ihre Funktionen**

1. **Effektoren:**
Kleine Moleküle, die mit dem Repressorprotein in Reaktion treten als

1.1 *Induktor:* bewirkt Enzyminduktion (Genaktivierung) durch Inaktivierung des Repressors (oder durch Aktivierung eines Aktivatorproteins)

1.2 *Korepressor:* bewirkt Repression (Geninaktivierung) durch Aktivierung des Repressors

2. **Regulator-Proteine:**
Moleküle, die allosterisch regulierbar sind und mit der DNA in Wechselwirkung treten als

2.1 *Repressor:* Protein, das im Operatorbereich der DNA mit dieser in Wechselwirkung tritt und dadurch die Synthese von m-RNA verhindert. Der Repressor übt stets eine negative Kontrolle (hemmende Funktion) aus. Das Repressorprotein besitzt zwei Spezifitäten: zum – spezifischen – Effektor und zum – spezifischen – Operator

2.2 *Aktivierendes Protein:* Protein, das im Promoterbereich der DNA mit dieser in Wechselwirkung tritt und dadurch die anschließend folgende Bindung von RNA-Polymerase ermöglicht. Es übt also eine positive Kontrolle aus. Es gibt spezifische Aktivatorproteine bestimmter Operons mit zwei Spezifitäten: Zum spezifischen Induktor und zum spezifischen Promoterbereich. Ferner gibt es ein unspezifisches aktivierendes Protein, das seinerseits durch cAMP aktiviert wird, aber mit den Promoterbereichen vieler Operons reagieren kann.

3. **DNA-Abschnitte** (linear angeordnet):

3.1 *Strukturgene:* Abschnitte der DNA-Doppelhelix, deren Transkription zur Bildung von m-RNA-Molekülen führt, die bei der Translation in Aminosäuresequenzen übersetzt werden.

3.2 *Operator:* Abschnitt der DNA-Doppelhelix, der mit dem Repressorprotein in Wechselwirkung tritt.

3.3 *Promoter:* Abschnitt der DNA-Doppelhelix, an den sich die RNA-Polymerase anlagern kann, wenn am benachbarten Operator kein Repressor gebunden ist.

3.4 *Operon:* Als Funktionseinheit anzusehender DNA-Abschnitt, besteht aus Promoter, Operator und Strukturgenen.

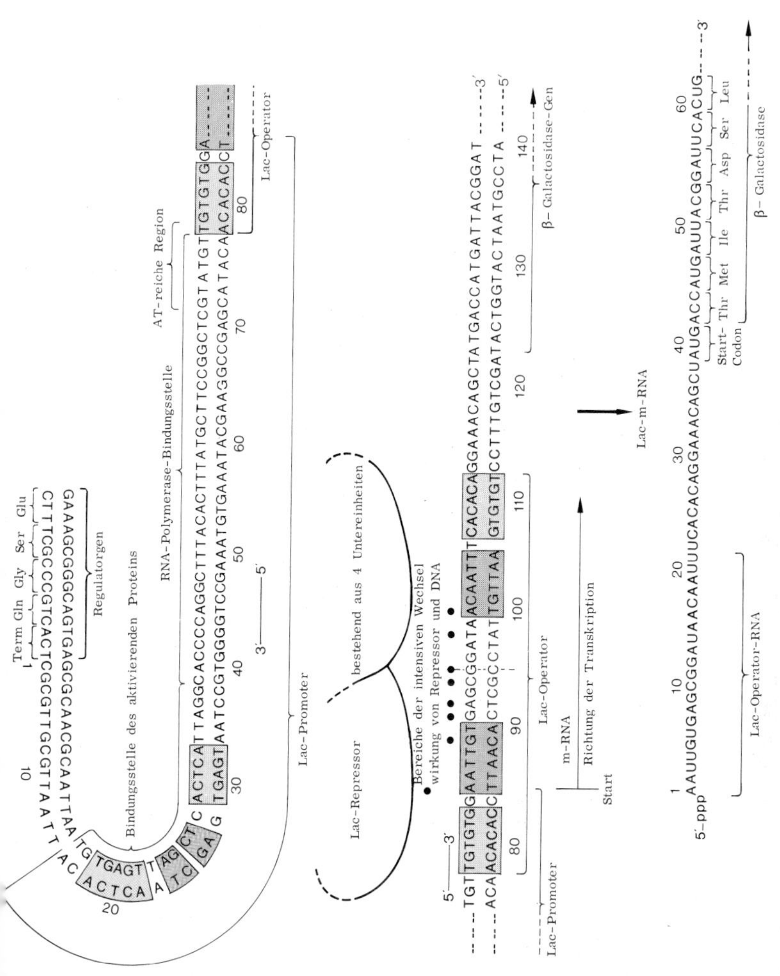


Bild 109: Nukleotidabfolge im Promoter und Operator-Bereich des Lactose-Operons von *E. coli.* Der Beginn des ersten Strukturgens und das Ende des (in diesem Fall benachbarten) Regulatorgens sind mit eingezeichnet. Symmetrische Nukleotidabfolgen sind umrahmt und getönt; die Symmetrieachse ist durch kleine Pfeile angegeben. Die Bindung des Lac-Repressor-Proteins ist bezeichnet. Die Auftrennung und Umbiegung des dargestellten Sequenzstücks erfolgte aus räumlichen Gründen. An der AT-reichen Region unmittelbar vor dem Operator beginnt vermutlich die Auftrennung der beiden Nukleotidstränge, die für die Anlagerung der RNA-Polymerase und für die Transkription erforderlich ist

3.5 *Regulatorgen:* Abschnitt der DNA-Doppelhelix, der die Bildung von m-RNA für regulierende Proteine bestimmt.

---

### 11.2.6 Molekularer Bau von Promoter und Operator

Der molekulare Aufbau von Promoter und Operator ist mittlerweile für einige Operons von *E. coli* durch die Verfahren der Genklonierung (in Plasmiden vgl. 5.4) und der Bestimmung der Nukleotidsequenzen geklärt worden. Er wird hier für das besonders gut bekannte Lactose-Operon dargestellt (Bild 109).

Charakteristisch für Operator-Bereiche ist das Vorliegen symmetrischer Nukleotidabfolgen (sogenannte *Palindrome*). Auch in dem Teil des Promoters, in dem das aktivierende, durch cAMP regulierte Protein gebunden wird, liegen symmetrische Stücke vor. Man nimmt an, daß die Bindung des der DNA entlang wandernden Proteins dadurch erleichtert wird, daß die Nukleotidsequenz von beiden Seiten her gleich ist, das Protein die Bindungsstelle also von jeder Richtung her erkennt.

Am Ende des Bindungsbereiches der RNA-Polymerase liegt eine Region, die reich an AT-Paarungen ist; man findet sie bei allen bisher untersuchten Sequenzen. An dieser Stelle beginnt wahrscheinlich die Auftrennung der beiden DNA-Stränge, die zur Transkription des codogenen Stranges notwendig ist. AT-reiche Regionen trennen sich leichter auf als GC-reiche (vgl. 3.3.2). Beim Regulatorgen, das ja keinen Operator besitzt, besteht der Bereich zwischen der AT-reichen Region und dem Startpunkt der Transkription nur aus GC-Paaren. Man nimmt an, daß dies zur seltenen Ablesung des Regulatorgens (vgl. 11.2.3) beiträgt.

**Palindrom:** *Symmetrische Nukleotidsequenzen, von griech. palindromos rückläufig, Buchstabenreihe, die vorwärts und rückwärts gelesen, einen Sinn ergibt, z. B. Ebbe.*

## 11.3 Regulation der Genaktivität bei Eukaryonten

Bei den höheren Pflanzen und Tieren gibt es Regulationen der Genaktivität, die jenen der Bakterien gleichen. So wird bei Pflanzen durch Nitrat die Neubildung des nitratreduzierenden Enzyms Nitrat-Reduktase angeregt. Es liegt also Substratinduktion vor wie bei der Wirkung von Lactose auf das Lactose-Operon in *E. coli.* Auch Gen-Repressionen sind nachgewiesen. Bei bestimmten Zahnkarpfen-Bastarden arbeiten die reprimierenden Gene der Farbstoffbildung ungenügend, weil der eine Elter keine solchen mitbringt. Daher kommt es zu ungehemmter Vermehrung von Farbstoffzellen und so zur Bildung von Tumoren (vgl. 7.3). Häufig beobachtet man allerdings Regulationsvorgänge, die nicht so einfach zu erklären sind. So ist oft die Fähigkeit zur Enzyminduktion durch das Substrat auf ganz bestimmte Entwicklungsstadien beschränkt; oder es werden – unabhängig von einer Induktion – bestimmte Proteine überhaupt nur in bestimmten Entwicklungsstadien gebildet. Ein Beispiel dafür ist die zeitliche Veränderung der Hämoglobine beim Menschen (Bild 110). Dafür muß es zusätzlich Regulationsmechanismen geben. Ferner sind manche Sorten von m-RNA bei höheren Organismen viele Stunden lang vorhanden, bis sie wieder abgebaut werden. Würde diese m-RNA dauernd ab-

Der Kreis gibt die 4 Polypeptidketten an, die ein Hämoglobin-Molekül bilden; angegeben ist das zum jeweiligen Zeitpunkt vorherrschende Hämoglobin.

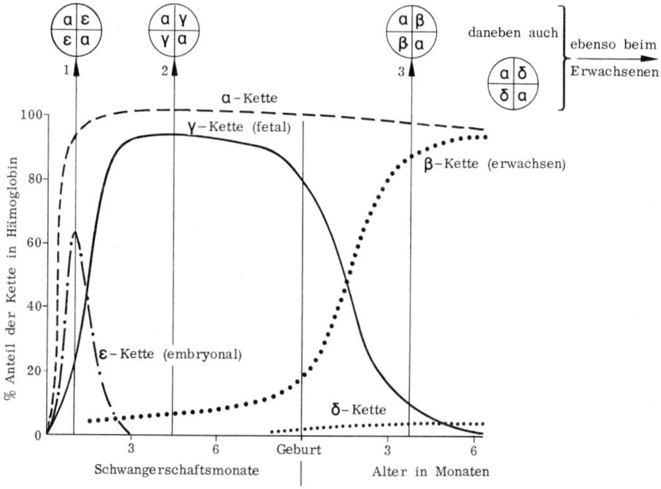


Bild 110: Bildung der Polypeptidketten der verschiedenen Hämoglobine während der Entwicklung des Menschen. Die α-Ketten sind in allen Hämoglobinen enthalten. Bei den β, γ, δ und ε-Ketten besteht eine zeitliche Regulation ihrer Bildung, so daß mit der Zeit eine Veränderung der Hämoglobinstruktur eintritt. Da die Gene für alle 5 Polypeptidketten immer vorhanden sind, läßt sich auf eine zeitliche Veränderung der Genaktivität schließen.
Stadium 1: Neben α-Ketten werden ε-Ketten gebildet, daher entsteht vorwiegend das embryonale Hämoglobin $\alpha_2\varepsilon_2$. (aus 2α- und 2ε-Ketten). Die Bildung von γ-Ketten hat eben begonnen.
Stadium 2: Neben α-Ketten werden γ-Ketten gebildet, es entsteht fast ausschließlich das fetale Hämoglobin $\alpha_2\delta_2$. Die Bildung von ε-Ketten hat aufgehört, die von β-Ketten eben eingesetzt.
Stadium 3: Neben α-Ketten werden β-Ketten gebildet, es entsteht vorwiegend das Erwachsenen-Hämoglobin $\alpha_2\beta_2$ (aus 2 α-Ketten und 2 β-Ketten). Daneben werden δ-Ketten gebildet, dadurch entsteht das Erwachsenen-Nebenhämoglobin $\alpha_2\delta_2$. Die Bildung von γ-Ketten hat nahezu aufgehört

gelesen, so enthielte die Zelle praktisch nur noch die von diesen wenigen Molekülen codierten Proteine. Es muß also eine Möglichkeit geben, die dauernde Ablesung von m-RNA zu verhindern.

Aus den Krallenfrosch-Versuchen (vgl. Bild 78) konnte man ableiten, daß das Cytoplasma Stoffe enthält, welche die Gentätigkeit regulieren können. Dies wird durch andere Versuche erhärtet. Man kann die verschiedensten Zellen vieler Tierarten in Zellkulturen auf Nährmedien halten und mit ihnen experimentieren. Bringt man Zellen von verschiedenen Organismen zusammen, so kommt es unter bestimmten Bedingungen auch zu Zellverschmelzungen. Zumeist tritt dabei nur eine Verschmelzung des Cytoplasmas ein; aber gelegentlich entsteht in solchen *»somatischen Hybriden«* auch ein gemeinsamer Zellkern, und es sind dann sogar Teilungen möglich.

Wenn man Mäuseleberzellen, die Mäusealbumin erzeugen, mit weißen Blutkörperchen des Menschen hybridisiert, so entstehen unter anderem auch solche Hybridzellen, in denen menschliches Albumin gebildet wird (Bild 111). Normalerweise produzieren weiße Blutkörperchen ja kein Albumin, deshalb muß hier ihr Albumin bildendes Gen aktiviert worden sein. Die Ursache dafür ist eine Wirkung des Cytoplasmas der Mäusezelle.

Die Strukturgene induzierter Enzyme liegen bei Eukaryonten oft verstreut im Genom; Operons sind selten. Die gemeinsame Induktion bzw. Repression solcher Gene – auch unter dem Einfluß von Signalen aus dem Cytoplasma oder von außen (z. B. Hormon) – versucht die Hypothese von BRITTEN und DAVIDSON zu erklären. Sie zieht dabei eine Reihe experimenteller Befunde heran, insbesondere die Tatsache, daß in der DNA der Eukaryonten vielfach sich wiederholende Nukleotidsequenzen enthalten sind (vgl. Abschnitt 3.3.3). Manche dieser mehrfach vorhandenen Sequenzen könnten Steuerungsorte für daneben gelegene Strukturgene sein. Dadurch kann ein einziges »Leitgen« eine ganze Gruppe verstreuter Gene regulieren (Bild 112).

Unter Mitwirkung der Histone (vgl. 5.3) kann eine Inaktivierung ganzer Chromosomen oder von Chromosomenabschnitten zustande kommen. Es entstehen dann sogenannte Heterochromatin-Bereiche. Wir haben eine derartige Inaktivierung schon am Beispiel des BARR-Körpers kennengelernt (vgl. 8.9.3).

Im Abschnitt 4.3.2 wurde dargelegt, daß bei den Eukaryonten die m-RNA im Kern ein »processing« durchmacht. Vermutlich bestehen hierbei auch Regulationsmöglichkeiten. Ein großer Teil der gebildeten RNA wird im Kern wieder abgebaut, und nur ein kleiner Anteil verläßt den Kern als Informationsmolekül. Man spricht von einer posttranskriptionalen Regulation. Auch im Cytoplasma bestehen Regulationsmöglichkeiten. Es ist bekannt, daß Informosomen (vgl. 4.3.2) auch in »Ruhe« übergehen können,

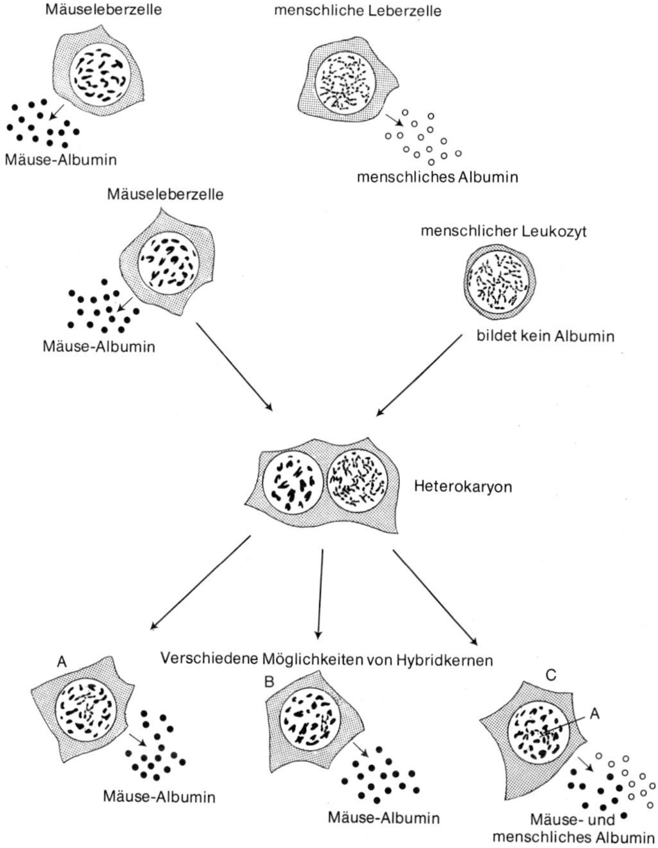


Bild 111: Bildung von Hybridzellen und Aktivierung eines reprimierten Gens. Das Gen, das für das Protein »Albumin« codiert, ist normalerweise in Leberzellen aktiv. Das dabei gebildete Albumin wandert aus der Leberzelle in Lymphe und Blut. Weiße Blutkörperchen (Leukocyten) bilden kein Albumin. Durch Hybridisierung von Mäuseleberzellen mit menschlichen Leukocyten entstehen Hybridzellen. Diese bilden alle Mäusealbumin, einige aber auch menschliches Albumin. Letzteres kann nur in solchen Hybridzellen gebildet werden, die dasjenige menschliche Chromosom (A) im Hybridkern enthalten, welches das Gen für »Albumin« trägt. Die Aktivierung des Gens geht vom Cytoplasma der Hybridzelle aus

d. h. ihre m-RNA wird längere Zeit nicht abgelesen. So werden bei der Reifung von Seeigeleiern lange vor der Befruchtung bestimmte m-RNA-Moleküle gebildet, die als RNP im Cytoplasma verbleiben und erst während der Furchungsvorgänge abgelesen werden. Auf der Grundlage derartiger Vorgänge läßt sich verstehen, weshalb die ersten Furchungsvorgänge auch dann ablaufen können, wenn man den Kern aus der befruchteten Eizelle herausoperiert.

## 11.4 Die Feinregulation des Stoffwechsels. Veränderung der Enzymaktivität. Isoenzyme

Durch die Regulation der Genaktivität wird die Bildung von Enzymproteinen kontrolliert und so der Ablauf bestimmter Stoffwechselreaktionen verhindert oder ermöglicht.

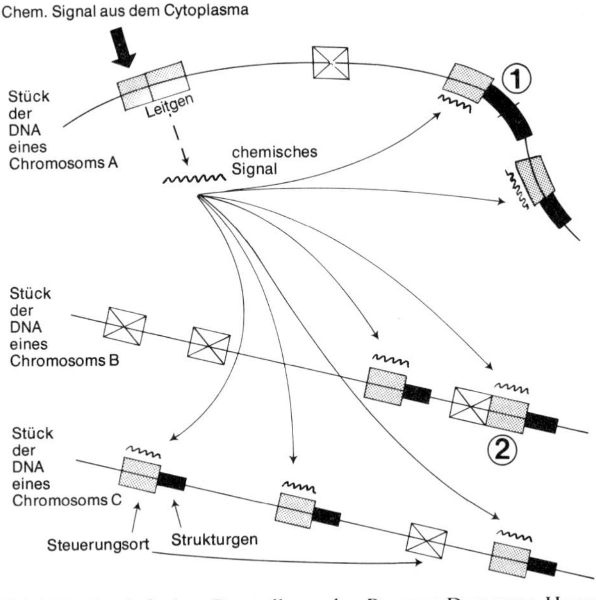


Bild 112: Vereinfachte Darstellung der BRITTEN-DAVIDSON-Hypothese. Das Leitgen erzeugt ein Genprodukt, das als chemisches Signal innerhalb des Kerns wirkt und durch Anlagerung an die DNA im Bereich von Steuerungsorten die Aktivität der Strukturgene beeinflußt. Einem Steuerungsort können mehrere Strukturgene zugeordnet sein (1). Ein Strukturgen kann auch mit mehreren Steuerungsorten, die verschiedenen Leitgenen zugeordnet sind, in Verbindung stehen (2)

Neben dieserArt der Regulation des Stoffwechsels gibt es noch eine »Feinregulation«, bei der ausschließlich die Aktivität vorhandener Enzymproteine verändert wird. Die Genaktivität wird dabei also nicht beeinflußt.

Als Beispiel betrachten wir die Bildung der Aminosäure Lysin aus der Aminosäure Asparaginsäure. Dieser Stoffwechselweg verläuft über mehrere Zwischenstufen. Durch das Endprodukt Lysin wird die Aktivität des ersten Enzyms gehemmt, das die Reaktion der Asparaginsäure mit ATP katalysiert. Eine Anhäufung von Lysin in der Zelle führt also infolge dieses Hemmeffektes zur Verringerung der Biosyntheserate von Lysin. Man spricht hier von einer **Endprodukthemmung**, im Gegensatz zur bereits besprochenen Endprodukt-Repression (Bild 113a). Das Lysin wirkt bei dieser Hemmung der Aktivität eines vorhandenen Enzyms als allosterischer Effektor.

Der gegenteilige Fall ist die **Ausgangssubstrat-Aktivierung** (Bild 113b). Beispielsweise aktiviert Phosphoglycerinsäure ein Enzym, das an der Stärkesynthese in den Chloroplasten beteiligt ist. Die Phosphoglycerinsäure entsteht als erstes Produkt der Kohlendioxid-Fixierung. Sie ist also eine Verbindung, die bei der Biosynthese von Stärke aus $CO_2$ ganz am Anfang der Stoffwechselkette (daher Ausgangs-Substrat) steht.

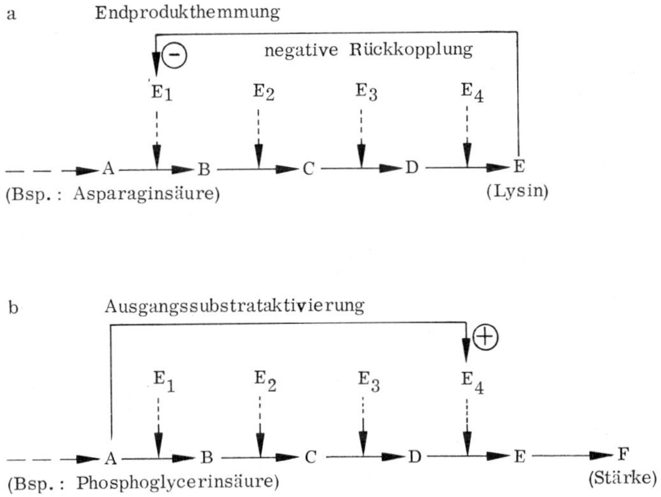


Bild 113: Schematische Darstellung von Endprodukt-Hemmung und Ausgangssubstrat-Aktivierung

Derartige Hemmungen und Aktivierungen spielen für die Feinregulation des Stoffwechsels eine wichtige Rolle. Sie sind in allen darauf untersuchten Organismengruppen nachgewiesen. Demgegenüber gilt das JACOB-MONOD-Modell in der geschilderten Form nur für Prokaryonten. Die Hemmungen oder Förderungen von Enzymaktivitäten kommen zumeist durch allosterische Wechselwirkungen zustande. Um diese besser zu verstehen, muß nochmals an die Eigenschaften der Enzyme erinnert werden (vgl. hierzu auch Abschnitt 4.2.3).

**Eigenschaften der Enzyme.** Die drei entscheidend wichtigen Eigenschaften der Enzyme sind Spezifität, Effizienz und Regulierbarkeit.

**Spezifität** bedeutet, daß jedes Enzym so genau an sein(e) Substrat(e) angepaßt ist, daß es in der Regel schon bei geringen Abweichungen in der Struktur dieser Substrate nicht mehr wirksam wird. Zwischen der Enzymstruktur im Bereich des aktiven Zentrums und dem Substrat bildet sich im *Enzym-Substrat-Komplex* eine enge Wechselbeziehung aus.

Die **Effizienz** eines Enzyms mißt man an der Anzahl der einzelnen Reaktionen, die ein Molekül des Enzyms pro Zeiteinheit bewirkt. (Die Zahl umgesetzter Moleküle Substrat pro Molekül Enzym und Minute heißt auch *»Wechselzahl«* des Enzyms, sie ist ein absolutes Maß der **Enzymaktivität**). Die Wirksamkeit von Enzymen ist in der Regel sehr viel höher als die anderer Katalysatoren bei vergleichbaren chemischen Reaktionen. Zwei Größen bestimmen die Effizienz eines Enzyms: einmal die Geschwindigkeit, mit der nach Ablauf eines Katalysevorgangs die neue Beladung mit Substrat erfolgt, und zum andern die Geschwindigkeit des Katalysevorgangs selbst. Die erste Größe ist von der Konzentration an Substrat abhängig. Bei einer hohen Substratkonzentration wird gar kein freies Enzym mehr vorliegen (Zustand der Substratsättigung), dann ist allein die zweite Größe geschwindigkeitsbestimmend und die obere Grenze der Reaktionsgeschwindigkeit erreicht. Bei einer geringeren, aber durch dauernde Zufuhr konstant gehaltenen Substratkonzentration ist die Reaktionsgeschwindigkeit entsprechend kleiner, aber ebenfalls konstant.

**Regulierbarkeit** eines Enzyms bedeutet, daß die Reaktionsgeschwindigkeit bei gleichbleibender Substratkonzentration durch Einwirkung eines anderen Stoffes verändert wird. Dieser andere Stoff heißt *Effektor* oder *Regelmetabolit.* Wird die Reaktionsgeschwindigkeit durch Konzentrationserhöhung des Regelmetaboliten erhöht, so liegt eine Aktivierung vor, wird sie durch Konzentrationserhöhung des Regelmetaboliten verringert, so handelt es sich um eine Hemmung. Für die Regulation des Stoffwechsels ist es wichtig, daß solche Effekte durch Metabolite bewirkt werden, die mit der katalytischen Reaktion des Enzyms nichts zu tun haben und somit eine im Vergleich zum Substrat völlig andere Struktur aufweisen können. Die Bindung eines derartigen Regelmetaboliten erfolgt an einer besonderen Bindungsstelle, die man als *allosterisches Zentrum* des Enzyms bezeichnet. Diese Art von Regulationsfähigkeit zeigen nur bestimmte Enzyme, die Schlüsselrollen im Stoffwechselgeschehen innehaben. Die allosterisch wirksamen Effektoren sind in der Regel Stoffe, die in Verbindung mit der Stoffwechselkette stehen, der das regulierbare Enzym zugehört.

**Allosterisches Enzym:** *Enzym, dessen Moleküle durch Bindung eines Metaboliten (Effektors) am allosterischen Zentrum ihre Aktivität verändern. Sie können aktiviert oder gehemmt werden.*

Physikalisch-chemische Untersuchungen haben gezeigt, daß die Bindung von Substrat und von Regelmetaboliten zu Veränderungen in der Kettenkonformation (Raumstruktur) der Polypeptidketten führen. Die Polypeptidketten der Proteine weisen eine gewisse Flexibilität auf, die dazu führt, daß ein Protein in einer inaktiven (bzw. weniger aktiven) und einer aktiven Form vorliegen kann. Bei einem Enzymprotein wird durch die Bindung des Substrats die aktive Form (R-Form, von engl. relaxed) stabilisiert, ebenso durch Bindung eines allosterischen Aktivators. Die Bindung eines allosterischen Inhibitors hingegen stabilisiert die inaktive Form (T-Form, von engl. tense, vgl. Bild 114).

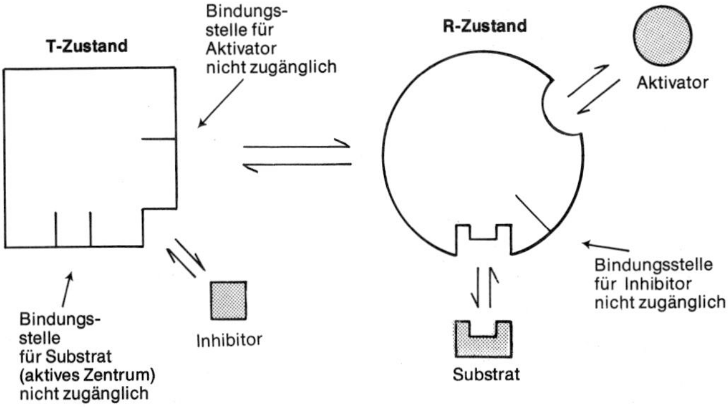


Bild 114: Gleichgewicht zwischen inaktivem (T-)Zustand und aktivem (R-)-Zustand eines Enzyms und die Stabilisierung der Zustände durch Liganden (Inhibitor, Aktivator, Substrat)

Zahlreiche Untersuchungen ergaben, daß allosterisch regulierbare Proteine aus mehreren Polypeptidketten (Untereinheiten) aufgebaut sind. Sie besitzen also eine Quartärstruktur. In solchen Fällen wird sich nun die Konformationsveränderung einer Untereinheit vom inaktiven in den aktiven Zustand auf die anderen Untereinheiten auswirken. Diese gehen dann rascher in den aktiven Zustand über. Dasselbe gilt natürlich auch umgekehrt. Man spricht von *Kooperativität* zwischen den Protein-Untereinheiten.

Eine weitere Möglichkeit der Feinregulierung des Stoffwechsels beruht auf der Bildung unterschiedlicher **Isoenzyme** (vgl. 11.1). Isoenzyme katalysieren die gleiche Reaktion, arbeiten aber unter verschiedenen Bedingungen unterschiedlich gut. Als unterschiedliche Proteine werden sie durch verschiedene Gene bestimmt, die zu verschiedener Zeit aktiv sein können. Bei Isoenzymen wird also das Prinzip der Regulation der Genaktivität unmittelbar zur Feinregulation des Stoffwechsels verwendet.

Wie schon in 11.1 erwähnt, gibt es bei Säugern 5 verschiedene Isoenzyme der Milchsäuredehydrogenase (Bild 115). Diese gehen zurück auf zwei Strukturgene A und B. Die Milchsäuredehydrogenase besteht aus 4 Poly-

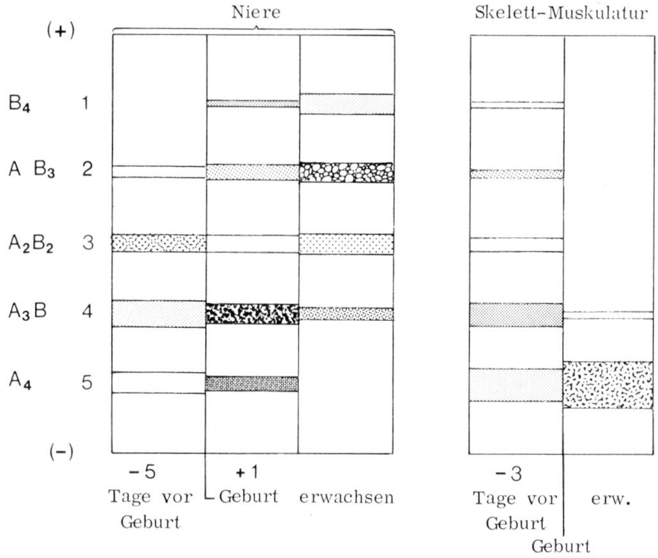


Bild 115: Auf differentieller Genaktivität beruhende unterschiedliche Isoenzymmuster. Die Milchsäuredehydrogenasen aus Niere und Skelettmuskel der Maus wurden durch Elektrophorese getrennt. Je nach Organ und Entwicklungsstadium beobachtet man unterschiedliche Muster

peptidketten, dabei können fünf Isoenzyme der Zusammensetzung $A_4$, $A_3B$, $A_2B_2$, $AB_3$ und $B_4$ entstehen. Die Moleküle werden nun aber nicht zufällig aus den Ketten aufgebaut, sondern es entstehen bevorzugt die Formen $A_4$ und $B_4$. Die Form $A_4$ arbeitet bei geringem Sauerstoffangebot sehr wirksam; sie kommt vor allem im Skelettmuskel vor, der ja selbst bei Sauerstoffmangel noch tätig ist und dann Milchsäure erzeugt. Die Form $B_4$ arbeitet mit hoher Wirksamkeit nur in gut mit Sauerstoff versorgten Zellen und ist in Gehirn, Niere und besonders im Herz vorherrschend. Bei Herzinfarkt wird im Herz plötzlich die Form $A_4$ vermehrt und dann auch ins Blut abgegeben (dient auch als klinischer Nachweis). Beim Embryo enthält das Muskelgewebe noch alle Enzymformen. Dem Vorherrschen der jeweils passendsten Isoenzyme liegt also eine zeitliche Regulation der Genaktivität zugrunde, die in verschiedenen Geweben eines Lebewesens unterschiedlich abläuft *(biochemische Differenzierung)*. Dies gilt auch für viele andere Enzyme, von denen Isoenzyme bekannt sind.

## 11.5 Genvervielfachung (Genamplifikation). Lampenbürstenchromosomen.

Daß die Genaktivität und ihre zeitliche Änderung an Riesenchromosomen direkt beobachtet werden können, wurde schon in 11.1 dargelegt. Es gibt jedoch noch einen anderen Fall, bei dem solche Beobachtungen möglich sind; sie haben sogar zur Erkennung einer weiteren Art der Regulation der Genaktivität geführt. Gemeint sind die *Lampenbürstenchromosomen.* Man findet sie während der ersten Prophase der Meiose von Oocyten (Eimutterzellen) der Lurche, Fische, Reptilien, Vögel, Säugetiere und auch beim Menschen. In diesem Stadium sind die Chromosomen gepaart. Die Chromatiden bilden nun in bestimmten Bereichen schleifenartige Ausstülpungen, die aus DNA und Protein bestehen. An ihnen wird m-RNA gebildet; sie entsprechen also den Puffs der Riesenchromosomen. Daß hier Chromosomen während der Meiose Genaktivität zeigen, hat einen sehr einfachen Grund: beim Menschen dauert z. B. die Prophase der 1. Reifeteilung über 10 Jahre – in dieser Zeit müssen auch in der Eimutterzelle vielerlei Gene aktiv werden!

In Lampenbürstenchromosomen der Amphibien findet aber außerdem auch eine Synthese von DNA statt. Von den Genen für die Ribosomen-RNA werden zahlreiche Kopien hergestellt, die sich dann außerhalb der Chromosomen in Kernkörperchen (Nukleolen) sammeln und ihrerseits durch Transkription RNA bilden. Man spricht hier von *Genvervielfachung* oder *Genamplifikation*. Beim Krallenfrosch werden bis zu 1000 solcher Nukleolen gebildet, in denen r-RNA synthetisiert wird. Durch diese Vermehrung der Gene kann rasch sehr viel r-RNA als Baustein für Ribosomen entstehen. Bei den Lurcheiern ist das wichtig, da in den ersten Entwicklungsstadien von der befruchteten Eizelle bis zur Gastrulation keine r-RNA mehr entsteht. Es wird vielmehr die in der Eizelle gebildete r-RNA im Verlauf der Furchung auf die einzelnen Zellen des Keims verteilt. Durch diese Vorwegnahme der RNA-Synthese während der Reifung der Eizelle kann später in jeder Tochterzelle sofort eine lebhafte Proteinsynthese einsetzen. Dies gilt natürlich auch für die RNA-Bildung an den Schleifen des Lampenbürstenchromosoms. Die starke Vermehrung der r-RNA durch Genvervielfachung beschleunigt die Bildung von Ribosomen und damit allgemein die Möglichkeit der Proteinsynthese.

Genvervielfachung ist auch bei der Grünalge *Acetabularia* und bei Wimpertierchen nachgewiesen, sie ist also nicht an Lampenbürstenchromosomen gebunden.

## 11.6 Interzelluläre Regulation der Genaktivität

Bei Vielzellern muß die Genaktivität nicht nur innerhalb einer Zelle zeitlich je nach Entwicklungsstadium reguliert werden, sondern auch räumlich in bezug auf den Gesamtorganismus, so daß die Tochterzelle einer Leberzelle selbst wieder zur Leberzelle wird und die Tochterzelle einer knochenbildenden Zelle wieder die gleiche Funktion übernimmt. An dieser interzellulären Regulation sind hormonartige Differenzierungsfaktoren (growth factors) mit beteiligt. Auch echte **Hormone** können die Aktivität von Genen beeinflussen. Wir hatten dies bereits am Beispiel des Insektenhäutungshormons Ecdyson und des Pflanzenhormons Gibberellinsäure gesehen. Für die Sexualhormone und Nebennierenrindenhormone der Säuger sind ebenfalls Wirkungen auf die Aktivierung von Genen nachgewiesen. Dabei werden offenbar zahlreiche Gene gleichzeitig aktiviert, jedoch nur in bestimmten Zellen, die auf das Hormon ansprechen. Die genannten Hormone dringen in die Zellen ein und werden dort gebunden. Viele andere Hormone (solche, die Peptid- oder Proteinstruktur aufweisen, wie z.B. Insulin, ACTH u.a.) werden an einen Rezeptor in der Zellmembran gebunden und gelangen selbst gar nicht in die Zelle. Nur Zellen, deren Membran diesen Rezeptor enthält, können auf das Hormon überhaupt reagieren. Im Cytoplasma der Zelle löst das gebundene Hormon dann eine verstärkte Bildung von cyclischem Adenosinmonophosphat aus (Bild 116). Dieses aktiviert seinerseits Enzyme, möglicherweise auch Gene. Das cAMP vermittelt hier also die Nachricht, welche das Hormon bis zur Zellmembran bringt, an die Empfänger im Zellinnern. Man bezeichnet das cAMP daher auch als *»Sekundär-Messenger«* und den Weg vom Hormon zu einer bestimmten Wirkung (Genaktivierung, Enzymaktivierung) als *»Signalkette«*.

In diese Signalkette greifen verschiedene Arzneimittel und auch Gifte ein. So wird durch das Coffein des Kaffees und Tees der cAMP-Abbau verlangsamt. Das von den Cholera-Bakterien gebildete Cholera-Toxin bindet an die Adenylatcyclase und führt zu deren maximaler Stimulierung, gleichzeitig kann dieses Enzym auf keine andere Weise mehr beeinflußt werden, es nimmt also keine weiteren Nachrichten durch Hormone mehr auf. Die Folge ist ein Zusammenbruch des Zellstoffwechsels.

## 11.7 Einfluß von Außenfaktoren auf die Genaktivität

Zieht man eine chinesische Primel bei einer **Temperatur** von über 30 °C, so blüht sie weiß, hält man sie auf niedrigerer Temperatur,

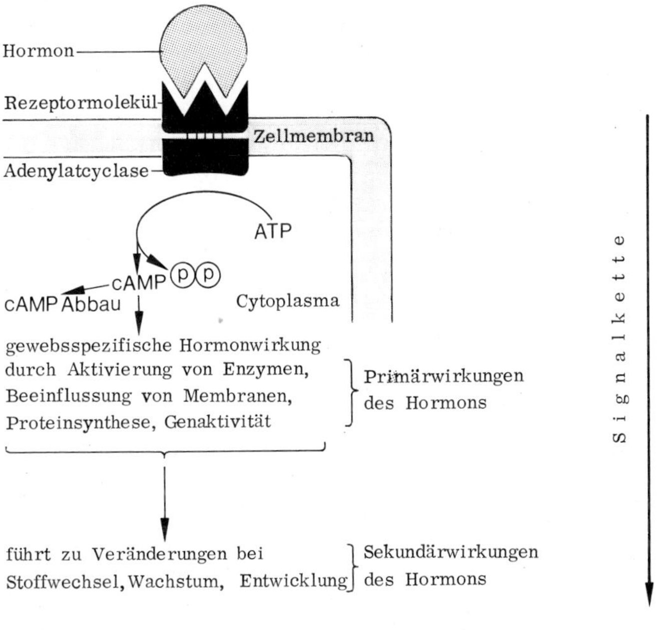


Bild 116: Schema der cAMP-Wirkung in einer Säugerzelle

so blüht sie rot. Die Bildung der Blütenfarbe ist also von der Temperatur abhängig. In diesem Fall wirkt die Temperatur, also ein Umweltfaktor, auf die Aktivität bestimmter Gene ein, deren Enzyme für die Bildung des Farbstoffes erforderlich sind. Weil ein Farbton schlagartig in einen anderen übergeht, spricht man auch von umschlagender oder diskontinuierlicher Variation der Färbung.

Bei dem Russenkaninchen, einer im allgemeinen weißen Kaninchenrasse, bei der Ohren, Nase, Pfoten und Schwanz schwarz gefärbt sind, kann man nachweisen, daß die Schwarzfärbung auf der niedrigeren Temperatur dieser der Abkühlung stärker ausgesetzten Körperspitzen beruht. Kühlt man andere Hautstellen ab, so wachsen dort die neuen Haare schwarz heran; rasiert man die schwarzen Haare der Nase weg und hält das Tier warm, so wachsen die Haare weiß nach; ja man kann Tiere durch Warmhaltung rein weiß, durch Haltung in der Kälte ganz dunkel machen. Hier wird die Aktivität eines Enzyms unmittelbar beeinflußt. Bei Temperaturen über 30 °C ist das Enzym inaktiv und der Farbstoff Melanin wird nicht mehr gebildet.

Der Einfluß des Außenfaktors **Licht** ist vor allem bei Pflanzen untersucht worden. In allen Pflanzen ist ein an ein Protein gebundener Farbstoff **Phytochrom** zu finden, der durch Absorption von hellrotem Licht (Maximum: 660 nm) aktiviert wird. Das aktive Phytochrom kann Stoffwechselreaktionen auslösen. Durch Bestrahlen mit dunkelrotem Licht (730 nm) wird das Phytochrom in eine inaktive Form verwandelt. Man konnte nun nachweisen, daß durch das aktive Phytochrom die Bildung bestimmter Enzyme ausgelöst und gleichzeitig die Bildung anderer Enzyme gehemmt wird. Über die Signalkette zwischen dem Phytochrom und der DNA ist allerdings nichts Sicheres bekannt.

Ein besonders aufschlußreicher Befund ergab sich bei der Untersuchung der Phytochrom-Abhängigkeit eines Enzyms des Lipidstoffwechsels (Lipoxygenase) bei keimenden Senfsamen. Die Bildung dieses Enzyms wird durch aktives Phytochrom verhindert. Läßt man die Samen im Dunkeln keimen, so wird das Enzym gebildet. Bestrahlt man nur kurz mit hellrotem Licht, so entsteht das Enzym nicht. Man kann nun die Wellenlänge des eingestrahlten Lichtes von Hellrot immer mehr zu Dunkelrot hin verschieben. Dadurch wird der Anteil aktiver Phytochrommoleküle immer geringer, bis er schließlich bei monochromatischem Licht von größeren Wellenlängen als 730 nm auf 0 absinkt. Man könnte nun erwarten, daß die Menge des gebildeten Enzyms umgekehrt proportional der Zahl aktiver Phytochrom-Moleküle ist und somit langsam zunimmt, bis bei > 730 nm die volle Enzymproduktion einsetzt. Dies ist aber nicht der Fall. Die Bildung des Enzyms bleibt zunächst völlig gehemmt, bis die Menge des aktiven Phytochroms unter 1,2 % der Gesamtmenge an Phytochrom-Molekülen absinkt. Wird dieser Schwellenwert unterschritten, so kommt sofort die maximale Synthese des Enzyms zustande. Das Auftreten dieser *Schwellenwertsreaktion* legt für die primäre Wirkung des Phytochroms eine hochgradig *kooperative Reaktion* nahe. Was dies heißt, soll an einer Modell-Überlegung klar gemacht werden:

Nehmen wir – völlig willkürlich – an, daß in einer Zelle genau 1000 Phytochrom-Moleküle vorhanden seien. Wenn davon 1,2 % = 12 Moleküle aktiv sind, kann die Lipoxygenase nicht gebildet werden, das Gen bleibt inaktiv. Sind hingegen nur 11 Phytochrom-Moleküle (weniger als 1,2 %) im aktiven Zustand, so setzt die Enzymbildung ein, da das Gen jetzt aktiv wird. Es reichen also 12 aktive Moleküle aus, um eine Inaktivierung des Gens auszulösen, 11 jedoch nicht. Die aktiven Phytochrommoleküle befinden sich natürlich nicht an einer Stelle in der Zelle, sondern sind statistisch unter den 1000 Phytochrom-Molekülen verteilt. Man kann daher die unterschiedliche Wirkung von 11 und 12 aktiven Molekülen nur durch »enge Zusammenarbeit« (Kooperation) zwischen den Phytochrommolekülen erklären. Dazu sind diese Moleküle vermutlich an eine Membran gebunden. Dennoch bleibt der Nachweis einer derartigen Zusammenarbeit von Molekülen sehr erstaunlich.

## Aufgaben zu Abschnitt 11

1. Betrachten Sie Bild 105. Wie läßt sich klären, ob die Regelung der Enzymbildung bei der Transkription oder der Translation erfolgt?

2. Wie kann man nachweisen, daß bei der Induktion der Galaktosidase durch Lactose tatsächlich eine Neubildung von Enzym und nicht nur eine Aktivierung vorhandener Enzymmoleküle stattfindet?

3. In einer Kultur von E. coli auf Lactose werden $8.10^{-15}$ g Galaktosidase pro Zelle gefunden. Das Molekulargewicht der Galaktosidase beträgt 500 000. Wieviele Galaktosidase-Moleküle sind pro Zelle durchschnittlich vorhanden?

4. Auf welche Proteine, die von mehreren Genen bestimmt werden, wurde in früheren Abschnitten eingegangen?

5. Kann Zuckerkrankheit (Diabetes mellitus) auf einem Fehler bei der Regulation von Gen-Aktivitäten beruhen?

6. Der Vorkeim des Wurmfarns sieht völlig anders aus als das Farnkraut. Worauf könnte dies beruhen?

7. Über welche Vorgänge muß man Bescheid wissen, um die Verwirklichung der genetischen Information, also das Auftreten der Erbmerkmale zu verstehen? Überlegen Sie dazu den Weg vom Gen zum Merkmal.

8. Bei Bakterien haben negative und positive Kontrollsysteme der Genaktivität den gleichen Komplexitätsgrad und gleich viele Kontrollelemente. Daher sollten beide etwa gleich häufig sein. Alle bekannten Operons für Biosynthese-Reaktionen stehen aber unter negativer Kontrolle; positive Kontrolle gibt es nur bei Operons abbauender Enzyme. Geben Sie eine mögliche Erklärung dafür aufgrund der Tatsache, daß Mutationen in Regulatorgenen besonders häufig sind.

# 12. Modifikationen und Variabilität

## 12.1 Modifikationen

Wie soeben gezeigt wurde (vgl. 11.7), können Umweltfaktoren die Aktivität von Genen beeinflussen. Es ist daher nicht verwunderlich, daß sich auch Lebewesen gleichen Erbguts (gleichen *Genotyps*) nicht in allen Einzelheiten gleichen; denn nicht allen Umweltfaktoren werden erbgleiche Lebewesen völlig gleich ausgesetzt sein.

In einem berühmt gewordenen Versuch wurde eine junge Löwenzahnpflanze durch einen Längsschnitt halbiert und die eine Hälfte im Tiefland, die andere im Hochgebirge angepflanzt. Die beiden völlig erbgleichen Pflanzen entwickelten sich ganz verschieden. Die Tieflandpflanze zeigte hohen, kräftigen Wuchs, war kahl und hatte eine kurze Wurzel, die Hochgebirgspflanze war von ganz kurzem, gedrungenem Wuchs, behaart und besaß eine tiefgehende Wurzel. Die Merkmalsausbildung (der *Phänotyp*) der beiden Pflanzen war unterschiedlich.

Derartige, auf Einflüsse der Umwelt zurückzuführende Abwandlungen heißen **Modifikationen**. Wenn man den Einfluß von Umweltfaktoren untersuchen will, muß man mit völlig erbgleichen Individuen arbeiten.

Bei Pantoffeltierchen, die sich nur durch Teilung vermehren, ist das leicht möglich. Bild 117 zeigt das Ergebnis der Längenmessung von 300 Abkömmlingen eines einzigen Tierchens. Am häufigsten traten die mittleren Längen zwischen 164 und 168 μm auf, von hier ab fielen die Werte nach beiden Seiten gleichmäßig ab. Wird mit noch größeren Zahlen gearbeitet, dann erhält man eine sehr regelmäßige **Variationskurve**. Eine ähnliche Kurve ergeben Feststellungen der Länge, der Breite oder des Gewichts von Bohnensamen, die alle von einer Mutterbohne abstammen. Eine solche genotypisch einheitliche Nachkommenschaft nennt man eine **reine Linie** oder einen *Klon.*

Worin ist diese Regelmäßigkeit begründet? Die Größe eines Pantoffeltierchens hängt von einer erheblichen Zahl wachstumsfördernder und wachstumshemmender Einzelbedingungen ab, von Nahrung, Temperatur, Licht, Sauerstoff u.a. Nach den Regeln der Wahrscheinlichkeit sind diejenigen zufälligen Kombinationen, in denen sich die fördernden und hemmenden Faktoren gerade die Waage halten, am häufigsten. Am seltensten treten ausschließlich hemmende oder fördernde Faktorengruppen auf. Daher ist auch eine mittlere Größe die häufigste.

Stufenlose Abwandlungen eines Merkmals bezeichnet man als **fließende Modifikationen**. Ihnen stehen die **umschlagenden Modifikationen** gegenüber, wie wir sie an den Beispielen von Chinesischer Primel, Russenkaninchen und Lipoxygenase kennengelernt haben.

Die Signalkette, die von der Wahrnehmung der Umweltfaktoren durch den Organismus bis zu den beeinflußbaren Genen führt, ist ihrerseits genetisch festgelegt. Ebenso liegt fest, welche Gene überhaupt durch Umweltfaktoren beeinflußt werden können. Vererbt wird also die Art und Weise, auf die jeweils gegebenen Außenbedingungen (Umwelt) zu reagieren. Dabei gibt es zwei verschiedene Möglichkeiten: die **Determination** und die

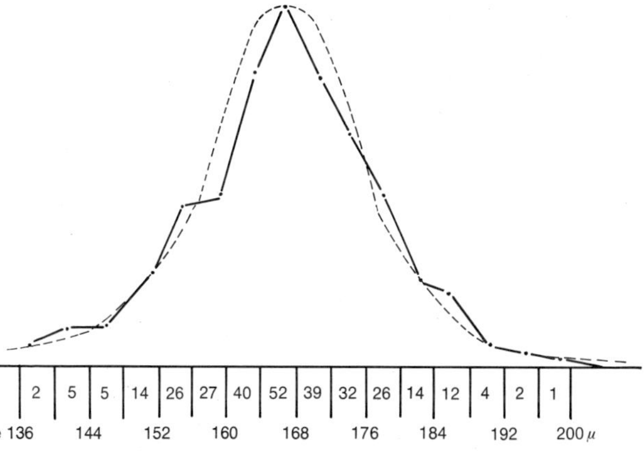


Bild 117: Variationskurve der Länge erbgleicher Pantoffeltierchen. Das Merkmal Länge ist kontinuierlich variabel. Die Variationskurve ist ein Beispiel für die GAUSSsche Verteilungskurve (Normalverteilung)

**Modulation**:

1. Ein Umweltfaktor, der einmal eingewirkt hat, legt ein Merkmal oder eine Reaktionsweise für die ganze Lebensdauer des Lebewesens fest. So wird z. B. beim Auskeimen von Farnsporen durch die erste Einwirkung von Licht (oder Schwerkraft) festgelegt, welche Zellen die grünen Gewebe und welche die Würzelchen des Vorkeims liefern. Es handelt sich hier um eine **Determination**.
2. Ein Umweltfaktor löst nur für die Dauer seiner Einwirkung (und möglicherweise noch einige Zeit danach) ein bestimmtes Merkmal oder eine Reaktionsweise aus. Hierher gehört z. B. die geschilderte Einflußnahme des Lichts auf das Enzym Lipoxygenase (und auf verschiedene andere Enzyme). Man spricht hier von einer **Modulation**.

Die Auswirkung einer Erbanlage kann also durch Umwelteinflüsse mehr oder weniger stark abgewandelt, modifiziert werden; jede Erbanlage zeigt eine gewisse **Modifikationsbreite** (Reaktionsbreite).

Eine Anlage kann sich nur so weit auswirken, als es die Umwelt zuläßt; aber auch die Umwelt kann nur so weit eine Wirkung ausüben, als die Anlage ihr entgegenkommt. Man kann deshalb von den in Erscheinung tretenden Merkmalen, dem Phänotyp, nicht ohne weiteres auf das Erbbild, den Genotyp, schließen. Eine Erbanlage bedeutet eben nicht die Festlegung auf ein bestimmtes Merkmal, sondern nur eine Möglichkeit. Ein Pantoffeltierchen trägt erbmäßig die Möglichkeit in sich, 136 bis 200 µm groß zu werden; wie groß es innerhalb dieser Grenzen tatsächlich wird, entscheidet sich auf Grund der zufällig einwirkenden Umwelteinflüsse. Die tatsächliche Beschaffenheit eines Lebewesens wird also durch das Zusammenwirken von Erbgut und Umwelt geprägt.

Werden nun die durch Umwelteinflüsse entstandenen Modifikationen auf die Nachkommen vererbt oder können sie schließlich erblich werden, wenn die abändernden Umwelteinflüsse über viele Generationen wirken? Die Frage nach der »Vererbbarkeit« erworbener Eigenschaften ist ein biologisches Problem von großer Bedeutung.

Wenn wir uns überlegen, daß die Modifikationen durch Aktivierung oder Inaktivierung vorhandener Gene verursacht werden, so müssen wir schließen, daß es eine Vererbung erworbener Eigenschaften nicht geben kann. Alle entsprechenden Versuche haben diese Annahme bestätigt; sie sind somit ein indirekter Hinweis auf die Richtigkeit unserer Vorstellungen über das Zustandekommen von Modifikationen.

**Vergleich von Mutation und Modifikation**

| | *Mutation* | *Modifikation* |
|---|---|---|
| Ursache: | Mutagene und spontan | Umwelteinflüsse |
| Wirkung: | Veränderung des Individuums | |
| Auftreten der Veränderung: | im Genotyp und daher auch im Phänotyp | nur im Phänotyp |
| Erblichkeit: | erblich | nicht erblich |
| Bedeutung für das Individuum: | nützlich, bedeutungslos oder schädlich | Anpassung an Umweltbedingungen |

**Genotyp:** *Gesamtheit der Kern-Gene eines Organismus.*

**Phänotyp:** *Gesamtheit der Merkmale (Phäne) eines Organismus, also sein Erscheinungsbild.*

**Variabilität:** *Veränderlichkeit der Merkmale bei artgleichen Organismen. Beruht auf*
*a) Mutation, d. h. einer Veränderung des Genotyps – ist erblich*
*b) Modifikation, d. h. einer Veränderung des Phänotyps durch Umwelteinflüsse während der Individualentwicklung – ist nicht erblich.*

## 12.2 Phänotypische und genotypische Variabilität

Das Auftreten der Normalverteilung bei einem kontinuierlich variablen Merkmal in einer größeren Population von Individuen ist allein kein Beweis für Modifikabilität. Bei genotypisch unterschiedlichen Individuen kann selbst bei völlig gleicher Umwelt ein Merkmal kontinuierlich variieren, wenn infolge Polygenie sehr viele Allelenpaare dasselbe Merkmal beeinflussen. Es entsteht eine **genetische Variabilität**.

In einer realen Population von Individuen, wie sie auch dem Züchter als Ausgangsmaterial zur Verfügung steht, liegen sowohl genotypisch unterschiedliche Individuen, wie auch eine in gewissem Maß heterogene Umwelt vor. Die hier beobachtete Gesamtvariabilität (*Variabilität des Phänotyps*) wird also auf einem Anteil *genetischer Variabilität* und einem Anteil *modifikatorischer Variabilität* beruhen.

Für den Züchter ist verständlicherweise der Anteil erblicher Variabilität an der Gesamtvariabilität von Interesse; dieser Anteil wird als Erblichkeit oder **Heritabilität** bezeichnet:

$$\text{Heritabilität (H)} = \frac{\text{genetische Variabilität}}{\text{phänotypische Variabilität}}$$

Um die Heritabilität eines Merkmals in einer gegebenen Umwelt zu bestimmen, wählt man aus einer Anfangspopulation einige Individuen aus, welche die Merkmalsausprägung weit überdurchschnittlich aufweisen, die also weit vom Mittelwert entfernt sind. Diese kreuzt man untereinander. Wenn sich bei den Nachkommen die ursprüngliche Normalverteilung wieder einstellt, so liegt nur modifikatorische Variabilität vor, die Heritabilität ist 0 (H = 0%). Wenn sich bei den Nachkommen ein Mittelwert des Merkmals ergibt, der genau dem Mittelwert der ausgesuchten Eltern entspricht (also weit vom Mittelwert der ursprünglichen Population entfernt ist) so liegt nur genetische Variabilität vor: H = 100%.

In der Regel wird keiner dieser beiden Grenzfälle zutreffen, sondern der Mittelwert bei den Nachkommen wird zum Mittelwert der ursprünglichen Population hin verschoben sein. Man spricht dann von *Regression zum Mittelwert*; aus ihrem Ausmaß berechnet man die Heritabilität.

Wie aus der Formel hervorgeht, ist die Heritabilität sowohl abhängig von der genotypischen Zusammensetzung der Population als auch von den Umweltbedingungen, welche die phänotypische Variabilität beeinflussen.

## 12.3 Prädetermination

Bei der Schlammschnecke *Limnaea* treten rechts- und linksgewundene Gehäuse auf. Verantwortlich für den Richtungssinn ist ein Gen S. Die Rechtswindung ist dominant, d.h. $S^+S^+$ und $S^+S$ verursachen Rechtsschraubung, SS hingegen Linkswindung. Bei den Kreuzungsversuchen zeigte sich aber, daß die Windungsrichtung nicht durch den Genotyp des Tieres selbst, sondern durch diejenige der Mutter festgelegt wird. In der unbefruchteten Eizelle ist offenbar das Genprodukt, das den Windungssinn festlegt, bereits enthalten und so die Richtung für die folgende Generation festgelegt. Das Plasma der Eizelle ist *prädeterminiert* und infolgedessen die Merkmalsausprägung um eine Generation verzögert.

Es sei angemerkt, daß das hier angeschnittene *Rechts-Links-Problem* in der Biologie noch weitgehend unklar ist. Auch beim Menschen sind manche Organe asymmetrisch angelegt (z.B. Herz). Dabei ist eine Anordnung sehr viel häufiger als die andere. Wie eine solche Asymmetrie genetisch festgelegt sein könnte, ist bisher völlig unbekannt (vgl. auch 14.3).

## Aufgaben zu Abschnitt 12

1. Worauf beruht die hohe Variabilität bei den Pflanzen eines Getreidefeldes? Ist eine hohe Variabilität günstig?

2. Die Königin der Honigbiene hat 32 Chromosomen. Geben Sie in einer Tabelle an: die Formen der Honigbiene (phänotypische Varianz) ihren Genotyp (genetische Varianz) und die Art des Futters für jeden Phänotyp.

# 13. Nichtchromosomale Vererbung

Aus der Tatsache, daß Mitochondrien und Chloroplasten sich selbst verdoppeln, kann man schließen, daß auch im Cytoplasma der Zelle Strukturen vorliegen, die wie die Chromosomen des Kerns Informationen enthalten und weitergeben können. Mit dieser Schlußfolgerung stimmt überein, daß diese Organellen eine eigene spezifische DNA besitzen. Kreuzungsversuche an Amöben, Pantoffeltierchen, Hefe und Blütenpflanzen ergaben, daß außerhalb der Chromosomen des Zellkerns selbständige genetische Einheiten *(Plasmagene)* liegen, die den Phänotypus mitbestimmen und die auch mutieren können. Man spricht von **plasmatischer** Vererbung oder nichtchromosomaler (extrachromosomaler) Vererbung. In Analogie zum Begriff Genotyp nennt man alle Erbanlagen der plasmatischen Vererbung den Plasmotyp; **Genotyp und Plasmotyp zusammen heißen Idiotyp.**

## 13.1 Mitochondrien-Gene (Chondriom)

Von der normalen Bäckerhefe, die auf einem festen Nährboden zu großen Kolonien auswächst, gibt es eine Variante, die nur kleine Kolonien bildet. Bringt man von dieser haploide Zellen, die sich von Normalzellen durch einige Erbmerkmale unterscheiden, mit haploiden normalen Zellen zusammen, so verschmelzen beide Zellen zu einer diploiden Zelle. Bei der Sporenbildung entstehen aus jeder dieser Zygoten haploide Sporen. Aus diesen gehen aber stets nur Zellen hervor, die normale große Kolonien bilden, während die andern unterschiedlichen Erbmerkmale im Verhältnis 1:1 mendeln (Bild 118). Die Vermutung liegt nahe, daß der Faktor für »kleine Kolonien« an plasmatische Strukturen der Variante gebunden ist, sich aber bei Anwesenheit von Plasma der Normalform nicht auswirken kann.

Man konnte zeigen, daß es sich um ein Mitochondriengen handelt. Die Feststellung *nicht mendelnder Eigenschaften* ist ein wichtiger Hinweis auf die Existenz von Plasmagenen.

## 13.2 Plastiden-Gene (Plastidom)

Von zahlreichen Blütenpflanzen gibt es Varianten mit grün-weiß gescheckten (»panaschierten«) Blättern. Bei diesen sind in manchen Blattzellen die Plastiden nicht ergrünungsfähig; in den ande-

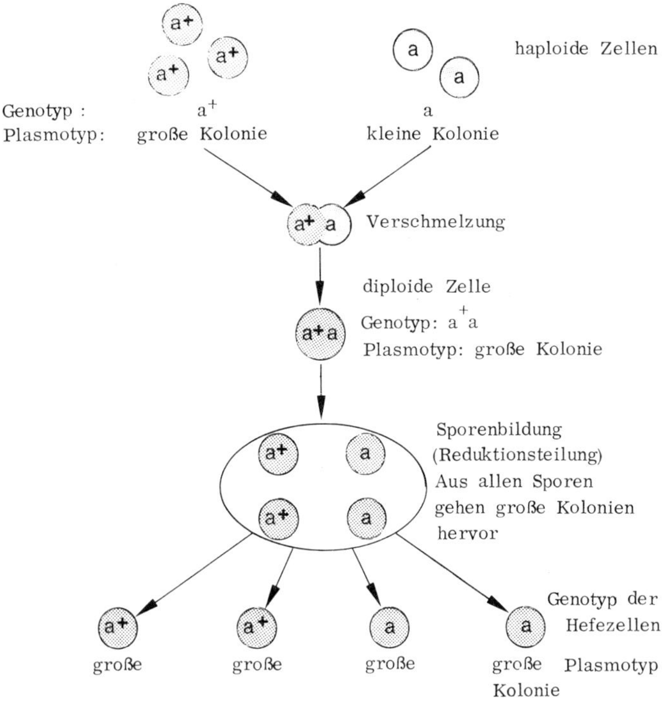


Bild 118: Schema der plasmatischen Vererbung des Merkmals »Kleine Kolonie« bei der Bäckerhefe. $a^+$ und a sind Allele auf den Chromosomen

ren Blattzellen sind grüne und farblose Plastiden enthalten. Normalgrüne Pflanzen besitzen nur ergrünungsfähige Plastiden. Bestäubt man eine gescheckte Mutterpflanze mit Pollen einer normalgrünen Vaterpflanze, so erhält man grüne, gescheckte und farblose (nur bei Zufuhr organischer Nährstoffe lebensfähige) Nachkommen. Führt man die *reziproke Kreuzung* durch, d. h. bestäubt man eine normalgrüne Mutter mit Pollen eines gescheckten Vaters, so erhält man nur normalgrüne Nachkommen. Die Plastidenverhältnisse des Vaters sind deshalb ohne Bedeutung, weil das Pollenkorn (bei den meisten Arten) keine Plastiden in die Zygote liefert; die Vererbung ist also rein mütterlich *(matroklin).*

Da stets die Eizelle die meisten Zellorganellen zur Zygote liefert, ist es verständlich, daß Nachkommen bei manchen Arten dem mütterlichen Elter mehr ähneln. Die Kreuzung von Eselhengst mit Pferdestute führt zum Maultier, von Pferdehengst mit Eselstute zum Maulesel. Auch bei Weidenröschen, Lein, Mais und bei Moosen führen reziproke Kreuzungen zu Unterschieden.

Bei Mäuse-Embryonen hat man beobachtet, daß in bestimmten Zellen das väterliche X-Chromosom inaktiviert wird; es gibt dort also keine zufällige Inaktivierung.

Die extrachromosomale Vererbung hat große praktische Bedeutung bei der Getreidezüchtung. Kreuzt man z. B. beim Weizen zwei reine Linien miteinander, so erbringt der Bastard oft einen höheren Kornertrag (sogenannter Hybrideffekt oder Heteroseeffekt, vgl. Abschnitt 16). Da die Blüten vom Weizen aber zwittrig sind, bestand bei solchen Züchtungsversuchen stets die Gefahr einer Eigenbefruchtung (Selbstung) der Pflanzen und damit eines geringeren Ertrags. Nun gibt es bei den Getreidearten Linien mit Faktoren im Cytoplasma, die eine Pollensterilität bedingen. Kreuzt man die Pollensterilität in die Zuchtlinien ein, so wird die Selbstbestäubung verhindert, und das Zuchtziel kann erreicht werden.

## 14. Humangenetik

Die Gesetzmäßigkeiten der Vererbung gelten für alle Organismen und daher auch für den Menschen. Sein Genbestand ist in 46 Chromosomen niedergelegt. Außer 44 Autosomen sind bei der Frau noch 2 X-Chromosomen und beim Mann 1 X- und 1 Y-Chromosom vorhanden. Daß die Erbgesetze nicht beim Menschen, sondern an Versuchstieren und -pflanzen entdeckt wurden, hat folgende Gründe: Erbversuche sind beim Menschen ausgeschlossen; durch die lange Generationsdauer lassen sich nur wenige Generationen überblicken; die geringe Nachkommenzahl erschwert die Deutung von Erberscheinungen. Weitere Schwierigkeiten sind die große Zahl der Gene und die Tatsache, daß viele Merkmale polygen bedingt sind. Das Hauptanliegen der Erbforschung am Menschen ist die Erfassung krankheitsbedingender Anlagen. Moderne Methoden der Cytogenetik und der Molekularbiologie haben in der humangenetischen Forschung zu bedeutenden Fortschritten geführt (z. B. Genkartierung, vgl. 14.1; Verfahren zur Diagnose von Erbkrankheiten; Gentherapie-Möglichkeiten, vgl. 15).

## 14.1 Methoden der genetischen Forschung beim Menschen

Die besonderen Verhältnisse beim Menschen erfordern besondere Forschungsmethoden. Es sind hauptsächlich folgende: massenstatistisches Verfahren, Familienforschung, Zwillingsforschung, cytogenetische Untersuchungen und biochemische Methoden.

1. Das **massenstatistische Verfahren** wendet die Erkenntnis der Populationsgenetik auf den Menschen an. Nach Untersuchung einer möglichst großen Zahl von Einzelfällen werden mit Hilfe von Wahrscheinlichkeitsrechnung und Variationsstatistik allgemeine Aussagen möglich. Die Populationsgenetik hat uns gezeigt, daß der Genotyp eines Individuums eine einmalige Kombination von Genen ist; sie sind innerhalb weniger Generationen wieder im Genpool der Population verteilt.

2. Die **Familienforschung** geht auf F. GALTON (1822–1911) zurück; sie tritt beim Menschen an die Stelle des Kreuzungsexperiments. Sie verfolgt an Hand von **Stammbäumen** (der Nachkommen eines Paares) und **Ahnentafeln** (der Ahnen eines Einzelmenschen) den Erbgang eines bestimmten Merkmals. Die Erhebungen sollen möglichst viele Generationen erfassen; sie werden durch Sippschaftstafeln ergänzt, welche auch die Seitenglieder der Familien einbeziehen. Aus der Art, wie ein Merkmal in der Folge der Geschlechter auftritt, lassen sich Schlüsse auf dessen Erblichkeit und auf die Art des Erbgangs ziehen.

Es ist häufig unmöglich, bei einem Menschen mit einem dominanten Merkmal festzustellen, ob er dieses Merkmal homozygot oder heterozygot trägt. Daher wird der Begriff »dominant« in der Humangenetik abweichend von den sonstigen Gepflogenheiten definiert. Dominant heißen alle Merkmale, die bei Heterozygoten ausgeprägt sind, auch wenn der homozygote Zustand nicht oder nicht sicher bekannt ist und man deshalb nicht weiß, ob er im Phänotyp mit dem heterozygoten übereinstimmt. Wenn ein Träger eines dominanten Merkmals viele Kinder hat und diese alle Merkmalsträger sind, besteht der Verdacht, daß das dominante Merkmal bei den Eltern homozygot vorliegt. Der Begriff »intermediär« wird in der Humangenetik nicht benutzt. Tritt bei Heterozygoten ein Merkmal phänotypisch auf, wenn auch schwächer ausgeprägt, so wird es gemäß der gegebenen Definition als dominant bezeichnet.

Ein selten auftretendes rezessives Merkmal kann mitunter viele Generationen überspringen, bis es durch Verbindung zweier heterozygoter Anlagenträger (Verwandtenehe) wieder in Erscheinung tritt. Darauf beruht die Gefährlichkeit rezessiver Erbkrankheiten. Die Aussage gilt allerdings nur für seltene rezessive Merkmale. Wenn das rezessive Merkmal in einer Population häufig ist, wird es auch ohne Verwandtenehe ziemlich oft zu einem homozygoten Auftreten und damit zur Ausprägung kommen. Bei häufigen Merkmalen kann man deshalb nur durch genaue genetische Untersuchung der Familienstammbäume erkennen, ob der Erbgang rezessiv oder dominant ist.

Auch in der Familienforschung werden stets statistische Methoden angewandt; denn bei der geringen Kinderzahl des Menschen treten die Mendelschen Regeln – bei denen es sich ja um statistische Gesetze handelt – nur ausnahmsweise klar in Erscheinung. Außerdem sind viele Merkmale polygen bedingt.

3. Ein weiterer wichtiger Zweig der menschlichen Erbforschung ist die **Zwillingsforschung**. Es gibt zwei Arten von menschlichen Zwillingen. Bei *zweieiigen Zwillingen* (ZZ) haben sich zwei Eizellen aus dem Eierstock der Mutter losgelöst und sind unabhängig voneinander befruchtet worden. Da die Geschlechtszellen verschiedene Chromosomenkombinationen enthalten, stimmen ZZ nicht mehr überein als auch sonst Geschwister; sie können gleichen oder verschiedenen Geschlechts sein. *Eineiige Zwillinge* (EZ) bilden sich dadurch, daß sich der Keim wohl schon bei den ersten Zellteilungen in zwei gleiche Teile spaltet, von denen sich jeder zu einem Menschen entwickelt. Da diese Zwillinge auf die gleiche Zygote zurückgehen, haben sie denselben Chromosomenbestand und damit gleiches Erbgut. Daraus erklärt sich die außerordentliche Ähnlichkeit eineiiger Zwillinge, die weit über das Maß der üblichen Geschwisterähnlichkeit hinausgeht und immer wieder zu Verwechslungen führt.

In Deutschland kommt auf etwa 95 Geburten eine Zwillingsgeburt, auf etwa 340 Geburten eine EZ-Geburt.

Die Entscheidung, ob es sich bei gleichgeschlechtlichen Zwillingspaaren um EZ oder ZZ handelt, wird durch die *polysymptomatische Ähnlichkeitsdiagnose* festgestellt. Bei diesem Verfahren wird der Grad der Übereinstimmung in solchen Merkmalen überprüft, die erfahrungsgemäß erblich stark variieren und sehr umweltstabil sind. Es sind das u. a. serologische Merkmale (Blutgruppen), Pigmentierung und Struktur der Iris, Form der Augenbrauen, Farbe und Form der Haare, Form der Ohrmuschel, Form und Stellung der Zähne sowie die Finger-, Hand-, Fuß- und Zehenlinien. Stimmen diese Merkmale bei den Zwillingen überein, so handelt es sich mit Sicherheit um EZ.

Die Bedeutung der EZ für die Erbforschung liegt in der *völligen Gleichheit ihres Erbgutes.* Die Unterschiede, die sie aufweisen, müssen daher von Einflüssen der Umwelt herrühren. Die Zwillingsforschung arbeitet mit Zwillingspaaren von dreierlei verschiedener Art und zieht aus dem Vergleich ihre Schlüsse: mit EZ gleicher Umwelt, EZ verschiedener Umwelt und ZZ gleicher Umwelt. Aus dem *Vergleich von EZ gleicher Umwelt mit EZ verschiedener Umwelt ergibt sich die Wirkung der Umwelteinflüsse.* Ein Merkmal ist dann als vorwiegend umweltbedingt anzusehen, wenn es bei EZ verschiedener Umwelt verschieden, bei EZ gleicher Umwelt gleich angetroffen wird. Bei Übereinstimmung spricht man von **Konkordanz,** bei Nichtübereinstimmung von **Diskordanz**.

Ein umweltabhängiges Merkmal wird um so größere Unterschiede aufweisen, je verschiedenartiger die Umwelten der EZ sind. Am aufschlußreichsten sind die allerdings seltenen Fälle, in denen EZ vom frühesten Kindesalter an in ganz verschiedener Umwelt herangewachsen sind. Beim Vergleich ihrer Eigenschaften zeigt sich, daß manche nur sehr wenig, andere sehr stark durch die Umwelt beeinflußt werden können. Man unterscheidet demgemäß *umweltstabile und umweltlabile* Merkmale.

**Tabelle 22** (aus Lenz): **Konkordanz in % bei eineiigen und zweieiigen (gleichgeschlechtlichen) Zwillingen**

| | EZ | ZZ | | EZ | ZZ |
|---|---|---|---|---|---|
| Diabetes | 60 | 13 | Epilepsie | 54 | 24 |
| Tuberkulose | 54 | 27 | Verbrechen | ♂ 53 | 22 |
| Asthma bronchiale | 63 | 38 | | ♀ 35 | 7 |

Zur Bestimmung des Anteils der genetisch bedingten Variabilität an der gesamten (phänotypischen) Variabilität ergänzt man die aus Zwillingsuntersuchungen gewonnenen Daten durch solche aus der Familienforschung. Der Anteil genetischer Varianz an der phänotypischen Varianz heißt *Heritabilität* (vgl. 12.2). Eine grobe Näherung des Heritabilitätswertes erhält man schon allein durch Messungen an getrennt aufgewachsenen EZ. Waren deren Umwelten völlig verschieden, so ist die Heritabilität gleich der Übereinstimmung (Korrelation) innerhalb dieser Zwillingspaare. Diese Überlegung gibt aber nur grobe Werte, weil die gemeinsame vorgeburtliche Umwelt unberücksichtigt bleibt und weil auch getrennt aufwachsende EZ in der Regel in mehr oder weniger ähnlichem sozialen Milieu leben. Ferner ist eine genaue Messung der Heritabilität erschwert durch die *Homogamie*. Darunter versteht man die Tatsache, daß bezüglich vieler Merkmale keine Zufallspaarung erfolgt (etwa bei Körpergröße oder Intelligenz der Ehepartner). Diese ist aber Voraussetzung für Untersuchungen zur Heritabilität. Dagegen darf z. B. für Augenfarbe weitgehende, für die Phenylthioharnstoff- (Phenylthiocarbamid-)Schmeckfähigkeit vollständige Zufallspaarung angenommen werden.

**Tabelle 23: Heritabilität aufgrund von Zwillingsuntersuchungen**

Körpergewicht 0,64 (d. h. zu 64 % erblich, zu 36 % umweltbedingt)
Kronenbreite des 1. oberen Schneidezahns 0,8
Augenfarbe 0,96 Schulerfolg 0,16

4. Die **cytogenetische Methode** beruht auf der Untersuchung der Chromosomen. Dadurch gewinnt man einerseits ein Karyogramm, andrerseits kann man mit Hilfe von Hybridzellen auch die Gene kartieren.

4.1 **Herstellung eines Karyogramms:** Hierzu geht man in folgenden Schritten vor:

a) *Herstellung einer Zellkultur:* Isolierte Zellen werden in einem Nährmedium vermehrt. Meist benutzt man dazu Lymphocyten aus dem Blut, die sich in Blutplasma lebhaft teilen, wenn Nährstoffe und die mitosefördernde Substanz Phytohämagglutinin zugesetzt werden.
b) *Colchicinbehandlung:* Die Chromosomen-Analyse wird an den Metaphase-Chromosomen ausgeführt. Diese dauert aber nur wenige Minuten. Daher setzt man der Zellkultur Colchicin

zu (Alkaloid aus der Herbstzeitlose, Zellteilungsgift durch Hemmung der Spindelbildung); alle Zellteilungen werden dadurch in der Metaphase blockiert.

c) *Osmotischer Schock:* Nun behandelt man die Zellen mit einer hypotonen Lösung, so daß sie Wasser aufnehmen, auf dem Objektträger platzen und die Chromosomen über eine größere Fläche verstreuen.

d) *Färbung:* Für die Anfärbung gibt es mehrere Verfahren. Häufig werden die Chromosomen nach Behandlung mit proteinspaltenden Enzymen mit Giemsa-Farbstoff gefärbt. Es erscheint ein charakteristisches Bandenmuster (G-Banden). Damit kann man jedes einzelne der 46 Chromosomen sicher identifizieren und homologe Chromosomen einander zuordnen.

e) *Fotografie der Chromosomen:* Nach dem Fotografieren schneidet man die Chromosomen im Foto aus und ordnet die Bilder nach der Größe des Chromosoms, der Lage des Centromers und dem Bandenmuster. Je nach Lage teilt das Centromer das Chromosom in zwei gleichlange Arme oder einen kürzeren p-Arm und einen längeren q-Arm. Das geordnete Chromosomenbild heißt **Karyogramm** (Bild 120).

**Tabelle 24: Einteilung der menschlichen Chromosomen**

Autosomen-Gruppen

| | | |
|---|---|---|
| Gruppe A | ( 1– 3): | die größten metazentrischen Chromosomen (Centromer liegt etwa in der Mitte) |
| Gruppe B | ( 4– 5): | große, submetazentrische Chromosomen (Centromer liegt nicht in der Mitte) |
| Gruppe C | ( 6–12): | mittelgroße, submetazentrische Chromosomen |
| Gruppe D | (13–15): | mittelgroße, akrozentrische Chromosomen (Centromer liegt am Ende) |
| Gruppe E | (16–18): | ziemlich kleine, metazentrische bis submetazentrische Chromosomen |
| Gruppe F | (19–20): | kleine, metazentrische Chromosomen |
| Gruppe G | (21–22): | sehr kleine akrozentrische Chromosomen |

Das X-Chromosom gleicht einem der Gruppe C, das Y-Chromosom einem der Gruppe G.

Bei Segment-Mutationen sind die Bandenmuster verändert. Da

verschiedene Färbemethoden unterschiedliche Bandenmuster liefern, lassen sich auch kleine Veränderungen (Mutationen) der Chromosomen erfassen.

4.2 **Genkartierung:** Die Genkartierung erfolgt beim Men-

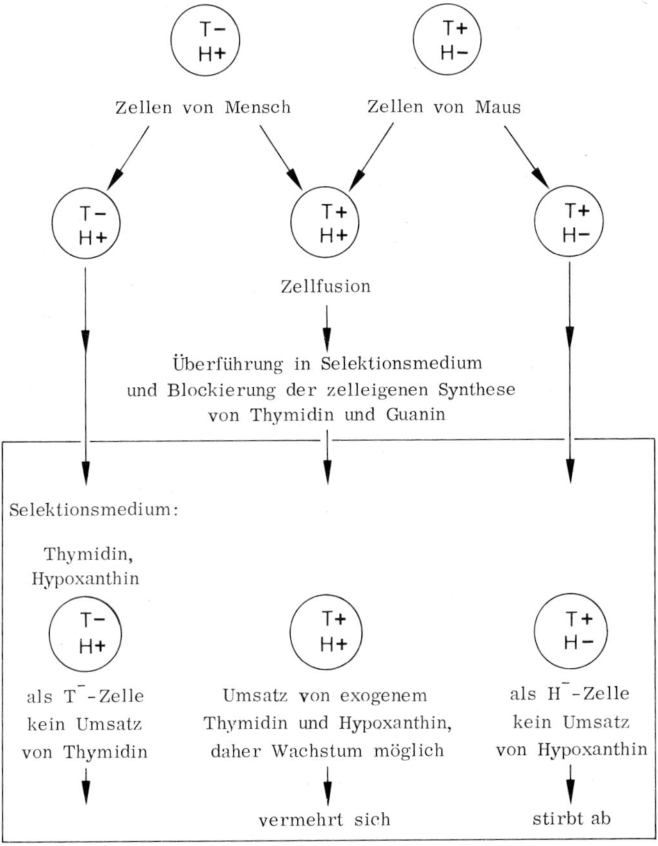


Bild 119: Selektion von Hybridzellen. Die menschlichen Zellen bilden keine Thymidinkinase, die Thymidin zu Thymidinphosphat umsetzt, sie sind $T^-$-Zellen. Den Mäusezellen fehlt ein Enzym, das Hypoxanthin zu Guanin umsetzt ($H^-$-Zellen). Beide Zellstämme wachsen, da sie die für die DNA-Synthese erforderlichen Nukleotide aufbauen können. Blockiert man aber die zelleigene Nukleotidsynthese, so wachsen bei Zufuhr von Thymidin und Hypoxanthin nur noch solche Zellen, die beide Enzyme bilden, d.h. $T^+ H^+$-Zellen. Dies sind eben die Hybridzellen

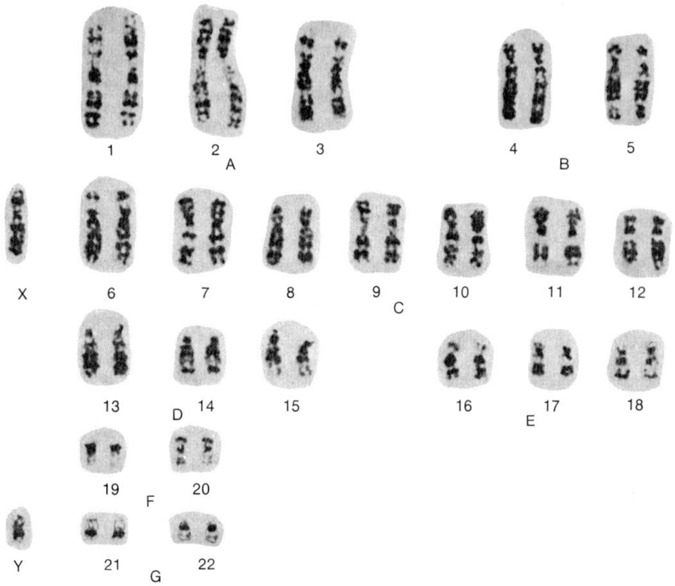


Bild 120: Karyogramm des Mannes. Die Chromosomen sind nach der Größe und der unterschiedlichen Lage des Centromers geordnet (durch Ausschneiden aus dem Foto eines Zellkerns)

Bild 121: Genkarte der menschlichen Chromosomen mit den Chromosomenbanden. Die Orte fast aller Gene, die eines der bekannten Stoffwechselenzyme codieren, sind mit E gekennzeichnet. Die sonstigen Buchstaben bedeuten:

| | | | |
|---|---|---|---|
| Chromosom 1: | Rh | = | Rhesus-Faktor (vgl. 14.2) |
| | A | = | Amylase (stärkeabbauendes Enzym) |
| | Fy | = | Duffy-Blutgruppe |
| | RN5S | = | Gen der 5S-RNA der Ribosomen (vgl. 4.3.1) |
| Chromosom 2: | If | = | Interferon (vgl. 14.6) |
| | Hbα,β | = | Hämoglobin α, β |
| Chromosom 3: | HVS | = | Anfälligkeit gegen Herpes-Viren |
| Chromosom 5: | If | = | Interferon (vgl. 14.6) |
| | DTS | = | Anfälligkeit gegen Diphterie-Toxin |
| Chromosom 6: | MHC | = | Gene der Gewebsverträglichkeits-Antigene (vgl. 14.2, 14.5.3) |
| | P | = | P-Blutgruppe |
| Chromosom 9: | ABO | = | ABO-Blutgruppe |
| Chromosom 11: | LDH-A | = | Milchsäuredehydrogenase 1 |
| | | | Isoenzyme (11.4) |
| Chromosom 12: | LDH-B | = | Milchsäuredehydrogenase 5 |

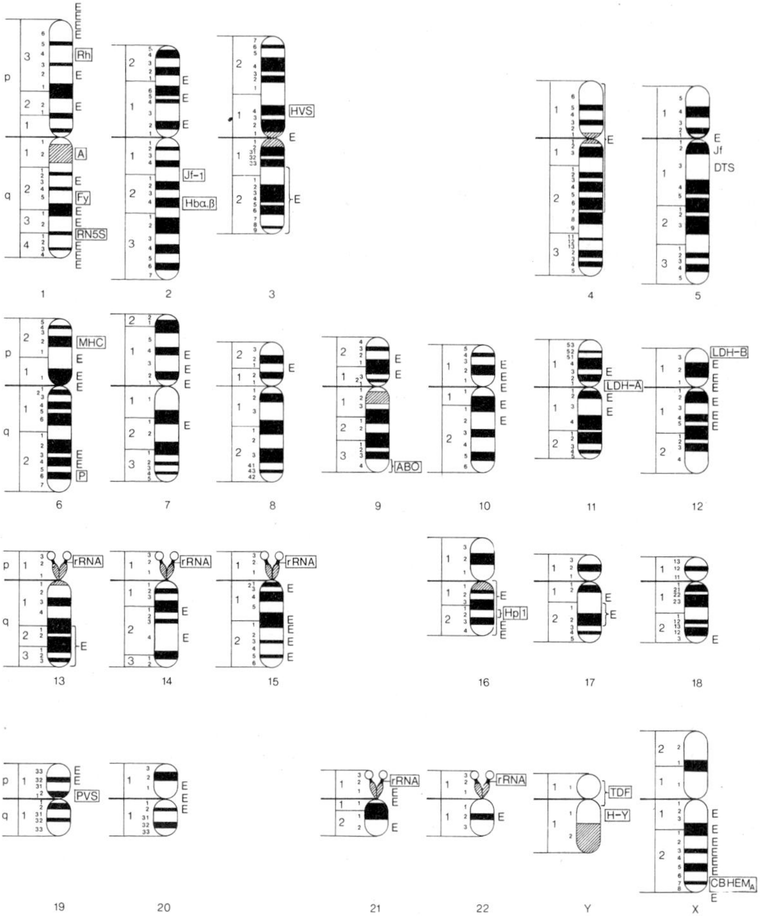


| | | | |
|---|---|---|---|
| Chromosom 13–15 und 21, 22: | rRNA | = | Gene für die rRNA (vgl. 4.3.1) |
| Chromosom 16: | Hp 1 | = | Haptoglobin 1 (vgl. 14.2) |
| Chromosom 19: | PVS | = | Anfälligkeit gegen Polio-Viren (vgl. 14.6) |
| Chromosom Y: | TDF | = | Hoden-bestimmender Faktor |
| | HY | = | Gewebsverträglichkeits-Antigen Y (vgl. 14.4 u. 14.5.3) |
| Chromosom X: | CB | = | Rotgrünblindheit |
| | HEMA | = | Hämophilie (Bluterkrankheit) A (vgl. 14.3) |

schen durch Verschmelzung menschlicher Zellen mit Mäusezellen in Zellkulturen mit Nährmedium (vgl. 11.3). Die entstandenen Hybridzellen müssen nun zur Weiterzucht von den Mäuse- und den Menschenzellen abgetrennt werden. Dies geschieht durch ein spezifisches Selektionsverfahren (Bild 119). Die Hybridkerne enthalten anfangs das vollständige Genom beider Arten. Von Teilung zu Teilung werden nun menschliche Chromosomen abgestoßen, bis nur noch Zellen mit Mäusechromosomen übrig bleiben. Diesen allmählichen Vorgang des Chromosomenverlustes benutzt man zur Lokalisierung von Genen.

Man züchtet die Zellen in einem Medium weiter, in dem sie nur wachsen können, wenn sie ein bestimmtes humanspezifisches Enzym bilden (z. B. weil die Mäusezellen von einer Mangelmutante stammen und daher das entsprechende Maus-Enzym nicht bilden). Nun werden sich nur noch diejenigen Zellen teilen, die das menschliche Chromosom mit dem Gen für das betreffende Enzym enthalten. Da bei den Zellteilungen jeweils andere Chromosomen verloren gehen, müssen alle überlebenden Zellen in *einem* menschlichen Chromosom übereinstimmen. Dieses ist der Träger des untersuchten Gens; es wird durch sein Bandenmuster identifiziert.

In der Kultur der Hybridzellen kann man ferner durch Röntgen- oder Laserstrahlen Chromosomenbrüche auslösen. Auch Chromosomenbruchstücke mit dem betreffenden Gen halten die Zellen teilungsfähig. So kann man das Gen auf dem Chromosom noch genauer lokalisieren.

Wenn geeignete Mutanten der Maus oder geeignete selektive Nährmedien nicht verfügbar sind, so kann man das Verschwinden bestimmter Proteine in den Zellen mit dem Verschwinden bestimmter Chromosomen parallelisieren. Die Gene dieser Proteine müssen dann auf einem jeweils gerade nicht mehr nachweisbaren Chromosom lokalisiert sein. Diese Methode ist naturgemäß am wenigsten genau.

1978 waren insgesamt 2811 Erbmerkmale, Erbkrankheiten und erbliche Mißbildungen beim Menschen bekannt; mehr als 100 Gene sind bisher lokalisiert worden (Bild 121).

Durch Renaturierungsexperimente mit menschlicher DNA (vgl. 3.3.2) sowie durch cytologische Kartierung (vgl. Bild 86) wurde gezeigt, daß im menschlichen Genom repetitive DNA-Sequenzen über weite Teile der DNA verteilt vorkommen und daß fast 50% des Genoms aus einmaliger, nicht repetitiver DNA (vgl. 3.3.3) bestehen.

5. **Biochemische Methoden:** Sie wurden schon mehrmals erwähnt, vgl. ferner Abschnitt 14.3.

**Tabelle 25: Wichtige Autosomen-Anomalien des Menschen** (Geschlechtschromosomen-Anomalien vgl. Bild 102)

| *Veränderung* | *Krankheit* | *Symptome* |
|---|---|---|
| Trisomien: | | |
| G 21-Trisomie | Down-Syndrom | Schwachsinn, körperl. Defekte |
| E 18-Trisomie | Edwards-Syndrom | Schwachsinn, vielerlei körp. Defekte an Fingern, Ohren, Herz, Verdauungssystem |
| D 13-Trisomie | Patau-Syndrom | Geruchslappen des Gehirns fehlt; Gaumenspalte, Augen- und Nasendefekte |
| Trisomien der großen Chromosomen (v.a. A–C) sind offenbar letal; sie konnten nie beobachtet werden. | | |
| Translokationen: | | |
| D 15 G 21-Translokat. | Down-Syndrom | s.o. |
| G 21 G 21-Translokat. | Down-Syndrom | s.o. |
| G 21 G 22-Translokat. | Down-Syndrom | s.o. |
| E 18 G 21-Translokat. | Down-Syndrom | s.o. |
| von einem D- zu einem E-Chromosom | Patau-Syndrom | s.o. |
| Deletionen: | | |
| B 4-Deletion im kurzen Arm des Chromosoms ($4p^-$) | B 4-Deletion | Hirnmißbildung, Hängelid |
| B 5-Deletion im kurzen Arm des Chromosoms ($5p^-$) | Katzenschrei-Syndrom | kleiner Kopf, Schwachsinn, Katzenschrei |

| *Veränderung* | *Krankheit* | *Symptome* |
|---|---|---|
| D 13-Deletion im langen Arm des Chromosoms($13q^-$) | 13-Deletions-Syndrom | Gesichtsasymmetrie, Schwachsinn, unterentwickelte Daumen |
| E 18-Deletion im kurzen Arm des Chromosoms($18p^-$) | de Grouchy-Syndrom | Schwachsinn, starke Neigung zu Karies, abnorme Ohrmuscheln |
| Mehrere Chromosomenbrüche | Bloom-Syndrom | Neigung zu Carcinombildung, Nachkommen mit vielerlei Chromosomen-Anomalien. |

## 14.2 Beispiele für die Vererbung von Merkmalen

Die normalen körperlichen Merkmale des Menschen beruhen zumeist auf dem Zusammenwirken vieler Erbanlagen, so daß die Erbgänge oft schwer zu überschauen sind. Dagegen lassen sich viele krankhafte Erscheinungen auf ein einziges Gen zurückführen und so leichter über Generationen hinweg in ihrem Erbgang verfolgen.

Einfache Merkmale, die durch ein einziges Gen bestimmt sind und leicht untersucht werden können, sind: Schmeckfähigkeit von Phenylthioharnstoff (rezessiv), Uringeruch nach Spargelgenuß, Fähigkeit, die Zunge mit den seitlichen Rändern nach oben zu rollen (dominant). Diese Merkmale sind ohne praktische Bedeutung, aber sie eignen sich zur Aufstellung von Familien-Stammbäumen.

Die *Augenfarbe* ist der Untersuchung besonders leicht zugänglich. Zunächst wurde angenommen, daß sie auf einem einzigen Gen beruhe und daß dunkel über hell dominiere. Daraus würde sich erklären, daß dunkeläugige Eltern ein blauäugiges Kind haben können, während bei zwei rein blauäugigen Eltern keine dunkeläugigen Kinder vorkommen. Nähere Untersuchungen ergaben aber, daß der Augenfarbe eine Reihe zusammenwirkender Erbanlagen zugrunde liegen müssen, daß es sich also um ein polygenes Merkmal handelt. Das hat zur Folge, daß bei ZZ nur in 31 % der Fälle die Augenfarbe gleich ist, während EZ in ihr übereinstimmen.

Auch *Haar-* und *Hautfarbe* sind erblich bedingt; im allgemeinen dominiert dunkel über hell. Da aber die Hautfarbe auf zahlreichen selbständig mendelnden Erbeinheiten beruht, ist die Möglichkeit, daß aus Ehen zwischen Mulatten wieder rein weiße oder rein schwarze Kinder hervorgehen, sehr gering. Eine besondere Abnormität bezüglich der Haut- und Haarpigmentierung ist der *Albinismus* (vgl. 4.7). Er beruht auf einer rezessiven Genmutation, bei der durch Ausfall eines Enzyms die Weiterverarbeitung der Aminosäure Phenylalanin zu den Hautpigmenten unterbrochen ist. Einem Albino fehlt der Farbstoff im ganzen Körper.

*Häufigkeit des Albinismus*

| | |
|---|---|
| bei Franzosen | 1 : 100 000 |
| bei Engländern | 1 : 20 000 |
| bei Indianern | 1 : 200 |

Gelegentlich treten auch dominante Merkmale bei Trägern der Anlage nicht oder nur schwach in Erscheinung. Man nennt dies unvollständige **Penetranz** der Anlage. Die Penetranz wird angegeben als Anteil (Prozentsatz) der Träger, bei denen das Merkmal phänotypisch ausgeprägt ist. Die Penetranz ist offenbar abhängig von der Wirkung der anderen Gene (dem Genmilieu) und von Umweltfaktoren (z.B. Ernährung und Gesundheitszustand während der Entwicklung). Die erste Umwelt des Menschen ist der Mutterleib. – Unvollständige Penetranz von Genen kommt auch bei Pflanzen und Tieren vor.

Selbst dann, wenn sich ein Merkmal phänotypisch ausprägt, kann dies in unterschiedlichem Maß geschehen. Dem unterschiedlichen Manifestationsgrad (Sichtbarwerden) des Gens entspricht eine bestimmte **Expressivität** (Ausprägungsgrad) des Merkmals. Die Expressivität ist also die Stärke der Merkmalsausprägung im Organismus; sie ist auch von Umweltfaktoren stark abhängig, wie für den Menschen die Zwillingsforschung gezeigt hat. Geschlechtsverschiedene Expressivität zeigen z. B. die Mißbildungen Klumpfuß (♂ 2‰, ♀ 1‰ der Bevölkerung) und Hüftgelenksluxation (♂ 1‰; ♀ 6‰); beide beruhen auf additiver Polygenie (vgl. 4.7).

Die *I-Blutgruppen* (A, B, AB, O) sind in der Humangenetik besonders wichtig, weil sie völlig umweltstabil sind und 100%ige Penetranz aufweisen. Ihr Erbgang wurde bereits früher als Beispiel für multiple Allelie genannt (vgl. 8.7). Ebenfalls bekannt ist der Erbgang einer Reihe weiterer Blutgruppengene, so daß die Blutgruppenzugehörigkeit recht zuverlässige Aussagen über Verwandtschaftsbeziehungen erlaubt. Davon wird z.B. bei Vaterschaftsuntersuchungen Gebrauch gemacht.

Das *Rhesusmerkmal D* ist ein Protein (Antigen) der roten Blutkörperchen, das über 80% der Europäer besitzen, ebenso wie der Rhesusaffe (daher die Namengebung). Die betroffenen rhesus-positiven Menschen tragen im Genom homozygot oder heterozygot den Rhesusfaktor (DD oder Dd). Etwa 18% der Europäer sind rhesus-negativ (dd). Wenn nun eine werdende Mutter rhesus-negativ ist, das Kind aber rhesus-positiv, so kann eine Schädigung des Fetus eintreten.

Beim Geburtsvorgang können aus der Placenta Blutkörperchen, die vom Kind stammen, in den Blutstrom der Mutter gelangen. Rhesus-D-Proteine lösen als Antigene eine Bildung von Antikörpern aus. Bei folgenden Schwangerschaften gelangen diese Antikörper in das Kind und führen bei diesem (wenn es rhesus-positiv ist) zu einer Verklumpung und Zerstörung der roten Blutkörperchen *(Erythroblastose)*. In vielen Fällen sterben die Kinder vor oder kurz nach der Geburt. Von dieser Gefahr ist nach populationsgenetischen Berechnungen etwa jede 200ste Schwangerschaft bedroht. – Derselbe Effekt würde natürlich auch bei einer Bluttransfusion von einem rhesus-positiven Spender zu einem rhesus-negativen Empfänger eintreten. Derartige Transfusionen werden schon seit Jahrzehnten vermieden.

Gegen die Erythroblastose hat die Immunologie seit einiger Zeit ein vorbeugendes Behandlungsverfahren gefunden. Man injiziert der rhesus-negativen Mutter nach Geburt des ersten rhesus-positiven Kindes ein Serum mit Antikörpern (Rhogam) gegen die Rhesus-D-Proteine. Es kommt dadurch zur passiven Immunisierung, d.h. die Antikörper lagern sich an die eingedrungenen Blutzellen des Kindes an. Daher können die Rhesus-D-Proteine in der Mutter dann keine Bildung von Antikörpern mehr auslösen. Die eingedrungenen Blutzellen und die injizierten Antikörper werden abgebaut. Der mütterliche Organismus bildet keine eigenen Antikörper. Sind Antikörper bei der Mutter einmal entstanden, so gibt es bisher kein Verfahren, sie wieder zu beseitigen. In diesem Fall wird man von weiteren Schwangerschaften abraten müssen.

In manchen Fällen bleiben sogar Merkmale, die sicher polygen verursacht sind, über viele Generationen hinweg, wenn auch mit unterschiedlicher Expressivität, erhalten. Ein berühmtes Beispiel hierfür ist der Habsburger Familientypus (vorstehender Unterkiefer, dicke Unterlippe), der infolge zahlreicher Heiraten innerhalb der Familie von Kaiser Maximilian I (1459–1519) bis zu Kaiser

Franz Josef von Österreich (1830–1916) und König Alfons XIII von Spanien erhalten blieb.

**Penetranz:** *Manifestationshäufigkeit des vom Gen kontrollierten Merkmals innerhalb der reinen Linie oder der untersuchten Population.*

**Expressivität:** *Stärke der Merkmalsausprägung im Organismus.*

**Manifestation:** *Sichtbarwerden des Gens in einem Merkmal.*

## 14.3 Vererbung von Krankheiten

Die Zahl der beim Menschen bekannten Erbkrankheiten ist außerordentlich groß. Neben Chromosomen-Anomalien und Aneuploidien (vgl. Tabelle 25) sind über 2000 monogene Krankheiten bekannt; von diesen sind 793 dominant, 629 rezessiv und 123 X-Chromosom-gekoppelt (vorwiegend rezessive).

Beispiel einer rezessiven monogenen Krankheit ist die Phenylketonurie (vgl. 4.7). Durch genaue Laboruntersuchungen konnte gezeigt werden, daß heterozygote Träger des Merkmals einen erhöhten Phenylalanin-Gehalt im Blut haben, insbesondere, wenn sie vorher Phenylalanin in der Nahrung aufgenommen hatten. Man kann mit Hilfe dieser Methode Heterozygote mit einer Sicherheit von etwa 80% ermitteln. Das Verfahren wird als *Heterozygoten-Test* bezeichnet. Es ist für die genetische Familienberatung von großem Nutzen. Auch für nahezu 50 andere erbliche Stoffwechselkrankheiten gibt es entsprechende Methoden zur Erkennung von Heterozygoten. Sie tragen sogenannte *»Mikrosymptome«* der Krankheit.

In zahlreichen Fällen ist das Krankheitsbild einer Erbkrankheit nur ein Symptom, das durch Mutationen in verschiedenen Genen verursacht sein kann. Man findet dann keinen einfachen Erbgang, selbst nicht unter der vereinfachenden Annahme von 100%iger Penetranz und gleichem Manifestationsgrad. Ein derartiger Fall liegt bei der *Epilepsie* vor. Es sind zahlreiche monogene Erbleiden bekannt, zu deren Symptomen epileptische Anfälle gehören. Von diesen Erbleiden werden 17 rezessiv vererbt, 3 dominant und 4 sind ans X-Chromosom gebunden. Ferner kann Epilepsie auch als Folge einer vorgeburtlichen Schädigung des Fetus auftreten, ist dann also keine Erbkrankheit. Diese multifaktorelle Verursachung der Epilepsie läßt verstehen, warum sie in manchen Fällen mit geistiger Unterentwicklung einhergeht und in anderen auch bei Hochbegabten auftritt (z.B. JULIUS CAESAR).

Mit polygener Ursache ist bei einer Erbkrankheit in folgenden Fällen zu rechnen:

1. Die familiäre Häufung ist anders als nach den Regeln dominanter oder rezessiver Vererbung zu erwarten wäre.
2. Die Merkmale der Krankheit variieren in der Bevölkerung stark.
3. Das Auftreten (die Manifestation) der Krankheit hängt auch von exogenen Einflüssen ab (Lebensalter, Ernährung).

### Tabelle 26: Erbkrankheiten

**a) Autosomal dominante Erbkrankheiten** (defekte Gene liegen auf den Autosomen)

| Krankheit | Phänotypische Merkmale |
|---|---|
| **Achondroplasie** (Chondrodysplasie) | Zwergwuchs, weil durch Knorpelerkrankung extrem kurze Arme und Beine. Häufigkeit 2:100000. |
| **Kurzfingrigkeit** (Brachydactylie) | Verkürzung der Finger- und Handwurzelknochen. 1–2:100000. |
| **Kurzsichtigkeit** (Myopie) | Augapfel zu groß. 4:100. |
| **Erblicher Augentumor** (Retinoblastom) | 1:20000. |
| **Spinnenfingrigkeit** (Marfan-Syndrom) | Hoher Wuchs mit langen Armen und Beinen, Trichterbrust u.a. Organdefekte. 1–2:100000 |
| **Vielfingrigkeit** (Polydaktylie) | Überzählige Finger oder Zehen. 1:2000. |
| **Spalthand, Spaltfuß** | Störung durch Verwachsung von Fingern oder Zehen. 1:100000. |
| **Erbliche Schwerhörigkeit** | Störung im knöchernen Labyrinth. 1:330. |
| **Schielen** (Strabismus) | Stellungsfehler der Augen durch Lähmung von Augenmuskeln oder durch Brechungsfehler der Augen. Häufigkeit 1–2:100 (polygen bedingt) |

**b) Autosomal rezessive Erbkrankheiten**

| Krankheit | Phänotypische Merkmale |
|---|---|
| **Albinismus** | Fehlen von Pigment, daher hellrosa Haut, weiße Haare, rote Augen (Iris ohne Pigment, Äderchen schimmern durch). 1:15000. |
| **Alkaptonurie** | Schwarzharn, rel. harmlos. Äußerst selten |
| **Phenylketonurie** | Schwachsinn (falls keine Diät). 1:10000. |

| **Krankheit** | **Phänotypische Merkmale** |
|---|---|
| **Galaktosämie** | Die in Milch enthaltene Galaktose kann nicht in Glucose umgewandelt werden, führt zu Hirn- und Leberschäden. 1:20000. |
| **Hasenscharte** | Oberlippe gespalten. 1:1000 |
| **Lichtschrumpfhaut** (Xeroderma pigmentosum) | UV-Strahlen-Schäden an der DNA der Hautzellen werden nicht ausgebessert, Haut erkrankt, Hautkrebs (vgl. 6.1). |
| **Mucoviszidose** | Erkrankung von Lunge, Darm und Bauchspeicheldrüse. 1:1000. |
| **Taubstummheit** | Fehlen des Hörvermögens. 1:3000. |

**c) X-Chromosomale Erbkrankheiten**

**Nachtblindheit** (dominant): Fehlen von Sehpurpur
**Bluterkrankheit** (rezessiv): verlangsamte Blutgerinnung
**Rot-Grün-Blindheit** (rezessiv): Farbenfehlsichtigkeit

## Tabelle 27: Erbgang von Erbkrankheiten aufgrund der Untersuchung von Familienstammbäumen

| | |
|---|---|
| **Autosomal-dominante Merkmale:** | vom heterozygoten Elter Übertragung auf etwa die Hälfte der Kinder, geschlechtsunabhängig |
| **Autosomal-rezessive Merkmale:** | Homozygote treten oft erst nach Generationen auf, sind dann oft einzige Kranke in der Familie. Wenn beide Eltern heterozygot sind, ist die Wahrscheinlichkeit der Kinder, zu erkranken = 25% |
| **X-Chromosomal rezessive Merkmale:** | fast nur Männer erkranken |
| **X-Chromosomal dominante Merkmale:** | alle Söhne betroffener Männer sind merkmalsfrei. |

**Tabelle 28: Untersuchungsmethoden zur Unterscheidung, ob Krankheiten und Mißbildungen erbbedingt oder durch Umwelteinflüsse verursacht sind**

| Typus | Ursachen | Methode der genetischen Untersuchung |
|---|---|---|
| Chromosomale Störungen | *Genommutation*<br>*Fehlverteilung der Chromosomen b. Zellteil.*: meiotisch (*evtl. Familienuntersuchungen*): *zuviel: Chromosomen-Polysomien (Non-Disjunction)*; *zu wenig: Chromosomen-Monosomien*; *mitotisch (Mosaike)*<br>*Chromosomenmutation*<br>Chromosomenstückverlust (Deletion)<br>Chromosomenumbauten (Translokation, Inversion) | *Chromosomenanalyse* |
| Monogene Krankheiten und Mißbildungen | *Gen-(Punkt-)Mutation*<br>Dominant-autosomal (heterozygote Genmanifestation)<br>Rezessiv-autosomal (homozygote Genmanifestation)<br>Dominant-X-chromosomal (hetero-homo-, hemizygote Genmanifestation)<br>Rezessiv-X-chromosomal (hemizygote, sehr selten auch homozygote Genmanifestation) | *Familienuntersuchungen und Chromosomenanalyse* |
| Multifaktorielle Krankheiten und Mißbildungen | Polygenie und durch Außeneinflüsse verursacht | *Zwillingsmethode und Familienuntersuchungen* |
| Krankheiten und Mißbildungen | Durch Außeneinflüsse verursacht | *Zwillingsmethode* |

**Tabelle 29: Beispiele für Therapiemöglichkeiten bei Erbkrankheiten**

**Spezielle Mangeldiät:** Bei Phenylketonurie und Galaktosämie durch Enzymausfall wirkt die Anhäufung von Phenylalanin und Galaktose giftig. Man verabreicht Phenylalanin-arme, bzw. Galaktose-freie Diät.
**Ergänzungsdiät:** Beim Fehlen von Enzymen für den Pyrimidinstoffwechsel kann genügend Uracil und Cytosin mit der Nahrung aufgenommen werden.
**Beseitigung der störenden Substanz:** Bei Hämochromatose wird Eisen im Körper angehäuft und dadurch Herz, Leber und Pankreas geschädigt. Entfernung des Eisens durch Zufuhr von Eisenkomplexbildnern.
**Ersatz eines fehlenden Genprodukts:** Verabreichung von Schilddrüsenhormon bei genetischem Defekt seiner Synthese oder von antihämophilem Globulin bei Bluterkrankheit oder von Insulin bei Insulinmangel.
**Ersatz kranker Gewebe:** Nierentransplantation bei erblicher Cystenniere.
**Anwendung von Prothesen:** Brille, Hörgerät, künstliche Niere.
**Pharmazeutika, die Enzyme hemmen:** Zufuhr von Allopurinol bei erblicher Gicht.

Eine genetisch gut untersuchte Erbkrankheit ist die besonders im Mittelmeergebiet verbreitete *Thalassämie*, die durch eine gestörte Hömoglobin-Bildung hervorgerufen wird und zur *Anämie* (Blutarmut) führt. Durch Untersuchung des Hämoglobins der Patienten kann man die genetische Ursache eindeutig feststellen. Treten z.B. bei einem kranken Erwachsenen die Hämoglobine $\alpha_2\ \delta_2$ und $\alpha_2\ \gamma_2$ (vgl. Bild 110) auf, so muß ein Defekt im Gen der $\beta$-Kette des Hämoglobins vorliegen. In diesem Fall werden auch beim Erwachsenen noch $\gamma$-Ketten gebildet. Außerdem treten noch freie $\alpha$-Ketten auf.

Die Krankheit *Hypercholesterinämie*, die durch Störung des Cholesterin-Stoffwechsels zu schwerer Atherosklerose führt, wird durch ein einziges Gen bestimmt. Die Untersuchung an menschlichen Zellkulturen ergab, daß in diesem Fall ein Rezeptorprotein der Zellmembran nicht mehr funktionsfähig ist.

Eine sehr interessante seltene Erbkrankheit des Menschen ist die *Cilien-Unbeweglichkeit*. Sie wurde bisher nur bei Männern beobachtet; diese leiden infolge der Bewegungsunfähigkeit der Flimmerepithelien an chronischer Bronchitis, hoher Anfälligkeit für weitere Erkrankungen der Luftwege und der Nebenhöhlen, ihre Spermien sind unbeweglich. Bei etwa der Hälfte der Untersuchten liegen die Eingeweide auf der falschen Seite (Herz rechts, Leber links). Dies erklärt sich daraus, daß die Lage der inneren Organe während der embryonalen Entwicklung durch die Bewegung von Flimmerepithelien zustande kommt. Wenn diese eine bestimmte

Schlagrichtung bevorzugen, entsteht die normale Lage der Organe. Liegt das embryonale Flimmerepithel still, so müssen die Organe mit gleicher Wahrscheinlichkeit normal und entgegengesetzt verteilt werden.

*Infektionskrankheiten* erscheinen zunächst rein umweltbedingt. Nun zeigt sich aber von nahezu allen Krankheiten dieser Art, daß bei EZ wesentlich häufiger beide Partner von der Krankheit befallen werden als bei ZZ. Da jede Infektionskrankheit eine Auseinandersetzung des Immunsystems des Körpers mit dem Erreger darstellt und da EZ die gleiche immunologische Konstitution besitzen, so verhalten sie sich auch einer Ansteckung gegenüber ähnlicher als ZZ. Am deutlichsten wird dies bei der *Tuberkulose.* Von 190 untersuchten EZ-Paaren verhielten sich 74% gleich gegen die Tuberkulose und 26% verschieden; von 427 ZZ-Paaren nur 28% gleich und 72% verschieden. Für die Entstehung der Tuberkulose ist daher die erbliche Veranlagung von maßgebender Bedeutung. Die Erreger gelangen praktisch in jeden Menschen, doch kann der Körper in der Regel den Eindringling unschädlich machen. Zu einer wirklichen Erkrankung kommt es meist nur, wenn eine erbliche Anfälligkeit vorliegt.

Zur vorgeburtlichen Erkennung von Erbkrankheiten (oder z.B. von Erythroblastose bei Rhesus-Unverträglichkeit) beim Fetus gewinnt die Amnionpunktion (Amniozentese) immer größere Bedeutung (Bild 122). Man entnimmt dabei eine geringe Menge Fruchtwasser, das den Embryo im Mutterleib umgibt. In diesem Fruchtwasser sind stets Zellen vom Embryo enthalten, die dann in Zellkulturen vermehrt werden. Damit kann man Chromosomen- und biochemische Untersuchungen durchführen und auf diese Weise viele Chromosomen-Anomalien und Stoffwechselkrankheiten (derzeit etwa 50) erkennen. So gewinnt man Grundlagen für die Entscheidung, ob eine Unterbrechung der Schwangerschaft (medizinische Indikation) angebracht ist, um die Geburt schwer erbkranker Kinder zu verhindern.

**Anwendung der Amniozentese:**
Die Anwendung sollte erfolgen bei:
1. allen Schwangeren, die über 38 Jahre alt sind,
2. bekannter genetischer Anomalie bei älteren Geschwistern,
3. bekannter Erbkrankheit in der Familie.

Von den eigentlichen Erbkrankheiten unterscheiden muß man Schäden, die während der Schwangerschaft (pränatal) eintreten. Da sie vor der Geburt auftreten, sind diese Krankheiten oder Mißbildungen ebenfalls angeboren; betroffen ist aber ausschließlich der Phänotyp. Sie können vielerlei Ursachen haben (vgl. Tabelle).

**Gefahren für pränatale Schädigungen als Ursache angeborener Mißbildungen**

1. Röntgenstrahlung, Teilchenstrahlung
2. Chemikalien, auch einige Arzneimittel
3. Ernährungsstörungen, Vitaminmangel, Mangel an Spurenelementen
4. Störungen in der Sauerstoffversorgung, Kohlenmonoxidvergiftung
5. Störungen bei der Einnistung des Keims, Veränderungen der Placenta, Abtreibungsversuche
6. Aktive Schutzimpfung der Mutter während der Schwangerschaft
7. Genußmittel: Nikotin, Alkoholmißbrauch
8. Hormonale Stoffwechselstörungen der Mutter
9. Infektionen der Mutter in der Anfangsphase der Schwangerschaft (Röteln, Hepatitis, Mumps, Masern, Windpocken, Gürtelrose)
10. Fehlbildungen oder Entzündungen des Uterus

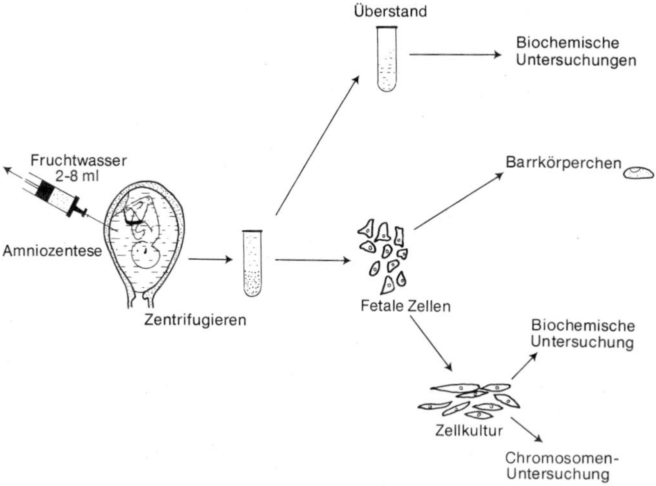


Bild 122: Vorgeburtliche Diagnostik aus dem Fruchtwasser. Schema der Aufarbeitung. Die fetalen Zellen werden in einem Kulturmedium weitergezüchtet bis Teilungsstadien für Chromosomenuntersuchungen vorliegen und Stoffwechselprodukte auf Enzymdefekte schließen lassen. Die Amniozentese wird meist ausgeführt, wenn der Fetus 14 – 20 Wochen alt ist

## 14.4 Geschlechtsverhältnis und Geschlechtsentwicklung

Das Geschlechtsverhältnis der Neugeborenen beträgt nach der deutschen Bevölkerungsstatistik seit rund 100 Jahren 100 Mädchen zu 106 Knaben (in der Bundesrepublik Deutschland war das Geschlechtsverhältnis zwischen 1946 und 1973 ebenfalls 100:106). Dieses auffallend konstante Geschlechtsverhältnis wird auch in andern Ländern (z.B. Italien) beobachtet. Behauptete Verschiebungen des Zahlenverhältnisses beruhten bisher stets auf einem zu kleinen Untersuchungsgut. Gegenwärtig ist deshalb in allen Industrieländern bis über das vierte Lebensjahrzehnt hinaus ein Männerüberschuß vorhanden. Bei den älteren Jahrgängen machen sich Einflüsse des zweiten Weltkriegs und erhöhte Männersterblichkeit bemerkbar.

Nach dem Ablauf der Meiose müssen theoretisch X- und Y-Spermien im Verhältnis 1:1 auftreten. Die Ursachen der Unterschiede im ungleichen Geschlechtsverhältnis der Neugeborenen sind deshalb bei der Spermienbildung oder in der unterschiedlichen Befruchtungswahrscheinlichkeit der beiden Spermientypen zu suchen, wobei unterschiedliches Absterben früher Keimstadien das Zahlenverhältnis ebenfalls verschieben kann.

Das Y-Chromosom regt in der in den ersten 2 Embryonalmonaten noch undifferenzierten Keimdrüsenanlage (Gonadenanlage) die Bildung von solchen Hodenzellen (Leydigschen Zellen) an, welche die männlichen Sexualhormone erzeugen. Verantwortlich hierfür ist vor allem das Gen HY (Gewebsverträglichkeits-Antigen Y), das auf dem Y-Chromosom lokalisiert ist. Fehlt das Y-Chromosom, entsteht aus der Keimdrüsenanlage ein Ovar. Die geschlechtliche Differenzierung kann durch folgendes Schema veranschaulicht werden:

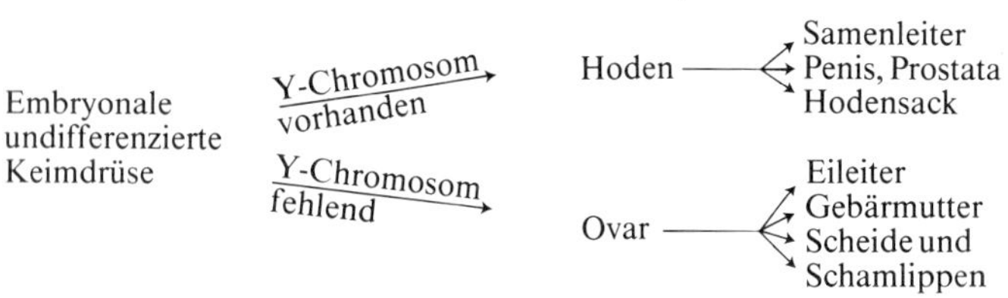


In Tierversuchen hat man festgestellt, daß alle Feten, denen die Keimdrüsen vor der Geschlechtsdifferenzierung entfernt wurden, weibliche sekundäre Geschlechtsmerkmale ausbildeten und zwar auch dann, wenn das genetische Geschlecht männlich war. Die

## Geschlechtsentwicklung des Menschen

| *Zeitliche Abfolge der Geschlechtsentwicklung* | *Faktoren, die die Geschlechtsentwicklung beeinflussen* | *Klassifizierung der Geschlechtszugehörigkeit* | *Geschlechtsabhängiges Merkmal* |
|---|---|---|---|
| Befruchtung | Chromosomen mit Genen; | genetische Geschlechtszugehörigkeit | XX ♀<br>XY ♂ |
| 7. Schwangerschaftswoche | | gonadale Geschlechtszugehörigkeit (Einwanderung der Urkeimzellen in die sexuell neutrale Gonadenanlage des Fetus) | |
| 8. Schwangerschaftswoche | | wenn Y-Chromosom vorhanden (♂) ist HY-Gen aktiv | Bildung Leydigscher Zellen |
| | Testosteron-Bildung | | Bei Gegenwart von Testosteron Hoden (♂) gebildet; bei Abwesenheit Ovar (♀) gebildet |
| 12. Schwangerschaftswoche | | Somatische Geschlechtszugehörigkeit | Entwicklung der inneren und äußeren Geschlechtsorgane |
| | Östrogen-Bildung | | |
| ab 16. Schwangerschaftswoche | | psychische Geschlechtszugehörigkeit | unter dem Einfluß der Hormone erfolgt Zellspezialisierung in den Steuerungszentren von Hypothalamus und Hypophyse |
| Geburt | Steuerungszentren | | |
| | Erziehung | | |
| Pubertät<br>♀ 10–13 Jahre<br>♂ 12–14 Jahre | | allgemeine körperliche Geschlechtszugehörigkeit | (sekundäre Geschlechtsmerkmale) Körperbau, Leistungsniveau, Krankheitsdisposition, Lebenserwartung |
| völlige Geschlechtsreife<br>♀ 14–17 Jahre<br>♂ 15–18 Jahre | | psycho-soziale Geschlechtszugehörigkeit | Persönlichkeitsstruktur, Verhaltensmuster, Umweltbeziehung |

Entwicklung zum weiblichen Typ verläuft also ohne Zutun differenzierender Faktoren. Das Y-Chromosom unterdrückt die Tendenz zum Weiblichen dadurch, daß Hodengewebe in der Gonadenanlage entsteht und dieses das männliche Sexualhormon Testosteron erzeugt.

### Störungen der Geschlechtsentwicklung des Menschen

Vorhandensein oder Fehlen des Y-Chromosoms entscheidet nur über die Differenzierung der Keimdrüsenanlage zum Hoden oder zum Ovar. Die Ausbildung der inneren und äußeren Geschlechtsorgane (des Genitale) wird dann von Sexualhormonen bestimmt, deshalb sind »Geschlechtsumwandlungen« durch Hormongaben möglich, sie beschränken sich jedoch auf äußere Geschlechtsmerkmale. Wird durch autosomalen Enzymdefekt beim genetisch männlichen Fetus kein Testosteron oder kein Dihydrotestosteron gebildet, wird das äußere Genitale weiblich (Vagina und Labien).

Wird die Differenzierung der Keimdrüsenanlage gestört, entwickeln sich Hoden und Ovar nebeneinander und die sekundären Geschlechtsmerkmale liegen zwischen beiden Geschlechtern (Hermaphroditismus, Intersexe).

Bleibt ausnahmsweise in der zweiten Reifeteilung das Richtungskörperchen erhalten, entsteht ein zweizelliges Ei, das von einem X- und einem Y-Spermium befruchtet werden kann. Dann entwickelt sich ein Zwitter mit einem Mosaik von XX- und XY-Zellen sowie männlichen und weiblichen Sexualorganen.

Bei Unterentwicklung des Hodens oder Kastration entsteht der eunuchoide Typ mit übermäßigem Längenwachstum, hoher Stimme, fehlendem Bartwuchs, schmalen Schultern und breitem Becken.

## 14.5 Genetik der Antikörper (Immunoglobuline)

### 14.5.1 Struktur der Immunoglobuline

Im Blut der Wirbeltiere findet man zahlreiche Proteine aus der Gruppe der Globuline, die als Antikörper wirksam sind. Man bezeichnet sie als *Immunoglobuline.* Der menschliche Organismus bildet mehr als eine Million verschiedener Antikörper. So wie ein Kleidergeschäft Anzüge aller Größen hat, so besitzt das Immunsystem Antikörper, die zur Oberfläche nahezu aller denkbarer Molekülformen von Antigenen passen.

Wenn für jedes Protein ein eigenes Gen zuständig ist, müßten im Erbgut eine Riesenzahl von Antikörper-Genen vorliegen. Dieser Schluß berücksichtigt jedoch nicht die Struktur der Antikörper-Proteine. Die Moleküle der Immunoglobuline bestehen aus jeweils 4 Polypeptidketten, von welchen je zwei identisch sind. Nach ihren Molekülmassen bezeichnet man sie als H-Ketten (von heavy – mit je ca. 440 Aminosäuren) und als L-Ketten (von light – mit je 214 Aminosäuren). Das ganze Molekül hat eine Masse von etwa 150000 Atommasseneinheiten. Bei bestimmten Immunoglobulinen können solche Moleküle auch zu Aggregaten von 2, 3 oder 5 Molekülen (Dimeren, Trimeren und Pentameren) zusammentreten. Dabei wirkt ein zusätzliches Protein mit. Jedes Immunoglobulin-Molekül besitzt zwei Antigen-Bindungsstellen; diese befinden sich an den Aminoenden der Ketten (Bild 123). Gerade diese Abschnitte weisen bei H- und L-Ketten unterschiedliche Aminosäuresequenzen bei Antikörpern verschiedener Spezifität auf, also bei Antikörpern gegen Typhusbakterien andere als bei Antikörpern gegen Cholerabazillen. Im übrigen Bereich der H- und L-Ketten gibt es nur wenige verschiedene Sequenzen bei der riesigen Zahl von Antikörpern. Man spricht von »konstanten Kettenabschnitten«. Die Vielfalt und hohe Spezifität der Antikörper ist also ausschließlich durch die variablen Kettenabschnitte festgelegt.

Für die konstanten Regionen der L-Ketten gibt es zwei verschiedene Aminosäuresequenzen, die als κ-(Kappa) und λ-(Lambda) Ketten bezeichnet werden. Für die konstanten Bereiche der H-Ketten ist die Zahl der möglichen Sequenzen etwas größer (vgl. Tabelle) aber im Vergleich zu der riesigen Zahl verschiedener Antikörper immer noch sehr gering. Nach den Sequenzen der konstanten Region der H-Ketten werden die Immunoglobuline in 5 Hauptgruppen eingeteilt (IgM, IgG, IgA, IgD, IgE).

Für die L-Ketten konnte nachgewiesen werden, daß auch im variablen Abschnitt nicht alle Aminosäuren ausgetauscht werden. Von den 107 Resten des variablen Bereichs sind bei den bisher genau untersuchten Antikörpern nur 40 tatsächlich verschieden. Dies reicht aber aus, um eine außerordentliche Vielfalt zu erzeugen, denn wenn diese 40 Reste nur durch zwei verschiedene Aminosäuren besetzt werden könnten, wären allein schon $2^{40} \approx 10^{11}$ verschiedene Sequenzen möglich. Tatsächlich gibt es aber 20 proteinogene Aminosäuren. Ein entsprechendes Verhalten der weniger gut untersuchten H-Ketten darf angenommen werden.

Wenn sich nun H- und L-Ketten frei kombinieren können, lassen sich aus je 1000 Grundtypen der Ketten (entsprechend je 1000 Genen) eine Million verschiedener Antikörper bilden. Dennoch bleibt ein wichtiges genetisches Problem. Jeder antikörperbildende Lymphocyt produziert nur eine einzige Sorte von Antikörpern, d.h. von den zahlreichen angenommenen Genen sind nur zwei aktiv, alle anderen inaktiviert. Darüber hinaus gehören die konstanten Abschnitte jeweils zu einem der geschilderten Typen. Wenn nun die Gene für die zahlreichen (z.B. 1000) L-Ketten den konstanten Abschnitt mit enthielten, so müßten im Lauf der Zeit durch Mutationen Veränderungen auftreten. Man findet aber in L-Ketten immer nur entweder den konstanten κ- oder den konstanten λ-Abschnitt mit festliegender Sequenz. Daraus wird der Schluß gezogen, daß die Gene der κ-Ketten aus einer großen Anzahl von DNA-Abschnitten für viele variable Abschnitte, aber nur einer DNA-Sequenz für die konstante Region bestehen. Entsprechendes gilt für die Gene der λ-Ketten und für die verschiedenen H-Ketten-Gene. Die Gen-Abschnitte für die variablen Teile heißen *V-Regionen*, diejenigen für die konstanten Teile *C-Regionen*.

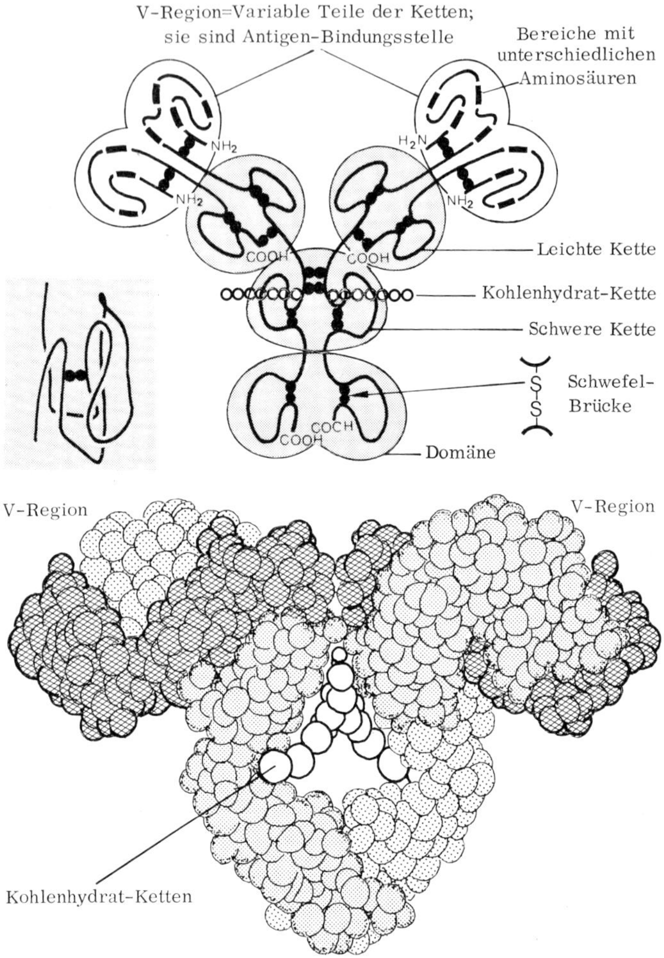


Bild 123: Aufbau eines Immunoglobulin-Moleküls (IgG); oben schematisch, unten tatsächliche Molekülgestalt. Das Molekül besitzt zwei Antigen-Bindungsstellen im Bereich der variablen Kettenteile. In jeder Peptidkette wiederholt sich eine ähnliche Raumstruktur mehrfach; sie ist oben im Einsatz räumlich dargestellt, im Schema jedoch nur angedeutet. Jede schwere Kette besteht aus 4 ähnlich gefalteten Abschnitten (Domänen), jede leichte Kette aus 2 Domänen. Die grau getönten Teile des Moleküls sind seine unveränderlichen Teile. Im Bild der tatsächlichen Molekülgestalt sind die beiden leichten Ketten gekreuzt Schraffiert, die beiden schweren Ketten (unterschiedlich) punktiert dargestellt. An jede schwere Kette ist eine kurze Kohlenhydrat-Kette gebunden.

Vermutlich gibt es drei unabhängige Gruppen von Genen, die auf verschiedenen Chromosomen lokalisiert sind. Sie legen κ-Ketten, λ-Ketten und H-Ketten fest. Die Gengruppe für die H-Ketten weist mehrere C-Regionen auf, dagegen besitzen die Gengruppen für die L-Ketten nur entweder die Cκ- oder die Cλ-Region und werden danach unterschieden.

Nachdem das verbreitete Vorkommen von Introns (vgl. 40.1) in Eukaryonten-Genen nachgewiesen ist, wird auch die Entstehung einer Vielzahl von Antikörpern aus verschiedenen Gen-Teilen besser verständlich.

Unklar ist, ob alle V-Regionen über die Keimbahn weitergegeben werden, oder ob sie während der Embryonalentwicklung aus wenigen Grundtypen jeweils neu entstehen. Das letztere wird für wahrscheinlicher gehalten. Für die Bildung zahlreicher V-Regionen gibt es zwei Hypothesen:

1. Aus wenigen V-Regionen entsteht die Vielfalt durch eine große Zahl von Rekombinationen (Crossover).
2. In den DNA-Abschnitten der V-Regionen sind Mutationen außerordentlich häufig, so daß bei nahezu jeder Zellteilung eine neue Variante entsteht.

   Weder extrem häufiges Crossover noch extrem häufige Mutationen sind aber bisher direkt beobachtet worden.

**Tabelle 29: Immunoglobuline**

| Immunoglobulin | Gehalt im normalen Blutserum | L-Kette | H-Kette | Andere Ketten | Struktur |
|---|---|---|---|---|---|
| IgG | 0,6–1,5% | κ,λ | $\gamma_1$ | – | Monomere |
| | | | $\gamma_2$ | | |
| | | | $\gamma_3$ | | |
| | | | $\gamma_4$ | | |
| IgM | 0,05–0,2% | κ,λ | μ | J | Pentamere |
| IgA | 0,02–0,5% | κ,λ | $\alpha_1$ | J, SC | Monomere |
| | | | $\alpha_2$ | | Dimere |
| | | | | | Trimere |
| IgD | 0,063–0,04% | κ,λ | δ | – | Monomere |
| IgE | < 0,0002% | κ,λ | ε | – | Monomere |

### 14.5.2 Bildung der Immunoglobuline

Unter den zahlreichen Lymphocyten bildet nahezu jede einzelne Zelle besondere, spezifische Antikörper. Wir müssen also nunmehr erklären, wie die außerordentliche Vielfalt durch Geninaktivierung (Repression) eingeengt wird. Darüber weiß man noch sehr wenig, vor allem ist der Vorgang seinem Mechanismus nach völlig ungeklärt. Einigermaßen bekannt ist hingegen der zeitliche Ablauf der Inaktivierung. Zunächst wird jeweils eine der homologen Allelgruppen auf einem Chromosom reprimiert. Dadurch kann von jeder der Gengruppen nur noch je eine tatsächlich abgelesen werden. Dann wird von den L-Gruppen entweder die κ- oder die λ-Gruppe inaktiviert. Die Zelle ist damit auf die Bildung nur einer Art von L-Ketten festgelegt. Danach wird ein bestimmter V-Abschnitt der L-Kette mit dem C-Abschnitt verknüpft. (Über den Mechanismus dieses Vorgangs gibt es nur Hypothesen). Dadurch ist die L-Kette, die eine Zelle zu bilden vermag, vollständig festgelegt. Die Kombination zwischen einem V-Abschnitt und einem C-Abschnitt bei der Gruppe der H-Ketten-Gene erfolgt stufenweise; dies geht aus dem zeitlichen Ablauf der Bildung von H-Ketten während der Ontogenese hervor. Bei den zuerst gebildeten Antikörpern ist der konstante Abschnitt der H-Ketten immer ein μ-Abschnitt, es werden also IgM-Moleküle gebildet. Dann wird die Bildung von μ-Ketten in einem Teil der Zellen eingestellt, an ihre Stelle tritt die Bildung von γ-Ketten und damit entstehen IgG-Moleküle derselben Antigen-Spezifität. Anschließend hört in manchen Zellen die Synthese der γ-Ketten wieder auf, es werden α-Ketten gebildet und so entstehen IgA-Moleküle wiederum derselben Spezifität (Bild 124).

Schließlich muß noch erklärt werden, wie nun bei Einwirkung eines bestimmten Antigens eine große Zahl von Antikörpern erzeugt wird, da ja zunächst nur eine Zelle (oder allenfalls einige wenige Zellen) den spezifischen Antikörper zu bilden vermag. Die Antikörper befinden sich anfänglich nur an der Oberfläche des betreffenden Lymphocyten (Vorläufer-Immunocyt). Trifft ein passendes Antigen nun mit einem derartigen Antikörper zusammen, so wird der Lymphocyt zur Zellteilung und gleichzeitig zur Produktion »seiner« Antikörper angeregt: »Prägung«. Jede Tochterzelle behält dabei die Antikörper-Spezifität. Gleichzeitig erfolgt eine Differenzierung der Zellen, die nun als *Plasmablasten* bezeichnet werden. Von Zellgeneration zu Zellgeneration nimmt die Anzahl der Ribosomen und die Größe des Endoplasmatischen Reticulums zu. Nach mindestens 8 Zellgenerationen, die im Verlauf von 5 Tagen durchlaufen werden, sind zahlreiche *Plasmazellen* entstanden, die ungeheure Mengen identischer Antikörpermoleküle (ungefähr 2000 Moleküle je Sekunde!) bilden und in das Blutserum abgeben. Dadurch sind im Blut nun zahlreiche Antikörper derselben Spezifität vorhanden. Man nennt diesen Vorgang die *Sensibilisierung* gegenüber dem betreffenden Antigen. Die ausdifferenzierten Plasmazellen teilen sich nicht mehr und gehen im Verlauf weniger Tage zugrunde. Die Nachbildung neuer Plasmazellen wird durch Rückkopplung verhindert, d.h. viele freie Antikörper im Serum verhindern ihre weitere Vermehrung.

Dadurch nimmt die Menge der betreffenden Immunoglobuline rasch wieder ab. Einzelne der Plasmablasten nehmen bei der Plasmazell-Bildung an der weiteren Differenzierung nicht teil und verbleiben als »immunologisches Gedächtnis« in Ruhe. Sie behalten die Erinnerung an das sie prägende Antigen und bei dessen erneuter Einwirkung liefern diese Zellen sehr rasch viele Plasmazellen,

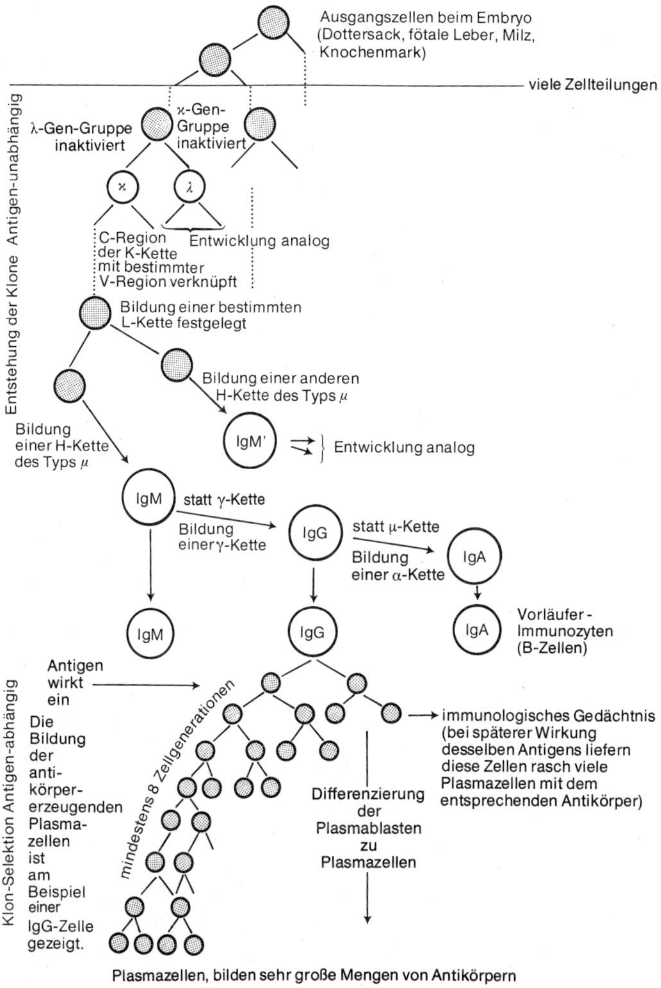


Bild 124: Entwicklung der Immunoglobulin-Bildung

die entsprechende Antikörper abgeben. Die Immunreaktion ist daher beim zweiten Kontakt oft stärker. Wenn sie pathologisch heftig wird, spricht man von *Allergie*.

Man nennt die durch das Antigen ausgelöste Bildung vieler Zellen, die gleiche Antikörper bilden, die *Klon-Selektion*. Sie erfolgt erst, wenn die Art des zu bildenden Antikörpers in der Zelle völlig festgelegt ist. Ein Antigen hat also keinerlei Einfluß auf die Struktur irgend eines Antikörpers, der vom Organismus gebildet werden kann. Infolge der außerordentlichen Vielfalt der V-Regionen besitzt der menschliche Körper dennoch heute schon Antikörper gegen Antigene, die möglicherweise erst morgen im Labor hergestellt werden.

### 14.5.3 Zelluläre Immunreaktion

Die bisherige Schilderung bezieht sich auf die Zellen des Immunsystems, die Antikörper ins Blutserum abgeben (sog. *B-Zellen*). Zum Immunsystem gehören aber noch andere Lymphocyten, die ihre Spezifität bei einem Entwicklungsvorgang im Thymusgewebe erhalten (sog. *T-Zellen*) sowie die *Freßzellen* (= Makrophagen). Die T-Zellen tragen ebenfalls spezifische Rezeptoren an der Oberfläche und werden durch ein Antigen stimuliert. Sie sind die Grundlage der zellulären Immunreaktion. Aktivierte T-Zellen bilden sich z.Tl. zu *Killer-Zellen* um, die Antigene tragende Zellen oder Teile davon »fressen«. Andere T-Zellen stimulieren als »Helferzellen« durch Abgabe eines spezifischen Gewebshormons (Protein) die Aktivität der entsprechenden B-Zellen, so daß diese sich zu Plasmazellen umbilden. Wieder andere T-Zellen unterdrücken als Suppressor-Zellen eine zu starke Antikörper-Bildung, indem sie die T-Helferzellen hemmen, worauf diese das Gewebshormon nicht mehr bilden. Dies ist wichtig für die Regulation der Immun-Antwort und die Ausbildung der Immun-Toleranz.

Das Immunsystem muß körpereigene »Antigene« (Proteine und Kohlenhydrate, z.B. aller Zelloberflächen) von allen körperfremden Antigenen unterscheiden können. Diese Fähigkeit der Immuntoleranz wird offenbar während der Ausbildung des Immunsystems in der frühen Entwicklung (beim Menschen bis etwa 6 Monate nach der Geburt) erworben. Man kann dies zeigen, wenn man einem neugeborenen Säugetier ein körperfremdes Protein injiziert. Dann vermag der betreffende Organismus gegen dieses Antigen keine Immunreaktion zu entwickeln; das Antigen wird auch später stets als »körpereigen« angesehen. Man nimmt an, daß während der Klon-Selektion in sehr frühem Stadium alle die Zellen absterben, die Antikörper gegen körpereigene »Antigene« bilden.

Bei Gewebs-Transplantationen wird in der Regel das Immunsystem aktiviert, da die fremden Zellen wie jede Zelle Gewebsantigene (Histokompatibilitäts-Antigene) in der Membran besitzen. Die Gewebsantigene werden durch eine Serie multipler Allele bestimmt.

Zellen, die zu Tumor-Zellen umgebildet sind, weisen andere Oberflächen-Antigene als normale Zellen auf und werden daher vom Immunsystem des Organismus angegriffen. Interessanterweise handelt es sich dabei zum Teil um Oberflächen-Antigene, die auch von Zellen des Fetus gebildet werden. Erfolgt der Angriff des Immunsystems durch Antikörper und T-Zellen nicht wirksam genug, so wächst der Tumor. Ein wichtiger Teil der Krebsforschung beschäftigt sich daher mit der Suche nach Möglichkeiten, wie die Immunantwort auf die Krebszell-Antigene spezifisch zu steigern ist.

Die Abwehr eines Antigens erfolgt aber nicht nur durch B- und T-Lymphocyten, sondern auch unspezifisch. Wenn ein Antigen mit den besonders wichtigen IgG-Antigenen in Wechselwirkung tritt, so entsteht bei löslichen Antigenen eine Fällung *(Präzipitation)* bei geformten Antigenen (z.B. Zellen, Zellteilen) eine Verklebung *(Agglutination)*. Sind solche Vorgänge abgelaufen, so kann ein Gemisch spezifischer Serumproteine (mindestens 9) das Antigen auflösen *(Lyse)*. Die Gesamtheit dieser Serumproteine bezeichnet man als das »Komplement«.

## 14.6 Viruserkrankungen des Menschen, Interferon

Viruserkrankungen des Menschen sind zu erkennen entweder durch den Nachweis des Virus oder der Virus-Antigene oder aber durch den Nachweis der vom Virus ausgelösten Immunreaktion des Körpers, weil jedes Virus und seine Teile als Antigene wirksam werden.

**Schutz gegen Viruskrankheiten:** Der Organismus schützt sich gegen eine Virus-Infektion außer durch Immunreaktionen mit Hilfe von zelleigenen Antivirus-Stoffen, die man *Interferone* nennt; es sind Glykoproteine. Sie veranlassen die Bildung eines weiteren wirtseigenen Proteins, das die Translation von Virus-RNA und damit die Virus-Vermehrung verhindert. Die Bildung von Interferon(en) wird durch die Viren, aber auch durch einige Bakterien und durch verschiedene Chemikalien ausgelöst. Mit inaktivierten Viren kann man die Interferon-Bildung ebenfalls anregen, offenbar tritt dann eine spezifische Aktivierung Interferon bildender Gene auf.

**Infektionsquellen von Viren:** Viruskrankheiten werden beim Menschen durch unmittelbaren Kontakt mit dem Virusträger verbreitet. Gefährlich und bekämpfungserschwerend sind vor allem die Vorkommen gleicher oder sehr ähnlicher Viren in Tieren. So tritt das Tollwut-Virus bei Raubtieren auf, hierdurch werden immer wieder Haustiere und zumeist über diese auch der Mensch infiziert. Für die Viren der Gehirnhautentzündung sind Nager, Schafe, Rinder, Pferde und Vögel die »Reservoire«; die Übertragung auf den Menschen erfolgt durch Zecken, Milben und Mükken. Derartige Überträger, die selbst nicht erkranken, nennt man *Vektoren* (von lat. vehere tragen).

**Viruskrankheiten des Menschen:** Je nach den Eigenschaften des Virus sind Bekämpfungsmaßnahmen sehr verschieden erfolgreich. Als Beispiel einer nicht ausrottbaren und nur unzureichend bekämpfbaren Virusgruppe seien die Grippe- oder Influenza-Viren betrachtet. Sie gehören zu den RNA-Viren. Grippe tritt häufig in regionalen Epidemien und gelegentlich in weltweiten Pandemien auf. Die letzte Pandemie 1918/19 forderte etwa 20 Millionen Tote. Die Erkrankung zeigt sehr verschieden schwere Symptome, weil es verschiedene Typen von Influenza-Viren gibt. Außerdem verändert der besonders wichtige Typ A oft die Antigen-Eigenschaften seiner Hüllproteine infolge genetischer Rekombination. Dies wird dadurch erleichtert, daß das Virus 8 unterschiedliche, voneinander getrennte RNA-Moleküle als genetisches Material enthält. Ferner gibt es bei Schwein, Pferd und Geflügel ein großes Reservoir von Influenza-Viren. Bei Mischinfektion (z.B. wenn ein Schwein durch ein Schweine-Influenza-Virus und ein menschliches Influenza-Virus fast gleichzeitig infiziert wird) können sich die 8 RNA-Moleküle beliebig miteinander kombinieren; es bestehen also $2^8 = 256$ verschiedene Möglichkeiten. So gelangen neue Merkmale in die menschlichen Influenzaviren und so entstehen immer wieder neue Stämme. Schließlich treten in der RNA auch hin und wieder Mutationen auf, so daß die Oberflächenproteine und deren Antigen-Eigenschaften sich ändern. Daher müssen fortgesetzt neue Impfstoffe gegen Grippeviren entwickelt werden.

Im Gegensatz zu den Influenza-Viren ist z.B. das Pockenvirus als Krankheitsursache nahezu ausgerottet. Es besitzt kein Reservoir in der Tierwelt und nur geringe Variabilität, so daß seine Bekämpfung sehr viel leichter möglich ist.

Eine Virusvermehrung muß beim Menschen nicht immer zu erkennbaren Symptomen führen, sie kann auch als »stumme Infektion« ablaufen. Für die häufigen Influenza-A-Virus-Stämme gilt dies in etwa 50% der Fälle; ebenso bei Röteln und Mumps. Bei Masern gibt es hingegen fast keine stummen Infektionen. Bei Kinderlähmung (Poliomyelitis) sind 99% der Infektionen stumm; ebenso bei den Herpes-Viren. Bei Herpes kann durch körperliche oder seelische Belastung eine stumme zur akuten Infektion werden; bei einer Reihe anderer Viren ist dies wahrscheinlich ebenso möglich.

Ein besonders ernstes Problem sind die **Slow-virus-Infektionen.** Bei ihnen erfolgt die Virus-Vermehrung sehr langsam; die Symptome werden erst nach Jahren erkennbar und es gibt keine Heilmöglichkeit. Hierher gehören verschiedene Erkrankungen des Zentralnervensystems von Mensch und Säugetieren, möglicherweise auch die Multiple Sklerose.

Die Zeit, die von der Infektion bis zum Auftreten der Krankheitssymptome vergeht und in der eine exponentielle Virus-Vermehrung erfolgt, nennt man *Inkubationszeit* (Beispiele: Influenza 1–4 Tage; Masern 9–11 Tage; Röteln 14–21 Tage; Mumps 18–21 Tage; Tollwut 10–240 Tage). Die Ausbreitung der Viren im Körper geschieht über die Lymph- und Blutbahnen, in manchen Fällen auch über das Nervensystem. Während der Schwangerschaft ist deshalb eine Ausbreitung von der Mutter auf das Kind möglich. Bei Röteln besteht hierbei die Gefahr von Mißbildungen des Fetus. Auch andere Viruserkrankungen können zur Schädigung, zur chronischen Infektion oder sogar zum Absterben des Feten führen. Ob sogar die beobachteten Tumorbildungen bei Neugeborenen auf Virusinfektionen zurückzuführen sind, ist ungewiß.

**Mögliche Schädigungen des Embryos bei einer Virusinfektion der Mutter**

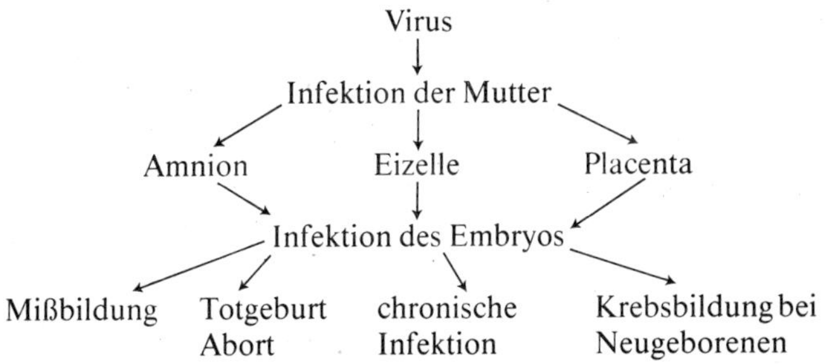

**Interferone:** *Zelleigene Proteine, die sich nach Virusbefall in tierischen und menschlichen Zellen bilden und die Synthese weiterer Virus-Nukleinsäuren hemmen. Interferone sind nicht virusspezifisch, sondern wirken gegen die meisten oder alle Viren; sie sind aber artspezifisch. Interferone hemmen auch das Wachstum mancher Tumoren.*

## 14.7 Vererbung psychischer Merkmale

### 14.7.1 Erbanlage und Umwelt

Der Mensch gibt zweierlei Information von Generation zu Generation weiter: genetische Information und kulturelle Information. Die genetische Information wird über die Keimzelle weitergegeben, die kulturelle Information über die Sprache durch Erziehung im weitesten Sinn. Durch die Ansammlung der kulturellen Information und ihre Weitergabe nicht nur an die eigenen Nachkommen, sondern an alle Individuen einer Population wurde der Mensch während der Phase der Menschwerdung allen Tieren überlegen und hat so seine Stellung auf der Erde begründet. Der Vorgang der Sammlung und Übertragung kultureller Information hat nun seinerseits genetische Grundlagen; sie haben die kulturelle Evolution erst ermöglicht.

Die Fähigkeit des Menschen zur Kultur ist durch psychische Merkmale bedingt. Dazu gehört insbesondere die Intelligenz. Auf psychische Merkmale haben viele Gene Einfluß; sie sind polygen bedingt. Nun kennt man aus der vergleichsweise viel einfacheren Genetik monogener Merkmale die Erscheinungen unvollständiger Penetranz und unterschiedlichen Manifestationsgrades, und weiterhin ist bekannt, daß man für alle quantitativen Merkmale (z.B. Körpergröße, Körpergewicht) aufgrund der Modifikabilität durch Umweltfaktoren nur Reaktionsbreite und Variationskurve angeben kann. Dies trifft sicher auch für psychische Merkmale zu. Die Beziehungen zwischen Gen und Umwelt werden noch komplizierter dadurch, daß sie auch untereinander verknüpft sind: die Umwelt eines Menschen hat zum Teil ebenfalls genetische Grundlagen. Eltern übermitteln ihren Kindern nicht nur Gene, sondern schaffen in der Regel auch die Umwelt, in der die Kinder aufwachsen. Wie die Verhaltensforschung zeigt, ist aber gerade die Umwelt in der Kindheit für die psychische Entwicklung des Individuums von besonders großem Einfluß. In dieser Zeit wird auch die Gehirnentwicklung abgeschlossen; unterschiedliche Gehirnentwicklung aber führt zu unterschiedlichem Manifestationsgrad psychischer Merkmale. Selbst wenn Kinder nicht bei ihren Eltern, sondern bei Pflegeeltern aufwachsen, so geschieht dies in der Regel unter gesellschaftlich vergleichbaren Verhältnissen. Aus allen diesen Gründen ist es außerordentlich schwierig, genetische Wirkungen und Umwelteinflüsse bei der Ausbildung psychischer Merkmale zu trennen und eine klare Entscheidung über Erb- und Umweltbedingtheit menschlichen Handelns zu treffen. Sicher kann der Mensch durch seine lebenslang anhaltende große Lernfähigkeit auch angeborene Reaktionen stark modifizieren.

Für die genetische Untersuchung wirkt erschwerend, daß psychische Merkmale in der Regel nur ungenau definiert sind und einwandfreie quantitative Meßverfahren fehlen. Diese sind aber erforderlich, wenn man ein Merkmal mit Verfahren der Populationsgenetik sicher erfassen will.

Eine zusätzliche Schwierigkeit bei populationsgenetischen Untersuchungen ist die Erscheinung der *Homogamie* (Partnerwahl von Ähnlichen), die sich bei psychischen Merkmalen in der Regel besonders deutlich bemerkbar macht. Bei den früher bestehenden engeren Heiratsschranken führte dies dazu, daß die meisten Hochbegabten eines begrenzten Gebiets miteinander verwandt waren. Ein bekanntes Beispiel dafür sind die schwäbischen Dichter und Philosophen SCHILLER, UHLAND, MÖRIKE, HÖLDERLIN, HAUFF, KERNER, VISCHER, GEROK, HEGEL, SCHELLING, PLANCK, MOSER, die alle aus Altwürttemberg stammen und deren gemeinsamer Vorfahr um 1450 ein Schulheiß JOHANNES VAUT aus Stuttgart-Zuffenhausen war. Auch sonst bestanden zwischen den Genannten vielerlei verwandtschaftliche Bande.

### 14.7.2 Vererbung der Intelligenz

#### Was ist Intelligenz? Intelligenzquotient

Die Menschen verfügen nicht über ererbte Denkfähigkeiten, sondern über ererbte Fähigkeiten, denken zu lernen. Sie unterscheiden sich hinsichtlich ihrer Fähigkeiten, wie selbständig, wie rasch und wie weitgehend sie unter gleichen Umweltbedingungen zu lernen imstande sind. Das so aufgebaute, die Menschen unterscheidende System von Lernfähigkeiten kann man als die »Intelligenz« bezeichnen. Allerdings gibt es für den Begriff **Intelligenz** eine ganze Anzahl etwas voneinander abweichenden Definitionen, die auch von sich wandelnden soziokulturellen Wertungen abhängen. JASPERS definiert Intelligenz so: »Das Ganze aller Begabungen, aller Talente, aller Werkzeuge, die zu irgendwelchen Leistungen in Anpassung an die Lebensaufgaben brauchbar sind, nennen wir Intelligenz«. Weitere Definitionen sind: »Unter Intelligenz versteht man wesentlich die Fähigkeit, die Leistungen zu vollbringen, welche die soziale Umwelt vom Individuum erfordert« (ÄBLI); »Intelligenz ist die zusammengesetzte oder globale Fähigkeit des Individuums, zweckvoll zu handeln, vernünftig zu denken und sich mit seiner Umgebung wirkungsvoll auseinanderzusetzen« (WECHSLER). Neuere amerikanische Autoren unterscheiden zwischen »kristallisierter« und »flüssiger« Intelligenz. Letztere spielt die Hauptrolle bei Vorgängen, die eine Anpassung an neue Situationen erfordern; die erstgenannte hingegen bei Denkprozessen, die vor allem durch Ausdauer und Stabilität gekennzeichnet sind. Die flüssige Intelligenz soll in größerem Umfang erbbedingt sein als die kristallisierte. Die Intelligenz eines Menschen wird zwar als eine allgemeine Fähigkeit erachtet, sie äußert sich jedoch in einzelnen Leistungen, und nur diese können festgestellt und gegebenenfalls gemessen werden. Eine solche quantitative Messung gestaltet sich aber recht schwierig. Am häufigsten benutzt man die Intelligenztests, die zum *Intelligenz-Quotienten* (IQ) führen. Den Intelligenztests liegt die Annahme zugrunde, daß zwischen dem Testergebnis und dem Schul- und Berufserfolg eine hohe Korrelation besteht. Der Aufbau der Testaufgaben läßt die Beziehungen zum schulischen Lernen allerdings deutlich, die Beziehungen zum beruflichen Lernen nur in geringerem Umfang erkennen.

Der IQ gibt das Intelligenzalter als Prozentsatz des Lebensalters an. Bezugsgröße ist also das Lebensalter, daher ist eine Messung nur bei Jugendlichen bis zum Abschluß der Intelligenz-Entwicklung möglich. Bei Erwachsenen fehlt eine eindeutige Bezugsgröße. Ferner ist durch den IQ nur die Stellung eines Prüflings in einer Gruppe eindeutig festzulegen, denn alle Tests sind abhängig von den vorherigen Kenntnissen und Erfahrungen der Prüflinge. Ferner gehen andere psychische Faktoren (z.B. Prüfungssituation, Stimmung des Prüflings) mit in das Ergebnis ein. Der IQ ist je nach Art des Testes unterschiedlich von Einzelfaktoren abhängig, die alle zur Intelligenz beitragen, aber auch eigenständige psychische Merkmale sind (Fleiß, Ausdauer, Gedächtnis, Phantasie, Willensstärke, Konzentrationsfähigkeit, Ausdrucksfähigkeit). Diese Faktoren unterliegen ihrerseits alle wieder dem Wechselspiel von Erbanlage und Umwelt.

Die IQ-Messung in einer Population ergibt eine Variationskurve, die der Normalverteilung weitgehend entspricht (Bild 125). Auf der Seite der geringen IQ-Werte liegen die Zahlenwerte allerdings etwas höher, d.h. die Zahl der Schwachsinnigen ist prozentual größer als die der Hochbegabten. Dies hängt zum Teil damit zusammen, daß geistige Unterentwicklung auch durch zahlreiche körperliche Erbkrankheiten verursacht wird (z.B. Phenylketonurie). Eine Untersuchung über die Ursache geistiger Unterentwicklung hat bei 37% der Betroffenen genetische Ursachen und bei 20% Umwelteinflüsse festgestellt, 43% der Fälle waren nicht aufklärbar.

**Bestimmung des Erbanteils der Intelligenz**

Welcher Anteil der Variationsbreite der Intelligenz ist nun genetisch und welcher durch die Umwelt verursacht? Dies läßt sich nur aus einer Bestimmung des Heritabilitätswertes erkennen. Dazu wiederum ist ein quantitatives Meßverfahren für Intelligenz erforderlich, wofür nur die IQ-Messung zur Verfügung steht, so daß diese trotz ihren erwähnten Mängeln benutzt werden muß. Aus Familien- und Zwillingsuntersuchungen kann man dann mit Hil

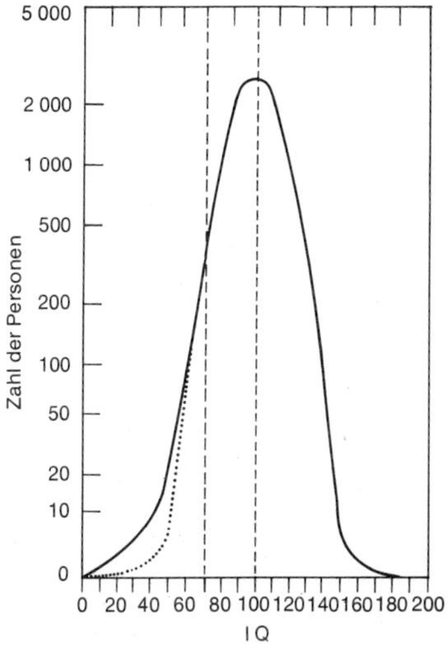


Bild 125: Verteilung des IQ bei 100290 Personen zwischen 10 und 14 Jahren. Man erhält eine Normalverteilungskurve (vgl. Bild 117), aber der linke Kurvenschenkel verläuft flacher als der rechte. Theoretisch müßte er der gepunkteten Linie entsprechen. Es gibt also mehr Schwachsinnige als Höchstbegabte. Die meisten Personen haben (definitionsgemäß) einen IQ um 100; Personen mit einem IQ unter 70 werden als schwachsinnig bezeichnet

fe der Variabilitätswerte für den IQ die Heritabilität berechnen. Man erhält Heritabilitätswerte von etwa 70%. Dies besagt, daß bei den herrschenden Erziehungs- und Lebensbedingungen der Menschen in der westlichen Welt etwa 70% der im IQ faßbaren Intelligenzunterschiede auf genetische Ursachen zurückgehen.

Die Alternative »vererbt oder erworben« in Bezug auf geistige Leistungen ist sicherlich falsch, da in Wirklichkeit eine Wechselwirkung zwischen Erbe und Umwelt vorliegt. Man darf wohl davon ausgehen, daß jeder Mensch eine große Reaktionsbreite bezüglich seiner geistigen Leistungsfähigkeit besitzt. Eben diese Reaktionsbreite ist durch die Gene festgelegt, nicht aber die Leistungsfähigkeit selbst. Die Umwelt (Erziehung im weitesten Sinn) bestimmt, wo der Einzelne innerhalb seiner Reaktionsbreite steht. Über den Grenzwert der Reaktionsbreite kann er allerdings nicht hinaus. Ist ein IQ von 130 genetisch möglich, so wird er nicht erreicht, wenn die adäquate Umwelt fehlt. Liegt das Mittel der Reaktionsbreite bei einem IQ von 80, so läßt sich selbst bei besten Erziehungsmaßnahmen keine Intelligenz vom IQ 140 erzielen. Die genetisch möglichen Leistungen werden allein durch die Umwelt maximiert. Da man außerdem über die Reaktionsbreite keine Aussage von vornherein machen kann, ergibt sich daraus die Forderung nach optimaler Erziehung jedes Kindes.

Am erblichen Einfluß auf die Intelligenz des Menschen ist sicher eine sehr große Zahl von Genen beteiligt. Wie schon ein einziges dieser Gene sich auswirken kann, zeigt die Phenylketonurie, die homozygot zu Schwachsinn führt. An diesem Fall läßt sich zugleich erkennen, daß die Wirkung der Gene auf den Phänotyp durch die Umwelt beeinflußbar ist, durch Diät wird der Schwachsinn verhindert.

Verschiedentlich ist behauptet worden, daß zwischen den intellektuellen Fähigkeiten verschiedener Rassen oder Völker genetische Unterschiede bestünden. Die intellektuellen Leistungsunterschiede der Völker oder Volksgruppen sind jedoch in so hohem Maße durch Geschichte und Umwelt bedingt, daß eine auch nur einigermaßen gesicherte Aussage über genetische Differenzen derzeit unmöglich ist. Auch die vielfach beschriebenen intellektuellen Unterschiede zwischen den Geschlechtern lassen sich als Folge einer rollenspezifischen Erziehung der Kinder deuten.

### 14.7.3 Vererbung von Charaktereigenschaften

Für Qualitäten des Charakters wurden bei den bisherigen Untersuchungen nur geringe Heritabilitätswerte gefunden, oder die Heritabilitätsmessungen sind überhaupt umstritten. Dies gilt z.B. für die Faktoren Willensstärke, Willenskontrolle und Führungsstreben.

Das Urteil über die Erblichkeit solcher Eigenschaften ist außerdem stark von der Definition der Eigenschaft abhängig. Dies sei am Beispiel einer Untersuchung an eineiigen Zwillingen in Finnland über »Neigung zu Alkoholismus« beschrieben. Gemessen wurden:

| | |
|---|---|
| 1. Häufigkeit des Alkoholgenusses: | Heritabilität = 0,40 |
| 2. Getrunkene Alkoholmenge: | Heritabilität = 0,27 |
| 3. Soziale Komplikationen des Trinkenden | Heritabilität = 0,02 |

Im dritten Fall besteht also offenbar kein Erbeinfluß.

Untersucht man die allgemein gefaßte Eigenschaft als »Neigung zur psychischen Labilität« – die sich dann z.B. in Alkoholismus oder in Drogenmißbrauch oder in erhöhter Selbstmordrate in einer Familie äußern kann – so finden sich hohe Heritabilitätswerte.

Ähnliches gilt für die Deutung der sehr unterschiedlichen Ergebnisse zur Erbbedingtheit von Kriminalität. Eine erbliche Komponente ist zwar vorhanden, über die quantitative Größe besteht aber keine Einigkeit, da die Manifestation außerordentlich stark milieuabhängig ist. Da sowohl die genetische Konstitution als auch das Milieu während der Jugend nicht durch das Individuum zu verantworten sind, ergeben sich aus diesen biologischen Erkenntnissen Probleme zur Schuldfähigkeit des Betroffenen. Schließlich muß man beachten, daß jede Gesellschaftsform ihre eigenen Vorstellungen über die Bewertung kriminellen Verhaltens hat und gesellschaftstypische Formen der Kriminalität auftreten.

### 14.7.4 Vererbung von Geisteskrankheiten

Die Anzahl der Geisteskranken und Schwachsinnigen wird auf etwa 2% der Bevölkerung geschätzt. In einigen wenigen Fällen (Chorea Huntington; Wilson-Krankheit) liegen monogene Erbleiden vor. Bei Schizophrenie und manisch-depressiver Erkrankung hingegen handelt es sich um Krankheiten mit erblicher Disposition, ähnlich wie dies für Infektionskrankheiten gilt. Bei Schizophrenie handelt es sich offenbar um mehrere Krankheiten mit ähnlichen Symptomen, die deshalb vom Psychiater nicht ohne weiteres unterschieden werden können. Je nach der Fassung des Begriffs »Schizophrenie« findet man daher eine unterschiedliche Beteiligung von genetischen und Umweltfaktoren. Am ehesten ist eine Vererbbarkeit nachzuweisen, wenn man nur klinische Fälle überprüft. Je mehr man leichte Fälle und Grenzfälle einbezieht, um so stärker wird die Umweltbedingtheit. Da die Krankheit ganz sicher polygen bedingt ist und im Phänotypus alle Übergänge zwischen schwerklinischem Fall und normaler Psyche bekannt sind, ist eine Untersuchung allein aufgrund von Zwillingsdaten völlig unzureichend.

Bestimmt man den Erblichkeitsgrad mittels massenstatistischer Untersuchungen an Familien (aus der Wahrscheinlichkeit einer Erkrankung bei Verwandten des Schizophrenen), dann ist das Krankheitsrisiko bei klinischer Schizophrenie für

| | |
|---|---|
| EZ-Paarling | 85,8% |
| ZZ-Paarling | 14,7% |
| Geschwister | 14,3% |
| Halbgeschwister | 7,0% |
| Eltern | 9,2% |
| Ehepartner | 2,1% |

Daraus ergibt sich eindeutig eine genetische Disposition. Welche Umweltfaktoren die Manifestation der Krankheit auslösen, ist noch unklar. Man arbeitet an ihrer Erforschung in der Hoffnung, dadurch das Auftreten der Erbkrankheit wenigstens zum Teil verhüten zu können.

Bei der manisch-depressiven Erkrankung wird der Ausbruch der Krankheit durch ungünstiges Milieu stark gefördert.

## 14.8 Genetik und Altern

### Genetische Bedingtheit des Alterns

Altern ist eine natürliche Entwicklungsphase, die bei allen vielzelligen Lebewesen gegen Ende ihrer höchst erreichbaren Lebensdauer zu beobachten ist. Die maximal mögliche Lebenslänge ist zwar arttypisch, doch äußert sich das Alter z.B. bei den gut untersuchten Säugern in durchaus ähnlicher Weise (Ergrauen der

Haare, Faltigwerden der Haut, Ausfallen der Zähne, Abnahme der Leistungsfähigkeit der Organe, Vitalitätsverlust). Durch äußere Einflüsse ist die arttypische Lebensdauer nicht zu erhöhen. Diese Tatsachen sprechen dafür, daß das Altern genau so genetisch bedingt ist, wie die Embryonal- und Jugendentwicklung des Organismus.

Die maximale Lebensdauer des Menschen ist demnach ebenfalls durch genetische Faktoren festgelegt. Langlebige Vorfahren lassen ein hohes Alter erwarten. Die Lebenserwartung verkürzende Umwelteinflüsse sind z.B. Krankheiten, Unfälle u.a. Aber selbst wenn die Medizin die wichtigsten Todesursachen (Gefäßleiden, Krebs) besiegt hätte, so würde die Lebenserwartung nur um etwa ein Jahrzehnt ansteigen. Die Medizin kann nur die Altersphase lebenswerter machen und den vorzeitigen Abschluß der genetisch bestimmten Lebensspanne verhindern. Jede darüber hinausgehende Lebensverlängerung würde Eingriffe in die genetische Festlegung der Lebensspanne erfordern. Dies zeigen Untersuchungen an Zellkulturen des Menschen. Solche Zellkulturen sind leicht aus Fibroblastenzellen (Bindegewebszellen) zu gewinnen. Werden sie von Embryonen oder Kindern entnommen, so teilen sie sich in der Kultur etwa 50 ± 10 mal *(Hayflick-Regel)*. Dann finden keine Teilungen mehr statt, die Zellkultur ist gealtert. Nimmt man Fibroblastenzellen von verschiedenaltrigen Erwachsenen, so ist die Zahl der Zellteilungen entsprechend geringer (Bild 126). Daraus kann man eine theoretische Lebensspanne des Menschen errechnen, sie beträgt etwa 90–100 Jahre. Andere Körperzellen des Menschen verhalten sich gleichartig. Die höchsten einwandfrei belegten Alterswerte für Menschen liegen bei 113 Jahren.

Die Ursache dieser nahezu festliegenden Zahl von Mitosen einer embryonalen Zelle bis zu ihrem Tod ist noch ungeklärt. Sie ist aber vermutlich irgendwie genetisch begründet. Das zeigen auch Untersuchungen an künstlich hergestellten Hybridzellen, d.h. »alten« Zellen mit »jungem« Kern und umgekehrt. Diese verhalten sich immer entsprechend dem Alter ihres Kerns. Allerdings ist nach neuen Untersuchungen nicht auszuschließen, daß durch die für Zellkulturen verwendeten Nährmedien Zellen mit beschränkter Teilungsfähigkeit bevorzugt werden, und etwa vorhandene Zellen unbeschränkter Teilungsfähigkeit in den Nährmedien nicht wachsen können (außer Tumorzellen).

**Mögliche Ursachen des Alterns**

Gegenwärtig sind folgende Hypothesen über die genetische Ursache des Alterns in der Diskussion:

1. Mit zunehmendem Alter häufen sich in der DNA die Fehler bei der Replikation; gleichzeitig nimmt die Fähigkeit zur Reparatur von DNA ab, und die Fehler bei der Transkription und Translation steigen an.

Dieser Hypothese widerspricht, daß sich Tumorzellen beliebig oft teilen und nicht altern. Sie sind potentiell unsterblich. Alle Langzeit-Zellkulturen menschlicher Zellen stammen aus Tumorgeweben. Für Untersuchungen häufig verwendet werden *HeLa-Zellen*, die aus Tumorgewebe der Patientin Henriette Lacks stammen. Sie starb an Folgen des Tumors, ihre Zellen haben sie nun schon um mehr als 25 Jahre überlebt.

2. Nicht die DNA oder die Informationsübertragung durch Transkription oder Translation wird verändert, sondern die Regulationsmöglichkeiten der Genaktivität werden verringert, immer mehr Gene werden irreversibel inaktiviert.

Dieser Hypothese widerspricht die Tatsache, daß in alternden Wirtszellen die Replikation von Viren keineswegs eingeschränkt ist.

3. Ein hemmendes Regulationssystem verringert die Replikationsrate und möglicherweise die Transkription mit zunehmendem Alter. Untersuchungen zur Überprüfung dieser Hypothese werden neuerdings an Zellkulturen von Progerie-Kranken (Frühalterung) ausgeführt. Solche Kranken zeigen wenige Jahre nach der Geburt bereits Anzeichen physiologischer Vergreisung und sterben in jugendlichem Alter an »Alterstod«.

4. Eine weitere Hypothese erklärt das Altern des Organismus durch Veränderungen von Zellorganell-Membranen. So können durch ein »Undichtwerden« der Lysosomenmembran Hydrolasen in andere Zellkompartimente gelangen und dort Schäden hervorrufen.

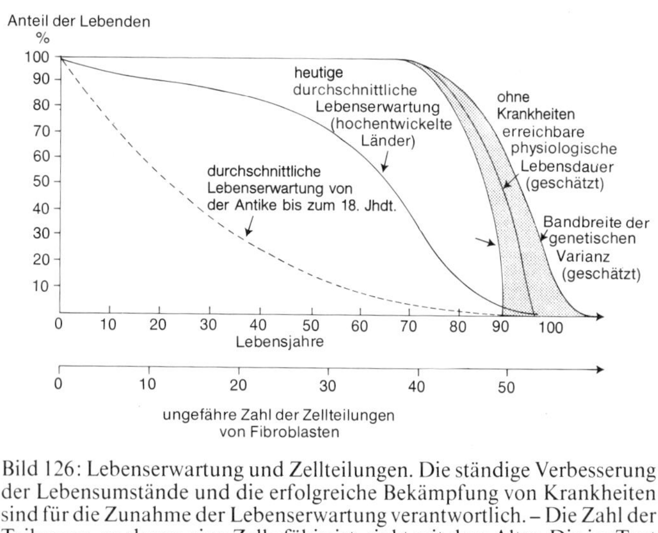


Bild 126: Lebenserwartung und Zellteilungen. Die ständige Verbesserung der Lebensumstände und die erfolgreiche Bekämpfung von Krankheiten sind für die Zunahme der Lebenserwartung verantwortlich. – Die Zahl der Teilungen, zu denen eine Zelle fähig ist, sinkt mit dem Alter. Die im Text genannte Hypothese über den Zusammenhang zwischen Zahl der Zellteilungen und Lebensalter bedarf noch der Bestätigung durch weitere Forschung

Zu den Faktoren, die das menschliche Leben begrenzen, gehört auch eine Abnahme der Wirksamkeit des Immunsystems. Dadurch werden z.B. Krebszellen nicht mehr als solche erkannt oder können nicht mehr vernichtet werden (vgl. 7.3 und 14.6). Außerdem kann es sogar zur Bildung von Antikörpern gegen körpereigene Proteine kommen.

## 14.9 Mutagene in der Zivilisations-Umwelt

### Genetische Belastung durch Umwelteinflüsse

Die genetische Last (vgl. Studienband Evolution, Abschn. 3.5.4.4) in der Zivilisations-Umwelt ist durch drei Faktoren gekennzeichnet.

1. Mutationen (qualitative und quantitative Defekte), die schon mit dem Vorgang der Befruchtung von den Eltern her übernommen wurden und somit schon im Genpool der vorhergehenden Generation vorhanden waren: *genetische Mitgift.*

2. Mutationen, die im Verlauf des individuellen Lebens in der Keimbahn und damit in den Keimzellen entstehen: *genetischer Zufluß.*

3. Durch die Wirkung der Mutationen scheidet ein Teil der veränderten Zellen in der Keimbahn aus, oder erbkranke Personen tragen nicht zur Fortpflanzung bei, geben also keine Gene in den Genpool der nächsten Generation weiter: *genetischer Ausfall.*

Der wirkliche Anteil genetischer Defekte in der Population zu einem bestimmten Zeitpunkt ist gegeben durch die Bilanz: Mitgift + Zufluß − Ausfall. Diese Größe gibt die Belastung des Erbguts *(»dysgenische Belastung«)* an, sie geht ihrerseits als Mitgift in die Belastung der nächsten Generation ein. Mutagene in der Umwelt sind alle Faktoren, die den Zufluß erhöhen. Die Mutationsrate gibt die Wahrscheinlichkeit an, mit der ein bestimmtes Gen im Laufe einer Generation mutiert. Man kann sie bei Dominanz und 100%iger Penetranz der Mutante unmittelbar aus der Zahl derjenigen Merkmalsträger berechnen, die von gesunden Eltern stammen:

$$\text{Mutationsrate} = \text{Zahl der Merkmalsträger mit} \frac{\text{gesunden Eltern}}{2 \times \text{Zahl der Bevölkerung}}$$

Die Mutagene lassen sich in zwei große Gruppen gliedern, die *Strahlenquellen* und die *chemischen Mutagene.* Zu den natürlichen Strahlenquellen sind *zivilisatorische Strahlenquellen* getreten, und hier steht die medizinische Strahlentherapie an erster Stelle (vgl. Tabelle 15). Jedoch ist der Beitrag der davon betroffenen Personen zum genetischen Zufluß für die Population gering (kleine Anzahl von Personen, hohes Durchschnittsalter). Für die

Bevölkerung in der Umgebung von Reaktoranlagen ist unter Normalbedingungen die Belastung minimal, wie die Tabelle zeigt. Dies ändert sich aber bei Störungen im Reaktorbetrieb; das Ausmaß der dann auftretenden Emission ist vom Reaktortyp abhängig. Mögliche Auswirkungen von Störungen sind bei Planung und Betrieb von Kernreaktoren vorbeugend zu berücksichtigen.

*Chemische Mutagene* (vgl. hierzu Abschnitt 10.1.2) müssen zu den Keimdrüsen gelangen, um den genetischen Zufluß verändern zu können. Das ist vor allem dann möglich, wenn die Substanzen in die Blutbahn übertreten, sei es aus dem Magen-Darm-Trakt oder aus der Atemluft über die Lunge.

**Prüfung auf Mutagenität**

Methoden zur Feststellung der Mutagenität sind im Abschnitt 10.1.2 beschrieben. Wenn ein Stoff bei mehreren Arten von Testorganismen (besonders Säugetieren) als mutagen befunden wird und er beim Menschen die Keimbahn unverändert erreichen kann, gilt er als potentiell mutagen, auch dann wenn ein direkter Nachweis der Mutagenität nicht gelingt. Viele Genußmittel und Kosmetika, ja sogar Stoffwechselprodukte des menschlichen Körpers lösen bei Mikroorganismen Mutationen aus. Ob sie jedoch für den Menschen mutagen sind, bleibt zweifelhaft. Bei der Prüfung der Mutagenität von Stoffen gilt die in der Physik richtige Überlegung nicht: »Kein Effekt – kein Vorgang, somit kein Grund zur Vorsorge«. Die Belastung der Bevölkerung durch chemische Mutagene ist sehr groß und viel gefährlicher als die Strahlenbelastung. Wenn es keine unwirksame Dosis bei chemischen Mutagenen gibt, so muß man annehmen, daß die chemische Mutagenese einen beträchtlichen Beitrag zur Mutationsrate in der Population liefert, weil viele Menschen davon betroffen sind.

Neue Untersuchungen bei Säugern haben gezeigt, daß die ersten Teilungsstadien der befruchteten Eizelle gegenüber Mutagenen besonders empfindlich sind. Das empfindliche Stadium reicht etwa bis zur Bildung der Blastocyste (~ 64-Zell-Stadium). Nach bisherigen Untersuchungen wird nahezu die Hälfte aller »Schwangerschaften« beim Menschen auf diesem Stadium durch irgendeine Störung natürlicherweise abgebrochen. Deshalb muß bei gewollten Schwangerschaften vom Augenblick der möglichen Konzeption an eine Einwirkung von Mutagenen soweit als möglich vermieden werden (keine Arzneimittel, kein Rauchen, vorsorglich auch keine Anregungsmittel). Nach vollzogener Implantation (beim Menschen 5–14 Tage nach der Konzeption) kann diese Beschränkung gelockert werden.

## 14.10 Eugenik

### 14.10.1 Allgemeines

Alle Organismen sind durch einen Evolutionsvorgang entstanden und verändern sich im Laufe vieler Generationen gemäß den Gesetzmäßigkeiten der Evolution. Dies gilt auch für den Menschen. Die Generationen sind daher nicht gleich, ihr Erbgut ändert sich durch die Wirkungen von Mutation, Selektion und in kleinen Populationen auch durch die Allelendrift (genetische Drift). Die genetische Vielfalt in der heutigen Menschheit ist das Ergebnis der Wirkung dieser Faktoren in der Vergangenheit. Will man über die genetische Zukunft der Menschheit etwas aussagen, muß man klären, wie sich die Lebensbedingungen in der Zivilisation auf diese Evolutionsfaktoren auswirken. Soziale Veränderungen in der menschlichen Gesellschaft führten und führen zu viel stärkerer Durchmischung der Bevölkerung, zu verändertem Fortpflanzungsverhalten und zur Bevölkerungszunahme. Infolge der starken Bevölkerungsvermehrung ist eine Allelendrift für die Zukunft auszuschließen. Durch die Fortschritte der Medizin erreichen auch Erbkranke das fortpflanzungsfähige Alter. Andrerseits ermöglicht die Medizin die Vorhersage von Erbkrankheiten und die Verhinderung der Geburt erbkranker Kinder. Die Mutationsrate wird erhöht durch Strahlen und chemische Mutagene (vgl. Abschnitt 10.1), andererseits setzt das veränderte Fortpflanzungsverhalten (Heirat im jüngeren Alter) die Mutationshäufigkeit herab. Ob nun die positiven oder negativen Einflüsse auf Selektion und Mutation überwiegen werden, läßt sich nicht generell vorhersagen.

Neben populationsgenetischen Überlegungen zur Erbgesundheit und Eugenik gibt es auch solche, die den einzelnen berühren. Beide müssen streng auseinandergehalten werden.

**Eugenik:** *Maßnahmen zur Verbesserung des menschlichen Erbguts*

### 14.10.2 Gefahren für die Population?

Durch die künstlich geschaffene Umwelt der Zivilisation hat der Mensch den Anpassungszwang stark herabgesetzt. Er paßt umgekehrt die Umwelt seinen Genen an. Auch Träger von genetischen Schwächen oder Erbkrankheiten werden durch Medizin und

Technik vor der individuellen und in der Regel auch der genetischen Ausschaltung bewahrt (vgl. dazu Abschnitt 14.3).

Allerdings haben Träger eines Erbleidens häufig weniger Kinder als der Durchschnitt der Bevölkerung. Man kann bei Erbkranken daher eine Fitness (= Fertilität) definieren:

$$\text{Fitness} = \frac{\text{durchschnittliche Kinderzahl pro erbkrankem Elter}}{\text{durchschnittliche Kinderzahl pro gesundem Elter}}$$

Die Größe (1 – Fitness) · 100% gibt an, wieviel Prozent der betreffenden Allele pro Generation verschwinden. Diese Größe ist daher ein Maß für die Selektionsrate.

Es könnte sein, daß die der natürlichen Selektion entgegengerichtete Zivilisationsleistung des Menschen *(Kontraselektion)* in den hochzivilisierten Ländern durch die genetische Beratung ausgeglichen wird. Diskutiert wird auch über folgende Gefahrenmöglichkeiten:

**Gefahren für das Immunsystem**. Infolge des Fortschritts der Medizin werden Mutationen, welche die Wirksamkeit des Immunsystems herabsetzen, nicht mehr eliminiert. Die Kindersterblichkeit ist vor allem durch die erfolgreiche Bekämpfung von Infektionskrankheiten stark zurückgegangen und nicht durch Ausschaltung der Anfälligen durch tödliche Infektionen. Hierdurch kommen mehr und mehr Menschen mit kleineren oder größeren Defekten des Immunsystems zur Fortpflanzung, was dazu führen wird, daß die Fähigkeit zur Bildung von Antikörpern gegenüber möglichst vielen Antigenen langsam abnimmt. Der Mensch wird dann vom medizinischen Schutz gegen Infektionen, z.B. durch Antibiotika, immer mehr abhängig. Ebenso muß mit einer Zunahme der Erkrankung an Tumoren gerechnet werden, wenn nicht neue Entdeckungen die geäußerten Befürchtungen hinfällig machen.

**Gefahren durch Panmixie**. Der Wegfall von Heiratsschranken zwischen Menschen unterschiedlicher sozialer Stellung, Religion, Nation oder Rasse führt zu einer Zunahme der Heterozygotie, in deren Schutz sich mutierte rezessive Allele erhalten und weiter ausbreiten können. Zunächst wirkt sich eine solche *Panmixie* günstig aus; die Wahrscheinlichkeit für das Auftreten von Homozygoten, d.h. phänotypisch Kranken, sinkt. Bei starker Ausbreitung des mutierten Allels aber sind schließlich keine genügenden Reserven des Normalallels mehr vorhanden; dann muß die Zahl Homozygoter und damit Kranker wieder zunehmen. Wenn sich diese Homozygoten nicht fortpflanzen, wird die Frequenz des mutierten Allels langsam wieder sinken (sogenannte »Selbstreinigung«

einer Population). Der Vorgang verläuft naturgemäß um so langsamer, je größer eine Population ist.

Oft hört man, daß in der Zivilisationsgesellschaft die Intelligenz abnehme, da Minderbegabte viele Kinder haben, während bei überdurchschnittlich Begabten die Kinderzahl in der Regel geringer sei. Die statistischen Erhebungen, die diesen Annahmen zugrunde liegen, beruhen auf zwei Verfahren:

1. Der Beruf der Väter wird nach dem vermuteten Intelligenzgrad geordnet und die Kinderzahl festgestellt.

2. An einer Zufallsauswahl von Schulkindern wird die Intelligenz getestet und die Geschwisterzahl dieser Kinder festgestellt. In Schottland durchgeführte Intelligenztests in Abständen von 15 Jahren brachten keinen Hinweis auf eine Verringerung der IQ-Werte. Die Populationsgenetik kann heute vielmehr zeigen, daß die Annahme eines Intelligenzabfalls ein Fehlschluß war. Eine genaue Berechnung ist allerdings infolge der Komplexität der Verhältnisse nur an stark vereinfachten Modellen möglich. Ein Kritiker wird also immer eine zu starke Vereinfachung bei der Modellbildung ins Feld führen können.

Die Art der Überlegungen kann man sich am primitivsten möglichen Modell klar machen: Die Intelligenz sei nur durch ein Allelenpaar bestimmt. Es sei AA = normale Intelligenz, Aa = Schwachsinn und aa = schwerer Schwachsinn. Aa sei durch besonders hohe Fruchtbarkeit gekennzeichnet, die Zahl der Nachkommen sei doppelt so groß wie bei AA. Hingegen zeige aa keine Fortpflanzung (dies entspricht ungefähr der Wirklichkeit, Schwerschwachsinnige haben nur selten Kinder). Ferner ist bekannt, daß eine hohe Tendenz zur Heirat eines ähnlich intelligenten Partners besteht. Dies ist eine Abweichung von der Zufallspaarung und erschwert somit die Ausbildung eines genetischen Gleichgewichts. Wir gehen aus von einer Bevölkerung mit 90% AA und 10% Aa. Die Vermischung beider Gruppen sei praktisch = 0. Bei AA habe im Durchschnitt ein Elternpaar 2 Kinder, bei Aa 4 Kinder. Für diese 4 Kinder erhalten wir im Durchschnitt eine Mendel-Verteilung 1 AA:2 Aa: 1 aa. Dadurch wird insgesamt die erhöhte Kinderzahl von Aa-Eltern gerade ausgeglichen: 1 AA-Kind geht in die »Normal«-Gruppe über, 1 aa-Kind pflanzt sich als schwerschwachsinnig nicht mehr fort. So entsteht ein stabiles genetisches Gleichgewicht.

Dieses Modell ist extrem vereinfacht; aber auch komplexere populationsgenetische Modelle zeigen ähnliche Ergebnisse und lassen sogar das Gleichgewicht bei Zu- oder Abnahme der Populationsgröße durch andere Faktoren stabiler werden.

Neuere Untersuchungen über die Beziehung zwischen Intelligenz und durchschnittlicher Kinderzahl geben folgendes Bild:

| IQ | durchschnittliche Kinderzahl |
|---|---|
| < 70 | 2,1 |
| 70–85 | 2,3 |
| 86–100 | 2,2 |
| 101–115 | 2,2 |
| 116–130 | 2,5 |
| > 131 | 3,0 |

Die früheren Ergebnisse sind offenbar bedingt durch eine unvollständige Berechnung, man hat unverheiratete und unfruchtbare Erwachsene unberücksichtigt gelassen. Es sind aber in einer Population z.B. von den Personen mit IQ 69–79 rund 30% ohne Nachkommen, von den Personen mit IQ > 120 dagegen nur 13% ohne Nachkommen. Man darf bei Prognosen einen augenblicklichen Tatbestand nicht überbewerten. Schon eine Generation später können sich die gesellschaftlichen Verhältnisse wesentlich geändert haben.

Wenn sich Populationen einer Art längere Zeit getrennt entwickeln und ein Genaustausch unterbleibt, entstehen verschiedene Rassen. Deren Populationen weisen deutliche Unterschiede in der Häufigkeit der Gene auf. Bei den Menschenrassen läßt sich dies u.a. auch an den Blutgruppen-Häufigkeiten erkennen. Eine Vermischung vorher isolierter Menschengruppen wird also für längere Zeit zu einem Anstieg der Variation innerhalb der Gesamtpopulation führen. Dadurch wird die Zahl der Reaktionsmöglichkeiten erhöht; gleichzeitig wird die Wahrscheinlichkeit für Homozygotie herabgesetzt. Der Vermischung entgegen wirkt die Homogamie, die neben psychischen Merkmalen auch körperliche Faktoren (z.B. Körpergröße) und rein umweltbedingte (Religion, Sprache) betrifft.

Verschiedentlich wurde behauptet, Mischlinge seien sozial schlechter angepaßt oder hätten einen geringeren Intelligenzgrad als die jeweiligen Eltern. Hierzu ist zu sagen, daß Mischlinge oft besonderen Belastungen ausgesetzt sind, weil sie von beiden Elterngruppen abgelehnt werden. Es ist also die Umwelt, die bei Mischlingen negativ wirksam werden kann. Überall dort, wo Rassenunterschiede keine Rolle spielen (Hawaii, Kuba, einige südamerikanische Staaten), zeigen die Mischlinge auch keinerlei Besonderheit.

### 14.10.3 Eugenische Maßnahmen

Von jeher war es das Bestreben des Menschen, wissenschaftliche Erkenntnisse zu seinem Nutzen anzuwenden. So wie die Hygiene sich mit allem beschäftigt, was die Gesundheit des Menschen beeinflußt, so versucht die *Erbhygiene* oder *Eugenik,* die Erkenntnisse der Genetik zum Wohle des Menschen zu nutzen.

**Positive (progressive) Eugenik.** Darunter versteht man alle Maßnahmen, die der Förderung erwünschter, gesunder Genotypen dienen. Eugenik bedeutet wörtlich das »gute Geschlecht«.

Es ergibt sich aber sofort das Problem, welches sind wünschenswerte Merkmale? Und inwieweit sind wünschenswerte Merkmale (z.B. gut entwickeltes Sozialempfinden, seelische Gesundheit) durch Erbanlagen, inwieweit durch die Umwelt bedingt?

Aus der Tierzüchtung weiß man, daß es unmöglich ist, alle Merkmale zu verbessern. Die gesamte Tier- und Pflanzenzucht geht stets auf die Änderung bestimmter Merkmale oder Merkmalskombinationen aus. Die Populationsgenetik lehrt ferner, daß eine große Variabilität von Vorteil ist, weil sie durch immer neue Kombinationen der Gene der Population bessere Möglichkeiten zur Anpassung an neue Verhältnisse bietet, die in der Zukunft ja immer zu erwarten sind.

Nahezu jede Maßnahme der positiven Eugenik, die über genetische Beratung hinausgeht, erfordert eigentlich eine viel genauere Kenntnis der Humangenetik, als wir sie heute haben. Unbestreitbar wichtig sind alle Maßnahmen zur Verbesserung der Umwelt (*Euphänik*), vor allem sollte jede potentiell mutagene Einwirkung so gering als möglich gehalten werden, um den genetischen Zufluß einzuschränken *(Mutationsprophylaxe* vgl. Abschnitt 14.9).

Ein genetisches Experiment großen Stils (wenn auch nicht als solches beabsichtigt) liefert Indien. Dort war für nahezu 100 Generationen die Gesellschaft streng in Kasten und Unterkasten gegliedert, von denen jede auf einen Beruf spezialisiert war. Die Kasten waren sowohl genetisch als auch sozial geschlossene Gruppen, Heirat war nur innerhalb derselben Kaste erlaubt. Der Genaustausch zwischen den Kasten blieb daher auf ein Minimum beschränkt. Dieses genetische Experiment zeigt nun, daß die Gruppeninzucht nicht zu einer Anhäufung von Genen für bestimmte Fähigkeiten in den einzelnen Kasten geführt hat. (Dies ist zugleich ein Nachweis für die Unrichtigkeit des Lamarckismus.) Die Selektion für den spezifischen Kastenberuf konnte gar nicht wirksamer sein als die Selektion für Erziehbarkeit und Lernfähigkeit überhaupt; diese war in allen Kasten gleich.

Die Durchrechnung von Modellen einer Population (vgl. Abschnitt

14.10.2) hat gezeigt, daß Stabilität in der Population gerade die Durchlässigkeit zwischen den Gruppen verlangt. Wenn der Anteil von Schwachsinnigen-Kindern, die normal begabt sind, nicht in die soziale Gruppe der Normalbegabten aufgenommen wird, nimmt deren Anzahl ab, weil sie ihre eigenen Schwachbegabten aus der Gruppe entläßt. Eine soziale Beweglichkeit in der Population ist Voraussetzung für Stabilität der Gesamtpopulation. Durch jede Klassenschranke wird die Selektionswirkung gemindert. Eine Gleichheit der Möglichkeiten wird hingegen durch häufige Homogamie eher die Herausbildung genetisch spezifisch begabter Berufsgruppen begünstigen und damit genau das erreichen, was durch genetische Zucht im indischen Kastenexperiment nicht gelungen ist. Erst eine völlige soziale Beweglichkeit macht die genetischen Unterschiede zwischen den Menschen für die Gesellschaft fruchtbar. Soziale Beweglichkeit heißt: eine bestimmte Berufsgruppe zieht qualifizierten Nachwuchs an sich, ohne Rücksicht darauf, wer und was die Eltern waren; sie entläßt ebenso die Nachkommen ihrer Mitglieder aus ihrer Gruppe, wenn sie für eine andere Berufsgruppe besser qualifiziert sind. Dadurch wird eine Verschwendung an Begabungen ebenso verhindert wie eine Tätigkeit Andersbegabter an falscher Stelle. Voraussetzung dazu ist allerdings die allgemeine Einsicht, daß jede sozial nützliche Beschäftigung eines Menschen für die Gesamtpopulation wertvoll ist.

**Genetische Beratung.** Sie ist die wichtigste praktische Anwendung der Humangenetik und zugleich die einzige nicht umstrittene Maßnahme der Eugenik. Sie erfordert genetische Vorhersagen, d.h. genaue Informationen über das genetische Verhalten eines Erbleidens. Solche Voraussagen sind sehr genau, wenn der Erbgang gut bekannt und nur ein einzelnes Gen verantwortlich ist. Viel öfter sind aber bestimmte Erbleiden polygen bedingt, und häufig ist die Manifestation zusätzlich noch von Umweltfaktoren abhängig, die man nicht genau kennt (z.B. intrauterine Umwelt). Beispiele für genetische Beratung sind in der Tabelle wiedergegeben.

**Tabelle 30: Grundlagen für genetische Beratung**

Prognose bei monogenen Erbkrankheiten richtet sich nach den Mendelschen Gesetzen und der jeweiligen Penetranz
Prognose bei polygenen (multifaktoriellen) Erbkrankheiten erfordert Verwandtschaftsuntersuchungen
Erkennen numerischer und struktureller Chromosomen-Anomalien erfordert Amniozentese in der 14.–20. Schwangerschaftswoche
Risiko für Mutationen (einschließlich Chromosomen-Anomalien) steigt mit dem Alter der Ehepaare
Risiko für Auftreten rezessiver Krankheiten steigt bei Verwandten-Ehen

Umwelteinflüsse können die Ausprägung bestimmter Erbkrankheiten entscheidend beeinflussen (Bsp. Asthma bronchiale, Diabetes mellitus, Schuppenflechte, Geisteskrankheiten)

Praktisches Beispiel: Gesunde Eltern haben ein erbkrankes Kind. Wie groß ist das Risiko, daß ein weiteres Kind krank ist?

| Genetische Untersuchung des kranken Kindes ergibt: | Erkrankungswahrscheinlichkeit für das nächste Kind: |
|---|---|
| autosomal-rezessives Leiden | 25% |
| X-chromosomal-rezessives Leiden, krankes Kind ist ♂ | ♂ ~ 50% ♀ ~ 0% |
| Trisomie von Autosomen oder X-Chromosom | Beratung setzt Untersuchung elterlicher Chromosomen (auf Brüche) voraus |
| Erbliche Anomalie, ohne einfachen Erbgang | gemäß den statistisch erhobenen Belastungswerten (oft unter 10%) |

**Tabelle 31: Wer braucht genetische Beratung?**

Genetische Beratung sollte jeder in Anspruch nehmen,
- wenn er selbst oder sein Ehepartner erbkrank ist,
- wenn er ein erbkrankes Kind hat und weitere Kinder will,
- wenn in seiner weiteren Verwandtschaft Erbkrankheiten aufgetreten sind,
- wenn er mit dem Ehepartner verwandt ist,
- wenn mehrere ungeklärte Fehlgeburten aufgetreten sind,
- wenn vor oder während einer Schwangerschaft therapeutische Bestrahlungen erfolgt sind oder mutagene oder embryoschädliche Medikamente eingenommen wurden,
- wenn die Frau älter als 38 Jahre ist,
- wenn Zweifel bestehen, ob es sich bei einer Erkrankung der Eltern um eine Erbkrankheit handelt.

Genetische Beratungsstellen sind eingerichtet in zahlreichen Universitätskliniken sowie in den Instituten für Humangenetik der Universitäten.

Die Anzahl von Erbleiden in der Gesamtbevölkerung ist durch genetische Beratung wohl nicht erheblich zu vermindern, doch kann den Betroffenen viel Leid dadurch erspart werden. Außerdem macht sich seit der allgemeinen Verbreitung von Empfängnisverhütungsmitteln auch ein Wandel in der Einstellung der zu Beratenden bemerkbar. Viele Erbkranke verzichten nach Aufklärung freiwillig auf Fortpflanzung.

Das Risiko von Erbdefekten bei Kindern steigt mit dem Alter der Eltern bei der Geburt des Kindes an, weil der Organismus der Eltern dann länger mutagenen Einflüssen ausgesetzt war. Je mehr Zellteilungen mit dem Alter abgelaufen sind, desto eher kann bei der DNA-Replikation einmal ein Fehler auftreten und sich dann bei der auch im hohen Alter noch stattfindenden Spermienbildung auswirken.

**Negative (präventive) Eugenik.** Sie befaßt sich – gewissermaßen vorbeugend – mit der Verhinderung der Fortpflanzung von Personen mit schwerer erblicher Belastung. Als Maßnahmen sind in der Diskussion: Empfehlung des Verzichtes auf Fortpflanzung (freiwillige Geburtenkontrolle), Eheverbote, Sterilisation und Verbot von Verwandtenheiraten bei genetisch belasteten Familien. In der Bundesrepublik ist seit 1976 unter bestimmten Voraussetzungen auch ein Schwangerschaftsabbruch zulässig.

Die genetische Belastung mit rezessiven Genen wird in der Regel erst bei der Geburt eines homozygoten (also kranken) Kindes erkannt. Mit den genannten Maßnahmen können die rezessiven Erbanlagen allerdings nicht in einem überschaubaren Zeitraum aus der Population entfernt werden. Zwangsmaßnahmen greifen zudem stark in die persönliche Entscheidungsfreiheit ein. Betrachtet man außerdem die Vielzahl der bekannten rezessiven Erbkrankheiten, so läßt sich abschätzen, daß fast jeder Mensch irgendein krankmachendes Gen in seiner Erbmasse hat.

**Wert eugenischer Maßnahmen:** Es ist zwar möglich, eine Liste erstrebenswerter menschlicher Eigenschaften aufzustellen (Gesundheit, Intelligenz, Schönheit, Geschicklichkeit, moralische Festigkeit). Es ist aber keine Übereinstimmung zu erzielen, was unter diesen Eigenschaften im einzelnen zu verstehen ist. Außerdem sind ihre genetischen Grundlagen in vielen Fällen völlig unklar. Ferner kann die gleiche Eigenschaft in verschiedenen Umwelten unterschiedlichen Wert haben. Welche Merkmale bzw. Gene sollen also gefördert, welche in ihrer Verbreitung gehemmt werden? Über die ethische Seite solcher Entscheidungen gehen die Meinungen weit auseinander. Die Biologie befaßt sich mit dem populationsgenetischen Aspekt des Problems.

Jede Verbesserung von Hygiene und Medizin führt zu einer

Veränderung des Selektionsdrucks in einer Population. Gegenüber manchen Genen nimmt der Selektionsdruck ab, gegenüber anderen zu. Zu den Genen, die bei hohem medizinischem Standard weniger nachteilig sind, gehören z.B. die Gene für erbliche Zuckerkrankheit, Kurzsichtigkeit, Schielen, Farbenblindheit u.ä. In der Mehrzahl der Fälle handelt es sich um leichte Defekte. Bei vielen schweren Defekten kann die Medizin dem Träger zwar gewisse Erleichterungen verschaffen, aber erhebliche Beschränkungen oft nicht voll ausgleichen. Andererseits gibt es auch Gene, die durch Einführung der Hygiene ihre nachteilige Seite zeigen. Dazu gehört etwa das HbS-Gen, das einen gewissen Schutz gegen Malaria gibt. Ist die Malaria ausgerottet, wirkt dieses Gen nur noch nachteilig, da es homozygot zur Anämie führt und heterozygot die Sauerstoffversorgung beeinträchtigt. Die Häufigkeit des Gens wird dann durch Selektion zurückgehen. Das Wirken der Medizin hebt also die Selektion beim Menschen nicht auf, sondern verändert nur den Selektionsdruck gegen manche Gene.

Eine konsequente Verhütung der Fortpflanzung aller Erbkranken würde den Genpool der Population sehr wahrscheinlich ungünstig beeinflussen, da dadurch gleichzeitig auch die Frequenz der positiven Merkmale geändert würde. Die Häufigkeit der Gene für diese Krankheiten in der Population hat zur Vermutung geführt, daß diese Gene auch an erhaltungsfördernden Eigenschaften beteiligt sind.

Populationsgenetische Überlegungen bezüglich der Wirkungen des genetischen Zuflusses und der Eugenik lassen die nachteiligen und rezessiven Mutationen in zwei Gruppen einteilen.

1. Die Defekt-Allele bleiben erhalten wegen eines Selektionsvorteils der Heterozygoten, auch bei hohem Selektionsnachteil der Homozygoten (Beispiel: HbS vor Bekämpfung der Malaria).

2. Die Defekt-Allele bleiben erhalten infolge eines Gleichgewichts zwischen Neumutation und Selektion. Dies kann vorkommen bei vollständig rezessiven Mutationen und bei solchen, die auch im heterozygoten Zustand erkennbare Mängel aufweisen.

Ein Anstieg der Mutationsrate wird bei den Mutationen der Gruppe 2 zur Zunahme der phänotypischen Defekthäufigkeit führen; für die Mutationen der Gruppe 1 hingegen zeigen populationsgenetische Berechnungen, daß nur geringe Auswirkungen auf die Häufigkeit einer Erbkrankheit bestehen (z.B. wird der Anstieg der Mutationsrate zum HbS nicht zu einem proportionalen Anstieg von Sichelzellanämie führen).

Aus der Familienforschung hat man Hinweise, daß auch für Schizophrenie ein Verhalten entsprechend Gruppe 1 anzunehmen ist. Möglicherweise ist die Bürde offener Schizophrenie der Preis, den eine Population zu zahlen hat für die Vorteile, die ihr durch oft hochbegabte Personen schizoiden Typs unter den Heterozygoten und infolge geringer Penetranz gar nicht erkrankenden Homozygoten zuwachsen.

## Aufgaben zu Abschnitt 14

1. Zwei normale Eltern bekommen ein Albino-Kind. Wie groß ist die Wahrscheinlichkeit, daß auch das nächste Kind ein Albino ist?

2. Kann ein rezessives Gen beim Menschen im X-Chromosom liegen, wenn in einer Ehe die Frau Trägerin des zugehörigen Merkmals ist, der Mann und der Sohn das Merkmal aber nicht aufweisen?

3. Wie groß ist die Wahrscheinlichkeit, daß eine Samenzelle eines Mannes ausschließlich Chromosomen von der Mutter des Mannes aufweist?

4. Können leibliche Geschwister einander Blut spenden?

5. Vater und Sohn sind farbenblind, die Mutter ist sehtüchtig. Läßt sich eindeutig aussagen, von wem der Sohn die Farbenblindheit geerbt hat?

6. Ein rotgrünblinder Mann heiratet eine Frau, deren Vater auch rotgrünblind ist. Wie groß ist die Wahrscheinlichkeit, daß ihr erstes Kind ein rotgrünblinder Junge ist?

7. Der Genotyp von Menschen mit Klinefelter-Krankheit ist XXY. Wo überall könnten bei den Eltern Störungen im Ablauf der Meiose eingetreten sein, damit ein solcher anomaler Chromosomensatz entsteht?

8. Aus dem HARDY-WEINBERG-Gesetz folgt, daß bei Kenntnis des Anteils der homozygot Rezessiven die Verbreitung des Rezessiv-Allels in der Population errechenbar ist. Wieviel Prozent einer Bevölkerung sind demnach Träger des rezessiven Allels r für Rothaarigkeit, wenn 9% Rothaarige festgestellt werden?

9. Zwergwuchs beim Menschen (kurze Arme und Beine) kann auf

ein dominantes Allel zurückgehen. Neumutationen zum Zwergwuchs sind bei Vätern über 40 Jahren häufiger als bei jüngeren Vätern. Welche Erklärung gibt es dafür?

10. In einer Bevölkerungsgruppe wurden folgende Genfrequenzen beobachtet: Gen i = 0,775; Gen Rh = 0,6. Welcher Anteil der Bevölkerung hat Blutgruppe 0 und ist zugleich Rh-negativ?

11. Wie groß ist bei einer Familie mit 4 Kindern die Wahrscheinlichkeit, daß dies 4 Jungen sind? Oder daß es 2 Jungen und 2 Mädchen sind? Man verwende dazu die Formel der Wahrscheinlichkeitsrechnung:

Wenn die Wahrscheinlichkeit eines Ereignisses p ist, und eines Alternativereignisses q ist, dann ist die Wahrscheinlichkeit bei n Versuchen, daß das Ereignis p x-mal und das Ereignis q y-mal eintritt, gegeben durch:

$$p^x \cdot q^y \cdot \frac{n!}{x! \cdot y!} \text{ wobei } p + q = 1, x + y = n$$

12. Stellen Sie unter Zuhilfenahme von Bild 61 fest, welches Enzym bei Phenylketonurie, bei Alkaptonurie und bei Albinismus defekt ist und ob die Erkrankung durch Anhäufung der Substanz vor dem genetischen Block oder durch Fehlen des Produktes hinter dem Block verursacht ist. Welche Therapieverfahren erscheinen möglich?

13. Welche Auswirkung hat die Strahlenbelastung einer Keimdrüse, die zur Schädigung eines X-Chromosoms führt, auf das Geschlecht der Kinder. Es soll betrachtet werden: 1. Mann strahlenexponiert; 2. Frau strahlenexponiert. Die Mutationen seien a heterozygot letal, b homozygot letal, c Verlust eines X-Chromosomen. d Welche Auswirkung hätte der Verlust eines Y-Chromosoms?

14. Können Sie sich aufgrund des abgebildeten Karyogramms vorstellen, weshalb man beim Menschen bisher keine Mutanten kennt, wo bei den Chromosomen 1 oder 2 oder 3 eine Trisomie oder eine Monosomie vorliegt?

15. Weshalb wird bei gerichtlichen Vaterschaftsgutachten nur von »mit an Sicherheit grenzender Wahrscheinlichkeit« gesprochen und nicht von absoluter Sicherheit, obwohl z.B. die Vererbung der I-Blutgruppen eine »sichere« Aussage erlaubt?

16. Es gibt Frauen, bei denen in den roten Blutkörperchen zwei

verschiedene (elektrophoretisch unterscheidbare) Formen von Glucose-6-phosphat-dehydrogenase vorkommen. Werden Einzelzellen aus Fibroblastenkulturen entnommen und daraus wieder Zellkulturen hergestellt, so hat jede Zellkultur nur eines der beiden Isoenzyme. Bei Männern kommt immer nur eine Glucose-6-phosphat-dehydrogenase vor. Erklären Sie diesen Befund. Wie kann man diese Beobachtung nutzen, um festzustellen ob der Krebs roter Blutkörperchen (Myelocyten-Leukämie) beim Menschen aus einer Zelle oder aus mehreren entsteht?

14. Im Zusammenhang mit der Humangenetik ergeben sich auch ethische Probleme. Welche Konflikte können bei den in Abschnitt 14.10.3 genannten Problemkreisen entstehen?

18. Welche sozialen Auswirkungen könnte eine Zunahme der Mutationsrate in der Bevölkerung haben?

19. Welche ethischen Probleme werfen folgende Sachverhalte der Humanbiologie auf: Freiwillige und unfreiwillige Sterilisierung – Verfügbarkeit über Kontrazeptiva – Schwangerschaftsunterbrechung – künstliche Insemination – Geschlechtsvorherbestimmung – In-vitro-Befruchtung – Klonung – Gen-Verpflanzung – Experimentelle Forschung am Menschen – Organtransplantation – künstliche Verlängerung des Lebens?

# 15. Manipulation des Erbguts

Unter genetischer Manipulation im weiteren Sinn kann man jede vom Menschen aktiv (gewollt) herbeigeführte Veränderung der Allelenfrequenzen in der Population verstehen. Dazu gehört auch die Verhinderung der Geburt erbkranker Kinder, etwa durch genetische Beratung (Abschnitt 14.10.3) und Abbruch der Schwangerschaft. Diese Methoden einer Manipulation sind heute schon durchführbar und üblich. Die Möglichkeiten der genetischen Manipulation nehmen jedoch weiter zu; es ist deshalb notwendig, diese kennenzulernen, um sich rechtzeitig über die Folgen Gedanken zu machen.

**Genetische Manipulation** im engeren Sinn ist ein Eingriff in den Genbestand eines Organismus durch Veränderung oder Übertragung von Genen; diese können aus einem anderen Organismus bzw. einer Zellkultur entnommen oder synthetisch aufgebaut worden sein. Durch genetische Manipulation will man Erbkrankheiten bekämpfen, ertragreiche Nutzpflanzen züchten und solche Mikroorganismen gewinnen, die wertvolle Arzneimittel billig produzieren. Die vielleicht mögliche Anwendung zur Ersetzung defekter Gene oder zur Einbringung zusätzlicher Gene ins Genom nennt man **Gentherapie**.

## 15.1 Methoden der Genmanipulation

Bei Bakterien sind Genübertragungen durch die Vorgänge der Transformation, Transduktion und der Bakterienkonjugation (vgl. 3.1 und 3.2.3 und 7.7) gut bekannt. Bei Eukaryonten erfolgen Genübertragungen durch folgende Prozesse, die teils natürlich sind, teils vom Menschen nachgeahmte natürliche Verfahren sind:

1. *Geschlechtliche Paarung ausgewählter Individuen:* Normalfall der Manipulation; vom Menschen angewandt in den Kreuzungsversuchen (klassische Pflanzen- und Tierzüchtung)
2. *Künstliche Befruchtung* (in-vitro-Befruchtung): bei vielen Tierarten möglich; auch beim Menschen durchführbar
3. *Entwicklung unbefruchteter Eizellen:* in Einzelfällen möglich
4. *Somatische Hybridisierung:* Verschmelzung von zwei Körperzellen und Aufzucht des Fusionsproduktes. Bei Pflanzen konnten auf diesem Weg schon Hybridpflanzen verschiedener Arten gewonnen werden (vgl. 16.1.5); bei Tieren erhält man zwar Kulturen von Hybridzellen (vgl. 11.3), ein vollständiger Organismus entwickelt sich daraus aber nicht.
5. *Transplantation von Kernen aus Körperzellen in entkernte Eizellen und deren Aufzucht:* Grundlage des Klonungsverfahrens für Individuen; bisher nur beim Krallenfrosch erfolgreich (vgl. 7.4).
6. *Transformation* (wie bei Bakterien): bei einigen Pilzen, z.B. Bäckerhefe, gelungen. Eindeutige Erfolge bei höheren Pflanzen und Tieren stehen noch aus.
7. *Genmanipulation durch Genklonung:* Dieses besonders erfolgversprechende Verfahren wird derzeit am intensivsten erforscht (vgl. 15.2).

## 15.2 Genmanipulation durch Genklonung (genetic engineering)

Die Methode der Genklonung ist in Abschnitt 5.4 geschildert. Mit diesen Verfahren konnte die Genetik in den letzten 5 Jahren die wichtigsten Fortschritte erzielen (Erkennung der Genanordnung, der Genstruktur, der Regulationssequenzen usw.). In Bakterienzellen kann fast jede fremde DNA geklont (vermehrt) werden. Nicht klonierbar sind repetitive Sequenzen, weil sie durch bakterielle DNAsen gespalten werden.

Zur Klonung muß die Fremd-DNA zunächst in die Bakterienzelle eingebracht werden. Dies kann, wie in Abschnitt 5.4 dargestellt, über ein Plasmid geschehen, in das die fremde DNA eingebaut wird. Das Plasmid dient also zur Einschleusung der DNA in die Bakterienzelle. Solche Mittel zur Einbringung nennt man **Vektoren**. Neben Plasmiden können als Vektoren auch Phagen benutzt werden, die ins Bakterienchromosom eingebaut werden (lysogene Phagen) sowie Transposon-Sequenzen (vgl. 7.6), aus der Bakterien-DNA.

Als Verfahren der Genmanipulation eignet sich die Genklonung erst dann, wenn die eingeführte DNA auch als genetische Information verwendet, d.h. transkribiert und translatiert wird. Dann nämlich wird es möglich, in Zellen von *E.coli* wertvolle Proteine, beispielsweise Insulin und andere, sehr teure Proteohormone, herzustellen. Bisher ließen sich allerdings erst in wenigen Fällen geklonte Eukaryonten-Gene in *E.coli* zur Aktivität bringen (bis Ende 1978 waren es 6 Gene aus Mensch, Ratte, Maus und Pilzen). Dies hängt mit einer Reihe von Problemen zusammen, die erst allmählich überwunden werden.

Bei der *Transkription* tritt als erste Schwierigkeit auf, daß das eingebrachte Fremd-Gen keinen für *E.coli* erkennbaren Promoterbereich besitzt. Man muß daher einen isolierten oder synthetisch hergestellten Promoter (z.B. den Lac-Promoter) an das Fremd-Gen anbauen. Außerdem enthalten Eukaryonten-Gene Anfangs-Sequenzen, Introns und Terminations-Sequenzen, welche von den *E.coli*-Zellen nicht zu entfernen sind, da es in Prokaryonten das komplizierte RNA-processing der Eukaryonten nicht gibt. Damit man also tatsächlich eine richtige m-RNA erhält, muß man eine DNA-Sequenz herstellen, die der fertigen m-RNA komplementär ist und keine dieser Sequenzen enthält. Dazu sind zwei Wege möglich: Man kann mit Hilfe der m-RNA als Matrize durch die Revertase (vgl. 4.1) eine komplementäre DNA (sogenannte c-DNA) erhalten; oder man kann die DNA auf chemischem Weg synthetisieren. Die Totalsynthese eines Gens (einschließlich der

Regulationssequenzen) für eine t-RNA ist schon vor längerer Zeit gelungen. Für die Genmanipulation dürfte dieser Weg in der Regel ausscheiden, weil er zu langwierig und teuer ist.

Wenn das eingebrachte Fremd-Gen in *E.coli* nun transkribiert wird, so ergeben sich bei der *Translation* der m-RNA weitere Probleme: Der eukaryontischen m-RNA fehlt die spezifische Bindungsstelle (Nukleotidsequenz) für prokaryontische Ribosomen. Diese ist also bei der Herstellung der einzusetzenden DNA mit einzubauen. Eine andere Möglichkeit besteht darin, daß man die eukaryontische DNA in ein Operon von *E.coli* im richtigen Leseraster einsetzt. Weiterhin wird das Protein, das nun in der *E.coli*-Zelle entsteht, von dieser ja nicht gebraucht und oftmals rasch abgebaut. Dies läßt sich verhindern, wenn man das Genprodukt als ein extrazelluläres Protein aus der Bakterienzelle unverzüglich ausschleust. Dies setzt voraus, daß eine von *E.coli* erkennbare Signalsequenz von Aminosäuren vorhanden ist, also ein Präprotein (vgl. 4.6) gebildet wird. Gegebenenfalls muß die dafür erforderliche Nukleotidsequenz der DNA mit eingebaut werden.

Trotz diesen zahlreichen Problemen sind aber, wie erwähnt, einige Gene in *E.coli* erfolgreich zur Aktivität gebracht worden. Die Methode ist für das Beispiel des Ratten-Insulins in Bild 127 zusammengefaßt. Allerdings ist wegen der bisher nur geringen Genaktivität die Ausbeute an Insulin noch sehr schlecht. Eine technische Nutzung zur Herstellung von Insulin auf diesem Wege ist aber für die nächsten Jahre zu erwarten. Nach der gleichen Methode ist mittlerweile auch das menschliche Wachstumshormon (Somatotropin) hergestellt worden.

Viele Labors arbeiten derzeit an weiteren Möglichkeiten der Genmanipulation, vor allem zur Herstellung von Peptid- und Proteohormonen, von Interferon (vgl. 14.6) und von Antikörpern (vgl. 14.5) in Bakterien. In diesen Fällen ist in den nächsten 5 Jahren mit einer praktischen Anwendung zu rechnen. Hefezellen besitzen ebenfalls ein Plasmid (vgl. 5.1). Man versucht deshalb, dieses Plasmid mit einem Plasmid aus *E.coli* zu verschmelzen, so daß das Kombinations-Plasmid sowohl in der Hefe wie in *E.coli* vermehrbar ist. Damit wäre eine Klonung in *E.coli* möglich. Man will dann ein Cellulose-abbauendes Enzym, das in Hefen nicht vorkommt, einsetzen und in Hefen einbringen. Solche Hefen könnten dann erstmals Cellulose abbauen, sie ließen sich für die menschliche Ernährung oder für die Produktion von Ethanol (z.B. als Treibstoff) nutzbar machen.

Die erfolgreiche Einbringung der Gene für die Luft-Stickstoff-Fixierung aus Bakterien oder Blaualgen in höhere Pflanzen würde

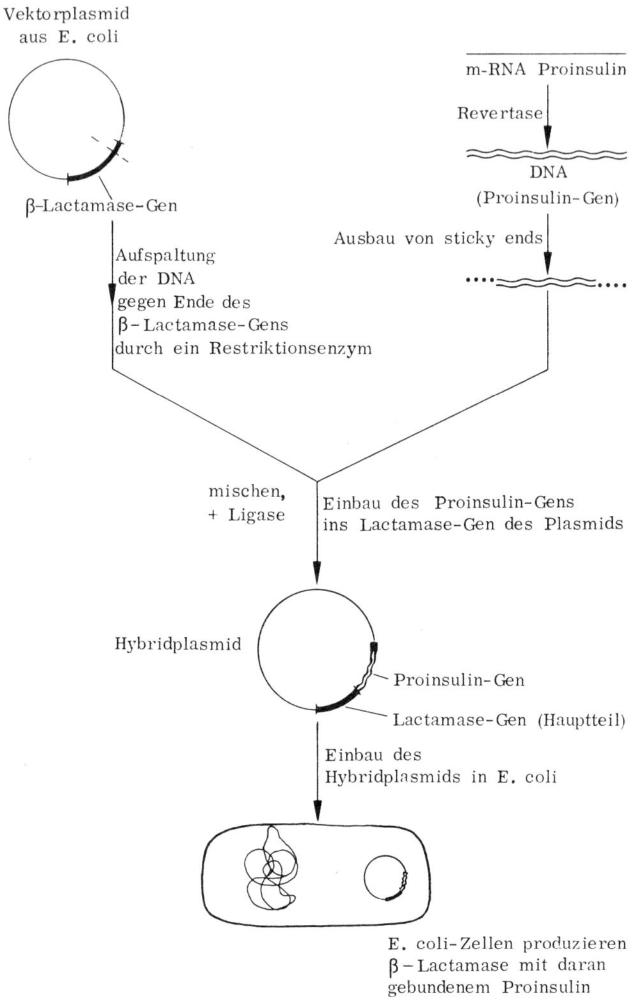


Bild 127: Synthese von Ratten-Proinsulin in *E. coli.* Die Proinsulin-DNA wird so in das β-Lactamase-Gen eingebaut, daß das Leseraster des Triplett-Codes nicht gestört ist. Die β-Lactamase ist ein Protein, das von der *E.-coli-*Zelle nach außen abgegeben wird; daher wird auch das gemeinschaftliche Genprodukt Lactamase-Proinsulin von der Zelle nach außen abgegeben und einem möglichen Abbau in der Zelle entzogen. Aus dem Mischprotein kann man nun das Insulin enzymatisch herausspalten und rein gewinnen

der Kulturpflanzenzüchtung neue Wege eröffnen und das Ernährungsproblem der Menschheit weitgehend lösen, denn wenn die Nutzpflanzen (z.B. Getreide, Kartoffeln) den Stickstoff der Luft verwenden könnten, wäre kaum mehr künstliche Düngung erforderlich. Der am meisten erfolgversprechende Weg führt auch hier über ein Plasmid. Das Bakterium *Agrobacterium tumefaciens* schmarotzt in Blütenpflanzen; es enthält ein Plasmid, das in den Wirtszellen Veränderungen hervorruft, so daß Tumorgewebe entsteht. Aus Einzelzellen dieses pflanzlichen Tumors kann man intakte, gesunde Pflanzen der Wirtsart heranziehen. Diese enthalten die Plasmid-Gene ins Genom eingebaut. Die Gene der Stickstoff-Fixierung lassen sich in das Plasmid von *Agrobacterium* einführen. Sie müßten dann auf dem geschilderten Weg in die höhere Pflanze übergehen. Es ist allerdings völlig offen, ob sie erfolgreich aktiv werden. Weiterhin ist das Enzymsystem der Stickstoff-Fixierung sehr sauerstoffempfindlich und kann daher möglicherweise in der normalen Zelle einer höheren Pflanze gar nicht arbeiten.

Bei Tieren und dem Menschen hofft man Viren als Überträger verwenden zu können. Es gibt verschiedene Viren von Tieren, die ins Genom der Wirtszelle aufgenommen werden (z.B. SV-40-Virus, Polyoma-Virus). Wird in solche Viren Fremd-DNA eingebaut, so gelangt auch diese ins Genom der befallenen Tierzellen. So hat man das β-Globin-Gen der Maus in das SV-40-Virus eingebaut und dann Affen infiziert. In den infizierten Affen-Zellen wird dann Mäuse-β-Globin gebildet. Wenn man nun harmlose Viren als Überträger verwendet, so ließen sich auf diesem Wege auch Erbkrankheiten beim Menschen heilen (z.B. Einbau des Gens für Phenylalaninhydroxylase bei Phenylketonurie-Kranken). Allerdings müßte man sicher sein, daß das eingebaute Gen auch aktiv wird und daß das als Überträger benutzte Virus unschädlich für den Menschen ist.

Eine Grenze dieser Methode liegt darin, daß nur eine begrenzte Menge an DNA übertragbar ist. Auch können nur strukturell zusammenhängende Gene eingebaut werden; der Einbau von Genen für ganze Biosyntheseketten ist also wahrscheinlich nicht möglich. Weitgehend ungeklärt ist ferner die Regulation der Genaktivität bei Eukaryonten. Wenn ein genetischer Defekt aber durch eine Mutation im Regulationssystem verursacht ist, nutzt eine Ersetzung des Strukturgens gar nichts.

Eine Übertragung von Genen kann ferner dadurch gelingen, daß ganze Chromosomen isoliert und dann transplantiert werden. Unter bestimmten Bedingungen gelingt es bei Zellen in der Mitose durch Colchicin-Zufuhr Metaphase-Chromosomen zu erhalten, die sich einzeln oder in kleinen Gruppen mit einer Kernhülle umgeben. Diese »Mikrokerne« können dann durch Zentrifugieren vorsichtig isoliert und in andere Zellen transplantiert werden. Bringt man auf diese Weise ein intaktes Chromosom als Mikrokern in eine Zelle mit Gendefekt auf dem entsprechenden homologen Chromosom, so kann eine gesunde Zelle entstehen, weil das Chromosom mit Defekt durch das transplantierte Chromosom ergänzt oder ersetzt wird.

Wegen der Vielzahl ungelöster Probleme ist eine Anwendung des *genetic engineering* auf den Menschen in der nächsten Zeit nicht zu erwarten. Aber auch wenn die technischen Probleme völlig gelöst wären, blieben die oft in diesem Zusammenhang diskutierten Spekulationen unsinnig. Es wären naturgemäß nur Defekte an einzelnen Genen heilbar, dagegen könnten polygen bedingte Merkmale nicht verändert werden. Allen polygen bedingten Merkmalen – und dazu gehören neben vielen wichtigen Erbkrankheiten auch diejenigen Eigenschaften, die die Persönlichkeit bestimmen – ist nicht beizukommen, solange man die beteiligten Gene und den Mechanismus ihres Zusammenspiels nicht genau kennt. Diese Information ist nur in langwieriger Arbeit der Humangenetik zu gewinnen, weil Experimente am Menschen unzulässig sind. Aber selbst wenn Zahl, Ort und Zusammenspiel der beteiligten Gene bekannt wären, so erwiese sich doch ihre koordinierte Veränderung als praktisch unmöglich.

Gefahren, die von den derzeit praktizierten Methoden des *genetic engineering* ausgehen können, betreffen die
unkontrollierte Übertragung von Resistenzgenen,
Übertragung von Genen, die zu Giftstoffen führen,
Übertragung von Virusgenen, die Mikroorganismen gefährlich machen können. Daher sind für die Durchführung solcher Experimente sehr genaue Vorschriften erlassen worden.

## 15.3 Künstliche Befruchtung

Eine künstliche Befruchtung ist die künstliche Besamung mit Spermien ausgewählter Spender. Diese Methode wird in der Haustierzucht in großem Umfang verwendet. Einer Anwendung beim Menschen stehen neben schwerwiegenden ethischen Bedenken auch praktisch-biologische Überlegungen entgegen: Der Zufall der geschlechtlichen Rekombination kann nicht beseitigt werden; jeder Mensch (auch der Samenspender) besitzt zahlreiche heterozygote Allele, und das Risiko des Auftretens rezessiver

Erbkrankheiten bleibt bestehen; populationsgenetisch gesehen bestünde die Gefahr, daß sich die Variabilität der Bevölkerung verringert.

Die künstliche Befruchtung kann extrauterin durchgeführt werden; dies ist auch beim Menschen möglich. Die ersten Teilungsvorgänge, bis zur Bildung der Blastocyste mit dem Embryonalknoten, finden dann auf Nährmedien in vitro statt. Anschließend ist jedoch eine Implantation in die Uterusschleimhaut erforderlich, eine extrauterine Weiterentwicklung gelingt bisher nicht. Jedem Experiment mit Menschen sind freilich ethische Schranken gesetzt.

## 15.4 Entwicklung unbefruchteter Eizellen

Die Meiose der Oocyten (Ei-Mutterzellen), bei der sich die Eizellen bilden, kann durch vorübergehende Abkühlung unterbunden werden. Dann behält die Zelle ihren doppelten Chromosomensatz und kann sich in manchen Fällen ohne Befruchtung zu einem neuen Lebewesen entwickeln. Dieses muß aufgrund des Chromosomensatzes ein weiblicher Organismus sein. Eine praktische Anwendung ist derzeit allerdings nicht in Sicht; bei Säugern ist die Meiose ein langdauernder Vorgang im Ovar (vgl. 7.5.2); ein Eingriff in der geschilderten Weise ist unmöglich.

## 15.5 Klonung von Individuen

Der bei künstlicher Befruchtung nicht zu umgehende Zufall der sexuellen Rekombination kann beim Verfahren der Klonung von Individuen ausgeschlossen werden. Entsprechende Versuche sind beim Krallenfrosch gelungen (vgl. 7.4). Man hat dabei eine größere Anzahl genotypisch identischer Individuen erhalten. Das Prinzip des Verfahrens besteht darin, daß aus Eizellen der Kern entnommen und dann ein diploider Kern einer Körperzelle des zu klonenden Individuums eingebaut wird. Anschließend läßt man die Eizelle sich normal weiter entwickeln. Wie man bei Säugern vorgehen müßte, zeigt Bild 128. Solche Versuche sind bisher noch nicht gelungen. Jedoch ist in der Zukunft durchaus mit Erfolgen zu rechnen. Eine Klonung wäre bei Nutztieren (z.B. Vieh) vorteilhaft und würde die Züchtungszeit erheblich verkürzen. In der Pflanzenzüchtung benutzt man Methoden der Klonung schon seit einiger Zeit (siehe Abschnitt 16). Die Anwendung beim Menschen

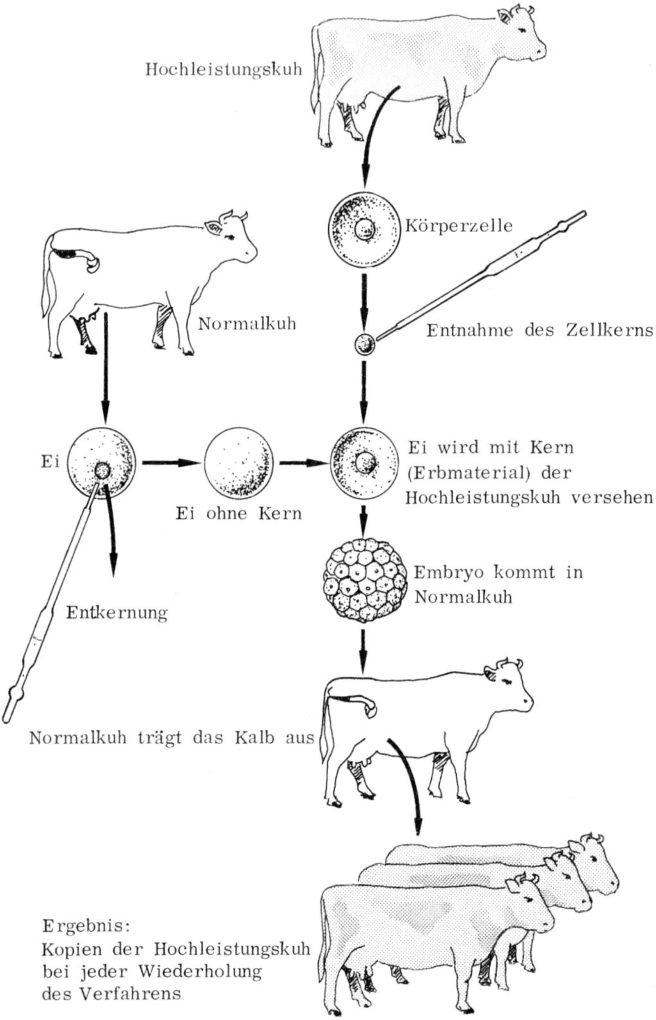


Bild 128: Denkbares Verfahren zur Klonung von Kühen. Aus Körperzellen einer Hochleistungskuh werden Zellkerne entnommen und in entkernte Eizellen anderer Kühe übertragen. Die Eizellen werden dann beliebigen Kühen in den Uterus eingepflanzt und ausgetragen

stößt auf ethische Einwände. Immerhin ist dies die einzige Art der genetischen Manipulation, die sich vermutlich in absehbarer Zeit so weit entwickeln läßt, daß sie in der Hand verantwortungsloser »Gen-Ingenieure« zu einer ethischen Gefahr für den Menschen werden könnte.

## Aufgaben zu Abschnitt 15

1. Wo tritt der Vorgang des Klonens in der Natur auf? Welche Vorteile und Nachteile hat diese Art der Fortpflanzung für die natürliche Population?

2. Wie stellen Sie sich zu folgenden Thesen?
a) »Was für *Escherichia coli* gilt, gilt auch für Elefanten« (Monod).
b) »Es gibt keinen Grund, warum wir nicht imstande sein sollen, neue Erbfaktoren künstlich herzustellen und sie in Lebewesen einzubauen« (Pauling).
c) »Eines Tages wird es möglich sein, die chemische Struktur der Gene gezielt zu verändern, zuerst an Tieren, dann beim Menschen« (Lederberg).
d) »Den Menschen genetisch restlos zu planen bedeutet, ihm die Möglichkeit zum Planen restlos zu nehmen« (Autrum).

# 16. Anwendung der Genetik auf die Pflanzen- und Tierzüchtung

Schon seit vorgeschichtlicher Zeit hat der Mensch Pflanzen in Kultur genommen und Wildtiere zu Haustieren gemacht. In höchsten 10000 Jahren ist dabei aus verhältnismäßig wenig Wildformen die Fülle unserer heutigen Kulturgewächse und Haustiere entstanden. Am Anfang beruhte die Züchtung ausschließlich in einer Auswahl geeigneter, zufällig entstandener Mutanten. Heute hat die Genetik in der Pflanzen- und Tierzüchtung eine umfangreiche praktische Anwendung gefunden und die Lebensmöglichkeiten des Menschen gewaltig gesteigert. Ein einziger Frühmensch als Jäger und Sammler brauchte einen Lebensraum von 20 $km^2$; die gleiche Fläche, mit Kulturpflanzen bebaut, kann heute über 6000 Menschen ernähren. Ohne Pflanzen- und Tierzüchtung hätte sich die Menschheit gar nicht so stark vermehren können. Für die Züchtung der Nutzpflanzen und Haustiere waren bisher vor allem Methoden der klassischen Genetik besonders wichtig: Kreuzung und statistische Häufigkeitsanalyse, Erfassung der genetischen und phänotypischen Variation, Hybridenzüchtung sowie Methoden der künstlichen Variation, Mutationsauslösung und der Auslese. Neuerdings werden in der Pflanzenzüchtung zunehmend Methoden verwendet, die bei der Genetik der Mikroorganismen entwickelt worden sind. Dies ist möglich, weil man Pflanzen aus Einzelzellen regenerieren kann. Man führt die Auslese daher mit Vorteil auf dem Stadium der Einzelzelle durch (Zeitgewinn) und gewinnt dann zahlreiche identische Pflanzen durch Regeneration aus einer Zell- bzw. Gewebskultur. Eine solche Klonung ist bei höheren Tieren bisher nicht möglich (vgl. 15.4).

## 16.1 Pflanzenzüchtung

### 16.1.1 Methoden der Pflanzenzüchtung

**Auslesezüchtung (Selektionszüchtung)**

Bei der Pflanzenzüchtung hat der Mensch von jeher Zuchtwahl getrieben und aus der großen Zahl der vorhandenen Pflanzen immer wieder die ertragreichsten zur Fortpflanzung ausgewählt. Wenn er aus Bohnensamen, die von vielerlei Pflanzen stammen, die größten zur Weiterzucht benützt, um möglichst große Bohnen zu erhalten, so wird er damit im allgemeinen Erfolg haben. Denn was ihm zur Verfügung steht, sind gewöhnlich nicht Pflanzen gleichen Erbguts, sondern ein Gemenge von Nachkommen verschiedener Eltern mit verschiedenen Erbanlagen. Die Variabilität der *Population* ist also nur zum Teil durch Modifikabilität, zum Teil aber durch die unterschiedlichen Erbanlagen bestimmt (vgl. 12.2). Untersucht man ein beliebiges Gemisch von Bohnensamen auf ihr Gewicht, so ergibt sich in der Regel eine Normalverteilungskurve (vgl. Bild 129). Bringt man aber einzelne Bohnen dieses Gemischs zur Vermehrung durch Selbstbefruchtung, so ergeben die Nachkommen ganz verschiedene Variationskurven. Daraus geht hervor, daß das Ausgangsmaterial aus Bohnensorten mit unterschiedlichen erblichen Anlagen in bezug auf das Samengewicht besteht. Die *Population enthält zahlreiche reine Linien,* von denen jede ihre eigene Modifikationsbreite aufweist. Durch wiederholte Auslese ist es möglich, die Erbstämme mit höherem Durchschnittsgewicht von den anderen zu trennen und schließlich bezüglich der ausgelesenen Merkmale reinerbige Bestände, **reine Linien**, abzusondern. Innerhalb der reinen Linie ist dann die weitere Auslese wirkungslos. Dieses Verfahren hat der Mensch als unbewußte Züchtung seit Beginn des Anbaus von Kulturpflanzen durchgeführt.

Bei der **Individualauslese** wählt man Pflanzen mit den günstigen Eigenschaften aus, sät ihre Samen getrennt auf besondere Beete und sorgt dafür, daß diese möglichst gleiche Wachstumsbedingungen haben. Da die Pflanzen eines Beetes von derselben Mutterpflanze abstammen, bleiben bei wiederholter Anwendung dieses Verfahrens reine Linien mit den gewünschten Eigenschaften übrig. Bei Selbstbefruchtern (Bohne, Erbse, Weizen, Gerste) und bei Pflanzen, die man vegetativ vermehrt (Kartoffel), führt dieses Verfahren meist rasch zum Ziel, bei Fremdbefruchtern (Roggen) aber nur, wenn man Geschwisterbefruchtung durchführt.

Bei der **Massenauslese** werden aus einer Population die Individuen mit negativen Eigenschaften entfernt oder solche mit besonders günstigen Eigenschaften ausgewählt und weitergezüchtet.

Eine Neuzüchtung durch Auslese ist bei *Selbstbefruchtern* heute kaum mehr möglich, da die vorhandenen reinen Linien bereits ausgewertet sind. Für die Züchtung von bisher nicht kultivierten Organismen ist das Verfahren aber weiterhin von Bedeutung. Bei der Züchtung höherer Pflanzen mit Selbstbefruchtung spielt vor allem die Auslese von kranken und anfälligen Pflanzen eine Rol-

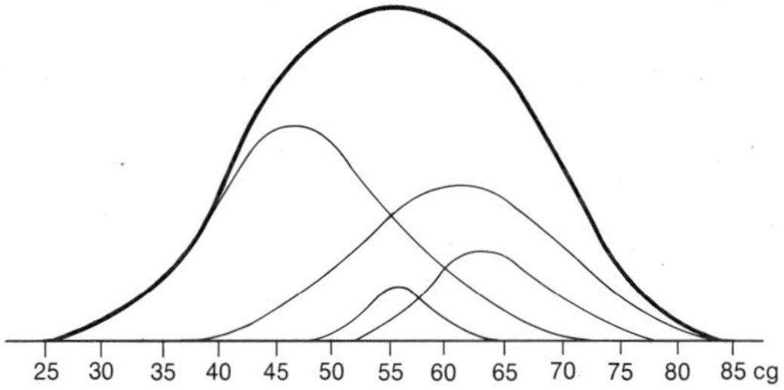


Bild 129: Populationskurve als Summenkurve der Variationskurven von 4 reinen Linien

le; die Auslesezüchtung ist hier **Erhaltungszüchtung**. Entsprechende Verfahren der negativen Auslese sind bei Anwendung aller anderen Züchtungsmethoden notwendig.

Bei *Fremdbefruchtern* werden Heterozygote ausgelesen, die dann wieder aufspalten. Die Auslese ist aber nur nach dem Phänotyp der Mutterpflanze (auf der die Samen reifen) möglich. Um den Einfluß von schlechtem väterlichem Erbgut zu verhindern, muß die Bestäubung gelenkt erfolgen. Dies gelingt leicht bei Pflanzen, deren Wert man schon vor der Blüte erkennt (Zwiebel, Zuckerrübe). Hier werden die Pflanzen geringen Werts vor der Blüte entfernt, so daß sie als Pollenspender ausscheiden. Komplizierter ist das Verfahren z.B. beim Roggen, bei dem die Qualität erst an der Menge und Güte der erhaltenen Körner sichtbar wird. Hier gewinnt man nach künstlicher Bestäubung das Saatgut, baut davon im folgenden Jahr jeweils einige Versuchspflanzen aus jeder Ähre an und behält den Rest zurück. Nach der Kornbildung dieser Versuchspflanzen kann man dann erkennen, welche sich zur Weiterzucht besonders eignen. Man baut im 3. Jahr nun den Rest der Körner der geeignet befundenen Mutterpflanzen an und setzt diese so erhaltenen Pflanzen für die weitere Züchtung in gleicher Weise ein *(Restsaatgut-Methode)*.

**Kombinationszüchtung (Kreuzungszüchtung)**

Bei Auswahl geeigneter unterschiedlicher Genotypen (Rassen oder Sorten) einer Art können durch Kreuzung wertvolle Merkmale beider Eltern in einer neuen Sorte vereinigt werden. Dies ist aus der Anwendung der Mendelschen Regeln für polyhybride Kreuzungen zu ersehen.

Die verwendeten Kreuzungspartner sind zwar in bezug auf die neu zu kombinierenden Merkmale reinerbig, unterscheiden sich aber meist in den Allelen von vielen anderen Genen. Wenn man z.B. beim Weizen eine Sorte mit hoher Frosthärte mit einer Sorte hohen Ertrags kreuzt, so sind die F1-Pflanzen nicht nur bezüglich dieser Merkmale, sondern auch bezüglich vieler anderer heterozygot. Aus der Vielzahl der Aufspaltungen bei Selbstbefruchtung in den weiteren Generationen kann man nun durch Auslese die gewünschte Kombination erhalten. Da für den Anbau der zahlreichen Kombinanten nicht beliebig große Flächen zur Verfügung stehen, muß man ihre Zahl durch geeignete Anwendung von Rückkreuzungen verringern. Eine der Hauptaufgaben der angewandten Züchtungsforschung ist deshalb die Entwicklung von Verfahren, die das Auffinden gewünschter Kombinationen erleichtern.

Der Kombinationszüchtung zur Schaffung leistungsfähigerer Kulturpflanzen (Hochzuchten) sind natürliche Grenzen gesetzt. Einzelne Gene können z.B. mehrere Merkmale kontrollieren und dadurch können negative und positive Eigenschaften gekoppelt sein. Auch können aus physiologischen Gründen beispielsweise Frühkartoffeln nicht auf die gleich hohen Flächenerträge gezüchtet werden wie die weit länger assimilierenden Spätkartoffeln.

Will man bei der Pflanzenzüchtung Gene von einer Art in eine andere Art einbringen und lassen sich die Arten nicht kreuzen, so sucht man nach einer Art, die in der Mitte zwischen beiden steht und sich mit jeder kreuzen läßt. Über diese *Brückenart* lassen sich dann Gene von der einen Ausgangsart in die andere einkreuzen.

Besonders wichtig ist heute auch die Erhöhung der *Resistenz* von Kulturpflanzen. Hierzu müssen aus Wildarten Resistenzgene eingekreuzt werden, die den Kulturformen fehlen. Da sich die Wildarten in sehr vielen Allelen von den Kultursorten unterscheiden, sind sehr komplizierte Kreuzungen und fortlaufende Auslese notwendig.

**Hybridzüchtung (Heterosiszüchtung)**
Während das Ziel der Kombinationszüchtung eine reine Linie mit neukombinierten Merkmalen ist, liefert die Hybridzüchtung F1-Hybriden mit **Heterosis-Effekt**. Diese Erscheinung tritt auf bei der Kreuzung reiner Rassen und beruht auf einer auffallenden Steigerung der Leistungsfähigkeit des F1-Bastards gegenüber dem Elternmittel. Die F1-Hybriden übertragen aber ihre wertvollen Eigenschaften nicht oder nicht in vollem Umfang auf ihre Nachkommen. Die F1-Hybriden (Bastarde) müssen deshalb aus der Kreuzung von zwei Elternsorten (reinen Linien) stets neu hergestellt werden. Die beiden Elternsorten müssen jeweils weitgehend homozygot, aber genetisch voneinander verschieden sein. Heterosis-Wirkungen steigen in der Regel mit zunehmender genetischer Distanz der Elternrassen. Beim Mais hat die Heterosis-Züchtung besonders große Erfolge erzielt; die Hybrid-Mais-Sorten zeigen Ertragssteigerungen bis zu 37% gegenüber den Eltern.

**Mutationszüchtung**
Zur experimentellen Auslösung von Mutationen in der Züchtung verwendet man Röntgen- und Neutronenstrahlen, Kälte- oder Wärmeschocks, sowie mutagene chemische Stoffe (z.B. Ethylimin, Ethylmethansulfonat = EMS), denen vor allem Samen ausgesetzt werden. Nur ein verschwindend kleiner Bruchteil der erzeugten Mutationen ist für die Weiterzüchtung erfolgversprechend. Weitaus die meisten Mutanten sind defekt.

**Polyploidiezüchtung.** Viele der heutigen Kulturpflanzen sind polyploid gegenüber ihren wilden Stammformen. Dies läßt darauf schließen, daß der Mensch bei der jahrtausendelangen Auslese zufällig auch auf natürlich entstandene polyploide Formen gestoßen ist und diese wegen ihrer größeren Organe weitergezüchtet hat. Man spricht von *Gigaswuchs.* Er ist in der Regel nicht durch eine vermehrte Zellenzahl, sondern durch Vergrößerung der Zellen verursacht. Eine Verdopplung der Chromosomenzahl führt oft zu einer ungefähren Verdopplung des Zellvolumens. Die Mutationszüchtung hat ebenfalls Methoden, polyploide Formen zu erzeugen. Dazu dient Colchicin, ein Alkaloid der Herbstzeitlose. Dieses stört die Ausbildung der Spindelfasern bei der Mitose; die sich voneinander trennenden Chromatiden wandern nicht an die entgegengesetzten Pole der sich teilenden Zelle, sondern bleiben nebeneinander liegen und werden in einen Kern eingeschlossen. Die Querwandbildung unterbleibt, so daß eine Zelle mit nunmehr doppelter Chromosomenzahl entstanden ist. Alle von dieser Zelle abstammenden Zellen weisen dann auch diese Chromosomendoppelung auf.

Bei der Zuckerrübe liefern triploide Formen den höchsten Zuckerertrag. Sie sind jedoch steril, können also nicht direkt vermehrt werden. Zur Zucht sät man daher Gemische von diploiden und tetraploiden Samen aus, so daß häufige Bastardierung eintritt und das Versuchsfeld ein Gemisch von diploiden, triploiden und tetraploiden Samen liefert. Dieses Gemisch liefert man den Bauern; der Zuckerertrag wird auf solche Weise höher als wenn man nur Diploide oder Tetraploide anbaute.

**Allopolyploidie-Züchtung.** Verschiedene wichtige Kulturpflanzen sind Allopolyploide (vgl. Abschnitt 10.4), enthalten also die Genome von mindestens zwei verschiedenen Stammarten. Beim Weizen mit $n = 21$ stammen die Chromosomen sogar von drei verschiedenen Wildarten mit je $n = 7$ Chromosomen. Die Züchtung stellt ebenfalls solche Allopolyploid-Bastarde her, die man auch als »synthetische Arten« bezeichnet. Bei dieser Züchtung geht man folgendermaßen vor: Man kreuzt die in Frage kommenden Elternarten. In der Regel wird der Bastard steril sein, weil bei der Meiose Störungen auftreten. Nun wird der Vegetationskegel des Bastards durch Colchicinbehandlung polyploidisiert. Dann hat bei der Reduktionsteilung während der Pollen- und Eizellenbildung jedes Chromosom einen Partner. So sind auf künstlichem Wege der Weizenroggen, der Rettichkohl und viele andere neuartigen Kulturpflanzen entstanden.

**Züchtung höherer Pflanzen durch Verwendung von Einzelzellen**

In den letzten Jahren wurden verschiedene neuartige Verfahren in die Pflanzenzüchtung eingeführt. Der Vorteil der **Haploidenzüchtung** und die Methoden zur Gewinnung haploider Pflanzen wurden schon im Abschnitt 10.4 geschildert. Eine wichtige Methode zur Vermehrung der Haploiden ist die Aufzucht von Pflanzen aus **Protoplasten**; sie sind nackte, zellwandlose Pflanzenzellen (vgl. 7.4), die sich bei vielen Arten leicht aus Blattgewebe gewinnen lassen. Bei zahlreichen Arten sind aus Protoplasten mit Hilfe geeigneter Nährmedien unter sterilen Bedingungen vollständige Pflanzen herangezogen worden. Man kann daher die Verfahren der Auslese-, Mutations- und Hybridzüchtung auch bei Protoplasten – also auf der Ebene der einzelnen Zelle – anwenden und dann die geeigneten Zellen zu Pflanzen aufziehen. Werden die Züchtungsverfahren an Protoplasten haploider Pflanzen ausgeführt und diploidisiert man dann durch Colchicin die entstehenden jungen Pflänzchen, so erhält man vollständig homozygote Individuen. Dies ist ein Zuchtziel, das der Züchter auf klassischem Weg praktisch nie erreicht.

**Auslesezüchtung.** Man läßt auf Protoplasten, bzw. Zellkulturen von Nutzpflanzen die Gifte von Krankheitserregern (z.B. von Pilzen) einwirken und selektioniert die resistenten Zellen. Sie werden dann zu Pflanzen aufgezogen, die als Stammformen krankheitsfester Sorten dienen sollen.

**Mutationszüchtung.** In Zellkulturen lassen sich Mutationen erzeugen, indem man die von der Mikroben-Genetik her bekannten Verfahren der Mutationsauslösung benützt. Dann wählt man die für irgendein spezifisches Zuchtziel vorteilhaften Mutanten mit Hilfe der Stempeltechnik und selektiver Nährböden aus. Die wenigen geeigneten Mutanten werden vermehrt; man stellt Gewebekulturen her und gewinnt aus diesen gleichzeitig viele Pflanzen, die genetisch gleich sind. So sind Versuche zur Anpassung von Tabak an salzhaltige Böden erfolgreich verlaufen. Man hat salztolerierende Tabakzellen in salzhaltigen Nährmedien ausgelesen, in denen die nicht salztolerierenden Zellen zugrunde gehen. Bei der Aufzucht der Pflanzen aus diesen Zellen blieb die erhöhte Salztoleranz erhalten.

**Hybridzüchtung.** Bei der Hybridzüchtung auf der Stufe der Einzelzellen wird nicht der Heterosis-Effekt genutzt, sondern die Möglichkeit zur Gewinnung solcher Hybriden, die man durch normale Kreuzung nicht erhalten kann. Ebenso wie bei tierischen Zellen eine Herstellung von **somatischen Hybriden** möglich ist (vgl. Abschnitt 11.3), gelingt dies auch mit Protoplasten. Im Unterschied zu den tierischen Hybridzellen, welche stets Einzelzellen bleiben, erhält man aus pflanzlichen Hybridprotoplasten Gewebekulturen, und aus diesen in manchen Fällen Hybridpflanzen. Dies gelang zuerst mit Hybridprotoplasten von zwei verschiedenen Tabaksorten.

Um die Entstehung somatischer Hybriden durch Verschmelzung von Protoplasten zweier Tabakvarietäten nachzuweisen, benutzte man zwei verschiedene homozygot lichtempfindliche Mutanten ss und vv. Diese Mutanten tragen in verschiedenen Chromosomen jeweils eine Mutation (s bzw. v), die dazu führt, daß die Pflanzen bei hoher Lichtintensität nicht wachsen können. Aus ss-Pflanzen und aus vv-Pflanzen werden Pollen gewonnen und aus diesen haploide Pflanzen durch Pollenübertragung. Aus den Samen keimen dann in F 1 sv-Pflanzen; sie sind phänotypisch normal, weil beide mutierte Allele rezessiv sind. Die aus den Pollen gezüchteten haploiden s- und v-Pflanzen müssen hingegen bei Schwachlicht gehalten werden, sonst kümmern sie oder gehen zugrunde. Aus ihren Blättern gewinnt man Protoplasten und versucht diese zur Verschmelzung zu bringen. Wenn dabei entstehende Hybrid-Protoplasten s + v einen Kallus bilden und daraus Pflanzen herauswachsen, so müssen diese »somatische Hybriden« sein. Sie können bei Starklicht ebenso wachsen wie die genetischen F 1-Hybriden. Hingegen werden aus nicht verschmelzenden haploiden und aus der Verschmelzung zweier s- oder zweier v-Protoplasten entstehende Formen unter Starklicht nicht wachsen. Mittels Starklicht können deshalb somatische Hybriden ausgelesen werden. – Auch von vielen anderen Kulturarten kennt man lichtempfindliche Mutanten, so daß sich somatische Hybriden auslesen lassen.

Mittlerweile gelang auch die Herstellung somatischer Hybrid-Pflanzen von Tomate und Kartoffel (»Tomtoffel«). Allerdings darf man nicht erwarten, damit nun eine besonders vorteilhafte Kulturpflanze zu bekommen, denn die Stoffproduktion durch Assimilation der gegebenen Blattfläche ist ja nicht größer als bei den Eltern, wird aber hier auf Früchte und auf Speicherknollen verteilt. Schließlich glückte sogar die somatische Hybridisierung von zwei sehr unterschiedlichen Kreuzblütlern, *Arabidopsis* und Rübsen *(Brassica rapa)*. Dies beweist, daß zumindest in manchen Fällen auch entfernt verwandte Arten erfolgreich somatisch hybridisiert werden können.

Die Methode der somatischen Hybridisierung unterscheidet sich von den in der Genetik üblichen Methoden mit Mikroorganismen nur durch wesentlich höheren Zeitbedarf. Die Zellteilungen der Protoplasten erfolgen viel langsamer als die Generationenfolge bei Bakterien und mikroskopischen Pilzen; entsprechend länger dauert die Mutantenauswahl. Dennoch sind die Zuchtziele viel rascher und auf viel kleinerem Raum zu erreichen als mit den Methoden der klassischen Pflanzenzüchtung.

### 16.1.2 Zuchtziele der Pflanzenzüchtung

**Merkmale von Kulturpflanzen.** Die Richtung der Auslese ist seit Jahrtausenden die gleiche geblieben und verläuft bei vielen Kulturpflanzen parallel, d. h. sie zeigen gegenüber ihren wilden Stammformen gleichartige Veränderungen. Man kann diese als typische Kulturpflanzenmerkmale bezeichnen. Solche sind Bildung größerer Organe (Gigaswuchs), Verlust von Bitterstoffen (Gemüse, Salat, Lupine) oder Dornen (Obstbäume), Verlust der Verbreitungseinrichtungen (reife Hülsen von Bohnen, Erbsen, Lupinen sowie reife Kapseln vom Mohn platzen nicht mehr auf; unterirdische Ausläufer bei Kartoffeln sind kurz und bilden ein leicht auszugrabendes Nest von Knollen), kürzere Entwicklungszeit und gleichmäßige Entwicklung der einzelnen Pflanzen bis zu gleichzeitiger Reife.
**Zuchtziele.** Weitaus am wichtigsten ist natürlich die Ertragssteigerung.
Die Zunahme des Kornertrags sei am Beispiel des Weizens aufgezeigt. Vor 200 Jahren lag der Kornertrag bei 7 Doppelzentnern je Hektar, vor 100 Jahren bei 16 dz, vor 50 Jahren bei 30 dz und 1975 bei 45 dz. Ähnlich steil verlief die Hektarertragskurve bei Mais, Reis und Gerste; in den letzten 15 Jahren stieg der Hektarertrag um 50%.

An dieser Steigerung der unsrer Ernährung dienenden Pflanzenproduktion sind allerdings die Forschungsergebnisse mehrerer Wissenschaftsgebiete beteiligt. Außer der Genetik sind dies Pflanzenernährungsforschung und Pflanzenschutz.

Neben der Ertragssteigerung und der Resistenz gegen Pflanzenkrankheiten zielt die Züchtung vor allem auf eine Verbesserung der Qualität: höherer Eiweiß- und Fettgehalt, höhere Wertigkeit des Eiweißes, Steigerung der Backfähigkeit oder des Vitamingehaltes, Verbesserung des Geschmacks oder der Haltbarkeit. Die heutigen Züchtungsziele berücksichtigen zudem die Verwendung rationeller Arbeitsverfahren, d. h. Arbeitskräfte sparende und maschinell zu bewältigende Anbau- und Ernteverfahren: standfeste Getreidesorten mit fester Ährenspindel für den Mähdrusch; gleichzeitige Körnerreife und gleiche Kolbenhöhe zur maschinellen Ernte beim Mais; Unempfindlichkeit der Kartoffelknolle gegen Verletzung bei maschineller Ernte; einsamige Früchte bei der Zuckerrübe, um das Ausjäten nebeneinander aufgehender Keimlinge überflüssig zu machen und maschinell ernten zu können; Buschbäume im Obstbau zur leichteren Pflege und Ernte. Von großer Bedeutung ist heute auch der Anbau wertvoller Kulturpflanzen in Ländern, in denen sie bisher nicht vorkamen. Hier muß die Züchtung durch Anbauversuche und Kreuzungen verschiedenster Sorten Ökotypen gewinnen, die unter den neuen Klima- und Bodenverhältnissen wirtschaftlich befriedigende Erträge liefern.

Ein Beispiel für die züchterischen Bemühungen um die Verbesserung der Qualität des Ernteguts liefern die Versuche zu Erhöhung der biologischen Wertigkeit des Eiweißes in Getreide und Futtergräsern. Deren Eiweiß kann nicht voll ausgenützt werden, weil die Aminosäure Lysin nur in geringer Menge vorliegt. Mensch und Tier können aus pflanzlichem Nahrungseiweiß nur so viel körpereigenes Eiweiß aufbauen, als die im Minimum vorliegende essentielle Aminosäure zuläßt. Die Züchtung müht sich deshalb, den Lysingehalt bei Weizen, Gerste, Mais und Futtergräsern zu erhöhen.

**Züchtung von Mikroorganismen.** Bei Bakterien konnten infolge ihrer raschen Generationenfolge und der heute schon recht guten Kenntnis ihrer molekularen Genetik innerhalb kurzer Zeit viele nützliche Stämme (z.B. für Antibiotikaproduktion, immunologische Forschung) gewonnen werden. Viele andere von Menschen, zum Teil erst in jüngster Zeit, in Nutzung genommene Mikroorganismen (Algen, Pilze) sind noch Wildformen. Aber auch bei ihnen wird eine ständige Auswahl in Richtung auf höhere Leistungsfähigkeit getroffen. Bei den Hefen geschah dies ohne bewußte Züchtung schon seit vorgeschichtlicher Zeit.

**Klon:** *Gruppe erbgleicher Individuen, die von einem einzigen Mutterorganismus abstammen.*
**Heterosis:** *Leistungssteigerung in der F1-Generation bei Kreuzung zweier nicht erbgleicher Elternindividuen.*
**Reine Linie:** *Population nahezu homozygoter Individuen; sie entsteht durch langdauernde Inzucht.*

## 16.2 Tierzüchtung

### 16.2.1 Geschichte und Methoden der Tierzüchtung

Haustiere werden zur Nutzung und aus Liebhaberei gehalten. Von etwa 6000 wildlebenden Säugern wurden nur etwa 20 Arten domestiziert; von den 9000 wildlebenden Vogelarten haben lediglich Huhn, Ente, Gans, Taube und Truthahn als Haustiere Bedeutung erlangt. Die Haustiere stammen meist von gesellig lebenden

Wildformen ab, weil diese sich leichter domestizieren lassen als einzeln lebende Tierarten. Die Hauptaufgabe der Tierhaltung ist die Versorgung mit Nahrungsmitteln und Stoffen zur Bekleidung (Wolle, Felle und Leder). Durch planmäßige Züchtung steigert man die Leistungsfähigkeit der Tiere für die von uns gewünschten Produkte.

Die Ziele der Züchtung sind nur näherungsweise erreichbar, auch treten ständig neue Gesichtspunkte in den Mittelpunkt der Züchtung und andere verlieren an Wichtigkeit. So hat z.B. das Haustier seine Bedeutung als Zugtier (Rind, Pferd, Hund) weitgehend verloren. Andererseits muß die Züchtung heute der starken Automatisierung der Tierhaltung in Großbeständen Rechnung tragen. Solche intensiven Haltungsformen zur Minderung der Arbeitskosten und die Anpassung der Haustiere an sie entstehen unter dem Zwang, die Preise für die Tierprodukte so niedrig wie möglich zu halten. Züchtung hört deshalb nie auf. Soweit Züchtung nur auf eine einzelne Nutzleistung hin erfolgt, entstehen besondere Rassen (z.B. Fleischrasse oder Milchrasse).

**Tabelle 32: Abstammung und Alter einiger Haustiere**

| Europäische Kulturform | Wildform | Mindestalter der Kulturform |
|---|---|---|
| Hund | Wolf | mehr als 8000 Jahre |
| Rind | Ur (Auerochs) | 8000 Jahre |
| Schwein | Wildschwein | 8000 Jahre |
| Pferd | Wildpferd | 8000 Jahre |
| Schaf | Wildschaf | 8000 Jahre |
| Ziege | Bezoar-Ziege | 9000 Jahre |
| Huhn | Indisches Wildhuhn | 8000 Jahre |
| Gans | Graugans | 3000 Jahre |
| Ente | Stockente | 3000 Jahre |
| Kaninchen | Wildkaninchen | 2000 Jahre |

Nach Rensch dauert die Herausbildung einer neuen Art bei wildlebenden Säugern etwa 100 000 bis 1 Mio Jahre. Man kann für die Bildung einer neuen Rasse etwa 50 000 Jahre oder mehr ansetzen. Vergleicht man damit den Zeitraum für die Entstehung der zahlreichen Kulturrassen, wird die außerordentliche Beschleunigung der Artumbildung durch *Domestikation* (Wegfall der stabilisierenden Selektion) und *Züchtung* (gezielte Auslese und Kreuzung auf gewünschte Eigenschaften hin) deutlich.

Auch der Tierzüchter arbeitet mit Auslese (Zuchtwahl) und Kreuzung; außerdem benützt er in großem Umfang die Erkenntnisse der Populationsgenetik.

Im Vordergrund steht nicht mehr das Einzeltier als Züchtungsobjekt, vielmehr wird die gesamte Population in die Züchtungspläne einbezogen. Durch künstliche Besamung kann ja von einem einzigen Vatertier eine große Zahl Nachkommen erhalten und in die Untersuchung einbezogen werden. Die Massentierhaltung beim Huhn ermöglicht sogar eine konsequente Anwendung der Populationsgenetik, wodurch die durchschnittliche Jahreslegeleistung wesentlich erhöht wurde; sie liegt heute bei 250 Eiern. Früher war man bestrebt, einzelne Eigenschaften des Haustiers wie Fleischgewicht oder Milchmenge zu erhöhen. Heute ist es das Ziel der Züchtung, die erwarteten Leistungen des Tieres möglichst rationell zu erhalten. Für die Wirtschaftlichkeit der Tierproduktion sind die Arbeits- und Stallkosten von erheblicher Bedeutung geworden. So müssen für die Hybridzüchtung zur Nutzung des Heterosis-Effekts zwei Reinzuchtlinien getrennt gehalten werden. Die Hybriden sind die Nutztiere, die Reinerbigen die Zuchttiere. Durch **Gebrauchskreuzung** werden jeweils die Nutztiere gewonnen. Die Kombinationszüchtung wird bei den Tierzüchtern auch **Verdrängungskreuzung** genannt, da sie in der Regel dazu dient, unerwünschte Merkmale durch erwünschte zu ersetzen. Im Bereich der Erhaltungszüchtung sind **Inzuchtverfahren** bei Tieren besonders wichtig.

Eine Reihe technischer Neuerungen hat die Ergebnisse der modernen Tierzüchtung ebenfalls verbessert: Die Tiefkühllagerung von Rinderspermien ermöglicht eine weitere Steigerung der Nachkommenzahlen von wertvollen Bullen. Der jährliche genetische Fortschritt in der Milchleistung wird mit 1–2% veranschlagt.

Durch Zentrifugieren werden die Spermien mit X- und mit Y-Geschlechtschromosom voneinander getrennt. Diese Methode liefert bisher eine Erhöhung der Geburtsrate des gewünschten Geschlechts auf etwa 70%. Eine weitere Verbesserung der Technik läßt bald 90% erwarten.

Durch die künstliche Bebrütung der Hühnereier wirkt sich der Verlust des Brutinstinkts bei den heutigen Legerassen nicht aus. Die Ultraschall-Dickenmessung des Rückenspecks bei Schweinen gestattet die Selektion lebender Tiere auf Fettarmut, während man früher auf die Untersuchung geschlachteter Tiere warten mußte.

In Amerika gelang nach langen Versuchen als wichtigster Erfolg der Haustierzüchtung des letzten Jahrzehnts die Kreuzung von Bison und Rind zum »Beefalo«. Von 1973–1976 wurden bereits 500000 Tiere gezüchtet. Das Beefalo wächst doppelt so schnell wie das Rind, benötigt als Futter nur Steppengräser und besitzt ein mageres Fleisch.

### 16.2.2 Zuchtziele der Tierzüchtung

Auch die Erfolge der Haustierzüchtung sind ein wichtiger Beitrag für die Bewältigung der Ernährungsprobleme der Menschheit. Der Hauptnutzen der Haustiere liegt heute in der Nahrungsproduktion, ihre Bedeutung als Arbeitstiere und als Lieferanten von Kleidung nimmt mit der Ausbreitung von Motorfahrzeugen, von Kunstfasern und Kunstleder ab. In Wohlstandsgesellschaften werden die Tiere dagegen auch Freizeitgefährten des Menschen. 300 Hunderassen spiegeln die unterschiedlichen Ansprüche des Menschen an ein Tier, das ursprünglich nur Jagd- und Wächterfunktion hatte.

Nahrungsmittel tierischer Herkunft verbessern die Qualität der menschlichen Nahrung durch ihren Gehalt an essentiellen Aminosäuren. Die Zusammensetzung einer biologisch hochwertigen Nahrung aus rein pflanzlichen Quellen ist zwar möglich, oft jedoch umständlich zusammenzustellen, um die Zufuhr aller für den Körper lebensnotwendigen Stoffe zu sichern. Andererseits ist der Anbau von Pflanzen für die menschliche Ernährung weit ökonomischer als der von Futterpflanzen, weil die Umwandlung des Futters in tierische Nahrungsmittel mit hohen Verlusten an Energie und Nährstoffen verbunden ist. Die Bruttoenergie des Futters wird nur zu folgenden Teilen zur Erzeugung tierischer Nahrungsmittel ausgenützt: Schweinefleisch 20%, Rindfleisch 4%, Milch 15%, Geflügelfleisch 5%, Eier 7%. Viele Gebiete können allerdings nur durch Haustiere wirtschaftlich genutzt werden, weil Nahrungspflanzen dort nicht anzubauen sind (Gebirgsweiden, Steppen, Halbwüsten).

In Mitteleuropa ist die **Rinderzucht** der weitaus wichtigste Zweig der landwirtschaftlichen Tierhaltung. Rund 45% der Verkaufserlöse der Landwirtschaft entfallen auf Milch und Fleisch vom Rind. Obwohl die Zahl der Rinderhalter stark abnahm, ist die Gesamtzahl der Rinder durch Vergrößerung der einzelnen Bestände etwa gleich geblieben (15 Mio Rinder in der Bundesrepublik Deutschland).

Zuchtziele beim Rind: Hohe Milchmenge, hoher Fett- und Eiweißgehalt der Milch, rasches Wachstum, hoher Fleischanteil am Schlachtkörper, unkomplizierte Geburt.

Von großer Bedeutung ist auch die Fleischerzeugung durch **Schweinezucht**. In der Bundesrepublik Deutschland werden jährlich etwa 30 Mio Schweine geschlachtet, so daß 25% der Einnahmen in der Landwirtschaft aus der Schweinehaltung stammen. Das Schwein ist Abfallverwerter und wird deshalb auch in Betrieben gehalten, die keine landwirtschaftliche Fläche als Futtergrundlage haben. Das heutige deutsche Landschwein besitzt 4 Rippen mehr als das Hausschwein vor dem Kriege.

Zuchtziele: Hoher Fleisch-, geringer Fettanteil im Schlachtkörper, hohe Ferkelzahl, gute Futterverwertung, rasche Gewichtszunahme.

Bei der **Schafzucht** steht die Fleischerzeugung an erster Stelle. Auf sie fallen 90% der Einnahmen aus der Schafhaltung (1 Million Schafe in der Bundesrepublik Deutschland). In die restlichen 10% teilen sich Wolle, Felle und Milch. In einigen Gebieten sind Schafe Helfer des Naturschutzes bei der Erhaltung wertvoller Biotope (z. B. Trockenrasen der Schwäb. Alb, Heideflächen der Lüneburger Heide, Weidegebiete der Alpen). Ohne Schafbeweidung käme es dort zur Verbuschung und schließlich zur Bewaldung.

Zuchtziele: Hohe Lämmerzahl, gute Ammeneigenschaften des Mutterschafes, hoher Fleischanteil im Schlachtkörper, rasche Gewichtszunahme.

Die **Ziegenzucht** geht in Deutschland seit 20 Jahren ständig zurück. Andrerseits lassen sich viele Gebiete in den Mittelmeerländern nur durch Ziegenhaltung rentabel bewirtschaften. Die Ziege liefert zwischen 1000 und 2000 l Milch im Jahr, die vor allem zur Käseherstellung und in der Säuglingsnahrung als besonders geeigneter Ersatz für Muttermilch verwendet wird.

Vom Rückgang der **Pferdezucht** ist vor allem der schwere Kaltblut-Typ (Züchtung auf Zugleistung) betroffen. Die 300000 Pferde in der Bundesrepublik Deutschland gehören meist dem Warmblut-Typ bzw. Vollblut-Typ an (Züchtung auf Geschwindigkeit: Reitpferde, Traber).

Einen starken Aufschwung nahm die **Geflügelzucht.** Je Kopf der Bevölkerung beträgt der jährliche Verbrauch etwa 300 Eier und 10 kg Geflügelfleisch. Für die Legehennenhaltung werden zur bestmöglichen Ausnützung des Heterosis-Effekts Doppelhybriden gezüchtet. Aus zwei Inzuchtlinien wird eine Einfachkreuzung gewonnen und dann mit einer anderen Einfachkreuzung kombiniert: Doppelkreuzung. Züchtungsziele beim Geflügel: Erhöhung von Eizahl, Eigewicht, Eiqualität, Schalenfestigkeit, Krankheitsresistenz und Schlupf (Prozentsatz der Bruteier, aus denen Küken schlüpfen).

# Aufgaben zu Abschnitt 16

1. Welche Nutzpflanzen lassen sich vegetativ vermehren? Gliedern Sie sie nach der Art der Vermehrungsorgane.

2. Warum können hochgezüchtete Kulturpflanzen in der Natur nicht selbständig existieren?

3. Sortenkreuzungen werden im allgemeinen reziprok durchgeführt. Warum ist es zweckmäßig jede der beiden als Mutter zu verwenden?

4. Die Inzucht, d.h. die erzwungene Selbstbestäubung von natürlicherweise Fremdbestäubern, führt oftmals zu lebensschwachen Individuen (Inzuchtdepression). Wie erklärt sich das? Lassen sich durch Inzucht auch lebensstarke, gesunde Sorten gewinnen?

5. Bei den als Stammformen unserer Getreidearten bekanntgewordenen Wildgräsern ist die Spindel der reifen Ähre leicht zerbrechlich. Warum ist diese Eigenschaft für Wildpflanzen nützlich, für Getreide dagegen nachteilig?

6. Können somatische Mutationen, die nur einzelne Körperteile betreffen und sich nicht auf die Keimzellen auswirken, für die Pflanzen- und Tierzucht von Bedeutung sein?

7. Die Forstwirtschaft macht häufig Anbauversuche mit wertvollen fremdländischen Baumarten, dagegen ist die Züchtung von Forstpflanzen vergleichsweise schwierig. Warum?

8. Viele Wildpflanzenpopulationen haben eine hohe genetische Variabilität. Welche biologische Bedeutung hat dies? Manche Kulturpflanzensorten (Kartoffel, Kaffee) gehören zu einem Klon. Warum?

# Antworten und Lösungen zu den Aufgaben

## Abschnitt 2 und 3

1. Vgl. Abschnitt 2

2. Die überraschende Ähnlichkeit der Organismen auf Zellebene deutet *a* auf gemeinsamen Ursprung, *b* auf gleichartigen Ablauf zahlreicher Lebenserscheinungen.

3. Stoffaustausch – Energieaustausch – Stoffwechsel – Teilung – Weitergabe der Erbinformation

4. $\frac{\text{Erd-Masse}}{\text{Bakt.-Masse}} = \frac{6 \cdot 10^{21} \cdot 10^{3} \cdot 10^{3} \cdot 10^{3}\ \text{mg}}{2 \cdot 10^{-9}\ \text{mg}} = 3 \cdot 10^{39}$. Um die Masse der Erde zu erreichen, muß sich die Bakterienmasse x mal verdoppeln, dann ist $2^x = 3 \cdot 10^{39}$, $\lg 2^x = \lg 3 \cdot 10^{39}$ und $x \cdot \lg 2 = \lg 3 + \lg 10^{39}$; $x \cdot 0{,}30103 = 0{,}47712 + 39$ und $x = 131{,}15$. Die dazu nötige Zeit ist $131{,}15 \cdot 20$ min $= 43{,}7$ Stunden.

5. Vgl. Abschnitt 3.

6. Der Pneumokokken-Versuch – Der Phagenversuch, wonach nur Virus-DNA zur Virusvermehrung führt – Die quantitative DNA-Bestimmung in Körperzellen und Geschlechtszellen (diese enthalten nur die halbe DNA-Menge der Körperzellen) bestätigt diese Versuche.

7. $4 \cdot 10^9$ Nukleotidpaare werden in 1200 sec verknüpft, somit in 1 sec $4 \cdot 10^9/1200 = 3333$ Nukleotidpaare.

8. So können die neuen Stränge leicht an den alten aufgebaut werden; auch kann die m-RNA so leichter als komplementärer Strang gebildet werden. Allgemein ist die lineare Anordnung von Information die einfachste (s. Schrift). – Bei der quantitativen Analyse der DNA ist die Menge an A immer gleich der Menge an T und die an G immer gleich der Menge an C.

9. Vgl. Abschnitt 1 und 3. Doppelsträngige Moleküle sind stabiler, Replikation und Reparatur sind leichter auszuführen als bei einsträngigen Molekülen.

**Abschnitt 4**

1. Herstellen künstlicher m-RNA, die jeweils nur eine einzige Base enthält (z. B. AAA . . .). Kommt die m-RNA in ein zellfreies System mit Ribosomen, allen t-RNA, Enzymen, ATP und allen 20 Aminosäuren, dann entsteht ein Polypeptid nur aus solchen Aminosäuren, deren Codonen in der m-RNA vorliegen. Eine m-RNA mit AAA-Tripletts baut nur eine Lysinkette.

2. Verändert man ein Nukleotid (etwa durch Salpetrige Säure), so wird bei nicht überlappendem Code nur eine Aminosäure in der Kette verändert. Bei überlappendem Code muß das Nukleotid an der Codierung von mindestens zwei Aminosäuren beteiligt sein.

3. Der Code ist in der Evolution wahrscheinlich in Verbindung mit den ersten Lebensformen entstanden. Er blieb anderen, möglicherweise auch aufgetretenen Codeformen überlegen oder er ist überhaupt der einzig mögliche oder er blieb zufällig als einziger während der Evolution erhalten.

4. Für die gleiche Aminosäure gibt es meist mehrere codierende Tripletts; das dritte Nukleotid des Tripletts ist meist unspezifisch; für die gleiche Aminosäure kann es außerdem mehrere t-RNA-Arten geben.

5. a Tryptophan und Methionin, b Serin, Leucin und Arginin, c Wird das dritte Nukleotid im Triplett geändert, so wird trotzdem die richtige Aminosäure eingebaut; die Mutation – sonst meist schädlich – wirkt sich dann in der Regel gar nicht aus, d $4^3 = 64$, 61.

6. Es muß enthalten: Aminosäuren, Ribosomen, ATP, tRNA, mRNA, Aminosäure-tRNA-Synthetasen, »Faktoren« der Proteinsynthese aus dem Cytoplasma.

7. Vgl. Abschnitt 4

8. Zuerst in der Ribosomenfraktion, wenn Proteine synthetisiert werden, dann im Cytoplasma (fertiggestelle Proteine). Zellkerne bleiben zunächst frei von Radioaktivität.

9. Mit Start- und Endcodon sind 378 – 1 Zwischenräume zu berücksichtigen. In der Regel sind sowohl die Gene wie die entsprechenden m-RNA-Moleküle länger, da sie auch Zwischenstücke enthalten, die nicht abgelesen, d. h. nicht in Aminosäuresequenzen übersetzt werden.

10. Start und Ende der m-RNA-Synthese an der DNA. – Startcodon auf der m-RNA in Nähe des 5'-Endes, Terminationscodon (in der Regel mehrere hintereinander) auf der m-RNA, in Nähe des 3'-Endes. Bei Bakterien können mehrere Gene in eine m-RNA transkribiert werden, dann folgt auf der m-RNA hinter den Terminationscodons ein spacer-Stück, danach wieder ein Startcodon usw.

11. Der RNA-Strang faltet sich so, daß sich komplementäre Basen desselben Stranges paaren und Wasserstoffbrücken ausbilden.

12. Durch Bestrahlung der Pilzsporen mit Röntgenstrahlen oder UV-Strahlen sowie mit Temperaturschocks. Isolierung von Mangelmutanten durch unterschiedliche Nährböden.

13. Die DNA in den Chromosomen der Zygote ist artspezifisch zusammengesetzt. Die DNA steuert die Bildung der Enzyme und regulierender Proteine und diese die Entwicklung eines Lebewesens.

14. $20^{100}$ – eine unvorstellbare große Zahl, größer als die Gesamtzahl der Organismen.

15. Durch die Primärstruktur sind auch Sekundär- und Tertiärstruktur festgelegt; sie bilden sich zwangsläufig als Folge der Wechselwirkungen zwischen Atomgruppen der Aminosäurekette. Auch die Funktion eines Enzyms ist die Folge spezifischer Strukturen, die dabei entstehen.

16. Vgl. Abschnitt 5.

17. 1 AS-beladene t-RNA, 2 Energie (ATP bzw. GTP), 3 Information (m-RNA) sowie r-RNA für Aufbau des Ribosoms, 4 Polypeptid.

18. Es ändern sich: die Aminosäurekette des vom Gen synthetisierten Proteins (Primärstruktur), seine Sekundär- und Tertiärstruktur sowie die Funktion.

19. Unterbrechung einer Reaktionskette durch Mutation eines enzymbestimmenden Gens. Ist das Enzym völlig inaktiv, entsteht auf dem Stoffwechselweg kein Endprodukt mehr. Ist die Enzymaktivität nur gemindert, entsteht das Endprodukt in unzureichender Menge.

20. Autokatalyse und Heterokatalyse – Informationsvermittler – Biokatalysatoren.

21. Ein Gen ist ein Abschnitt einer Polynukleotidkette. Jede Veränderung eines Nukleotids führt zu einer Mutation, wenn sie nicht durch die Degeneration des genetischen Codes aufgefangen wird. Demnach ist das Nukleotid die Einheit der Mutation.

22. Es ergibt sich eine Haarnadelstruktur

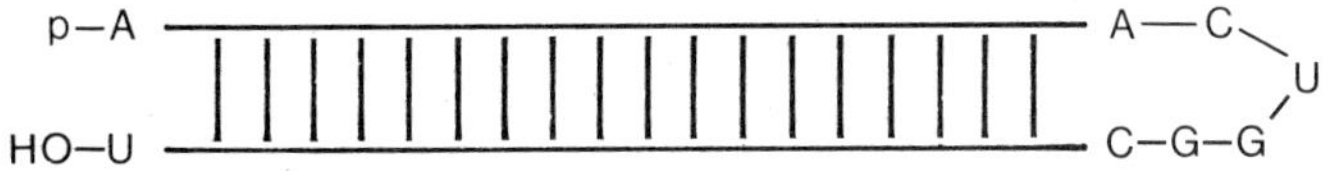


23. 450 Nukleotide = 150 Codons (Aminosäuren) in 36 sec, also ca. 4 Aminosäuren/sec.

**Abschnitt 5**

1. a) $6{,}4 \cdot 10^9 \times 0{,}34\,\text{nm} = 2{,}2 \cdot 10^9\,\text{nm} = 2{,}2\,\text{m}$
   b) $220\,\text{cm} : 46 = 4{,}8\,\text{cm}$
   c) $4{,}8\,\text{cm} : 6 \cdot 10^{-4}\,\text{cm} = 8 \cdot 10^3$ (8000fache Kontraktion)
   d) $2{,}2\,\text{m} \cdot 10^{14} = 2{,}2 \cdot 10^{14}\,\text{m}$, das ist etwa das Hundertfache des Abstandes Erde-Sonne

2. Unter den (vom Aminoende her) ersten 45 Aminosäuren sind 17 von insgesamt 27 basischen Aminosäuren, aber nur 8 von insgesamt 30 hydrophoben Aminosäuren. Unter den folgenden 57 Aminosäuren sind 10 basische und 22 hydrophobe Reste. Das Aminoende des Moleküls ist also basisch, das Carboxylende hydrophob. Der basische Bereich bindet an die (saure) DNA, der hydrophobe dient wie bei den meisten Proteinen dem Aufbau der Raumstruktur und hier außerdem der Wechselwirkung mit den anderen Histonen im Nukleosom.

**Abschnitt 6 und 7**

1. Chromosomen sind nach Zahl und Form ständige Strukturen der Zellen eines Organismus; sie werden bei den Zellteilungen unter Konstanthaltung von Zahl und Form an die Tochterzellen weitergegeben. Sie erfüllten damit Bedingungen, die man auch von den Erbfaktoren erwartet hatte.

2. Zwischen den Teilungen findet die Synthese von m-RNA statt, ebenso die Verdoppelung von DNA während der S-Phase; es ist also ein Zustand hoher Aktivität.

3. Bei der Meiose erfolgt eine Paarung der homologen Chromosomen (Synapsis), bei der Mitose nicht.

4. Nach der Mitose muß die DNA verdoppelt werden, damit eine

neue Teilung erfolgen kann. Nach der ersten meiotischen Teilung ist dies nicht erforderlich, die Schwesterchromatiden sind noch beieinander.

5. 63 Chromosomen. Bei der Geschlechtszellenbildung (Meiose) treten Störungen auf, da nur 30 Chromosomen des weiblichen Elters bei der Meiose Paarungspartner vom männlichen Elter finden.

6. Durch die Meiose ist die Chromosomenkombination auch bei Keimzellen desselben Organismus unterschiedlich. Zwar sind immer zwei Samenzellen genetisch gleich, doch ist die Wahrscheinlichkeit, daß sie auf zwei gleiche Eizellen treffen, äußerst gering.

7. Vgl. Abschnitt 8.

8. Ein Organismus mit 1 Paar Chromosomen erzeugt 2 ($= 2^1$) Typen von Keimzellen, mit 2 Paar Chr. 4 ($= 2^2$) Typen und mit x Paar Chr. $2^x$ Typen von Keimzellen.

9. a Durch Konjugation und Transduktion. b Durch Sexualität: Meiose und Verschmelzung zweier Keimzellen.

**Abschnitt 8**

1. Rückkreuzung von F1-Weibchen mit dem platinfarbenen Männchen. Platinfarbene Nachkommen sind dann reinerbig und können unter sich weitergekreuzt werden.

2. Durch Kreuzung. Ist Schwarzfleckigkeit rezessiv, sind gefleckte Tiere reinerbig. Bei ihrer Kreuzung treten nur gefleckte Nachkommen auf. Ist Schwarzfleckigkeit dominant, treten bei Kreuzung mit weißen Tieren entweder nur gefleckte Nachkommen (Elter homozygot gefleckt) oder gefleckte und nicht gefleckte Nachkommen im Verhältnis 3 : 1 auf (Elter heterozygot gefleckt).

3. 11% falls C zwischen A und B liegt; 19% falls A zwischen C und B liegt.

4. Durch Kreuzungen läßt sich feststellen, mit welchen Genen, deren Lage bereits bekannt ist, das mutierte Gen gekoppelt ist.

5. Die Merkmale bestehen selbst aus Proteinen oder sie entstehen unter der Mitwirkung von Proteinen (Enzymen). Ein Gen steuert über Transkription und Translation die Produktion spezifischer Proteine.

6. Sie haben von jedem Gen nur ein Allel. Ein rezessives Allel

kann in seiner Wirkung nicht von einem homologen dominanten Allel überdeckt sein.

7. Einfaches Crossover liegt vor bei y $ct^+$ $v^+$, $y^+$ ct v, y ct $v^+$ und $y^+$ $ct^+$ v. Doppeltes Crossover liegt vor bei y $ct^+$ v und bei $y^+$ ct $v^+$. Berechnung der Abstände: Gesamtzahl der Individuen 6436 = 100%, y und ct wurden durch Crossover getrennt bei y $ct^+$ $v^+$ und $y^+$ ct v sowie bei den Formen mit Doppelcrossover, insgesamt 737 + 720 + 78 + 82 = 1617 Individuen, das sind 25,13% von 6436.

ct und v wurden getrennt bei y ct $v^+$ und $y^+$ $ct^+$ v sowie den Doppelcrossovern, also bei 368 + 317 + 78 + 82 = 845 Individuen, das sind 13,1%. Somit Abstand y − ct = 26,85 E und ct − v = 13,1 E.

8. a Durch mehrere Kreuzungen mit Albino-Weibchen, Albino ist rezessiv gegenüber allen Farben. b Die Wahrscheinlich der Heterozygotie ist $(1/2)^6 = 1/64$, somit die Wahrscheinlichkeit der Homozygotie 63/64 = 98,5%.

9. In der Nukleotidsequenz eines Gens sind zahlreiche Veränderungen denkbar, die je zu einer Mutation führen.

10. a) $1{,}4 \cdot 10^8 \cdot 0{,}95\,5000 = 3 \cdot 10^4$ Nukleotidpaare

b) $\frac{3 \cdot 10^4}{10^3} = 30$ Gene je Bande (davon sind nur ein Teil Strukturgene)

11. Man kreuzt zunächst v-Weibchen mit ro-Männchen $\left(\begin{matrix} v\ ro^+ \\ v^+\ ro \end{matrix} \times \begin{matrix} v\ ro^+ \\ y\ ro \end{matrix}\right)$; in F 1 haben dann die Weibchen die Kombination $\begin{matrix} v & ro^+ \\ v^+ & ro \end{matrix}$, die Männchen $\begin{matrix} v & ro^+ \\ y & ro \end{matrix}$. Wenn man diese untereinander kreuzt, entstehen in F 2 Weibchen mit den Allelen $\begin{matrix} v & ro \\ v & ro \end{matrix}$ und Männchen mit den Allelen $\begin{matrix} v & ro \\ y & ro \end{matrix}$. Die reziproke Kreuzung v-Männchen mit ro ro-Weibchen führt nicht zum Ziel.

12. Da in F 1 bei Weibchen nur Wildformen auftreten, müssen die Allele auf dem X-Chromosom liegen (geschlechtschromosomengebundene Vererbung!).
Genotypen $F_O$ : ♀ $w/w^e$, ♂ $w^+/Y$
Dominanz: $w^+ > w^e > w$ (multiple Allelie).

13. Da an einem Crossover nur 2 der 4 Chromatiden beteiligt sein

können, ist der höchstmögliche Rekombinationswert 50%. In diesem Fall ist bei 50% der Gameten (Keimzellen) Chromatidenstückaustausch eingetreten. Beobachtet wird dann ein Chiasma. Ein Bereich, in dem durchschnittlich pro Meiose ein Chiasma stattfindet, entspricht also 50 Rekombinationseinheiten, d. h. einem Morgan-Abstand von 50 Einheiten. Aus der in der Meiose beobachteten Chiasma-Häufigkeit für ein Chromosom erhält man die Zahl der Morganeinheiten auf der ganzen Länge des Chromosoms näherungsweise durch Multiplikation mit 50. Beim Mais beobachtet man z.B. je Meiose 3–4 Chiasmata im Chromosom 10, seine Länge nach der Genkartierung entspricht 156 Morgan-Einheiten.

14. Kurzbeinig ca. 2000 Tiere; da zur Weiterzucht nur Heterozygot kurzbeinige Tiere verwendet werden können, läßt sich das Auftreten langbeiniger nicht verhindern.

**Abschnitt 9**

1. Allel B hat die Frequenz p und Allel b die Frequenz q, dann ist q $+ \sqrt{q^2} = \sqrt{9/900} = 0{,}1$ und $p = 1 - q = 1 - 0{,}1 = 0{,}9$. $2\,pq = 2 \cdot 0{,}9 \cdot 0{,}1 = 0{,}18$, also sind 18% oder 162 Individuen heterozygot.

2. Das $I^A$-Gen hat die Frequenz p, das $I^B$-Gen die Frequenz q und das $i^O$-Gen die Frequenz r. Dann entsprechen

| Genotyptische Frequenz | Genotyp | Phänotyp |
|---|---|---|
| $p^2$ | $I^AI^A$ | A |
| $2pr$ | $I^Ai^0$ | |
| $q^2$ | $I^BI^B$ | B |
| $2qr$ | $I^Bi^0$ | |
| $2pq$ | $I^AI^B$ | AB |
| $r^2$ | $i^Oi^O$ | |

3. $i^O$ ist rezessiv, somit ist die Frequenz von $i^O = r = \sqrt{r^2} = \sqrt{\text{Phänotyp } 0} = \sqrt{0{,}49} = 0{,}70$. Die Frequenz $I^A$ errechnet sich aus den Genotypen $(p^2 + 2pr)$ des Phänotyps A. Da nun $r = 0{,}7$, bestimmt sich p aus $[p^2 + 2p \cdot 0{,}7 = 0{,}36$ oder $p^2 + 1{,}4p - 0{,}36 = 0$ und damit $p \approx 0{,}22]$.
Die Frequenz von $I^B$ errechnet sich aus $p + q + r = 1$, damit $q = 1 - p - r = 1 - 0{,}22 - 0{,}70 = 0{,}08$.

Homozygotie für Blutgruppe A: $= I^AI^A = 0{,}22^2 \qquad = 0{,}048$

$2pr = I^Ai^O + 2 \cdot 0{,}22 \cdot 0{,}7 \qquad = 0{,}308$

$0{,}356$

Die Blutgruppe A hat einen Anteil von 0,356 an der Population, hiervon sind 0,048 homozygot; 0,048 von 0,356 sind 13,5 %.

4. Von insgesamt 3072 Pflanzen sind 192 Albinos, also gilt $q^2 = 192/3072 = 0{,}0625 = 1/16$ und $q = 1/4$, somit $p = 3/4$ und $p^2 = 9/16$ sowie $2pq = 6/16$. Homozygot gesund sind 9/16 der Pflanzen und heterozygot sind 6/16.

**Abschnitt 10**

1. Schäden können entstehen durch verseuchtes Grundwasser oder Aufenthalt im Strahlenbereich: Gewebeschäden, Auslösung von Krebsgeschwülsten, Bildung mutierter Keimzellen.

2. Die ungehemmte Teilungsfähigkeit der Krebszelle beruht häufig auf Mutation der Zelle; Mutagene sind in der Regel auch Carcinogene.

3. Erbliche (über die Generationen hinweg bleibende) Veränderung eines Merkmals – Veränderung der Nukleotidfolge in einem Chromosomenabschnitt.

4. Rezessive Mutationen können über viele Generationen hinweg verborgen bleiben. Außerdem: die Veränderung nur eines Nukleotids im Gen braucht noch nicht zu einer erkennbaren Mutation zu führen (kryptische Mutation). Eine zweite oder dritte nachfolgende Veränderung weiterer Nukleotide kann sich dann aber gefährlich auswirken.

**Abschnitt 11**

1. Regelung bei der Transkription: bei Vorhandensein von Lactose treten viele, für Galaktosidase spezifische m-RNA-Moleküle auf, bei Abwesenheit von Lactose fehlen sie. Regelung bei der Translation: immer gleiche Menge spezifischer m-RNA-Moleküle mit und ohne Anwesenheit von Lactose, aber die Geschwindigkeit der Translation in den Ribosomen könnte unterschiedlich sein.

2. Durch Markierungsversuche; man setzt radioaktive Aminosäuren zu. Diese finden sich danach in Galaktosidase, also muß neue gebildet worden sein.

3. Ein Molekül Galaktosidase wiegt $\frac{5 \cdot 10^5}{6 \cdot 10^{23}} = 8{,}3 \cdot 10^{-19}$ g,

somit ist die Zahl der Moleküle insgesamt $\frac{8 \cdot 10^{15}}{8{,}3 \cdot 10^{-19}} \approx 10^4$

4. Proteine mit Quartärstruktur, die aus verschiedenen Untereinheiten zusammengesetzt sind, wie z. B. Hämoglobin.

5. Bei Zuckerkrankheit wird zu wenig Insulin und nicht etwa fehlerhaft gebautes gebildet. Dieses Insulin ist ein im Organismus entstehendes Protein. Wird es nicht bedarfsgemäß erzeugt, kann ein Fehler im Regelsystem vorliegen.

6. Auf differentieller Genaktivität. Der Vorkeim ist zwar haploid, doch enthält er alle Gene, wenn auch nur einfach.

7. Struktur und Funktion der Nukleinsäuren, Transkription, Genetischer Code, Translation, Struktur und Funktion der Enzyme, Stoff- und Energiewechsel, Genregulation.

8. Wenn Mutationen im Regulatorgen besonders häufig sind, ist das Regulatorgen-Produkt nicht funktionsfähig. Bei negativer Kontrolle führt dies nur zur fortgesetzten (evt. überflüssigen) Bildung der Enzyme des Operons, bei positiver Kontrolle aber zur Unfähigkeit der Aktivierung des Operons unter allen Bedingungen. Tritt dies bei Biosynthesewegen ein, so ist es häufig letal.

**Abschnitt 12**

1. Sowohl auf Modifikationen durch unterschiedliche Umwelteinflüsse (z. B. Bodenbeschaffenheit, Dünger) wie auch auf genetischen Unterschieden. Hohe Variabilität ist für rationelles Ernten unerwünscht. Hohe genetische Variabilität begünstigt das Bestehen der Population bei Umweltveränderungen.

| | | | |
|---|---|---|---|
| 2. | 32 Chromosomen | Königinnensaft | Königin |
| | 32 Chromosomen | Kein Königinnensaft | Arbeiterin |
| | 16 Chromosomen | Beliebiges Bienenfutter | Drohne |

**Abschnitt 14**

1. 1/4; die Wahrscheinlichkeit ist für jedes Kind gleich groß.

2. Das Gen könnte in dem Teil des X-Chromosoms liegen, der dem Y-Chromosom homolog ist. Dann käme beim Sohn das rezessive Gen auf dem X-Chromosom von der Mutter durch ein alleles dominantes auf seinem Y-Chromosom nicht zur Wirkung.

3. $(1/2)^{23}$, also weniger als 1:8 Millionen

4. Nicht in jedem Fall. Hat der Vater z. B. den Genotpy $I^A I^O$ und die Mutter den Genotyp $I^B I^O$ kann ein Kind die Blutgruppe A, ein anderes B haben.

5. Die Farbenblindheit muß von der Mutter übertragen worden sein. Das Gen für dieses Merkmal liegt im X-Chromosom und ein Sohn erhält vom Vater nur das Y-Chromosom.

6. Die Wahrscheinlichkeit, daß das erste Kind ein Junge ist, beträgt 50%; die Wahrscheinlichkeit, daß ein Junge rotgrünblind ist, beträgt ebenfalls 50%. Die Wahrscheinlichkeit, daß beides zusammentrifft, ist 25%.

7. Vgl. Abschnitt 15.

8. R sei das Allel für Nichtrothaarigkeit und r das Allel für Rothaarigkeit. Die Häufigkeit der Genotypen RR beträgt $p^2$, die der Genotypen Rr 2pq und die der Genotypen rr $q^2$. Demnach ist $q^2 = 0{,}09$ und $q = 0{,}3$. Ferner gilt $P + q = 1$, also ist $p = 0{,}7$ und $2\,pq = 0{,}42$. Der Prozentsatz der heterozygoten Träger des Allels r ist 42%.

9. Die Zahl abgelaufener Zellteilungen und damit das Risiko von DNA-Replikationsfehlern ist bei älteren Menschen größer; auch sind sie länger mutagenen Einflüssen ausgesetzt. Die Wahrscheinlichkeit für Neumutationen steigt mit dem Alter.

10. Die Frequenz der Blutgruppe 0 ist $(0{,}775)^2 = 0{,}6$ und die Frequenz für $Rh^-$ ist $1 - RH^+ = 1 - 0{,}6 = 0{,}4$. Die Frequenz von $Rh^-Rh^-$ ist $0{,}4^2 = 0{,}16$; die Frequenz von $0Rh^-$ ist also $0{,}6 \cdot 0{,}16 = 0{,}096$ oder 9,6% der Bevölkerung.

11. Für jedes Kind ist die Wahrscheinlichkeit, daß es ein Junge ist, 1/2, also Wahrscheinlichkeit für 4 Jungen $(1/2)^4 = 1/16$. Für die Wahrscheinlichkeit 2 Jungen und 2 Mädchen gilt: p = 2mal, d.h. $x = 2$ und $y = 2$. Nach der Formel ist die Wahrscheinlichkeit $(1/2)^2 \cdot (1/2)^2 . \frac{4!}{2! \cdot 2!} = 3/8$. Diese Aufgabe erlaubt, mit der eingeführten Formel für jede Familie die Wahrscheinlichkeiten auszurechnen.

12.

| *Krankheit* | *Defektes Enzym* | *Krankheitsursache* |
|---|---|---|
| Phenylketonurie | Enzym a = Phenylalanin-Hydroxylase | Anhäufung von Phenylalanin (Thyrosin ist in der Nahrung) |
| Alkaptonurie | Enzym c = Homogentisinsäure-oxygenase | Anhäufung von Homogentisinsäure |

| *Krankheit* | *Defektes Enzym* | *Krankheitsursache* |
|---|---|---|
| Albinismus | Enzym e = Phenoloxidase = Tyrosinase | Fehlen des Farbstoffes Melanin |

Therapieverfahren:

Bei Phenylketonurie durch Entfernen des störenden Stoffes, d. h. durch phenylalanin-arme Diät.

Bei Alkaptonurie und sofern erforderlich ebenso bei Albinismus: Zufuhr von Melaninvorstufen sollte zwar wirksam sein, zeigte aber bisher keine Therapieerfolge.

13. 1a ẊY x XX  b ẊY x XX  c XY x XX  d XY x XX

| | a | b | c | d |
|---|---|---|---|---|
| | ẊX XY | ẊX XY | XO XY | XX XO |
| | lebensfähig nur ♂ | ohne Wirkung | ♀ (mit Turner-syndrom) | nur ♀ mit Turner-syndrom |

2a ẊX x XY  b ẊX x XY  c XX x XY

| a | b | c |
|---|---|---|
| ẊX ẊY XX XY | ẊX ẊY XX XY | XO OY XX XY |
| † (ẊY), † (XX) | † (ẊY) | † (XX) |

14. Diese Chromosomen sind sehr groß, eine derartige Mutation ist vermutlich letal.

15. Die Möglichkeit einer Rekombination innerhalb eines Gens oder die einer Neumutation ist zwar äußerst minimal, aber nicht grundsätzlich auszuschließen.

16. Das Glucose-6-phosphat-dehydrogenase-Gen liegt auf dem X-Chromosom. Wenn der Krebs aus einer Zelle entsteht, haben alle Leukämie-Zellen dieselbe Enzymform auch bei solchen Frauen, bei denen zwei Isoenzyme vorkommen. (Es wird ja in jeder Zelle ein X-Chromosom stillgelegt).
Wenn der Krebs aus mehreren Zellen entsteht, darf man Krebszellen mit beiden Isoenzymen erwarten. In allen untersuchten Fällen trat stets nur eine Form des Enzyms auf.

17.–19. Diskussionsthemen

**Abschnitt 15**

1. Bei der ungeschlechtlichen Fortpflanzung: Wegfall der Geschlechtszellenbildung und der Notwendigkeit eines Geschlechtspartners. – Erzeugung großer Nachkommenzahlen. –

Keine genetische Variabilität (günstig bei guter Umweltanpassung und ungünstig bei Umweltänderungen).

**Abschnitt 16**

1. Knollen, Zwiebeln, Rhizome, Ausläufer, Stecklinge, Pfropfreiser.

2. Kulturpflanzen sind auf Hochleistung gezüchtet. Schutzeinrichtungen ihrer Wildformen gegen Schädlinge oder Trockenheit benötigen sie durch die Pflege des Menschen kaum mehr, sie fehlen ihnen weitgehend.

3. Die Eizelle ist Plasmaspender. Jedes Plasma enthält Erbträger (Plastiden, Mitochondrien, Centriolen), so daß gewisse Eigenschaften in einem bestimmten Plasma stärker ausgebildet werden als in einem andern.

4. Fremdbefruchter enthalten auch schädliche rezessive Allele, die bei Selbstung homozygot auftreten können. Ihre Wirkung wird sonst meist durch die normalen dominanten Allele verdeckt. Inzuchtlinien können durch Auslese allmählich von den herausspaltenden Defektformen bereinigt werden, so daß lebenskräftige homozygot gesunde Formen übrigbleiben.

5. Das Zerbrechen der Ähre fördert die Verbreitung an verschiedene Orte. Beim Getreide müßte die Ähre schon beim Mähen oder starkem Wind zerfallen, und die Körner würden auf dem Akker verstreut.

6. Für die Pflanzenzucht dann, wenn eine vegetative Vermehrung des mutierten Pflanzenteils möglich ist (Steckling, Knolle, Ausläufer). Nutztiere können aus Körperteilen nicht regeneriert werden.

7. Waldbäume entwickeln sich langsam, fruchten spät, und die Güte ihrer Eigenschaften läßt sich erst nach langer Zeit beurteilen. Es können Jahrzehnte vergehen, bis der Erfolg einer Züchtung beurteilbar wird.

8. Genetische Variabilität erhöht die Anpassungsfähigkeit einer Art an wechselnde Umweltbedingungen. In trockenen Jahren wird eine andere Genzusammensetzung besser überleben als in feuchten Jahren. – Alle durch vegetative Vermehrung (Ausläufer, Stecklinge) gewonnene, genetisch identische Pflanzen, faßt man als Klon zusammen.

# Literatur

Autrum, H. u. U. Wolf: Humanbiologie, HTB 121, Springer, Berlin, 1973

Barthelmeß, A.: Erbgefahren im Zivilisationsmilieu, Goldmann, München, 1973

Brandis, M. (Hrsg.): Einführung in die Immunologie, G. Fischer, Stuttgart, 1975

Bresch, C. u. R. Hausmann: Klassische und molekulare Genetik, 3. Auflage, Springer, Berlin, 1972

Bielka, H. (ed.): Molekulare Biologie der Zelle, 2. Auflage, G. Fischer, Stuttgart, 1973

Biologie in unserer Zeit, Verlag Chemie, Weinheim

Cavalli-Sforza, L. u. W. F. Bodmer: Genetics of Human Populations, Freeman, San Francisco, 1971

Buselmaier, W.: Biologie für Mediziner, HTB 154, Springer, Berlin, 1974

Daumer, K.: Genetik, 2. Auflage, bsv, München, 1977

Deutsches Institut für Fernstudien, Studienbriefe zur Molekularbiologie und Genetik, Tübingen, 1971–1974

Dickerson, R. E. u. I. Geis: Struktur und Funktion der Proteine, Vlg. Chemie, Weinheim, 1971

Dobzhansky, Th.: Dynamik der menschlichen Evolution, S. Fischer, Frankfurt, 1965

Dobzhansky, Th.: Vererbung und Menschenbild, Nymphenburger, München, 1966

Drews, G.: Mikrobiologisches Praktikum, 2. Aufl., Springer, Berlin, 1974

Eysenk, H. J.: The structure and measurement of Intelligence, Springer, Berlin, 1979

Gottschalk, W.: Allgemeine Genetik, Thieme, Stuttgart 1978

Grafe, A.: Viren, Springer, Berlin, 1977

Günther, E.: Grundriß der Genetik, 3. Auflage, G. Fischer, Stuttgart 1978

Hafner, L. und P. Hoff: Genetik, Schroedel, Hannover, 1977

Harbers, E.: Nucleinsäuren, 2. Auflage, Thieme, Stuttgart 1975

Hartmann, P. E. und Suskind, S. R.: Die Wirkungsweise der Gene, G. Fischer, Stuttgart, 1967

Hess, D.: Biochemische Genetik, Springer, Berlin, 1968

Hess, D.: Genetik, Herder, Freiburg, 1972

Hess, D.: Entwicklungsphysiologie der Pflanzen, Herder, Freiburg, 1975

Hirsch, G. C., H. Ruska, P. Sitte (ed.): Grundlagen der Cytologie, G. Fischer, Stuttgart, 1973

Kalmus, H.: Genetik, Ein Grundriß, 2. Aufl., Thieme, Stuttgart, 1973

Kaudewitz, F.: Molekular- und Mikrobengenetik, HTB 115, Springer, Berlin, 1973

Klingmüller, W.: Genmanipulation und Gentherapie, Springer, Berlin, 1976

Knippers, R.: Molekulare Genetik, 2. Auflage, Thieme, Stuttgart, 1974

Lehninger, A. L.: Biochemie, 2. Auflage, Verlag Chemie, Weinheim, 1976
Lenz, W.: Medizinische Genetik, 2. Auflage, Thieme, Stuttgart, 1970
Lerner, I. M.: Heredity, evolution, and society, Freeman u. Co., San Francisco, 1968

Markert, C. L. u. H. Ursprung: Entwicklungsbiologische Genetik, G. Fischer, Stuttgart, 1974
Mc Kusick, V. A.: Humangenetik, G. Fischer, Stuttgart, 1969
Mohr H. u. P. Sitte: Molekulare Grundlagen der Entwicklung, BLV, München, 1971

Naturwissenschaftliche Rundschau, Stuttgart

Penrose, L. S.: Einführung in die Humangenetik, HTB 4, Springer, Berlin, 1965
Pierce, G. B., R. Shikes u. L. M. Fink: Cancer. A problem of developmental biology, Prentice Hall, Englewood, Cliffs, 1978
Prichner, F.: Tierzucht, in Neue Anthropologie Bd. 3, Thieme, Stuttgart 1972
Prévost, G.: Genetik, Vieweg, Braunschweig, 1974

Ritter, M.: Humangenetik, Herder, Freiburg 1977

Scientific American, Washington
Sengbusch, P. v.: Allgemeine Biologie, Springer, Berlin, 1974
Spektrum der Wissenschaft, Weinheim
Stahl, F. W.: Mechanismen der Vererbung, G. Fischer, Stuttgart, 1969
Starke, G. u. P. Hlinak: Grundriß der Allgemeinen Virologie, 2. Auflage, G. Fischer, Stuttgart 1975
Süss, R., V. Kinzel, u. J. D. Scribner: Krebs HTB 82, Springer, Berlin

Träger, L.: Einführung in die Molekularbiologie, 2. Auflage, G. Fischer, Stuttgart, 1975

Umschau in Wissenschaft und Technik, Umschau-Verlag, Frankfurt/M

Verschuer, O. v.: Genetik des Menschen, Urban und Schwarzenberg, München, 1959
Vogel, F.: Lehrbuch der allgemeinen Humangenetik, Springer, Berlin, 1961

Watson, J. D.: Molecular biology of the gene, 3rd ed., Benjamin, New York, 1976
Wendt, G. G.: Genetik und Gesellschaft, Wiss. Verlagsgesellschaft, Stuttgart, 1970
Williams, R. H. (ed.): To live and to die: When, why, and how, Springer, Berlin, 1973
Wilson, E. O. u. W. H. Bossert: Einführung in die Populationsbiologie, HTB 133, Springer, Berlin, 1973
Wilson, E. O. u. a., Life on Earth, Sinauer, Stanford, 1973

# Register

# Bildquellenverzeichnis

Bild 2: aus Studienbrief Molekularbiologie und Genetik des Deutschen Instituts für Fernstudien; Bild 4: aus R. Knippers: Molekulare Genetik, 2. Aufl., Thieme, Stuttgart 1974; Bild 5: nach Watson; Bild 6: aus G. C. Hirsch, H. Ruska, P. Sitte: Grundlagen der Cytologie, G. Fischer, Stuttgart 1973; Bild 7: nach Frohne-Jensen; Bild 8: nach Starke-Hlinak; Bild 9: Werkfoto Carl Zeiss; Bild 10: wie Bild 8; Bild 11: aus Spektrum der Wissenschaft, Januar 1979; Bild 12: J. Kreft; Bild 13: wie Bild 4; Bild 15: wie Bild 5; Bild 19: wie Bild 4; Bild 20: wie Bild 4; Bild 23: nach Biologie in unserer Zeit 1977; Bild 24: aus C. Bresch, R. Hausmann: Klassische und molekulare Genetik, 3. Aufl., Springer, Berlin 1972; Bild 25: nach Harbers; Bild 26: wie Bild 4; Bild 28: wie Bild 5; Bild 29: wie Bild 2; Bild 30: wie Bild 25; Bild 34: nach Mannheimer Forum 1976/77; Bild 35: aus H. Mohr: Lehrbuch der Pflanzenphysiologie; Bild 38: aus R. E. Dickerson, I. Geis: Struktur und Funktion der Proteine, Verlag Chemie, Weinheim 1971; Bild 40: aus P. E. Hartmann, S. R. Suskind: Die Wirkungsweise der Gene, G. Fischer, Stuttgart 1967; Bild 43b: aus A. L. Lehninger: Biochemie, 2. Aufl., Verlag Chemie, Weinheim 1976; Bild 46: nach Science 1975; Bild 47: aus Wittmann, Europ. Journ. of. Biochem., Springer, Berlin; Bild 48: wie Bild 4; Bild 49: aus Calder, N.: Das Lebensspiel, Hallwag, Stuttgart; Bild 51: wie Bild 24; Bild 53: aus F. Kaudewitz: Molekular- und Mikrobengenetik, Springer, Berlin 1973; Bild 55: wie Bild 2; Bild 57: wie Bild 2; Bild 58: wie Bild 40; Bild 64: aus Fortschr. Med. 96. Jahrgang (1978), Nr. 42; Bild 65: wie Bild 4; Bild 66: wie Bild 5; Bild 67: Mechelke; Bild 68: aus L. E. Hood, J. H. Wilson, W. B. Wood: Molecular Biology of Encaryotic Cells, Vol. I, Benjamin Inc., California, 1975; Bild 71: nach Sitte; Bild 73: wie Bild 24; Bild 74: wie Bild 34; Bild 75: nach Riene u. a.; Bild 77: nach Hess; Bild 79: aus F. W. Stahl: Mechanismen der Vererbung, G. Fischer, Stuttgart 1969; Bild 85: nach Günter; Bild 86 unten: aus Science *163* (1969) S. 1343; Bild 87: wie Bild 49; Bild 89: aus E. O. Wilson u. a., Life on Earth, Sinauer Inc., Sunderland, Mass. 1978; Bild 91: aus Starck, D: Embryologie, Thieme, Stuttgart; Bild 93: aus Triangel, Werkzeitschrift Sandoz AG, 1965; Bild 94: aus Kühn, A.: Grundriß der Vererbungslehre, Quelle & Meyer, Heidelberg; Bild 95: nach Becker; Bild 97: aus G. Prévost: Genetik, Vieweg, Braunschweig 1974; Bild 100: aus E. Günther: Grundriß der Genetik, 3. Aufl., G. Fischer, Stuttgart 1978; Bild 103: wie Bild 4; Bild 104: aus Hess, D.: Fahrplan der Gene, Kosmos 275, Stuttgart; Bild 109: nach Harbers; Bild 110: aus Harris: Humangenetik, Verlag Chemie, Weinheim; Bild 111: aus Scientific American 1974; Bild 114: aus Kirschner; Bild 115: wie Bild 104; Bild 118: wie Bild 2; Bild 119: aus Funkkolleg Biologie DIFF; Bild 121: aus Science *196* (1977) S. 398; Bild 122: aus F. Vogel: Lehrbuch der allgemeinen Humangenetik, Springer, Berlin 1961; Bild 123: oben: aus Chemie in unserer Zeit 1/79; unten: Chemical & Engineering News 2/1979; Bild 125: aus H. Autrum, U. Wolf: Humanbiologie, Springer, Berlin 1973; Bild 126: nach Hayflick; Bild 128: aus W. Klingmüller: Genmanipulation und Gentherapie; Springer, Berlin 1976;

# Studienreihe Biologie

Band 1 Genetik und Molekularbiologie
Ulrich Kull und Hans Knodel

Band 2 Sinnesorgane und Nervensystem
Ulrich Bäßler

Band 3 Evolution
Ulrich Kull

Band 4 Ökologie und Umweltschutz
Hans Knodel und Ulrich Kull

Band 5 Verhalten
Albert Danzer

Band 6 Evolution des Menschen
Ulrich Kull

Band 7 Erkenntnisgewinnung in der Biologie, dargestellt an der Entwicklung ihrer Grundprobleme
Erich Götz und Hans Knodel

Band 8 Nutztiere
Franz-Peter Leibig

Band 9 Nutzpflanzen
Alfred Schwarzenbach und Hans Knodel

In Vorbereitung sind weitere Bände zu den Themen:
„Stoff- und Energiewechsel (Grundlagen und Anwendung)" und „Biologie und Philosophie in ihren Wechselbeziehungen".